U1014865

板带轧制规程优化与热轧控制技术应用

李伯群　著

本书数字资源

北　京
冶　金　工　业　出　版　社
2025

内 容 提 要

本书不仅探讨了带钢热连轧数学模型的理论基础、建模方法及模型自学习，还涉及了板形模型参数优化、轧制规程优化、板带缺陷检测以及基础自动化控制功能等实用技术。本书重点介绍了热连轧 AGC 先进控制技术的在线应用，展示了其在实际生产中的应用效果和改进成果。

本书可供从事冶金自动化的工程技术人员、高等院校自动化专业的师生阅读，也可供相关专业的工程技术人员参考。

图书在版编目（CIP）数据

板带轧制规程优化与热轧控制技术应用 / 李伯群著. 北京 ：冶金工业出版社，2025. 5. -- ISBN 978-7-5240-0171-3

Ⅰ. TG335

中国国家版本馆 CIP 数据核字第 2025A3W756 号

板带轧制规程优化与热轧控制技术应用

出版发行	冶金工业出版社	**电　　话**	(010)64027926
地　　址	北京市东城区嵩祝院北巷 39 号	**邮　　编**	100009
网　　址	www. mip1953. com	**电子信箱**	service@ mip1953. com

责任编辑　于昕蕾　美术编辑　彭子赫　版式设计　郑小利

责任校对　郑　娟　责任印制　范天娇

三河市双峰印刷装订有限公司印刷

2025 年 5 月第 1 版，2025 年 5 月第 1 次印刷

787mm×1092mm　1/16；21. 25 印张；514 千字；322 页

定价 128. 00 元

投稿电话　(010)64027932　投稿信箱　tougao@cnmip. com. cn

营销中心电话　(010)64044283

冶金工业出版社天猫旗舰店　yjgycbs. tmall. com

（本书如有印装质量问题，本社营销中心负责退换）

前　言

带钢热连轧计算机控制是冶金工业中应用计算机控制最为成功、最有效的领域之一，几乎所有板带轧机都应用了计算机控制技术。本书不仅回顾了这一历史进程，还对当前的技术最新动态和未来发展趋势进行了阐述。带钢热连轧计算机控制反映了一个国家的工业现代化水平，因此深入研究其控制技术，对从国外引进的设备和技术进行系统的学习、改造和创新显得尤为重要。

随着市场对钢材性能要求的提高以及环保法规的日益严格，对板带轧机的轧制规程优化与控制技术提出了更高的要求。为了应对这些挑战，本书深入探讨了带钢热连轧计算机控制领域中的关键技术问题，特别体现了控制算法及多目标优化算法的改进和数据处理优化方面的最新进展。同时，书中重点介绍了热连轧 AGC 控制技术的在线应用，展示了其在实际生产中的应用效果和改进成果。

为了适应我国经济发展的需要，为大批建成的热连轧企业的工程技术人员提供一些有用的参考，作者将多年来在工程实践和理论研究中的成果和经验以及收集的国内外技术资料进行了整理，编写成本书。书中不仅探讨了数学模型的理论基础、建模方法及模型自学习，还涉及了板形模型参数优化、轧制规程优化、板带缺陷检测以及基础自动化控制功能等实用技术。

此外，书中还包含了丰富的案例分析和实际操作指南，以帮助读者更好地理解和运用这些先进的控制技术。本书提供了关于各章节的重点内容和学习路径的指引，帮助读者高效地利用本书。

本书可供从事冶金自动化的工程技术人员、高等院校自动化专业的师生阅读。希望通过本书，为读者提供一个系统的学习平台，以新的视角更好地理解和掌握带钢热连轧计算机控制的相关技术。同时，也期望本书能够激发更多专业人士和学者对冶金自动化技术的兴趣，一起探索和研究，共同推动板带轧制技术的进步和我国钢铁工业的持续发展。

特别感谢鞍钢热连轧厂教授级高工张海波、范垂林给予的技术支持与鼓励，本书介绍的一些应用成果是与他们合作共同完成的。同时，也要感谢我的研究生周星、杨馥泽、严庆伦、张琳、李济瀚、张升琳、赵晏淇、张春宇、董博宇等人在编写过程中做出的辛勤工作和贡献，书中引用了他们的研究材料。此外，本书的部分内容参考了我的恩师孙一康先生的《冷热轧板带轧机的模型与控制》《带钢冷连轧计算机控制》等著作，其深邃的见解和丰富的经验对本书的形成有着不可或缺的影响。

最后，再次对所有支持和帮助本书编写的个人和团队表示衷心的感谢。希望本书能为您带来价值，也期望它能为冶金自动化领域的发展有一些菲薄的贡献。本书限于作者的水平和实践经验，缺点和不足之处在所难免，欢迎读者批评指正。

李伯群

2025 年 1 月

本书所用符号

(1) 厚度

H_s ——板坯厚度，mm；

$H_{R_{ij}}$ ——粗轧区 R_i 轧机 j 道次轧出厚度，mm；

H_{RC} ——粗轧机组出口厚度，mm；

ΔH ——粗轧机绝对压下量，mm；

H_0——精轧机组来料厚度，mm；

h_0——轧入厚度（$h_{0,i}$ 为 i 机架入口厚度），mm；

h_1 或 h ——轧出厚度（h_i 为 i 机架出口厚度），mm；

Δh ——精轧绝对压下量，mm；

h_n ——成品机架轧出厚度，mm；

h_m ——变形区（精轧）平均厚度，$h_m = \dfrac{h_0 + h_1}{2}$，mm；

H_m ——变形区（粗轧）平均厚度，mm；

h_γ ——对应中性角 γ 处的厚度，mm；

δH_0——精轧来料厚度变动量，mm；

δh_0——轧机入口厚度变动量，mm；

δh_1——轧机出口厚度变动量，mm。

(2) 工艺参数

l_c ——变形区接触弧长（水平投影），mm；

l_c' ——压扁后接触弧长（水平投影），mm；

u_m ——变形区内平均变形速度，s^{-1}；

ε ——相对变形程度；

$\dot{\varepsilon}_0$——入口累计变形程度；

$\dot{\varepsilon}_1$——出口累计变形程度；

$\dot{\varepsilon}$ ——平均累计变形程度；

e ——真正变形程度；

Q ——秒流量，mm^3/s；

D ——轧辊直径，mm；

R ——轧辊半径，mm；

R' ——压扁后轧辊半径，mm；

B——带钢宽度，m 或 mm；

B_S——板坯宽度，m 或 mm；

B_{RC}——粗轧机组出口带坯宽度，m 或 mm；

B_0——粗轧入口带坯宽度，m 或 mm；

B_1——粗轧出口带坯宽度，m 或 mm；

b_0——精轧入口带钢宽度，m 或 mm；

b——精轧出口带钢宽度，m 或 mm；

b_n——精轧机组出口宽度（成品宽度），m 或 mm；

DB——粗轧绝对展宽量，m 或 mm；

ΔB——粗轧立辊侧压量；

B_m——粗轧变形区平均带钢宽度，m 或 mm；

Db——精轧绝对展宽量，m 或 mm；

Δb——精轧立辊侧压量；

b_m——精轧变形区平均带钢宽度，m 或 mm；

L_0，l_0——入口带钢长度，m 或 mm；

L_1，l_1——出口带钢长度，m 或 mm；

φ，ψ——力臂系数；

μ——变形区摩擦系数；

f——前滑值，%；

β——后滑值，%；

α——咬入角，rad；

γ——中性角，rad；

η——压下系数；

χ——宽展系数；

λ——延伸系数；

$\delta\mu$——摩擦系数变动量；

δf——前滑值变动量,%；

$\delta\beta$——后滑值变动量,%。

(3) 速度和张力

v——带钢出口速度，m/s；

v_0——轧辊线速度，m/s；

v'——带钢入口速度，m/s；

n_0——对应于 v_0 的电机转速，r/min；

n_H——电机额定转速，r/min；

δv——带钢出口速度变动量，m/s；

$\delta v'$——带钢入口速度变动量，m/s；

δv_0——轧辊线速度变动量，m/s；

τ_b——后张应力，MPa；

τ_f ——前张应力，MPa；
τ_i —— i 机架前张应力，MPa；
T_f ——前张力，kN；
T_b ——后张力，kN；
K_T ——张力影响系数；
$\delta\tau_i$ —— i 机架前张应力变动量，MPa；
$\Delta\tau_i$ —— i 机架前张应力的附加张应力，MPa；
$\delta\tau_b$ ——后张应力变动量，MPa；
$\delta\tau_f$ ——前张应力变动量，MPa。

（4）力能参数

P_i —— i 机架轧制力，kN；
M_i —— i 机架轧制力矩，kN · m；
N_i —— i 机架电机功率，kW；
p_x ——坐标 x 处变形区单位压力，MPa；
p_φ ——坐标角 φ 处变形区单位压力，MPa；
t_x ——坐标角 x 处变形区摩擦力，MPa；
t_y ——坐标角 y 处变形区摩擦力，MPa；
Q_p ——应力状态系数；
P_0——预压靠力，kN；
σ ——材料变形阻力，MPa；
K ——平面变形时变形阻力（又称硬度），$K = 1.15\sigma$ ，MPa；
K_0——材料强度基本值，MPa；
K_E ——材料强度增量，MPa；
δP ——轧制力变动量，kN；
δK ——材料强度变动量，MPa；
δK_0——材料强度基本值变动量，MPa。

（5）板形参数

CR 或 Δ ——带钢出口凸度（轧出凸度），μm；
CR_0 或 δ ——带钢入口凸度（轧入凸度），μm；
Δ_0——冷连轧来料凸度（热轧卷带钢凸度），μm；
ω_H ——轧辊热辊型，μm；
ω_W ——轧辊磨损辊型，μm；
ω_0——轧辊原始辊型，μm；
ω_C ——可控辊型，μm；
F_i —— i 机架弯辊力，kN；
δCR ——出口凸度变动量，μm；
$\delta\omega_C$ ——CVC，LVC 或 PC 辊可控辊型变动量，μm；

δF ——弯辊力变动量，kN。

(6) 设备系数

C_0——轧辊压靠法所测得的轧机纵向刚度，kN/mm；
C_P ——带钢宽度为 B 时的轧机纵向刚度，kN/mm；
C_F ——弯辊力对测厚仪所在处辊缝影响的纵向刚度，kN/mm；
K_P ——轧制力对辊系弯曲变形影响的横向刚度，kN/mm；
K_F ——弯辊力对辊系弯曲变形影响的横向刚度，kN/mm；
S ——辊缝仪显示的辊缝值，mm；
S_0——辊缝零位，mm；
S_P ——辊缝弹跳量，mm；
S_F ——弯辊力造成的辊缝变化，mm；
S_C ——轧辊中间点辊缝，mm；
S_e ——轧辊边部点辊缝，mm；
G_H ——轧辊热膨胀量，mm；
G_ω ——轧辊磨损量，mm；
G 或 G_0——轧辊辊缝零位自学习系数，mm；
O ——油膜轴承油膜厚度，mm；
δS ——辊缝变动量，mm。

(7) 上标和下标

1）上标：
* ——实测值；
A——动态变规格的前材（A 材）参数；
B——动态变规格的后材（B 材）参数；
U——上限值；
L——下限值。
2）下标：
i ——机架号；
s——设定值；
m——平均值；
n ——成品机架参数；
0——入口处值；
H——额定值；
SET——设定值；
REF——给定值；
FB——反馈控制参数；
FF——前馈控制参数；
MN——监控值；

MR——主令速度值；
SR——相对速度值；
TH——穿带参数；
max ——最大值；
min ——最小值；
RL——稳态轧制时参数。

注：某些仅用于局部公式的符号请见文中各公式的说明。

目　　录

1 热连轧生产工艺及计算机控制

1.1 板带轧制综述

板带轧制为中厚板轧制、热带轧制和冷带轧制的统称。板带轧制具有以下共同特点：产量高、轧制宽度大或宽厚比大、轧制力大，使轧机产生较大的弹性变形、轧机纵向变形和辊系横向变形，对于厚度与板形控制造成困难、板带轧制产品质量不仅关注厚度与板形指标，而且关注其轧后的力学性能。

正是这些特殊的要求，板带轧机都配有完整的计算机控制系统，不仅具有较强的基础自动化功能［特别是质量控制功能：自动温度控制（ATC）、自动厚度控制（AGC）、自动板形控制（ASC）及自动宽度控制（AWC）］，还要有较强的过程自动化级功能，特别是具有完整的数学模型。

1.2 带钢热轧生产工艺的发展

自 1924 年第一套带钢热连轧（1470 mm）在美国阿斯兰问世以来，带钢热轧生产的工艺已经有百年的发展史。由于带钢热连轧生产的高效率、高经济性，因而其在轧钢生产中发展得最为迅速，而且也是各种新技术应用最为广泛的一个领域。

带钢热连轧生产工艺在相当长的一段时间内变化不大，但近三十年来随着连铸连轧、短流程生产线的发展以及无头轧制技术的应用，极大地改变了热连轧生产工艺。为了与新发展的热连轧生产工艺相区别，将过去长期以来采用的带钢热连轧工艺称为传统带钢热连轧。本节将分别对以下带钢热连轧生产工艺进行阐述：

（1）传统带钢热连轧；

（2）连铸连轧短流程带钢热连轧；

（3）新型炉卷轧机；

（4）自由程序轧制技术；

（5）热带生产新动向，超薄带生产及无头轧制技术的应用。

1.2.1 传统带钢热连轧

传统带钢热连轧仍是目前的主流机型，无论是产量还是品种，现在主要由传统带钢热连轧生产。目前，对于年产量 300 万吨以上以及带宽超过 1600 mm 的热带项目仍选用传统热带生产工艺。

所谓传统生产工艺是指：板坯（连铸坯）厚度 200 mm 以上，长度一般为 4.5～9 m（亦有达到 12.5 m）；具有一定容量的板坯库；具有加热炉区（一台或多台步进式加热炉）；具有粗轧区；后接精轧机组及地下卷取机（一台到多台）的生产线，如图 1-1 所示。

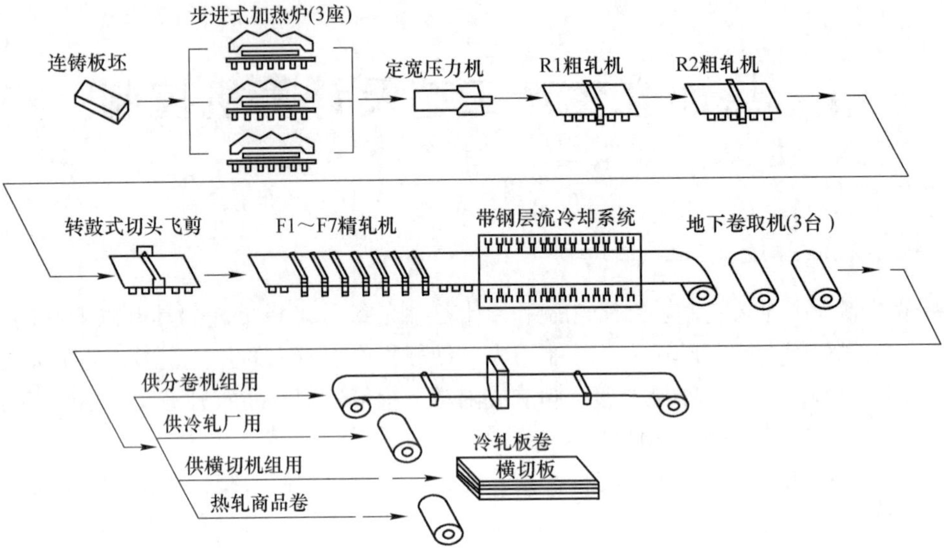

图 1-1　传统热连轧生产线

由图 1-1 可知，传统带钢热连轧生产线包括：板坯库（其中设有与连铸机出口或热坯运输车连接的辊道，以便于热装）、加热炉区、粗轧区、粗精轧之间的中间辊道及飞剪、精轧区、热输出辊道及层流冷却装置、卷取区、运输链、成品库（包括出厂运输及与冷连轧厂连接的运输链）等。下面分别对各区功能进行简述。

1.2.1.1　板坯库

为了节省能源一般希望能加大热装比例，但是要便于钢种及宽度的灵活变动，以及缓冲轧机与连铸机生产能力的不协调，为保证轧机的高质量，传统带钢热连轧需设置一定容量的板坯库，板坯由生产控制级计算机通过无线遥控吊车按轧制计划进行吊装。板坯库通常与轧机、切割设备和其他生产设施紧密配合，以满足市场需求。

柳钢 2032 mm 热轧线 5G+智慧板坯库是国内首个基于 5G 技术的智慧板坯库项目，该项目采用了 5G 通信、AI 识别、3D 数字孪生、深度优化避障路径算法等技术，实现了板坯的智能识别、精准抓取、快速转运、高效堆存，成功打造出一个信息数字化、管理智能化、操作无人化、作业可视化的 5G 智慧板坯库。这种智能化的板坯库可以提高生产效率，降低生产成本，提高产品质量，已逐渐成为现代钢铁企业的重要设施。

1.2.1.2　加热炉

板坯加热直接影响带钢成品质量。板坯的上下面加热不均将在粗轧机轧制时形成翘头（或扣头），长度方向加热不匀将影响成品厚度及凸度精度，推钢式加热炉由于炉内滑道造成的“水印”而使成品带钢产生厚度、凸度波动。与传统的连续加热炉不同，步进炉采用了一种逐步、离散的加热方法，将板坯从一个加热区域推进到下一个区域，以逐步提高其温度。

步进炉在金属加工领域中具有很多优点，特别适用于需要均匀加热和精确温度控制的场合，以满足现场工艺要求。目前该类生产线已广泛采用步进炉，步进炉在采取步进梁“上升下降比”控制后可大大减小水印。

1.2.1.3 粗轧机

粗轧机的布置几十年来发生了多次变化，这里简述粗轧机布置的四种方案。

（1）全连续式粗轧机布置：粗轧区设置5~6台粗轧机进行连续（不可逆）轧制，这种布置由于粗轧道次限制为5~6道，加上设备质量过大、生产线过长，目前基本已不再采用。

（2）3/4连轧：R1轧制一道，R2为可逆轧机可轧制3~5道，R3、R4为连轧机组，这一布置增加了灵活性，缩短了轧线长度，但设备质量仍嫌较大。

（3）半连轧布置：R1和R2都为可逆轧机，分别可轧制3~5道。

（4）目前较为流行的单架可逆轧机方案：采用一架强力粗轧机进行3~7道可逆轧制来满足精轧带坯料的要求。所谓强力粗轧机指的是：允许轧制力达到35000 kN以上，主电机功率达到10000~12000 kW，轧制速度最高可达6 m/s。

强力粗轧机每一道次压下率可达35%，甚至更大。将厚度为200 mm以上的板坯用5~7道次轧成40 mm厚的带坯送七机架精轧机组，采用单机架粗轧机的布置方案大大缩短了粗轧区长度。

对精轧机来说，精轧入口温度是一个十分关键的参数，如果入口温度能达到1010~1030 ℃，则F1~F3能加大压下，使最终能轧出1.2~1.5 mm的产品，为此希望粗轧出口温度能达到1080 ℃以上。粗轧立辊轧机采用电动压下、液压微调及宽度自动控制（AWC），提高宽度精调。粗精轧间设置保温罩或热板卷箱是减少带坯温降的一个有效方法，并且还具有使带坯全长温度均匀化、进一步消除水印的优点。采用热板卷箱可以缩短中间辊道长度，提高带钢表面质量，均衡带坯头尾温差，降低轧制负荷，提高厚度精度。

1.2.1.4 精轧机组

精轧机是带钢热连轧的核心设备，产品的质量控制功能主要集中在精轧区。精轧机组一般由6~7个机架组成，目前由于采用强力机架而减少机架数量。以1700 mm ASP热连轧为例，形式：6机架四辊不可逆式；F1~F2工作辊：ϕ700 mm/ϕ640 mm×1730 mm；F3~F6工作辊：ϕ665 mm/ϕ615 mm×2000 mm；支撑辊：ϕ1550 mm/ϕ1400 mm×1700 mm；F1~F6主电机：6×AC6250 kW；F1~F2轧制力：最大值35MN；F3~F6轧制力：最大值25 MN；轧制速度：最大值14.0 m/s。

精轧终轧温度一般应控制在800~850 ℃（有些钢种要求一定的终轧温度，以实现控制轧制），正是由于希望终轧温度能高于相变点，使精轧机组在奥氏体温度范围内轧出成品，因此传统带钢热连轧如果不采取特殊措施，其最小成品厚度的极限为1.2 mm，一般以1.5~1.8 mm为其最佳薄规格。

采用液压AGC控制，辅之以电动AGC控制以实现对带钢的自动厚度控制，提高厚度精度。采用弯辊控制及窜辊控制，同时采用LVC辊型，提高带钢的板形质量，实现自由轧制；精轧机采用快速换辊装置，提高作业率。采用热轧油、高速钢轧辊、机架间除鳞，提高带钢表面质量。

1.2.1.5 卷取区

精轧后的热输出辊道上设有层流冷却系统用于冷却成品带钢，其目的有两个：一是进行控制冷却，即通过控制带钢冷却速度来改善带钢性能；二是将带钢温度快速降至650 ℃左右以便进行卷取，并减少带钢表面的氧化铁皮。

卷取区设有侧导板、夹送辊及卷取机，能在带钢咬入卷取机后及时建立张力，保证成品钢卷的边部齐整不出塔形。

目前普遍采用带有自动踏步控制（AJC）的全液压卷取机，使带钢头部平稳进入每个助卷辊。卷取机的能力（能卷取的最大厚度及最硬的钢种），往往限制了已有轧机能力的进一步提高及其能生产的厚规格及新钢种能力。

1.2.2 连铸连轧生产工艺

由于世界上的能源有近一半应用于冶金工业，因此研究冶金工业节能技术是一项重要课题。直接轧制将有望带来冶金行业的技术飞跃。研制开发的直接轧制技术取消加热工艺，充分利用铸坯潜热，连铸后的板坯经过保温辊道直接进入轧程，节约能耗约25%，提高成材率约为0.5%，缩短生产周期30~50 min，可以带来巨大的经济效益和社会效益。

为了简化生产流程、减少所需的设备和空间，同时提高生产效率，20世纪90年代SMS公司设计了紧凑型热带生产线（Compact Strip Production，CSP），于1990年在美国NUCOR Crawfordsville厂投产。这是全新的短流程热带生产工艺，取消了加热炉区和粗轧区，由薄板坯连铸机直接浇铸出50 mm板坯，通过近100 m长的隧道炉进入精轧机，精轧机的后续布置类似于传统热连轧。与传统的厚板连铸和连轧工艺相比，这个流程更为简洁，能够实现更高的生产效率和更好的产品质量。

CSP技术使带钢热连轧的初始投资及生产成本大为降低，仅需建一套电炉—连轧—热带轧机，即能生产出100万~200万吨热连卷，因此不少新厂，特别是在美国等一些废钢、电能都较充足并且便宜的国家得到迅速发展。在此后短短的30多年里，薄板坯连铸连轧技术得到了快速发展，世界各钢铁发达国家相继开发出了各具特色的薄板坯连铸连轧技术，包括CSP、ISP、CONROLL、QSP、FTSR、ASP、ESP等，并在全球范围内得到了广泛的应用，掀起了钢铁行业的技术革命。

1.2.3 新型炉卷轧机

炉卷轧机（Steckel）也是一种生产热带的生产工艺。其特点是单或双机架可逆轧机，并在轧机两侧设有装在炉内的卷取机，主要用于不锈钢等特殊钢的轧制，年产量为40万~120万吨。在轧制较厚带坯时轧件可不进炉内卷取机，只有轧件较薄、温度过高的道次，带钢才进入炉内卷取机，出来后经轧制又即刻进入另一侧炉内卷取机进行加热。

老的炉卷轧机的缺点在于带钢两端不能进入炉内，造成头部及尾部温降很大使带钢厚度很不均匀，再加上操作上的困难，因此没有得到大量应用。

近年来对炉内卷取机结构做了很大的改进，使带钢能整个进入炉内，轧制时再将头部送出喂入轧机，再加上仪表齐全及完善的自动控制系统，使上述缺点得到克服。同时，由于其投资少，产量不太高（有些企业不希望产量太高），又能轧制特殊钢，具有批量小、品种多等特点而得到用户的肯定。

1.2.4 自由程序轧制技术

适应多流合一的物流系统宏观总体有序、微观短暂无序的特点，在热轧机组开发了自由轧制技术。

自由轧制的新技术在板形控制模型方面，建立了综合考虑精轧支撑辊和工作辊轧辊磨损和热膨胀的精轧板形设定模型，考虑精轧轧制力预报精度补偿的板形设定模型，带有高精度凸度和平直度自学习功能的自学习模型，可以实现板形和轧件厚度耦合设定控制和动态控制模型；带有层流冷却自补偿的板形控制模型，可以实现精轧工作辊分段冷却对带钢板形的反馈控制模型。

在轧辊辊型优化配置方面，采用具有辊型自保持和带钢宽度自补偿特性的精轧支撑辊技术，可以显著提高精轧板形控制稳定性，提高生产率，强化板形自由控制效果；采用线性连续变凸度 LVC 工作辊技术，强化板形柔性控制效果，并有效降低带钢边部减薄。

通过上述高精度板形控制模型以及轧辊辊型优化配置技术的应用，同时采用液压弯辊、窜辊、轧辊分段冷却等功能配置，可以完全实现带钢自由轧制和板形的综合控制，该技术充分保证高质量连铸连轧刚性连接时的质量控制。

1.2.5 热带生产工艺的新动向

热轧板带生产工艺一直以来都在不断发展和演进，以满足不断变化的市场需求和技术要求。随着科学技术的不断进步和工业制造的不断创新，热轧板带生产领域也出现了许多新的动向和趋势。

近年来，有两个课题被提了出来：

(1) 超薄带的生产。由于传统带钢热连轧机以及连铸连轧工艺目前能生产的最薄带钢规格为 1.0~1.2 mm，生产 0.8 mm 甚至更薄的超薄带钢就成为下一步的课题。热带生产工艺如能轧出 0.8 mm，甚至更薄的超薄带钢就能在一定范围内替代冷轧带钢，但超薄带生产必将降低成材率和轧机产量，经济上是否合算目前尚有争论。

轧制超薄带钢遇到的最大问题是由于温降过大，将无法保证轧出成品的内部组织在奥氏体范围，如果相变发生在轧制过程中将严重影响成品的力学性能，因此提出了在铁素体范围中进行精轧。

(2) 无头轧制在带钢热连轧上的应用。日本川崎钢铁公司在其千叶厂第三带钢热连轧机上进行了试验，其特点是在精轧入口处、飞剪后设置了在线焊机及焊口整理设备，以便焊接前后带坯，使带坯能连续不断地高速进入精轧机，避免了反复穿带升速。因而提高了产量和产品质量，为了分卷在卷取机前还需设置飞剪。采用无头轧制工艺后带钢热连轧亦必须设有与全连续冷连轧相类似的动态变规格功能。由于热连轧无头轧制可以中断，因此不一定需要在线换辊。

由于环境保护和可持续发展政策的要求，热轧板带生产工艺正经历着一场革命性的变革。在过去，传统的生产工艺通常涉及大量的能源消耗和排放，但现在越来越多的关注点放在了资源节约和环境友好型工艺上。新一代热轧板带生产工艺趋向于减少碳排放、提高能源效率，并降低废料产生，以实现可持续的生产。此外，数字化技术和自动化系统在热轧板带生产中的应用也成为一个重要的新动向。通过引入先进的数据分析、自动控制和智能化决策支持系统，生产过程可以更精确地监测和控制，从而提高生产效率、产品质量和工厂运营的可持续性。

1.3　带钢热轧机电设备的发展

近十多年来，无论是传统带钢热连轧机还是连铸轧生产线，在设备配置方面都发生了巨大的变化，可以归纳以下几个方面。

1.3.1　侧压压力机及除鳞装置

为了便于除鳞，也为了用同一坯料尺寸生产出不同宽度的产品，一般在粗轧机前设有大力辊（VSB）装置。除鳞是保证成品带钢良好表面质量的重要手段，但除鳞过程亦会同时造成温降，传统除鳞装置采用 250 MPa 高压水以一定角度迎着带钢冲刷，水量较大，近年来推出了小水量高压旋转式除鳞装置，既提高了除鳞效果又减少了水量，从而减少了带钢温降。

1.3.2　压下系统

轧机压下系统是厚度控制的主要执行机构，过去采用电动压下，现在广泛采用了电动压下+微调液压缸的方案，轧制规程的设置用电动压下（空负荷），而带负荷调厚则用微调液压缸。为了节省投资，一般只对后 3 或 4 个机架增加液压缸。

由于液压缸响应速度比电动压下快近 10 倍，因而大大提高了厚度精度。随着液压技术的发展，20 世纪 80 年代开始所有新建的带钢热连轧机都采用了全液压压下，即长行程液压缸，去除了电动压下，并且在粗轧机上亦采用了这一技术。

1.3.3　主传动系统

20 世纪 80 年代后期随着交流调速技术的发展，越来越多的新建带钢热连轧采用了交流电机，由于其传动惯量低，响应速度约比直流提高了 50%。目前使用的交流调速系统有：基于晶闸管的循流变频器（又称交-交变频系统）、基于 GTO 的交-直-交系统以及基于 IGCT 的调速系统。

1.3.4　检测仪表

带钢热连轧长期以来所用自动化仪表为测厚、测宽、测温、测压以及位置、速度等传感器，近年来随着板形控制技术的发展，开发了成品带钢凸度及平直度测量装置。

带钢热连轧平直度是以板边或板中部是否有“浪形”作为在线检测依据，目前广泛采用的是激光型平直度测量仪，三个激光发生器发出的激光随着带钢表面浪形的高低其反射光束偏离基准点，由此可对板边（中）部波形大小进行测量。但是，当带钢进入卷取机后夹送辊与末架精轧机间将形成张力而使浪形失真（一般情况浪形将消失），因此平直度测量仪在带钢前 100 m 是有效的。

1.3.5　板形控制系统

板形控制是近三十年来轧机设备发生变化的最主要原因，为了控制“有载辊缝形状”，亦即轧出带钢的凸度，除了采用液压弯辊机构外，各公司还推出了一系列的轧机结构。

控制板形的各种技术方案大致可分为两大类：一是通过改变空载辊缝形状影响有载辊缝形状，控制出口带坯的凸度及平直度，较著名的技术有 CVC、PC 轧机；二是通过改变辊缝变形时刚度来影响有载辊缝形状，进而控制出口带钢的凸度及平直度，较著名的技术有 HC 轧机。

弯辊装置是目前普遍采用的手段，它不仅用于预设定辊缝形状（设定带钢凸度），并且由于其控制的快速性而被主要用来进行凸度和平直度控制，上述各项技术都采取和弯辊装置组合的方案推出。

1.4 热带轧机计算机控制

带钢热轧生产过程的控制功能亦由于对热轧带钢质量要求的不断提高而日新月异，从厚度控制到温度控制、宽度控制、板形控制以及力学性能的控制，从基础自动化、过程自动化到“三级”生产控制，并逐步形成包括控制与信息管理的完整的多级控制。

1.4.1 生产控制级功能

LEVEL3（生产控制级）把炼钢、连铸、热轧及冷轧之间的生产计划组织、质量控制、生产统计、成品管理等功能融为一体，该系统具备不同合同、不同成品规格、不同原料来源的协同管理的新功能，并以热轧为中心与上游及下游生产交换数据。生产控制级除执行生产计划（轧制计划）的编制外，还负责板坯库、成品库以及轧辊的管理等工作。

PDI（Product Definition Information）数据指的是产品定义信息数据。它包含了产品的详细规格、尺寸、材料和相关参数等信息，PDI 数据可以用于制造过程中的设计、规划和控制。在这个环境中，LEVEL3 可能负责生成和维护 PDI 数据，然后将其传递给 LEVEL2 进行加工和生产过程管理。通过 LEVEL2 接收 PDI 数据，可以了解要生产具体产品的规格和要求，并根据这些信息进行相应的加工操作和控制。

1.4.2 过程控制级功能

LEVEL2（过程控制级）面向热轧整个生产线，其中心任务是对生产线上各机组和各个设备进行设定计算，核心功能是对粗轧、精轧机组进行负荷分配以及应用数学模型对各设备的设定值进行预报。为了实现此核心功能，过程控制计算机必须设有板坯数据跟踪、初始数据输入、在线数据采集以及模型自学习等为其服务。

过程自动化级计算机通过一系列的数学模型计算，得到带钢热连轧各种生产设备的设定值或设定方式，并且在规定的时序（Timing）将计算结果传送给基础自动化计算机，这个过程叫作“设定”。下面给出主要设定的概况。

（1）加热炉设定：主要包括钢卷号、装入炉号、板坯长度、板坯宽度以及自动燃烧控制功能需要的数据。

（2）粗轧机设定：主要有立辊开度、轧制速度、道次数、轧制力、粗轧压下位置、侧导板开度和除鳞方式等。

（3）精轧机设定：主要包括 APC、AGC、DSU 的设定值和有关参数、各机架速度、活套张力、活套角度、加速率、轧制力、精轧压下位置、侧导板开度、保温罩、轧制油、除鳞和机架间喷水方式等。

(4) 板形设定：主要包含精轧机弯辊力设定、窜辊位置及 PC 交叉角设定。

LEVEL2 计算机采集生产过程中的各种数据，编辑成各种类型的报表，存储在计算机中，然后传送给 LEVEL3 的生产控制计算机。LEVEL2 不再从打字机上输出报表，主要有四种报表，分别是班报、工程记录、生产报告和质量分类报告。

HMI 设备是安装在各个操作室和计算机室的 PC 机。HMI 画面分成显示画面和输入画面两种类型，操作人员通过显示画面了解生产过程控制的有关信息、通过输入画面和键盘向计算机输入必要的数据和命令。

当前，国际流行的趋势是 LEVEL2 和 LEVEL1 的 HMI 合成一体，即 HMI 的硬件和图形软件不再区分 1 级和 2 级。如果还有区分，就是只有给数学模型计算用的数据从 LEVEL2 的应用画面输入，其他的数据输入和显示均由 1 级的应用画面完成。以下给出 LEVEL2 应用画面的一些项目。

(1) 菜单画面：是各个操作画面的一览表，通过该画面，可选择其他各个画面。

(2) 加热炉操作员输入画面：输入的主要内容有炉号变更装炉、停炉指定和跟踪修正等。

(3) 加热炉的炉内画面：对各炉内的各块板坯的有关信息进行显示。

(4) 粗轧画面：对粗轧设定计算结果及公用信息等，进行自动更新显示。

(5) 精轧画面：对精轧各机架设定计算结果及公用信息等，进行自动更新显示。

(6) 轧机操作员输入画面：接收轧机操作室操作人员输入的信息，主要的输入项目有：负荷分配变更、轧制速度、加速度指定、精轧终轧温度变更指定、板形控制所需要的数据、卷取温度控制所需要的数据。

(7) 运输链跟踪显示：根据运输链区里各个钢卷的跟踪状态进行自动更新显示。

(8) 跟踪修正画面：用于 LEVEL2 的特殊跟踪修正。

数据通信是指 LEVEL2 和 LEVEL1 之间的通信、LEVEL2 和 LEVEL3 之间的通信。

LEVEL2 向 LEVEL1 发送设定数据，LEVEL2 接收 LEVEL1 的采样数据（即实际数据采集功能）和跟踪信息、事件信息。LEVEL2 接收 LEVEL 3 的轧制计划和 PDI 数据，LEVEL 2 向 LEVEL 3 发送生产实际数据和跟踪数据。

按功能划分，LEVEL2 和 LEVEL1 的数据通信分成两大功能：设定值的发送、实际值的接收。LEVEL2 和 LEVEL3 的数据通信也分成两大功能：轧制计划和 PDI 数据的接收、生产实际数据和跟踪数据的发送。

1.4.3　基础自动化级功能

LEVEL1（基础自动化级）面向机组、设备及设备的机构。随着电气传动数字化以及液压传动的广泛应用，数字传动已逐步与基础自动化成为一体。

基础自动化功能按性质，可分为轧件跟踪及运送控制、顺序控制和逻辑控制、设备控制及质量控制。带钢热连轧计算机控制功能框图如图 1-2 所示。

热带轧机计算机控制系统，不同于其他生产过程控制，其基本特点如下：

(1) 要求快速控制，现代轧机设备控制及工艺参数控制的周期一般为 2~10 ms；

(2) 控制参数众多，而且集中；

(3) 功能之间相互影响；

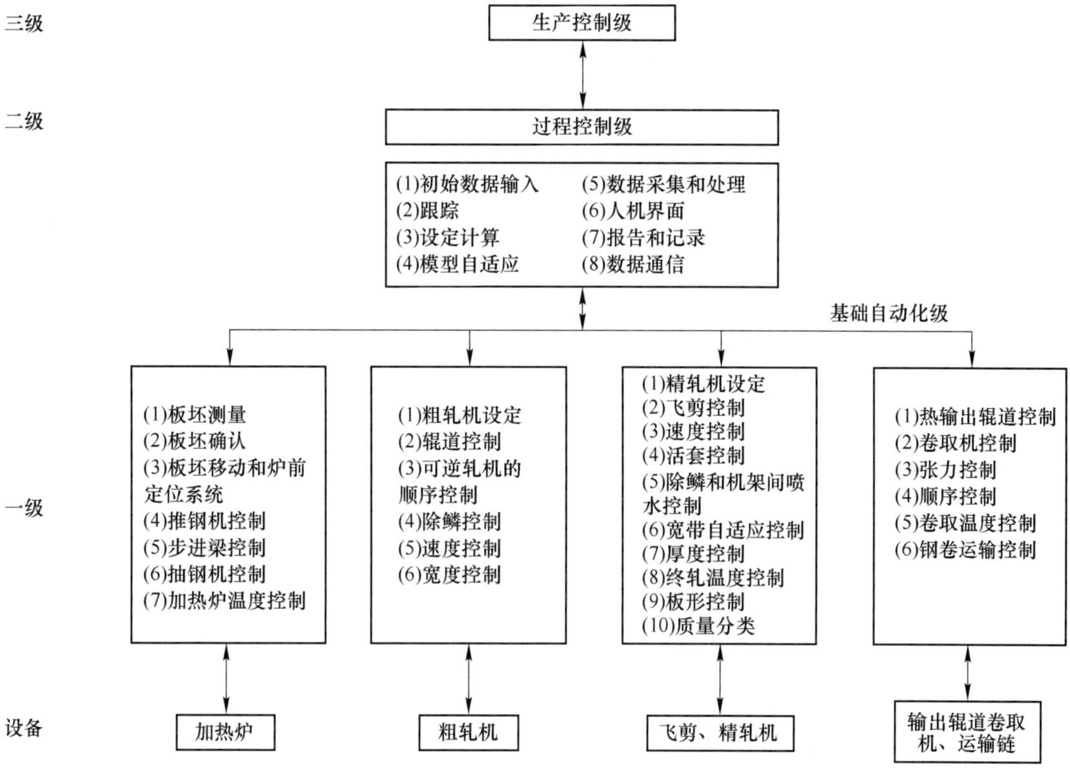

图 1-2 带钢热连轧计算机控制系统的功能

(4) 多个功能需共享输入和输出模块。

前两个特点要求采用处理能力强的 CPU，并采用多 CPU 控制器及多控制器结构的系统，后两个特点要求系统具有高速通信能力，因此板带热轧计算机控制系统在全球只有有限的几个大的生产厂家能全套配置（如美国 GE 公司、德国西门子公司、日本三菱公司等）。

1.4.4 热轧轧件的跟踪及运送

1.4.4.1 事件驱动软件

各功能程序需要利用轧件移动时使冷金属检测器（CMD）、热金属检测器（HMD）或负荷继电器（LR）的“状态变化”（即由“OFF”变成“ON”或由“ON”变成“OFF”）这样一个“事件”来驱动（启动或停止）功能程序，并对操作人员按动按钮进行的人工干预给予响应。为此，设有 CDT（状态变化检测程序）、OSS（一秒扫描程序）及 SYD（系统延迟）三个事件驱动软件。

CDT 软件以 200 ms 为周期对 CMD、HMD 或 LR 的“状态”进行采集，存入检测器“当前状态字”，通过“当前”和“过去”（上一次采集）状态字的比较，判断检测器状态是否发生变化。OSS 则以 1 s 为周期对各操作台按钮的“状态”进行采集，存入按钮“当前状态字”，并判断按钮状态是否发生变化。通过对新老状态字进行“逻辑和”所得的“状态变化字”，可发现某 CMD、HMD、LR 或按钮是否有状态变化，将“状态变化字”与“当前状态字”进行“逻辑乘”，即可得到此 CMD、HMD、LR 或按钮的“状态变化”是“ON 变 OFF”还是“OFF 变 ON”（见图 1-3），由此可对轧件进行跟踪及启动功能程序的投入/退出或响应人工干预。

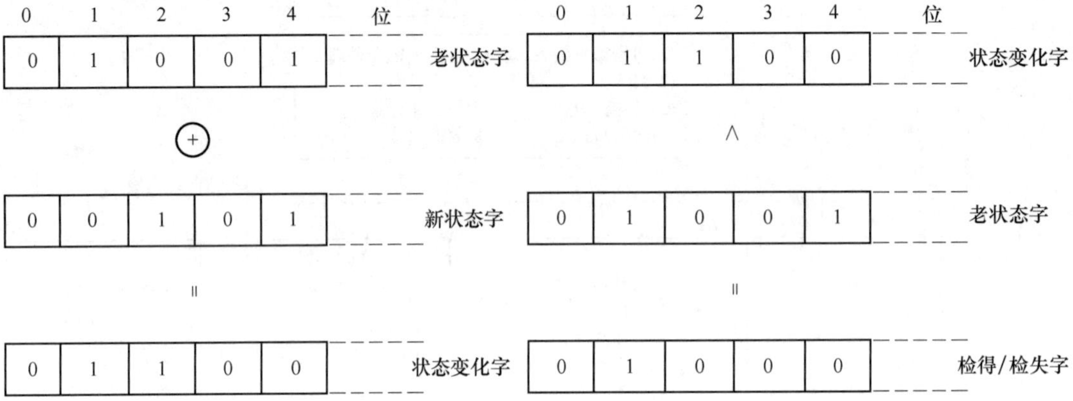

图 1-3　CDT 及 OSS 程序

系统中还设有 SYD 软件用于“延迟”启动采样程序的投入，当轧件头部使某 HMD 由“OFF”变成“ON”，为了考虑此 HMD 到检测仪表的距离以及避开温度偏低的头部（约 500 mm），可设一个定时器（SYD 管理一批定时器），SYD 每 0.2 s 将各定时器减 1，当某定时器减为零时（延迟时间到），由 SYD 软件启动此定时器所对应的采样程序进行数据采集。

为了能根据工艺要求对生产线上多根轧件（带钢热连轧从加热炉出口到运输链最多可有 7~8 根轧件）进行运送及控制，基础自动化级各控制器需要知道每一个轧件在轧线上的位置及其位置的变化，因此轧件跟踪是一个主要功能程序。轧件跟踪将在基础自动化、过程自动化及生产控制级中分别进行跟踪，但各级自动化都以基础自动化的位置跟踪结果为依据。

1.4.4.2　位置跟踪与数据跟踪

基础自动化级的跟踪功能实质上是对生产线各处轧件的位置及其位置的变化进行跟踪，基础自动化的位置跟踪结果将上送过程自动化级。

过程自动化级的跟踪实质上是对各个轧件的数据进行跟踪使数据和轧件能“对上号”，以便正确地进行设定计算和自学习，同时利用基础自动化上送的“事件”信息来启动某些功能程序的投入或退出。

生产控制级的跟踪将用于管理及报表打印。

热轧生产线上一般将存在处于不同位置（跟踪区）的多个块轧件，为了能够知道哪一个跟踪区有轧件以及该轧件是什么钢种、要轧成什么规格等信息需对生产线上各个轧件进行位置跟踪及数据跟踪。

位置跟踪由基础自动化级完成，为此设有跟踪及跟踪修正程序（跟踪修正是操作人员根据人机界面对跟踪结果的显示，以及生产线上轧件实际位置的偏差对跟踪结果进行修正用），位置跟踪用于节奏控制，以防止前后轧件相互碰撞。

为此，跟踪功能需要将生产线划分成多个跟踪区（轧件短时一般一组辊道或一台轧机作为一个跟踪区，轧件长度越来越长后则需将多组辊道及整个连轧机组作为一个跟踪区），计算机内设有相应的跟踪区表，跟踪区之间应设有 CMD、HMD 或 LR（负荷继电器可利用轧制力或电机电流来获得咬钢、抛钢信号）。生产线上除设有跟踪用 HMD 等外，一般还在特定位置设有专用 HMD 或 LR，以便轧件到达该位置能及时启动某个程序。

跟踪程序根据以下原则，决定轧件在跟踪区之间的移动，如图 1-4 所示。

（1）轧件头部进入 i 区（使 $i-1$、i 区间，HMD 由 “OFF” → “ON”），即认为 i 区有钢；

（2）头部进入 i 区后，如 $i-2$、$i-1$ 区间 HMD 尚未发生 “ON” 变成 “OFF”，则认为 $i-1$ 区亦有轧件；当 $i-2$、$i-1$ 区间 HMD 发生 “ON” → “OFF” 时，即认为 $i-1$ 区内已无轧件。

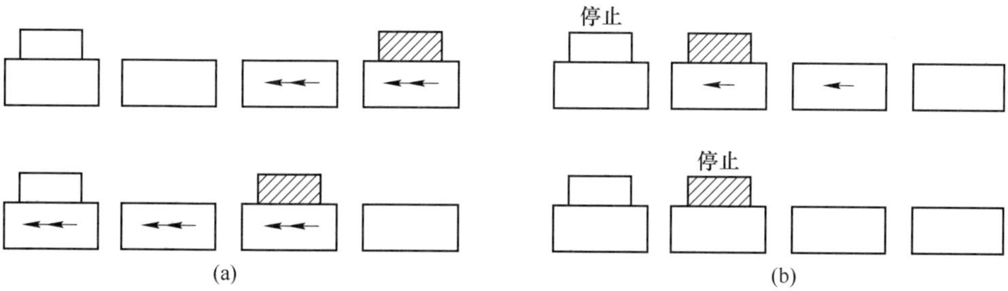

图 1-4　跟踪原则

（a）i 区有钢；（b）i 区，$i-1$ 区有钢

数据跟踪由过程自动化级完成，为此在内存中设一批 “数据区”，对每一个轧件从跟踪开始即分配一个数据区。轧件从板坯库吊运到炉前装料辊道时，计算机将为此轧件设置一个 “跟踪指示字”，其上各位的置 0 或置 1 给出了此轧件的特征信息（如本轧件为一个批料的 “批首” 或换辊后第一块钢等），“跟踪指示字” 的最后几位则用于标明存储该轧件数据的 “数据区号” 以便设定模型，采样等程度能 “对号” 从该轧件的数据区取出或存入该轧件的数据。

过程计算机根据基础自动化传上来的位置跟踪结果，从需设定的特定轧件所对应的数据区取出设定计算所需的数据，并将设定计算结果及有关实测值送入该轧件所对应的数据区。

跟踪程序判断，并确定某轧件移入某区时应将该轧件的跟踪指示字在计算机的跟踪区表内移动，使得需要时可从跟踪区表中查到哪个区内有轧件或此特定轧件在哪个区的信息，便于设定模型对需要设定的轧件对号取/存数据。

为了保证跟踪正确，防止由于氧化铁皮或其他光源产生的 “误信号” 造成 “误跟踪”，需对 CMD、HMD 或 LR 的 “OFF” → “ON”（称为 “检得”）或 “ON” → “OFF”（称为 “检失”）状态变化信号进行有效性判断。为此，要判断图 1-5 中所示的 t_1、t_2、t_3 是否都大于最小值，如小于最小值则认为信号为虚假信号，这是因为轧件有一定长度并以一定速度运动，不可能在这么短的时间内使同一个 CMD 或 HMD 再次检得或检失，亦不可能在这么短的时间使下一个 CMD 或 HMD 检得。

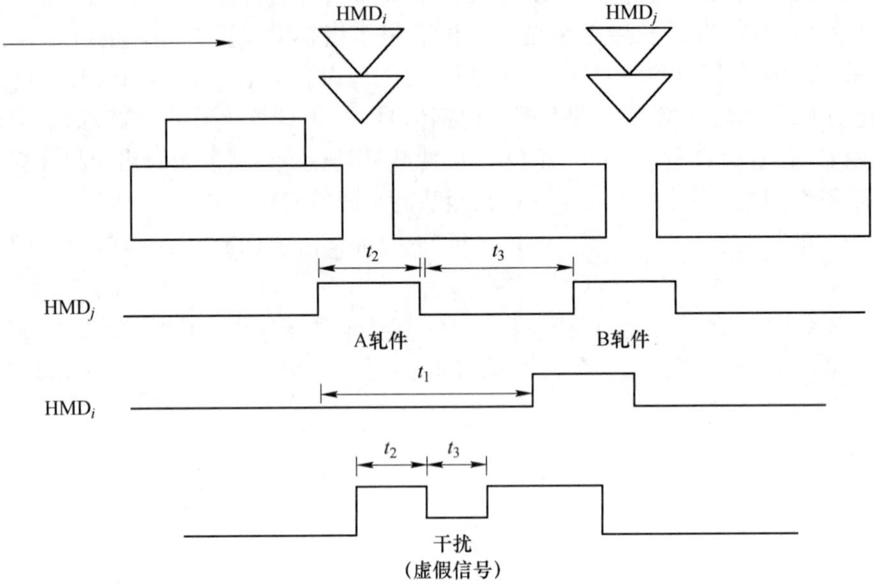

图 1-5 状态变化信号的有效性判断

1.4.4.3 节奏控制及防止碰撞

轧件的运送是生产工艺要求的基本功能，热轧板带跟踪及运送的任务是控制各段辊道（轧机）的速度及其转/停，使轧件以最快速度从加热炉入口送入加热炉，运送到粗轧、精轧及卷取（精整区），并在各区进行加工处理后运出，热轧板坯（带坯）在辊道自动运送及轧制时，一方面希望以高节奏运行以提高产量，另一方面又要防止前后轧件碰撞。为此，需在轧件位置跟踪基础上进行以下判断和控制。

(1) 板坯在上料、装料及加热炉出口辊道上运送时应判断前面辊道上是否有“前坯”。以 i 辊道上板坯运送为例，当 $i+1$、$i+2$ 辊道上无板坯时则 i 辊道以高速运送；当 $i+1$ 辊道上无板坯，但 $i+2$ 辊道上有板坯时，则 i 辊道应和 $i+1$ 辊道同步运行；当 $i+1$ 辊道上有板坯时，则 i 辊道应停止。

(2) 板坯从加热炉抽出前要判断前坯是否已到达规定点。只有前坯已到达规定点，并且本坯“在炉时间”已达到要求的时间时才能出炉。当然，如果操作工发出强制出炉命令则将强制出炉。

(3) 板坯从加热炉区进入粗轧区时要判断粗轧机中是否有前坯。如果有前坯则要判断是否已是末道次轧制才能进入，以免前坯可逆轧制时与进入轧区的后坯相碰撞。若不能进入，则发出“徘徊”命令，使本坯在辊道上游荡，每次游荡后再重新判断。

(4) 从粗轧区进精轧区时亦要作相同判断。对于带钢热连轧则要判断前坯尾部离开精轧前的 HMD 及 F1 的时间和本坯以正常速度运送到达此 HMD 及 F1 的时间，如本坯可能先到则要降低运送速度，甚至发出“徘徊”命令，使本坯在辊道上游荡，每次游荡后再重新计算一次，直到计算的到达时间大于前坯离开 F1 的时间才撤销徘徊命令。

1.4.5 控制模式

正常轧钢时通常使用自动模式（二级计算机、三级计算机不投入则不轧钢），可以使用二级机设定的数据，也可以使用操作工设定的数据。手动操作仅限于维修和极特殊情况。

1.4.5.1 二级设定模式

操作工可以通过二级设定模式（SET UP MODE）的切换决定是使用二级计算机的设定数据还是使用预设定（PRE-SET）数据，如图 1-6 所示。

图 1-6 二级设定模式图

（1）ON：使用二级计算机的设定数据；

（2）OFF：使用预设定（PRE-SET）数据。

1.4.5.2 一级控制模式

不同的控制功能需要在不同的模式下动作，一级控制模式（DDC CONTROL MODE）如图 1-7 所示。

图 1-7 一级控制模式图

（1）自动模式（AUTO）：当选择自动模式时，各部分的类似顺序控制、标定控制、反馈控制等自动功能可以按一定的控制时序投入。如果此时二级设定模式也被选择，则控制使用来自二级计算机的设定数据，否则控制使用来自一级计算机的设定数据。

（2）手动模式（MAN）：当选择手动模式时，各部分的类似顺序控制、标定控制、反馈控制等自动功能不投入，设备的动作由操作工手动控制。

（3）标定模式（CAL）：当选择标定模式时，系统将自动或由操作工确认当前的实际位置与计算机中的是否一致，并按实际位置修正计算机的内存。

1.4.5.3 一级计算机选择

一级计算机选择功能用来确定各部分功能（例如：轧制力 AGC、前馈 ASC 等）是否投入使用，如图 1-8 所示。

图 1-8 各功能是否使用图

（1）当选择“OFF”时，此功能不投入；

（2）当选择“ON”时，如果一级计算机选择自动模式（AUTO），则相应的功能按一定的进程投入；如果一级计算机选择手动模式（MAN），则此功能不投入。

1.4.6 操作模式

二级计算机模式和一级计算机模式合成为三种操作模式，如图 1-9 所示。

（1）计算机操作模式（COMPUTER OPERATION MODE）；

（2）预设定操作模式（PRESET OPERATION MODE）；

（3）手动操作模式（MANUAL OPERATION MODE）。

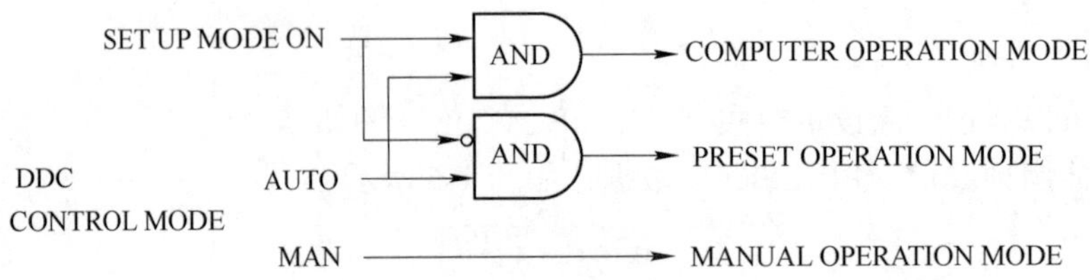

图 1-9　操作模式图

1.4.7　模式组合图

加热区的模式组合如图 1-10 所示，粗轧区的模式组合如图 1-11 所示，精轧区的模式组合如图 1-12 所示，卷取区的模式组合如图 1-13 所示。

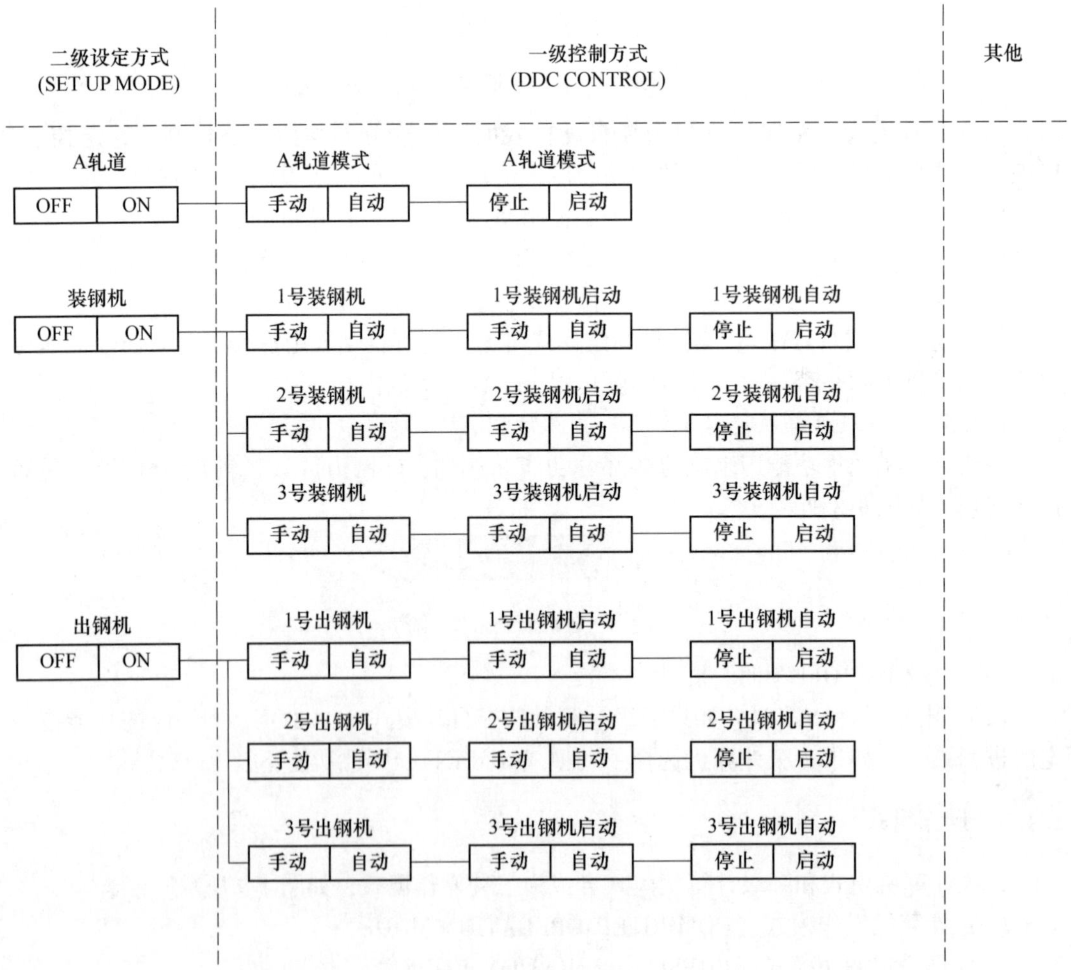

(a)

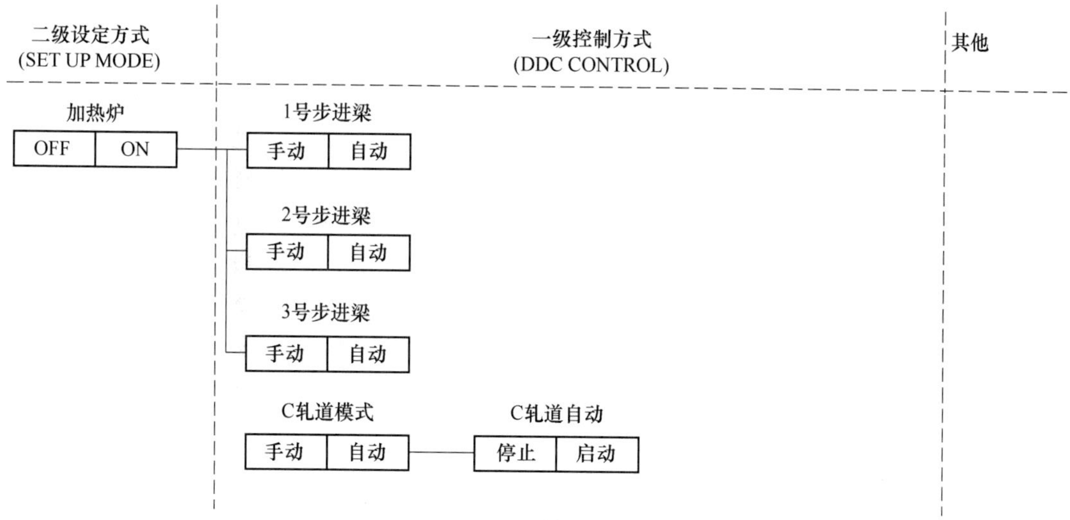

(b)

图 1-10 加热区的模式组合图

（a）1-1 加热区；（b）1-2 加热区

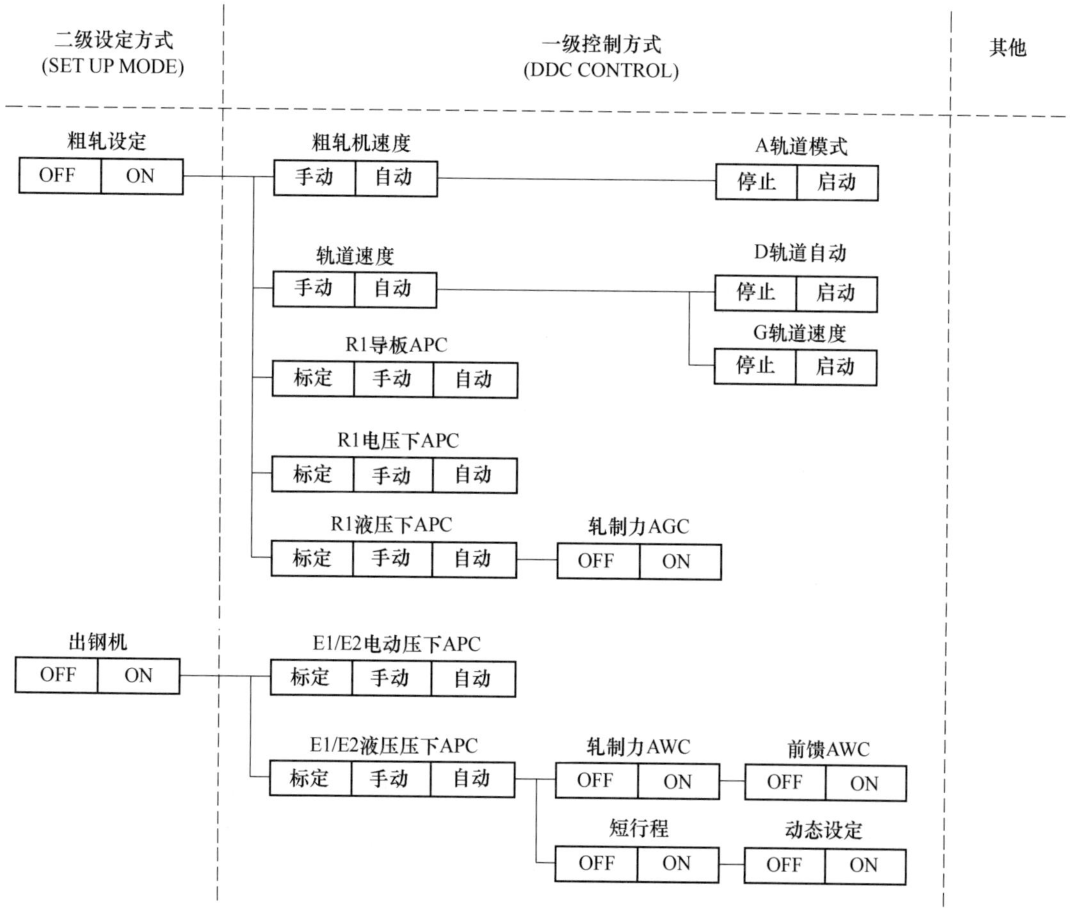

(a)

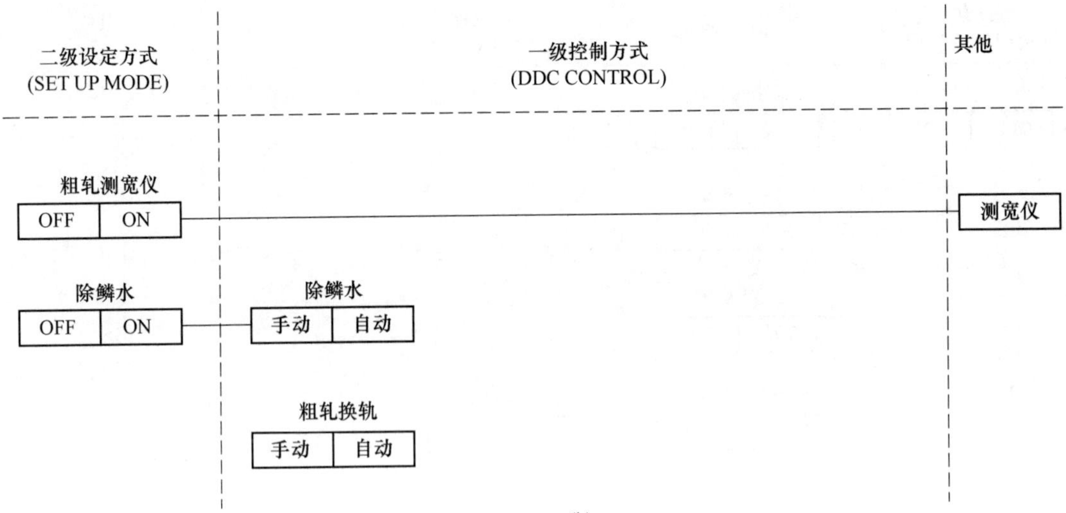

(b)

图 1-11　粗轧区的模式组合图
(a) 2-1 粗轧区；(b) 2-2 粗轧区

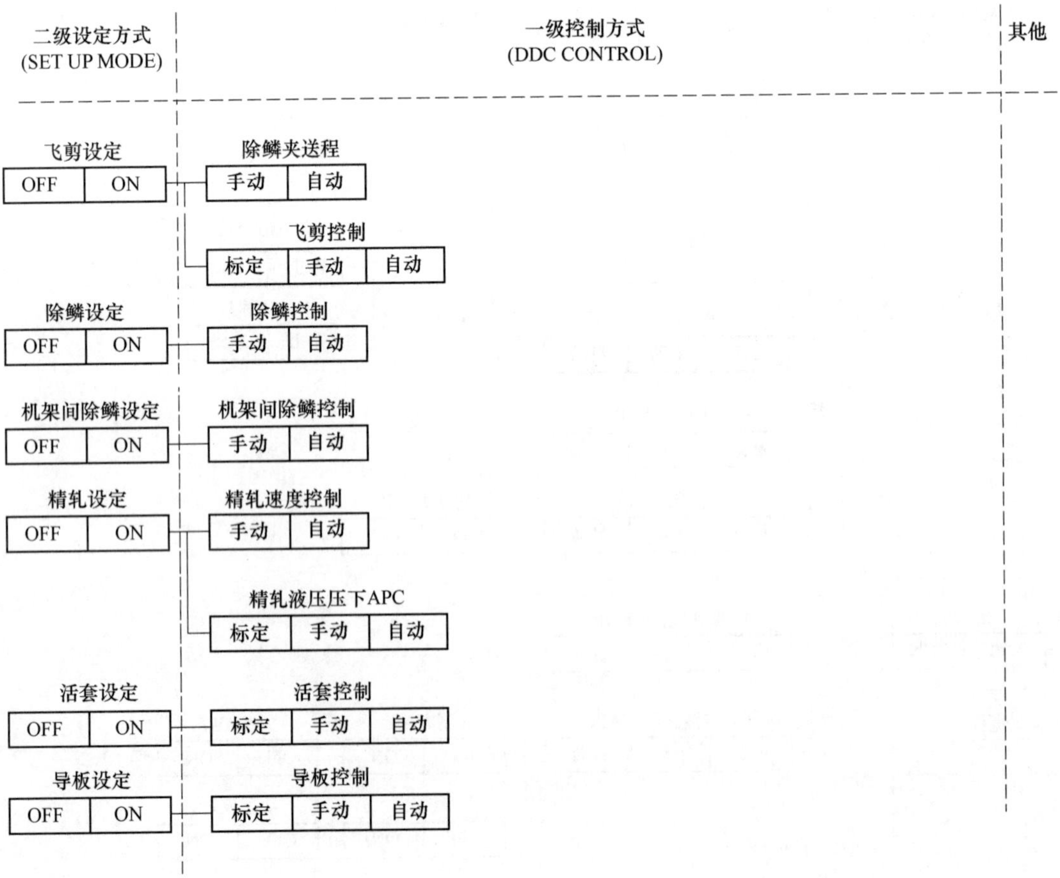

(a)

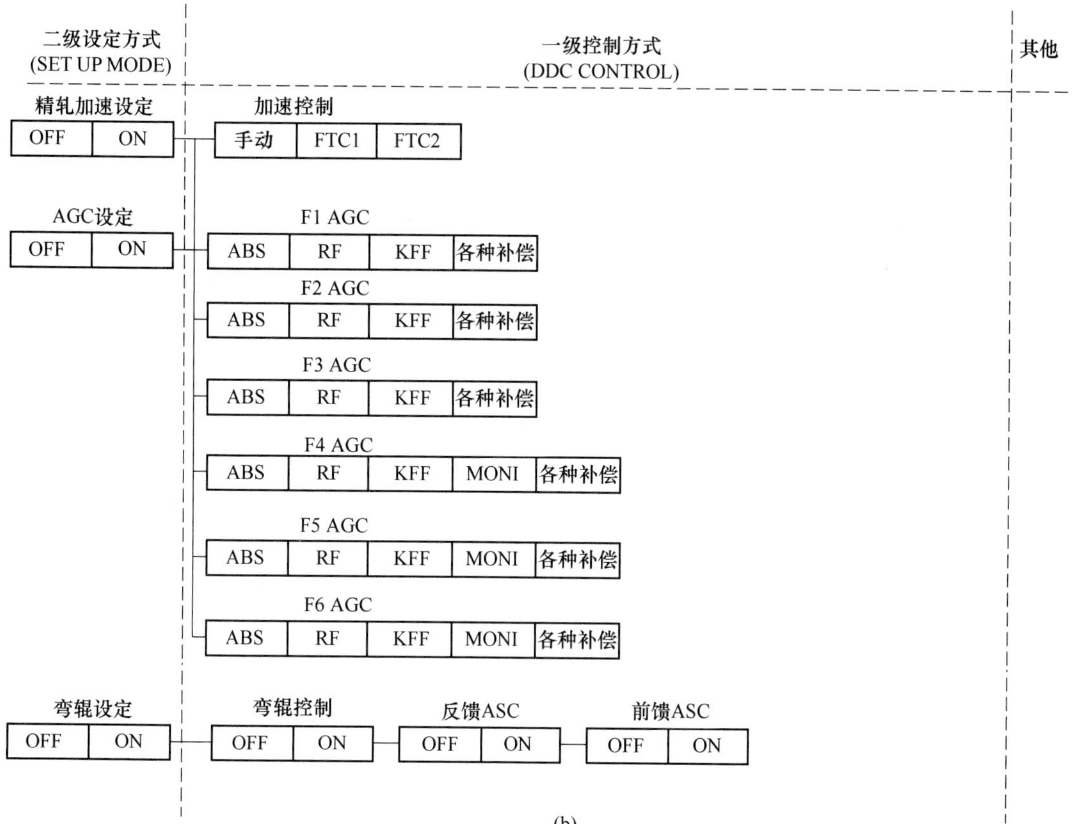

(b)

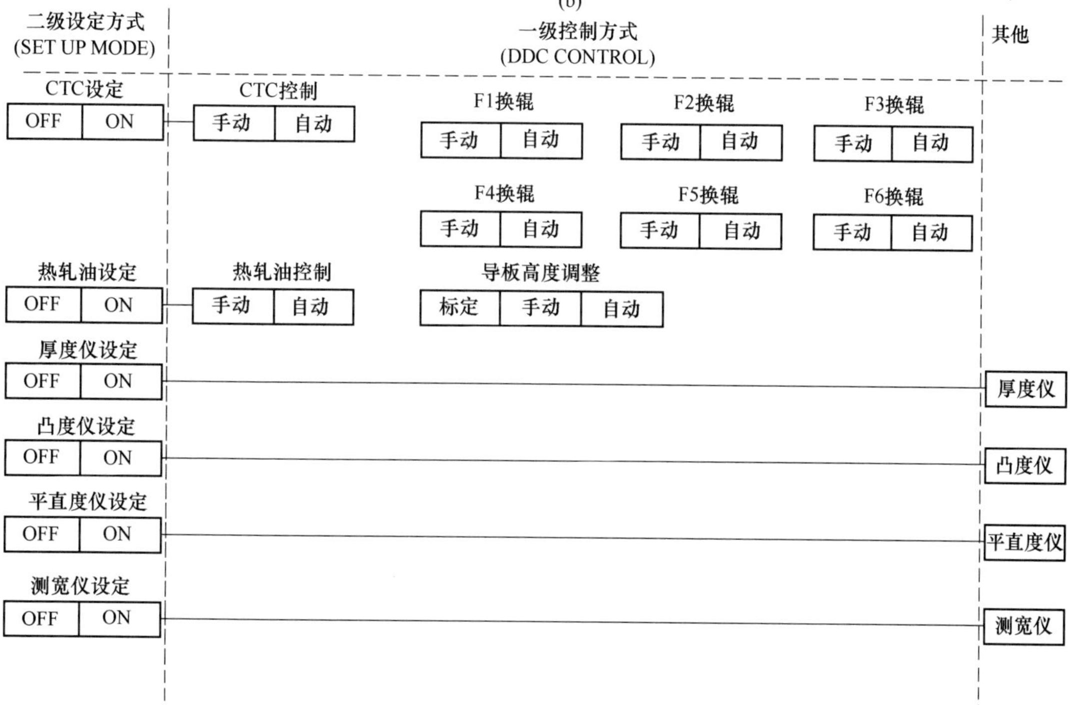

(c)

图 1-12 精轧区的模式组合图

（a）3-1 精轧区；（b）3-2 精轧区；（c）3-3 精轧区

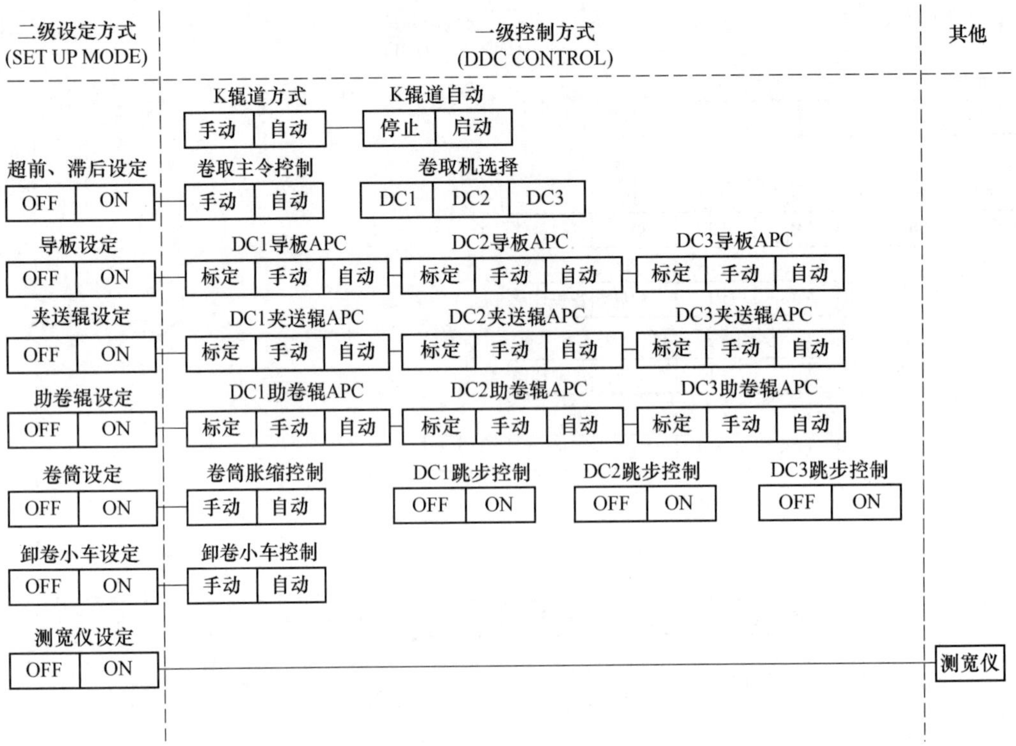

图 1-13　卷取区的模式组合图

1.4.8　自动控制功能简述

一级计算机必须具备一定数量的缓存，缓存的数量根据本部分轧件的最高数量确定，图 1-14 是仅考虑 2 块轧件的数据传输图。

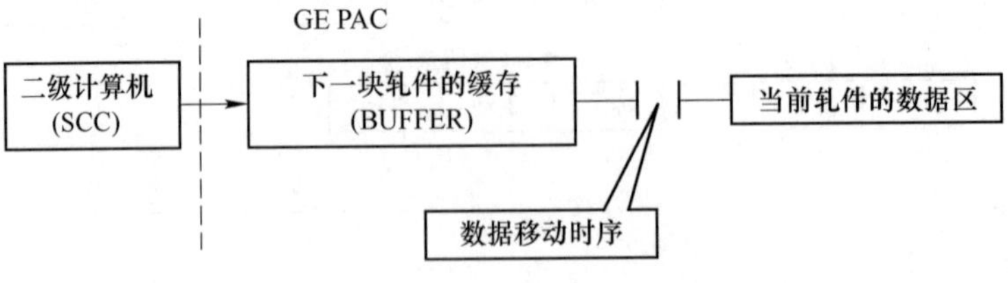

图 1-14　2 块轧件时的数据传输图

表 1-1～表 1-4 分别是加热区、粗轧区、精轧区和卷取区中，对各个控制对象的主要自动控制功能的简要描述。

表 1-1　加热区的自动控制功能

序号	控制对象	自动控制功能
1	A 辊道	自动入炉定位、板坯测长、板坯测温、板坯自动搬运、跟踪功能
2	装钢机	装炉自动定位、板坯测宽

续表 1-1

序号	控制对象	自动控制功能
3	炉门	自动半开、全开功能
4	加热炉	自动燃烧控制、反装炉功能
5	步进梁	板坯自动搬运、踏步功能
6	出钢机	自动定位抽坯，保证板坯处于辊道中心线
7	C 辊道	板坯自动搬运、摆动、跟踪功能

表 1-2 粗轧区的自动控制功能

序号	控制对象	自动控制功能
1	高压水	自动按时序喷射
2	D 辊道	轧件自动搬运、摆动、跟踪功能
3	G 辊道	轧件自动搬运、摆动、跟踪功能
4	R1、E1、E2 轧机	自动往复轧制
5	R1 入出口导板	自动定位、短行程、1PASS 停止对中
6	R1 压下	自动定位、AGC
7	E1、E2 侧压	自动定位、AWC
8	R1 入出口高压水	自动按时序喷射
9	R1 换辊	自动主轴对位、工作辊自动更换
10	E1、E2 换辊	自动主轴对位、轧辊半自动更换

表 1-3 精轧区的自动控制功能

序号	控制对象	自动控制功能
1	H 辊道	轧件自动搬运、摆动、跟踪功能
2	飞剪	自动切除中间坯头尾（HMD 和 CPG 方式）
3	精轧高压水	自动按时序喷射
4	精轧机架内除鳞	自动按时序喷射
5	F1 E、精轧机	自动轧制、升速、控制 FDT、无活套控制
6	精轧导板	自动定位、短行程
7	F1 E 辊缝	自动定位、头尾短行程控制
8	精轧压下	自动定位、AGC
9	活套	自动高度、张力控制，软起套、防甩尾功能
10	工作辊窜辊	自动定位控制
11	工作辊弯辊	AFC 控制、反馈 ASC、前馈 ASC 控制
12	保温罩	自动打开、关闭控制
13	精轧机换辊	自动主轴对位、工作辊自动更换
14	轧线调整	自动调整轧线标高
15	热轧油	自动按时序喷射
16	层流冷却	自动板卷温度控制

表 1-4 卷取区的自动控制功能

序号	控制对象	自动控制功能
1	K 辊道	轧件自动搬运、头尾跟踪功能
2	卷取机	主令控制、卸卷控制、张力控制、对尾、冷却水、卷取机切换控制功能
3	卷取机夹送辊	自动定位、压力控制
4	卷取机助卷辊	自动定位、压力控制、跳步控制
5	卷筒	自动胀缩功能
6	卷取导板	自动定位、短行程、压力控制
7	打捆机	自动打捆功能
8	喷印机	自动喷印功能
9	称重机	自动称重功能
10	步进梁、运输链	自动搬运、板卷跟踪功能

1.4.9 模拟轧钢

1.4.9.1 总体描述

模拟功能用于在没有咬入和轧制实际板坯的情况下，通过正常操作假定咬入假想材料模拟轧制过程来确认机械和电气系统的功能。

模拟用的 PLC 发出跟踪传感器的检得或检失信号（HMD、高温计、负荷继电器等），假想板坯在轧制线上通过咬入/轧制操作向前走一样，模拟功能可以确认过程计算机基础自动化是否根据信号执行了要求的操作（数据设定、APC 操作、速度设定操作等）。

1.4.9.2 分区

模拟功能分成以下三个区：

（1）粗轧区加热出炉辊道至粗轧机（不包括操作每个加热炉的抽钢机）；

（2）精轧区 H 辊道至精轧机；

（3）卷取区 1 号输出辊道至卷取结束，这里的卷取结束是指将钢卷运送至卸卷步进梁。

1.4.9.3 目标

A 操作和设备功能调试

在工厂的操作和设备功能调试时确认过程计算机/基础自动化的控制功能，控制时序等。有以下三种方式执行模拟功能：

（1）各区域单独模拟（当相邻区域同时选定时执行方式 2 功能）；

（2）相连区域联动模拟；

（3）所有区域连续模拟。

当假想材料在轧制线的中间产生时（不产生于粗轧区，如方式 1 和方式 2 中的精轧区及卷取区或它们的联动模拟），不能执行包含过程计算机的模拟。

B 定期检修后的操作功能确认

为操作员在定期检修结束后确认润滑，液压系统的机械设备联锁功能、控制功能、传动功能等提供了可能。

C 操作功能变更后的确认

为在将来轧制线上机械设备、控制系统等变更后，确认操作和控制功能提供了可能。

1.4.9.4 模拟操作描述

A 模拟选择按钮

Simulation ON/OFF 选择“ON”时允许执行模拟功能。

B 过程计算机参与选择按钮

SCC 选中时模拟时过程计算机投入。

C 分区模拟功能 ON/OFF 选择按钮

在各区域操作台上，按一下“ON”，再按一下“OFF”，“ON”状态时显示灯亮，准备执行模拟功能。

D 设定数据来源

包含过程计算机模拟时，使用过程计算机的设定数据；不包含过程计算机模拟时，设定数据由模拟计算机产生。

E 材料创造时间设定

（1）包含过程计算机模拟时，材料产生时间由过程计算机设定。

（2）不包含过程计算机模拟时，材料产生时间如下：按下“模拟开始”按钮创造第一块材料；在 OPS 上可以输入模拟时两块材料的间隔时间，模拟程序按照设定的间隔时间创造下一块材料；模拟程序可以产生两种规格的材料，这两种规格的材料交替产生；开始模拟后如果不终止模拟方式，模拟六块以后不再创造新的材料，要继续模拟需再次按下“模拟开始”按钮。

F 启动按钮

当按下“启动”按钮时，指示灯亮，产生假想材料如下：

（1）粗轧区在抽钢辊道上产生假想材料；

（2）精轧区在粗轧延迟辊道上产生假想材料；

（3）卷取区在输出辊道上产生假想材料。

当包含过程计算机模拟时按下“启动”按钮，如果抽钢数据、板坯长度、抽钢炉号、炉位号传送给了模拟 PLC，则模拟 PLC 在抽钢辊道上的指定位置产生假想钢坯，并启动相关的 HMD。

当假想钢坯产生后，开始材料传送时，由模拟 PLC 产生要求的跟踪传感器信号、位置传感器、PLG、极限开关等使用实际传感器的输入，模拟计算机产生的模拟信号不输出。

G 暂停按钮

当在模拟区域按下“暂停”按钮在区域内移动的假想材料停止时，指示灯亮。这里允许操作员临时停止在本区域内移动的材料，确认各部分的操作状态。暂停按钮只对本区域有效，不能影响其他区域。即使按下暂停按钮，只是模拟中的假想材料停止移动。但是从机械设备看，辊道和轧机仍然保持原来的运行速度。

另外，APC 部件、飞剪等如果已经启动则继续操作，如果没有启动则保持停止。作为暂停的联锁条件，下列板坯/带钢即使按下“暂停”按钮也不受影响：

（1）粗轧机正在轧制时；

（2）精轧机正在轧制时；

（3）带钢头部或尾部在输出辊道上；

（4）卷取机正在卷取时；

（5）飞剪正在剪切时。

H　重新启动按钮

在暂停时按下“重新启动”按钮，暂停状态被复位，暂停指示灯灭。模拟重新启动，材料开始移动。

1.4.9.5　模拟功能

A　模拟相关功能

（1）相关手动介入模拟时，假想材料跟踪允许各功能的手动介入；

（2）相关空过机架等允许在实际操作中选择空过机架（粗轧机/精轧机）和卷取机，或者执行轧制道次空过等；

（3）轧制线上的材料数量。

模拟时，在允许达到实际轧制条件下的同一时间最多材料数量：

（1）粗轧区同时最多可以有两根材料；

（2）精轧区同时最多可以有一根材料；

（3）卷取区同时最多可以有一根材料。

B　不能进行模拟的相关功能

模拟程序只能产生假想材料向前移动所需要的跟踪传感器 ON/OFF 信号，但是从加热炉出炉辊道到卷取机范围内的一些功能仅凭这些信号是不能执行的。

（1）粗轧 RAWC 功能；

（2）精轧机活套控制（张力，高度控制）；

（3）精轧机 AGC 功能；

（4）卷取机张力控制；

（5）其他（精轧出口温度控制 FTC 等）。

C　模拟操作描述

系统的模拟操作可以分为三个关键阶段：准备阶段、轧制阶段、假想材料的消失阶段。

a　准备阶段

用户可以选择是否包含过程计算机进行模拟，并据此选择模拟的区域及设定数据来源。

b　轧制阶段

在从加热炉抽出假想板坯的过程中，模拟 PLC 准备了两种不同长度的假想板坯及板坯数据，不使用过程计算机时，交替使用这两组数据。用 OPS 设定抽钢炉号，炉位号和选择抽钢间隔时间。在使用过程计算机进行模拟时，预先在过程计算机一侧输入假想板坯数据并检查板坯数据，同时在显示器显示数据。按下“模拟开始”按钮时，显示器显示正在抽出的假想板坯和下一块将要抽出的板坯。此按钮也使模拟 PLC 接收过程计算机传送下来的抽出板坯数据：板坯长度、抽钢炉号、炉位号。

在模拟操作的下一阶段，假想材料的产生分别在粗轧区、精轧区和卷取区进行。在粗轧区，当模拟 PLC 使对应于抽钢炉号及炉位的 HMD 信号“ON”时，控制加热炉延迟辊道的基础自动化计算机产生抽钢完成信号并输出到过程计算机；在精轧区，当精轧区模拟准备完成后，按下“模拟启动”按钮，模拟 PLC 在粗轧延迟辊道上交替产生两种长度的粗轧中间带坯，模拟 PLC 根据粗轧延迟辊道速度反馈和粗轧中间带坯长度发出跟踪传感器的 ON/OFF 信号；而在卷取区，当卷取区模拟准备完成后，按下“模拟启动”按钮，模拟 PLC 按顺序产生 F1～F6 的负荷继电器“ON”信号送给输出辊道及卷取机控制基础自动化计算机，并且根据输出辊道和卷取机的速度反馈及卷取长度产生跟踪传感器的 ON/OFF 信号。

材料传送阶段，模拟 PLC 根据控制每一部分的基础自动化计算机接收的速度反馈，使内部跟踪向前跟随并产生跟踪传感器的 ON/OFF 信号。

材料轧制阶段，各部分的基础自动化计算机根据方式选择取用相应数据在规定的时序驱动机械设备。模拟 PLC 根据接收的速度反馈按顺序产生跟踪传感器的 ON/OFF 信号。模拟 PLC 根据轧机速度反馈和入口辊道速度反馈的比率改变材料轧制后的长度。

c 假想材料的消失阶段

材料会根据模拟的特定区域在相应位置消失。例如，在粗轧区单独模拟时，材料在粗轧延迟辊道上消失。当卷取区没有进行模拟而精轧模拟时，带钢头部通过精轧末机架时，则精轧末机架“ON”，但下游侧的跟踪传感器并不启动。带钢尾部通过精轧末机架时，则精轧末机架“OFF”。在各相邻区域连续模拟时，系统会适应地调整材料产生和暂停的位置和条件。例如，当粗轧区和精轧区连续模拟时，则从抽钢到精轧末机架的范围进行模拟，板坯只产生于抽钢处；当精轧区按暂停时，只是精轧区暂停而粗轧区继续模拟；当前坯和后坯要碰撞时，粗轧区基础自动化产生 E-HOLD 条件，使材料停止；当粗轧区按暂停时，只是粗轧区暂停而精轧区继续模拟；当精轧区和卷取区连续模拟时与粗轧区和精轧区连续模拟的情况类似。这种情况下，粗轧中间坯只产生于精轧区。

模拟 PLC 和各区域基础自动化在材料通过各区域后自动清除跟踪信号。另外，有必要由操作员执行 Semi-processing 清除过程计算机跟踪信号。

1.4.10 质量分类

为了监督和统计成品质量，对带钢全长的精轧出口宽度、厚度、温度、平直度、凸度进行质量分类（分类标准由工艺要求给出）。

一级计算机根据精轧机末架的实时速度及前滑率进行积分，计算出带钢的长度实际值，同时在长度方向上记录带钢实时的宽度、厚度、温度、平直度、凸度，并在记录值中筛选出各种指标的最大值、最小值及出现的位置，并将结果反馈给 L2 计算机。

1.4.11 过程数据采集

实际生产中的动态数据对于现场故障的分析和质量问题追溯有着至关重要的作用，热轧生产线使用的是过程数据采集（PDA）系统，在线记录生产过程中动态数据（速度、轧制力、辊缝等）。PDA 系统通过网卡直接联接在基础自动化计算机网络上，高速地从网上获得要记录的数据，并将数据按钢卷号储存在硬盘上备查，定期将有价值的数据刻录在光盘上长期保存。

PDA 在线软件主要有以下三方面的功能：

(1) 组织要采集数据的接口；

(2) 无纸记录过程数据；

(3) 将获得的数据存盘。

1.4.12　虚拟对象实时仿真

虚拟对象仿真是利用在 PC 机上运行的对象仿真软件模拟实际设备的动态特性，以便对一些关键控制功能（如 APC、AGC 等）进行离线实时调试，加快应用软件的开发过程。

当进行虚拟对象实时仿真时，控制器的控制算法所产生的输出控制信号将通过网络传递到实时仿真器，而对象仿真程序所产生的描述对象运动状态的数据信息也将作为反馈值通过网络传递到实时仿真器。借助实时仿真，将对控制参数进行初步整定，从而避免负荷调试的盲目性和风险性。

1.4.13　故障诊断

1.4.13.1　系统功能概述

故障诊断系统集成了多项功能，以确保网络和硬件的稳定运行。系统首先聚焦于网络故障诊断，通过采集和判断 L1、L2 和 HMI 各站点的在线状态，不仅显示这些站点是否在线，还能在发现故障时显示故障站点并发送报警信息。在硬件故障诊断方面，系统同样采集和判断 L1、L2 和 HMI 站点的硬件故障。对于 L1，它专门检测控制器各模块的故障，并显示系统故障状态图，同时将故障信息发送到 HMI 界面。L2 和 HMI 的故障诊断方法与网络故障相似。

系统还能识别和显示仪表及执行机构的故障，包括故障的来源、报警代码和报警级别，并且进一步提供了针对 512~1024 个指定变量的超限报警功能。对于 L1 控制器，它还能采集功能软件的自诊断结果，并进行集中显示、记录和打印。此外，故障信号模拟发生器为离线测试提供信号，而离线自测试功能则增强了系统的可靠性。报警事件的存储和记录，以及在报警事件发生后通知相关站点和人员的功能，确保了快速和有效的响应，从而大幅提升系统的整体运行效率和安全性。

1.4.13.2　故障信息数据结构的定义及分类

在现代工业和技术系统中，故障信息的管理和分析对于确保设备的可靠性和效率至关重要。故障信息数据结构的定义和分类是构建强大的维护和诊断系统的基础，这个领域涉及对各种故障信息的收集、存储、处理和解析，旨在最大化地利用这些数据，从而预测和预防潜在的设备故障。

有效的故障信息数据结构应该能够精确地捕捉故障的本质，包括故障发生的时间、位置、影响的程度以及可能的原因。这样的结构不仅便于数据的存储和访问，而且对于数据分析和故障诊断极为重要。此外，合理的分类系统可以进一步增强数据的可用性，使工程师能够更快地识别故障模式和趋势。

在设计和实施工业自动化系统时，建立一个综合的数据结构和报警级别定义可以使系统有效地运行。站点负责人信息的数据结构应包括关键的个人信息，如姓名、电话、手机和电子邮件地址，这些信息确保在发生故障或需要紧急响应时能够迅速联系到负责人。报警被分为两级：一级报警和二级报警。一级报警（标记为红色的 A 标志）代表最高紧急程度，包括网络通信中断、机械设备严重故障、跟踪故障、系统响应严重超时等情况。二级报警（标记为橘黄色的 B 标志），则用于指示一般故障。对报警数据的分类定义可以快速诊断和解决问题，报警分为软件类和硬件类两大类。软件类报警包括 CNROLL 系统软件故障、运行过程数据超限以及软件模块工作异常等，硬件类报警则涵盖了仪表信号故障、执行机构故障、PLC 模块故障和网络设备故障等。

通过精确定义站点负责人信息数据结构和报警级别，以及对各类报警数据进行详细分类，可以确保在遇到任何故障时都能实现快速、有效地响应。表 1-5 是报警数据的数据结构。

表 1-5 报警数据的数据结构

一般定义项（Item）	
报警编号（Alarm Number）	无符号整数
报警站号（Station Number）	无符号整数
报警名称（Exception Name）	字符型无符号整数
报警级别（Alarm Level）	字符型
报警标志字（Alarm Flag）	字符型
电气参数的数据结构（针对仪表）	
捕获报警时间（Alarm Time）	字符型
报警处理标志（Process Flag）	字符型（处理为 1，未处理为 0）
软件号码（Software Code）	字符型
软件名称（Software Name）	字符型
软件理论标准值	
软件理论上限值（Highest Limit Value）	Float（或转换为字符串）
软件理论下限值（Lowest Limit Value）	Float（或转换为字符串）
报警设备号（Device Number）	字符型
报警设备名称（Device Name）	字符型
设备参数标准值	
设备参数上限值（Highest Limit Value）	Float（或转换为字符串）
设备参数下限值（Lowest Limit Value）	Float（或转换为字符串）
其　他	
设备读故障	字符型（故障为 1，否则为 0）
设备写故障	字符型（故障为 1，否则为 0）
站点在线侦测标志字	字符型（故障为 1，否则为 0）
报警计数器	整型（ 记录某站的报警次数）

1.4.13.3 程序结构

程序结构（模块功能设置）包括以下内容。

（1）总调度模块：所有故障信息定义为事件标志，该模块连续追踪所有事件标志，根据事件标志调用相应的处理程序。

（2）通信模块：与各站点的通信，为总调度模块和动态故障数据采集模块提供数据。

（3）动态故障数据采集模块：根据收集来的信息更新相应的事件标志。

（4）故障报警模块：根据收集来的事件标志，发报警信息给故障显示模块和故障记录模块。通知相关人员对故障进行处理，或调用相应的处理程序进行处理。处理完毕，调用故障清除模块。

（5）故障记录模块：记录报警信息，以备以后离线分析使用。

（6）故障清除模块：报警事件被处理之后，调用此模块，清除报警事件标志并通知系统故障解除。

（7）故障自测试模块：供调试和自检使用，以保证本程序能够正常运行，即故障信号发生器测试系统捕捉故障报警事件的能力。

（8）故障报警发送模块：包括本地发送和远程发送。当报警发生时，除了立即在本地 HMI 显示报警信息之外，还要将报警信息发送给相关站点，启动应急处理程序，或通知相关人员进行处理。

（9）修改故障数据项模块：增删报警数据项和修改报警极限值等。

（10）报警显示模块：显示报警信息。

（11）数据结构定义模块：定义各类报警数据结构。

1.4.13.4　故障信息显示定义

（1）报警信息分为主画面和子画面二级显示：主画面显示实时系统图，以站点为单位。如果该站点出现故障，代表该站点的图示根据报警源的级别显示红色闪耀报警灯或者显示橘黄闪耀报警灯。按报警级别刷新画面，显示报警号、报警名等主要信息，用鼠标点击该项显示全部信息。

（2）报警图示闪耀的同时，提供语音或铃声报警。

1.4.13.5　故障诊断站连入 CNROLL 的方式

考虑到增加该站对本系统通信流量的影响，避免产生新的瓶颈，用 TCP/IP 以太网连接到系统中的所有站点，收取诊断信息。这样对原系统影响较小，实现诊断功能较灵活方便，容易扩充，可作为整个系统的冗余，软件开发较简单。

2 热连轧塑性变形理论与轧机方程

带钢热轧数学模型涉及三个主要工艺参数，即轧制温度、轧制力和前滑。无论是轧制力模型还是前滑模型都与变形区塑性变形直接有关，虽然在线控制用模型与基于塑性变形的理论模型不同，但从理论模型的讨论开始将对在线控制模型实质的理解十分有益。

2.1 轧制变形区参数

变形区时轧件在轧制过程中直接与轧辊相接触而发生塑性变形的那个区域，其平面图如图 2-1 所示。

图 2-1 中，D，R 为轧辊直径、轧辊半径，mm；h_0，h 为轧制前、轧制后轧件之厚度（轧件入口、出口厚度），mm；h_m 为轧制变形区的平均厚度 $\left(h_m = \dfrac{h_0 + h}{2}\right)$，mm；$h_\gamma$ 为变形区中心角处的轧件厚度，mm；l_c 为接触弧水平投影长度，mm；γ 为中性角，rad；α 为咬入角，rad。轧制变形区基本参数为轧件宽度 B、轧辊半径 R、入口厚度 h_0 和出口厚度 h。其平面变形区由 R、h_0 及 h 组成。

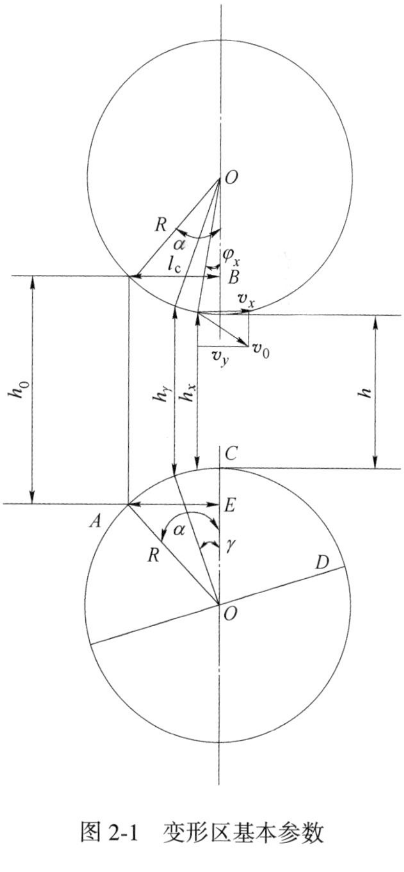

图 2-1 变形区基本参数

2.1.1 绝对压下量和相对压下量

绝对压下量为

$$\Delta h = h_0 - h \tag{2-1}$$

相对压下量为

$$\varepsilon = \frac{\Delta h}{h_0} = \frac{h_0 - h}{h_0} \tag{2-2}$$

2.1.2 咬入角和接触弧长

咬入角为 α，由图 2-1 可知

$$\frac{\Delta h}{2} = R - R\cos\alpha = R \times 2\sin^2\frac{\alpha}{2} \tag{2-3}$$

$$\Delta h \approx 2R\frac{\alpha^2}{2} \tag{2-4}$$

$$\alpha \approx \sqrt{\frac{\Delta h}{R}} \tag{2-5}$$

接触弧长 l_c 为接触弧长的水平投影长度，由图 2-1 可知

$$l_c^2 = R^2 - OB^2 \tag{2-6}$$

$$l_c^2 = R^2 - \left(R - \frac{\Delta h}{2}\right)^2 = R\Delta h - \frac{\Delta h^2}{4} \tag{2-7}$$

由于 $\Delta h^2/4$ 比 $R\Delta h$ 要小得多而可以忽略，有

$$l_c \approx \sqrt{R\Delta h} = \sqrt{R(h_0 - h)} \tag{2-8}$$

2.1.3　变形速度

金属塑性变形的变形速度定义为：单位时间的应变量（真正变形程度 e），它和一般所说的轧制速度或压缩速度是完全不同的概念。x 点处变形速度一般用 u_x 表示，单位为 s^{-1}。

$$u = \frac{de}{dt}$$

$$de = \frac{dh_x}{h_x} \tag{2-9}$$

$$u_x = \frac{dh_x}{h_x} \cdot \frac{1}{dt} = \frac{dh_x}{dt} \cdot \frac{1}{h_x}$$

式中　dh_x/dt ——线压缩速度，mm/s。

2.1.4　轧制时的前滑和后滑

由于在变形区内被轧金属遵守体积不变定律，因此在变形区中随着厚度的变小金属移动速度将逐渐加大。变形区中存在前滑段和后滑段，对连轧机组重要的是各机架的带钢出口速度 v 和入口速度 v'，为此定义一个前滑值 f 和后滑值 β。

$$f = \frac{v - v_0}{v_0} \qquad \beta = \frac{v_0 - v'}{v_0} \tag{2-10}$$

式中　v_0——轧辊的线速度。

前滑使得带坯出口速度加大，后滑使得带坯入口速度减少，即

$$v = v_0(1 + f) \qquad v' = v_0(1 - \beta) \tag{2-11}$$

2.2　轧制力

目前普遍公认，基于 OROWAN 变形区力平衡理论的 SIMS（西姆斯）公式是最适于热轧带钢轧制力模型的理论公式，SIMS 公式的轧制力采用以下基本形式。

$$P = Bl'_c Q_P K K_T \tag{2-12}$$

式中　P ——轧制力，kN；

l'_c ——考虑压扁后的轧辊与轧件接触弧的水平投影长度，mm；

Q_P ——考虑接触弧上摩擦力造成应力状态的影响系数；

K ——决定于金属材料的化学成分以及变形的物理条件（变形温度、变形速度及变形程度）的金属变形阻力，$K = 1.15\sigma$，MPa；

K_T ——前后张应力对轧制力的影响系数；

B ——带宽，m；

其中，带宽 B 乘以接触弧水平投影长度为接触面积，是决定轧制力的几何因素。Q_P 及 K_T 为决定轧制力的力学因素，K 则是影响轧制力的物理及化学因素。

由 2.1 节可知，接触弧水平投影长度 l_c 为

$$l_c \approx \sqrt{R\Delta h} = \sqrt{R(h_0 - h)} \tag{2-13}$$

当轧辊受很大轧制力时轧辊将被压扁，设压扁后的轧辊半径为 R'，接触弧水平投影长度为 l'_c 为

$$l'_c = mp_cR + \sqrt{R\Delta h + (mp_cR)^2} \tag{2-14}$$

$$m = \frac{8(1 - \nu^2)}{\pi E} \tag{2-15}$$

式中 p_c ——接触弧上的平均单位压力，MPa；

E ——杨氏弹性模量，MPa；

ν ——泊松系数。

对钢轧辊，弹性模量 $E = 2.1 \times 10^5$ MPa，泊松系数 $\nu = 0.3$，因此可得 $m = 1.1 \times 10^{-5}\ \mathrm{MPa}^{-1}$。

$$l'_c \approx \sqrt{R'\Delta h} = \sqrt{R'(h_0 - h)} \tag{2-16}$$

代入化简可得

$$R' = R\left(1 + 2m\frac{p_c l_c}{\Delta h}\right) = R\left(1 + 2.2 \times 10^{-5}\frac{P}{B\Delta h}\right) \tag{2-17}$$

当轧制力单位为“吨”时

$$R' = R\left(1 + 2.2 \times 10^{-1}\frac{P}{B\Delta h}\right) \tag{2-18}$$

由此可知 $R' = f(P, R, B, \Delta h)$，而轧制力 $P = f(R', h_0, h_1, K, K_T)$，因此需通过迭代计算轧制力和轧辊压扁公式才能求出 l'_c 和轧制力 P。

2.3 板带轧机基本方程概述

前面讲的是轧件塑性变形时涉及的几个主要工艺参数，在实际轧制时轧件的塑性变形是与轧机的弹性变形同时发生并相互影响的。因此，对热带轧制过程的分析必须从轧件变形和轧机变形两个方面同时着手。

带钢轧机在咬入轧件前存在一个空载辊缝（与厚度控制有关）及空载辊缝形状（与板形控制有关），空载辊缝形状决定于轧辊辊型。

当带钢咬入轧机后，轧辊将给轧件一个很大的轧制力，因而使轧件发生塑性变形，但与此同时轧辊辊系亦受到一个方向相反、大小相等的轧制力，将使轧机牌坊拉伸，辊系弯曲变形。因而产生一个有载辊缝和有载辊缝形状，如果轧机设有弯辊装置则有载辊缝和有载辊缝形状还将受到弯辊力的影响。由于轧出带钢的厚度等于有载辊缝，因此轧出带钢的断面形状将与有载辊缝形状相同。

在固定的辊缝下，厚度为 h_0 的轧件咬入开口度为 S 的辊缝后轧出的厚度，将决定于轧件塑性变形所需的轧制力以及在此轧制力作用下轧机将产生的变形，因而轧出厚度将决

定于轧件的材质、轧件的温度及轧件的压下量等。

2.4　弹跳方程

在轧钢生产中，轧辊和轧件的相互作用是通过轧制力来体现的。轧辊对轧件施加力，使轧件发生塑性形变，从而使轧件的厚度变薄，这是轧制过程的主要目的之一。但同时，轧件却给轧辊以大小相等、方向相反的作用力，使机座各零件产生一定的弹性变形，而这些零件的弹性变形的累积后果，都反映在轧辊辊缝的增大，称为弹跳。

弹跳影响的是轧件厚度，标志弹跳大小的是轧机纵向刚度值。轧机纵向刚度的定义：由于机座变形而使辊缝增大 1 mm 所需的轧制力（单位是 kN/mm）。

轧机弹跳量一般可达 2~10 mm。对于开坯轧机或开坯道次来说，由于每道压下量大(往往在几十毫米以上)，一般不考虑轧机的弹跳量。但对于热轧和冷轧薄板来说，情况就完全不同了，由于压下量仅为几个毫米甚至小于 1 mm，轧机的弹跳量与压下量属于同一数量级，因此必须考虑弹跳的影响，并需对弹跳值进行精确计算，才能得到符合公差要求的产品。

板带轧机操作时针对厚度所能调节的只是轧辊空载辊缝，而板带轧机操作中一个最大的困难是如何估计轧制力以及如何通过调节辊缝来达到所需要的板带厚度。弹跳现象的简单关系如图 2-2 所示。

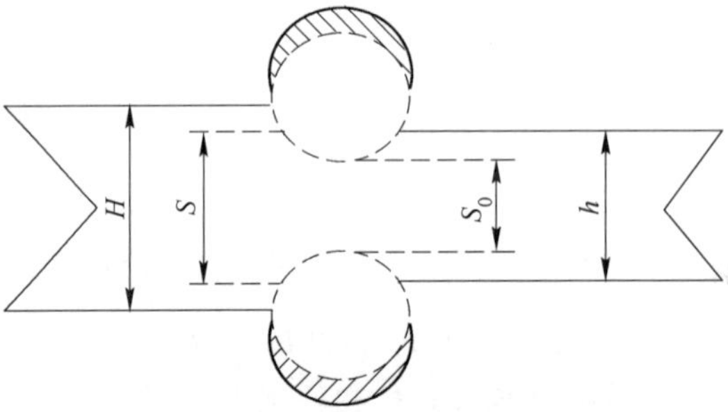

图 2-2　弹跳现象的简单关系

根据弹跳现象，可写出以下关系式：

$$h = S = S_0 + \frac{P}{C_P} \tag{2-19}$$

式中　S ——有载辊缝，mm；

h ——轧件厚度，mm；

S_0 ——空载辊缝，mm；

C_P ——机座总刚度，kN/mm。

式（2-19）即是弹跳方程。

刚度是轧制力的函数，即 $C_P = f(P)$，机座的弹性变形与轧制力并非线性关系，这一现象的产生可用零件之间存在接触变形和轴承存在间隙等来解释。这一非线性区并不稳定，每次换辊后都有变化，特别是轧制力接近于零时的变形（实际上是间隙）很难精确确定，亦即辊缝的实际零位很难确定，因此式（2-19）不能实际应用。

在现场实际操作中，为了消除上述不稳定的影响，都采用了所谓人工“压零位”的方法，即先将轧辊“压靠”到一定的预压靠力 P_0 后将辊缝仪的指示清零（作为零位），这样可克服不稳定段的影响。

在确定辊缝零位后，式（2-19）可描述为：

$$h = S = S_0 + \frac{P - P_0}{C_P} \tag{2-20}$$

但是用式（2-20）表示轧件厚度时精度并不高，其原因是：

（1）在轧制过程中，轧辊和机架的温度都有所升高（直到某一稳定状态），将产生热膨胀，同时由于轧辊不断磨损，因而使辊缝发生“漂移”。因此在式（2-20）中应增加补偿量，以符号“ G ”表示，称为辊缝零位。

（2）当支承辊采用油膜轴承时，其油膜厚度与轧辊转速和轧制力大小有关，因此在加减速过程中，油膜厚度的变化将影响辊缝的精度，其变化量用“O”表示。

（3）当辊系加上弯辊力后，与测厚仪位置所对应的辊缝将有所改变，影响此点轧出厚度。

基于此三点考虑，弹跳方程式（2-20）可写成

$$h = S_0 + \frac{P - P_0}{C_P} + \frac{F}{C_F} + O + G \tag{2-21}$$

式中 F ——弯辊力，kN；

C_F ——辊系对应弯辊力的纵向（厚度）刚度，kN/mm；

G ——辊缝零位，mm；

O ——油膜补偿量，mm。

弹跳方程或厚度方程是设定模型确定空载辊缝和厚度自动控制系统间接测厚不可缺少的基本方程，其精度主要决定于轧制力 P 、机座刚度系数 C_P ，以及 F、C_F、G、O 值的精度。

由于轧机弹跳是许多零件变形的总和，用理论计算各零件变形的方法来求轧机总刚度比较困难，而且不易保证精度。目前，一般采用对具体轧机进行实际测量的办法来确定 C_P 值及与弯辊力有关的 C_F。

轧机刚度试验方法有以下两种：

（1）轧铝板法（对冷连轧机可直接轧钢板进行刚度试验）。此时，可固定一个 S_0，然后用不同厚度的铝板轧入，测出轧制力和轧出厚度（应尽量使轧制力变动范围大一些），用回归法可求出 C_P 值或分几段折线来回归各折线段的 C_P ，此法只需实测轧制力 P 和轧出厚度 h。

但在一般情况下，要找到一组不同厚度的铝板往往不太容易，如只有一种厚度的铝板，可在试验时首先预压靠轧辊，在预压靠力 P_0 时辊缝仪清零，然后用不同 S_0 值来轧铝板，并使产生变化范围尽可能宽的轧制力。在测得每一道次的轧制力和轧出厚度后，可用下式求 C_P。

$$(h - S_0)C_P = P - P_0 \tag{2-22}$$

试验时应注意不使轧辊发热，以免影响辊缝值。由于轧铝板法试验条件和实际生产情况最为相近，因而能测得较精确的 C_P 值；同时，由于可采用不同宽度的铝板进行试验，

这是取得板宽 B 对 C_P 影响的基本方法。通过改变轧速，还可测得油膜厚度 $O=f(P, n)$。

但这种方法不能经常使用，特别在实际生产中不可能每次换辊后都进行测量，因此每次换辊后可采用第二种方法（自压靠法）。

（2）自压靠法。当轧辊接触后继续压下，压下的行程必将都转化为轧机弹性变形，因此如能测出不同压下行程时的压靠力，即可算出 C_P 值。

由于轧辊开始压靠的点不易测量，可以某一轧制力值（如 2000 kN）为基点（此时的辊缝值为 S'_0），则在测得多个 S_0 和 P 值后用下式计算并进行回归求出 C_P 值：

$$(S_0 - S'_0)C_P = P - 2000 \tag{2-23}$$

自压靠时相当于板宽为轧辊辊身长度 B_0，其所测得的值用 C_0 表示。用预压靠法可在每次换辊后进行测量，测量在此实际的轧辊辊径时的 C_0 值，由此可得 C_P 值。

$$C_P = C_0 + B(B_0 - B) \tag{2-24}$$

考虑到轧辊偏心的影响，P_0 和 P 都需多点测量（在相当于轧辊转一圈的时间内采样 6~12 次），并求其平均值。

2.5　辊缝形状方程

成品带坯的板形取决于有载辊缝的形状，辊缝形状设置精确与否直接关系到成材率的高低，以下五个方面是影响辊缝的主要因素：

（1）轧制力 P 使辊系弯曲变形；

（2）弯辊力 F 使辊系弯曲变形；

（3）轧辊辊系的原始辊型，主要是磨辊后的工作辊；

（4）轧制过程中，轧辊的热辊型以及磨损辊型是变化的；

（5）可改变辊缝形状的 CVC、LVC 和 PC 技术及其他可控辊型技术。

因此，有载辊缝形状可以表示为

$$CR = \frac{P}{K_P} - \frac{F}{K_F} + E_C\omega_C + E_\Sigma(\omega_H + \omega_W + \omega_0) + E_0\Delta \tag{2-25}$$

式中　CR——有载时辊缝中部开口与板边处辊缝开度之差（轧出轧件的凸度），mm 或 μm；

P——轧制力，kN；

F——弯辊力，kN；

K_P——辊系在轧制力作用下弯曲变形的刚度，又称为轧机横向刚度，kN/mm；

K_F——辊系在弯辊力作用下弯曲变形的刚度，又称为弯辊力横向刚度，kN/mm；

ω_C——可控辊型，根据采用 CVC、LVC 或 PC 技术来确定其公式，mm 或 μm；

ω_H——热辊型，为此需建立热辊型模型，mm 或 μm；

ω_W——磨损辊型，为此需建立统计磨损辊型模型，mm 或 μm；

ω_0——初始辊型，根据板形控制需要由工作辊/支撑辊辊型设计来确定，mm 或 μm；

Δ——入口带钢凸度，mm 或 μm；

E_0，E_C，E_Σ——相应系数。

对于板带材来说，热辊型、磨损辊型为扰动量，可控辊型与弯辊力为控制量，轧制力既可以看作扰动量亦可以看成控制量，通过对后四个机架的轧制力合理分配，以保证板形良好。

正如式（2-25）所列，空载辊缝形状决定于：

（1）轧辊磨辊确定的工作辊及支撑辊初始（冷）辊型；

（2）辊系的热辊型；

（3）辊系的磨损辊型；

（4）CVC、LVC、PC 等可控辊型。

轧件出口凸度除了决定于空载辊缝形状外，还将决定于：

（1）轧制力造成的辊系弯曲变形及压扁变形；

（2）弯辊力造成的辊系弯曲变形；

（3）入口凸度的遗传影响。

因此辊缝形状的确定，将涉及辊系的一批“动态辊型”以及轧制力、弯辊力造成的弯曲变形，这些模型或公式大部分并不能简单地写出。例如，辊系受力后的变形需利用简支梁或有限元方法计算（K_P 及 K_F 值）。

轧制力及弯辊力造成辊系弯曲变形的理论计算方法涉及弹性力学等专业知识（可参阅有关文献），理论方法所计算的 K_P 及 K_F 还应通过对特定轧机的现场实测来校核和修正。

从工程角度分析，也可以直接通过对特定对象轧机的现场实测来确定 K_P 和 K_F 以及其他系数。横向刚度系数的测定可以和本章前面所提到的与厚度有关的纵向刚度测试相结合，亦即采用轧铝板法；但轧制后不仅测量与测厚仪所对应点的铝板厚度，还应测量整个铝板宽度方向上各点的厚度（或测量板宽的中点及边部点）来获取轧件实际凸度，以便通过数据处理来获得 K_P。同样，在试验中通过改变弯辊力来获得 K_F。实测横向刚度时要注意辊系辊型的不变（不使轧辊发热及磨损，以及不投入可控辊型），因此横向刚度试验的工作量远大于纵向刚度试验。对于一些不便试验的项目，例如 E_C，则仍可通过有限元法来求得。由于主要参数通过对特定对象轧机实际测量求出，因而可较大程度地提高有载辊缝形状方程式的精度，亦即轧出轧件凸度（方程）的精确性。

轧辊动态辊型是指轧制中由于轧辊升温而产生的热辊型以及轧辊磨损使辊型的变化。动态辊型是在轧制过程中产生的和变化的，因此将采用通过弯辊力的在线控制来加以补偿，热辊型及磨损辊型模型的计算结果将用于在线控制弯辊力。但是，由于每一块钢轧制后形成的热辊型及磨损辊型将继续对下一块钢的设定产生影响，因此热辊型及磨损辊型模型也是板形设定模型的两个子模型。

2.6　平坦度方程

平坦度方程是用于解决金属材料的平坦度问题而提出的数学模型，主要用来预测和控制金属材料的平坦度。一般将平坦度方程分为两类：基于力学模型的方程和基于数学统计模型的方程。在衡量板材的形状是否发生变形或失平方面，平坦度是一项非常重要的指标。在板材出现形变的时候，就会导致板材出现“翘曲”的现象，也就是所谓的带钢翘曲。翘曲的程度还会影响到每个机架入口及出口所呈现出来的相对凸度。相对凸度是用来精确地描述断面形状的特征量，主要用于体现板材的曲率、弯曲程度，以及板材表面的平整程度。因此，平坦度和相对凸度之间具有十分密切的联系，同时也是衡量板形良好与否的重要指标。为了能够更加准确地展示形变的程度，便引出了相对凸度来表示。

$$\rho = \frac{\delta}{h} \tag{2-26}$$

式中 δ——轧出产品的凸度，mm；

h——轧出成品的厚度，mm。

把带钢的宽度理想化分成许多份，于是每份就会有下列的对应关系

$$\frac{L(x)}{l(x)} = \frac{h(x)}{h_0(x)} \tag{2-27}$$

式中 $L(x)$——入口侧 x 处窄条的长度；

$h_0(x)$——入口厚度；

$l(x)$——出口侧 x 处窄条的长度；

$h(x)$——出口厚度。

边部和中部小条的变形分别如下

$$\frac{L_e}{l_e} = \frac{h_e}{h_{0e}} \tag{2-28}$$

$$\frac{L_c}{l_c} = \frac{h_c}{h_{0c}} \tag{2-29}$$

平坦度良好的条件可表示为：轧前来料的窄条长度差

$$l_e = l_c = l_x \tag{2-30}$$

$$\begin{cases} \Delta L = L_c - L_e \\ \Delta l = l_c - l_e \end{cases} \tag{2-31}$$

$$\frac{L(x)}{l(x)} = \frac{h(x)}{h_0(x)} \tag{2-32}$$

式中 ΔL——轧前来料的窄条长度差；

Δl——轧后来料的窄条长度差。

设来料凸度为 Δ，则有

$$\frac{L(x)}{l(x)} = \frac{h(x)}{h_0(x)} \tag{2-33}$$

$h_{0c}L_c = h_c l_c$ 与 $h_{0e}L_e = h_e l_e$ 相减得

$$h_{0c}L_c - h_{0e}L_e = h_c l_c - h_e l_e \tag{2-34}$$

$$(\Delta + h_{0e})(\Delta L + L_e) - h_{0e}L_e = (\delta + h_e)(\Delta l + l_e) - h_e l_e \tag{2-35}$$

展开后忽略高阶微小量可得

$$\frac{\Delta l}{l} = \frac{\Delta L}{L} + \frac{\Delta}{h_0} - \frac{\delta}{h} \tag{2-36}$$

平坦度良好的条件为

$$\frac{\delta}{h} = \frac{\Delta L}{L} + \frac{\Delta}{h_0} \tag{2-37}$$

当模型有较好的精度时，来料的平坦度 $\left(\frac{\Delta L}{L} = 0\right)$，这时候达到平坦度良好的条件为

$$\frac{\delta}{h}=\frac{\Delta}{h_0} \tag{2-38}$$

式（2-38）表达了平坦度与相对凸度之间的关系，在平坦度好的情况下，板材入口和出口的相对凸度是相等的。由于轧辊与轧件接触的宽度上存在压扁，在板宽边缘处压扁的过渡处存在边部减薄，因此上面各公式中的 h_e 指的是离实际边部约 40 mm 处的板厚。

2.7 流量方程

由于热连轧采用小张力轧制，机架间存在活套，因此机架间只有稳定状态时才符合在张力作用下的秒流量恒等法则，为此热连轧应用秒流量恒等法则时要特别小心。

一个机架的变形区入口和出口的流量方程为

$$b_0h_0v'=bh_1v \tag{2-39}$$

式中 b_0，b——入口和出口的带钢宽度，mm；

h_0，h_1——入口和出口的带钢厚度，mm；

v'，v——入口和出口的速度，m/s。

对于热连轧精轧机组宽展极小，也可写成

$$h_0v'=h_1v \tag{2-40}$$

$$h_0v_0(1-\beta)=h_1v_0(1+f) \tag{2-41}$$

一个机架的变形区流量方程是完全正确的，但热轧多个机架的流量方程仅在稳态条件下才能正确。

2.8 套量方程

带钢热连轧由于机架间设有活套装置，因此当活套辊上抬在机架间形成活套时（见图 2-3）前后机架的速度变化将只影响活套的套量，此时带钢的张力将由活套机构来控制（活套机构将控制带钢张力在不同活套高度或活套臂升角下静态地恒定不变）。只有当机架间速度差过大而使带钢拉直后，才需要根据前后机架速度不协调来计算带钢弹性变形造成的张力，因此对热连轧需分别讨论套量方程和张力方程，而冷连轧只需讨论张力方程。

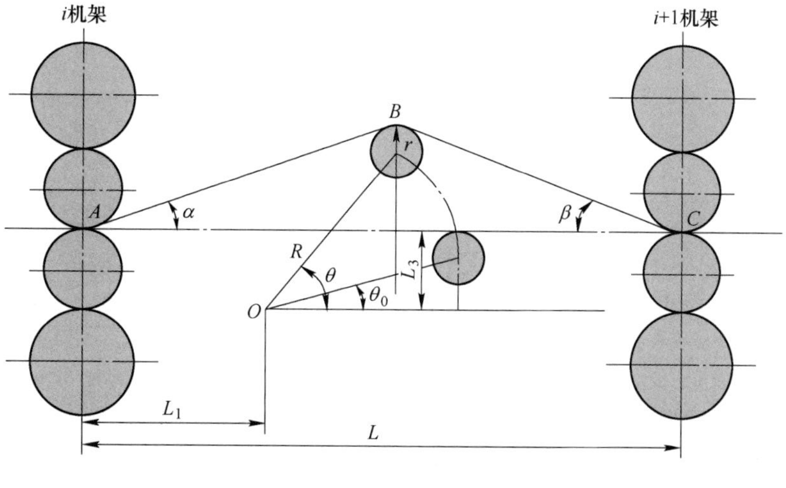

图 2-3 活套机构参数示意图

设 i 机架带钢出口速度为 v_i，$i+1$ 机架带钢入口速度为 v'_{i+1}，则单位时间内从 i 机架轧出的带钢长度为 $v_i\mathrm{d}t$、单位时间内从 $i+1$ 机架轧入的带钢长度为 $v'_{i+1}\mathrm{d}t$，因此套量变化量 Δl 可写成

$$\Delta l = \int (v'_{i+1} - v_i)\,\mathrm{d}t \tag{2-42}$$

由式（2-42）可看出，当 v_i 与 v'_{i+1} 不相等时，随着时间的增长，套量将无限增加或减小。如果不加以控制，则由于套量增加过大将在机架间产生三层带钢叠起来轧入下一个机架，这将引发严重事故；反过来，当套量不断减小时最终将会使机架间带钢绷直，绷直后其变化规律则由张力方程描述。

2.9　张力方程

张力是热连轧及冷轧过程的一个重要现象，各机架通过带钢张力传递影响，传递能量并且互相联系。

张力是由于机架间速度不协调造成的，从两个机架来看（见图 2-4），如果由于某种原因（外扰量或调节量变动时）而使 i 号机架带钢出口速度减小（可以是轧辊速度减小，也可能由于压下率等其他工艺参数变动，造成前滑量减小），或使 $i+1$ 号机架带钢入口速度加大（也可以是轧辊速度变大或后滑量减小），结果使机架 i 和 $i+1$ 之间的带钢张力发生变化，当张力减为零后则将产生起套。

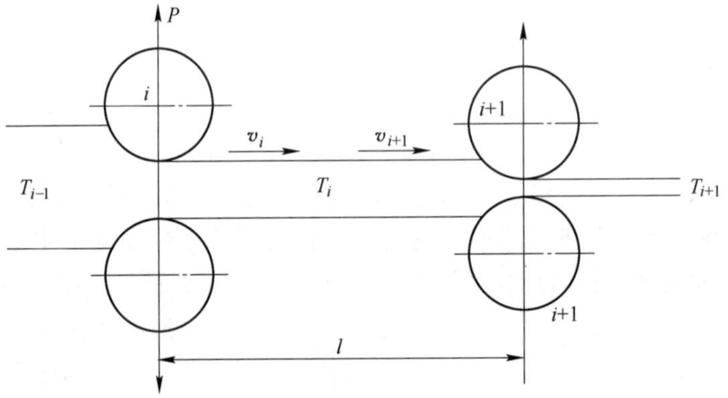

图 2-4　两个机架之间的张力

带钢拉直后速度不协调将产生张力变化，这只是问题的一个方面，张力的变化又将反过来影响前后机架出口和入口的速度（前滑量和后滑量），而且其影响的方向是使速度趋向于新的协调。例如，当张力增大反过来使 i 号机架的前滑量加大时，使带钢出口速度加大，又使 $i+1$ 号机架后滑量加大，使带钢入口速度减小。由此可知，张力具有“自然自动调节”的作用，这正是有张力轧制和无张力起套轧制的根本区别。有活套轧制时当机架间产生速度不协调时，机架间带钢套量将随时间无限增长（假如不采用人工调速来消除速度不协调现象），在高速轧制时套量增长的速度将是很大的，因而使操作十分困难。带张力轧制时情况就不同了，当速度有所失调时，使张力减少或增加，但张力又反过来使速度趋向新的协调，达到一个新的平衡状态。张力虽然变为新的数值，但是它不会无限地变大或变小，因而带张力轧制，特别是大张力轧制的操作比较稳定。

对于张力，可以从以下两个不同的角度来研究：

（1）研究连轧过程从一个稳态转到另一新的稳态后张力的变化量，这是稳态张力分析。

（2）研究连轧从一个稳态转向另一个稳态过程中张力的变化过程，即张力随时间的变化过程，这种具有时间概念的分析是动态张力分析。

对于实际连轧过程，动态过程是绝对的，稳态过程是相对的、暂时的。因此连轧张力公式主要是从动态张力公式入手，而把稳态张力公式作为其中的一个特例。

3 增量模型与模型自学习

3.1 带钢热连轧的综合分析

带钢热连轧过程（包括控制过程）的一个显著特点是：机械、电气、液压控制系统和轧件间的紧密联系，形成一个复杂的综合系统。机架及辊系纵向和横向的弹性形变都通过轧制力而影响到轧制出轧件的厚度及断面凸度。机架间速度不协调将影响张力，而张力通过影响前滑、后滑又反过来影响前后机架出口和入口的速度。这些“自然反馈现象”使热连轧过程的分析更加复杂化，特别是多机架精轧机组。

带钢将多机架精连轧机联系成为一个复杂系统，并起着机架间传递厚度、凸度、温度以及张力的作用。前一个机架轧件出口厚度及凸度延时地决定了后一个机架的入口厚度及凸度，因此各种扰动对前一个机架轧件出厚度和凸度的影响都将经历一定的时间后，由被影响的那一段带钢带到下一个机架而成为新的“外扰源”。这种通过轧件的厚度、凸度所传递的影响是延时的，同时又是顺流的（向轧制方向传递），而带钢的动态张力则同时影响前后两个机架的参数，任何外扰产生的张力波动，将“瞬时”地既“顺流”又“逆流”地传递影响。

每个外扰量产生的后果（厚度波动、凸度波动或张力波动）都将成为新的外扰源。因此，各种“原始的”和“再生的”外扰将在各个机架间相互影响。由此可见，热连轧机中一个机架某个参数发生变化时，除直接影响本机架的工作外，还影响其他机架的工作而最终都会在成品的厚度、凸度上反映出来。

对于一个连轧机组，存在着大量互相紧密联系的工艺和设备参数，研究各变量之间的影响规律，特别是它们之间的动态联系，是设计和改造控制系统所必需的。

这些参数可以分为几类：

（1）设备负荷参数，主要是电动机功率、轧制机力矩，正常情况下应小于设备额定允许值。

（2）设备特性参数，主要是轧制机座的纵向刚度和横向刚度。

（3）轧制过程中可能产生的外扰量，即厚度波动、凸度波动和张力波动。

（4）控制参数（或者调节参数），即调节手段的参数，主要指辊缝量 S、弯辊力 F、窜辊量 L_S 和轧辊速度 v_0。

（5）目标参数（被控制量），是连轧生产所要求得到的，主要是指成品厚度、终轧温度、凸度和板形。

（6）基本固定不变或变化缓慢（在一块坯料轧制中可认为是不变的）的参数，如轧辊半径等。

对于连轧机综合分析，需采用以下范畴的数学方程：

（1）表征连轧过程物理特性的方程，主要是指弹跳方程、凸度方程、套量方程、张力方程、温降方程、板形方程以及温降模型、轧制力模型、前滑模型等。

(2) 表征控制系统动态特性的方程，例如液压压下系统及主传动控制系统的传递函数，包括检测仪表的时间响应特性等。

在热连轧静态综合分析中采用影响系数法，静态综合分析时由于只需要联解代数方程组，不需解微分方程，因而简化了分析过程。由于只对从一个稳态变到另一稳态后的结果进行分析而不关注变化的过渡过程，可以不必考虑所有执行机构的动特性；再加上感兴趣的是某一扰动量或控制量变动后其他参数将发生的变动，因此可采用增量形式的代数方程组，避免了求解非线性代数方程组。

七机架热连轧精轧机组参数可分为：

(1) 扰动量，包括来料硬度变动 δK_i（即温度变动）、来料厚度变动 δH_0。

(2) 控制量，包括压下位置变动 $\delta S_i(i=1\sim7)$、轧机速度变动 $\delta v_{0i}(i=1\sim7)$、弯辊力变动 $\delta F_i(i=1\sim7)$。

(3) 目标量，包括出口厚度波动 $\delta h_i(i=1\sim7$，特别是成品厚度)、出口凸度波动 $\delta CR_i(i=1\sim7$，特别是成品凸度)、成品带钢的平直度变动。

为了静态地分析任何一个扰动量及任何一个控制量对任何一个目标量的影响（例如，分析第一机架压下 δS_1 动作后对第一机架、第 i 机架及对成品架出口厚度的影响)，引入了影响系数 K_a^c 和 $K_{\mathrm{b}}^{\mathrm{c}}$（下角标 a 为控制量、b 为扰动量，上角标 c 为目标量)。例如：$K_{S_1}^{h_7}$ 表示 F_1 压下动作对 F_7（成品）出口厚度的影响；$K_{H_0}^{h_7}$ 表示来料厚度 H_0 的变动对成品厚度的影响；$K_{F_3}^{h_3}$ 表示 F_3 弯辊力变动对 F_3 出口厚度影响等。

因此总共可以有 504 个影响系数，当然一般感兴趣的仅 108 个（对成品的影响）或再多一些影响系数。如果在目标量中再引入轧制力、轧制力矩、主电机功率，则影响系数将更多。

为了求解出各影响系数，可先根据下面所述增量公式建立由目标量、扰动量和控制量组成的静态综合分析用增量数学模型。

例如，厚度增量方程可写成

$$\delta h_i=(A_{Hi}\delta h_{0i}+A_{Ki}\delta K_i)+(A_{Si}\delta S_i+A_{Fi}\delta F_i)+(A_{\tau fi}\delta\tau_i+A_{\tau bi}\delta\tau_{i-1})\qquad(i=1\sim7)\tag{3-1}$$

其中

$$\tau_{\mathrm{fi}}=\tau_i,\ \tau_{\mathrm{bi}}=\tau_{\mathrm{f},(i-1)}=\tau_{i-1}\tag{3-2}$$

如果认为活套张力控制效果良好，张力变动可以忽略，则式 (3-1) 可省去最后两项。

同样，可以列出 δCR 的增量方程

$$\delta CR_i=(C_{Hi}\delta h_{0i}+C_{Ki}\delta K_i)+(C_{Si}\delta S_i+C_{Fi}\delta F_i)+(C_{\tau fi}\delta\tau_i+C_{\tau bi}\delta\tau_{i-1})\qquad(i=1\sim7)\tag{3-3}$$

平直度良好条件为

$$\frac{CR_i+\delta CR_i}{h_i+\delta h_i}=\frac{CR_i}{h_i}=\frac{CR_n}{h_n}\tag{3-4}$$

式中 CR_n，h_n ——成品要求的凸度及厚度。

因此，这些方程表达了各外扰量和控制量与成品质量（目标量）的关系。求解这些

方程，可求出各影响系数。

例如，当仅研究 δS_i 的影响时

$$K_{S_1}^{h_1} = \frac{\partial h_1}{\partial S_1} = \left(\frac{C_P}{C_P - \frac{\partial P}{\partial h}} \right)_1 \tag{3-5}$$

$$\begin{aligned} K_{S_1}^{h_7} &= \frac{\partial h_7}{\partial S_1} \\ &= \frac{\partial h_1}{\partial S_1} \cdot \frac{\partial h_2}{\partial h_1} \cdot \frac{\partial h_3}{\partial h_2} \cdot \frac{\partial h_4}{\partial h_3} \cdot \frac{\partial h_5}{\partial h_4} \cdot \frac{\partial h_6}{\partial h_5} \cdot \frac{\partial h_7}{\partial h_6} \\ &= \frac{\partial h_1}{\partial S_1} \cdot \frac{\partial h_2}{\partial h_{02}} \cdot \frac{\partial h_3}{\partial h_{03}} \cdot \frac{\partial h_4}{\partial h_{04}} \cdot \frac{\partial h_5}{\partial h_{05}} \cdot \frac{\partial h_6}{\partial h_{06}} \cdot \frac{\partial h_7}{\partial h_{07}} \end{aligned} \tag{3-6}$$

$$\begin{aligned} K_{S_1}^{h_7} = & \left(\frac{C_P}{C_P - \frac{\partial P}{\partial h}} \right)_1 \left(\frac{\frac{\partial P}{\partial h_0}}{C_P - \frac{\partial P}{\partial h}} \right)_2 \left(\frac{\frac{\partial P}{\partial h_0}}{C_P - \frac{\partial P}{\partial h}} \right)_3 \left(\frac{\frac{\partial P}{\partial h_0}}{C_P - \frac{\partial P}{\partial h}} \right)_4 \cdot \\ & \left(\frac{\frac{\partial P}{\partial h_0}}{C_P - \frac{\partial P}{\partial h}} \right)_5 \left(\frac{\frac{\partial P}{\partial h_0}}{C_P - \frac{\partial P}{\partial h}} \right)_6 \left(\frac{\frac{\partial P}{\partial h_0}}{C_P - \frac{\partial P}{\partial h}} \right)_7 \end{aligned} \tag{3-7}$$

对来料参数波动 δh_{01} 及 δK_0（将使各机架产生 δK_i），其影响系数为

$$\begin{aligned} K_{H_0}^{h_7} &= \left(\frac{\partial h_1}{\partial h_{01}} \right) \cdot \left(\frac{\partial h_2}{\partial h_1} \right) \cdot \left(\frac{\partial h_3}{\partial h_2} \right) \cdot \left(\frac{\partial h_4}{\partial h_3} \right) \cdot \left(\frac{\partial h_5}{\partial h_4} \right) \cdot \left(\frac{\partial h_6}{\partial h_5} \right) \cdot \left(\frac{\partial h_7}{\partial h_6} \right) \\ &= \frac{\partial h_1}{\partial h_{01}} \cdot \frac{\partial h_2}{\partial h_{02}} \cdot \frac{\partial h_3}{\partial h_{03}} \cdot \frac{\partial h_4}{\partial h_{04}} \cdot \frac{\partial h_5}{\partial h_{05}} \cdot \frac{\partial h_6}{\partial h_{06}} \cdot \frac{\partial h_7}{\partial h_{07}} \end{aligned} \tag{3-8}$$

$$K_{H_0}^{h_7} = (A_H)_1 \cdot (A_H)_2 \cdot (A_H)_3 \cdot (A_H)_4 \cdot (A_H)_5 \cdot (A_H)_6 \cdot (A_H)_7 \tag{3-9}$$

$$(A_H)_i = \left(\frac{\frac{\partial P}{\partial h_0}}{C_P - \frac{\partial P}{\partial h}} \right)_i \qquad (i = 1 \sim 7) \tag{3-10}$$

对于 $K_{K_0}^{h_7}$，由于以下原因而将使计算式复杂化：

(1) δK_0 这一段带钢进入每一个机架将会有一个 $\delta K_i(\delta K_i = \beta_i \delta K_0)$。

(2) δK_i 将使 i 机架产生 δh_i，而 δh_i 又将会影响后面各机架的出口厚度。

$$K_{K_0}^{h_7} = \left(\frac{\beta \frac{\partial P}{\partial K}}{C_P - \frac{\partial P}{\partial h}} \right)_1 K_{h_1}^{h_7} + \left(\frac{\beta \frac{\partial P}{\partial K}}{C_P - \frac{\partial P}{\partial h}} \right)_2 K_{h_2}^{h_7} + \left(\frac{\beta \frac{\partial P}{\partial K}}{C_P - \frac{\partial P}{\partial h}} \right)_3 K_{h_3}^{h_7} +$$

$$\left(\frac{\beta\frac{\partial P}{\partial K}}{C_P-\frac{\partial P}{\partial h}}\right)_4 K_{h_4}^{h_7}+\left(\frac{\beta\frac{\partial P}{\partial K}}{C_P-\frac{\partial P}{\partial h}}\right)_5 K_{h_5}^{h_7}+\left(\frac{\beta\frac{\partial P}{\partial K}}{C_P-\frac{\partial P}{\partial h}}\right)_6 K_{h_6}^{h_7}+\left(\frac{\beta\frac{\partial P}{\partial K}}{C_P-\frac{\partial P}{\partial h}}\right)_7$$

$$=(\beta A_K)_1K_{h_1}^{h_7}+(\beta A_K)_2K_{h_2}^{h_7}+(\beta A_K)_3K_{h_3}^{h_7}+(\beta A_K)_4K_{h_4}^{h_7}+(\beta A_K)_5K_{h_5}^{h_7}+(\beta A_K)_6K_{h_6}^{h_7}+(\beta A_K)_7K_{h_7}^{h_7} \tag{3-11}$$

$$(A_K)_i=\left(\frac{\frac{\partial P}{\partial K}}{C_P-\frac{\partial P}{\partial h}}\right)_i \quad (i=1\sim 7) \tag{3-12}$$

仅研究 δF_i 影响时，可得

$$K_{F_5}^{h_7}=\frac{\partial h_7}{\partial F_5}=\frac{\partial h_5}{\partial F_5}\cdot\frac{\partial h_6}{\partial h_{06}}\cdot\frac{\partial h}{\partial h_{07}}$$

$$=\left(\frac{\frac{\partial P}{\partial F}}{C_P-\frac{\partial P}{\partial h}}\right)_5\cdot\left(\frac{\frac{\partial P}{\partial h_0}}{C_P-\frac{\partial P}{\partial h}}\right)_6\cdot\left(\frac{\frac{\partial P}{\partial h_0}}{C_P-\frac{\partial P}{\partial h}}\right)_7 \tag{3-13}$$

利用基本增量方程组可研究各种方案以适合不同目的。讨论不同的问题时，哪些是已知量、哪些是未知量可以不同，但能求得的未知数应等于方程数。

(1) 研究 AGC 方案。此时，可去掉 7 个凸度方程，即用 7 个厚度方程并设 $\delta F=0$，此时有 7 个未知数。δH_{RC}（即 δH_0 或 δh_{01}）及 δK_i 为扰动量，为了 $\delta h_i=0$，则未知量为 7 个（热连轧）δS_i。

(2) 研究各扰动量的影响。此时，可认为各控制量为零（$\delta S_i=0$，$\delta F_i=0$，$\delta v_{01}=0$），并设 $\delta\tau_i=0$。δH_{RC} 及 δK_i 扰动量已知的情况下，用 14 个方程求解可求出 14 个未知量，即 7 个 δh_i 及 7 个 δCR_i。

(3) 研究各控制量的影响。此时，可设扰动量为零，给定 δS_i、δF_i 及 δv_{0i}（可以只给一种控制量，而认为其他控制量为零，分别研究每一种控制量的影响），此时求解 14 个方程求得 7 个 δh_i 及 7 个 δCR_i。

(4) 研究 AGC 和 ASC 的相互影响。此时，可设扰动量为零，分别研究给定 δS_i、δv_{0i} 或给定 δF_i 后的 δh_i 及 δCR_i 变化，可用 14 个方程来求解 7 个 δh_i 及 7 个 δCR_i。

(5) 全面求解。已知各扰动量 δH_{RC}、δK_i 及各控制量 δS_i、δF_i、$\delta v_{0i}(i=1\sim7)$ 情况下，由上面 14 个方程可联立求解出 14 个未知数 $\delta h_i(i=1\sim7)$、$\delta CR_i(i=1\sim7)$。

如果引入轧制力、轧制功率等增量方程则总方程数将增加，而未知数亦相应增加。

一旦设定值确定（工作点）以及具体轧制力等公式确定后，这些偏微分系数以及 A，B，…，F 系数都将是常数，因此各影响系数亦将是常数。

3.2 热轧增量方程

考虑到热连轧分析研究的对象中是各参数的变动量，为了克服大量非线性方程连解的困难，综合分析的基本方法是采用在小的变化范围内将非线性函数线性化的方法，由此可

得到一批适用于综合分析的线性方程。

设非线性函数自变量为 x，因变量为 y

$$y = f(x) \tag{3-14}$$

如果其工作点为 x_0 和 y_0，那么函数可以在该点的附近展开成泰勒级数

$$y = f(x) = f(x_0) + \frac{\mathrm{d}f}{\mathrm{d}x}(x - x_0) + \frac{1}{2!} \cdot \frac{\mathrm{d}^2 f}{\mathrm{d}x^2}(x - x_0)^2 + \cdots \tag{3-15}$$

其中，导数 $\mathrm{d}f/\mathrm{d}x$，$\mathrm{d}^2f/\mathrm{d}x^2$，…是在 $x = x_0$ 点进行计算的，如果 $x - x_0$ 很小，可以忽略 $(x - x_0)$ 的高次项，写成

$$y = f(x_0) + \frac{\mathrm{d}f}{\mathrm{d}x}(x - x_0) \tag{3-16}$$

因为 $f(x_0) = y_0$，所以

$$(y - y_0) = \frac{\mathrm{d}f}{\mathrm{d}x}(x - x_0) = K_1(x - x_0) \tag{3-17}$$

其中，$K_1 = \dfrac{\mathrm{d}f}{\mathrm{d}x}$，当函数形式已定、工作点已知时，$K_1$ 为一个常数。

如果是二元非线性函数 $y = f(x_1,\ x_2)$，用与上述相同的方法，可将方程在工作点附近展开成泰勒级数，方程可写成

$$y = f(x_{01},\ x_{02}) + \left[\frac{\partial f}{\partial x_1}(x_1 - x_{01}) + \frac{\partial f}{\partial x_2}(x_2 - x_{02})\right] + \frac{1}{2!}\left[\frac{\partial^2 f}{\partial x_1^2}(x_1 - x_{01})^2 + 2\frac{\partial f}{\partial x_1} \cdot \frac{\partial f}{\partial x_2}(x_1 - x_{01})(x_2 - x_{02}) + \frac{\partial^2 f}{\partial x_2^2}(x_2 - x_{02})^2\right] + \cdots \tag{3-18}$$

其中，偏导数都在工作点上进行计算。当 $(x_1 - x_{01})$ 及 $(x_2 - x_{02})$ 项都很小时，可以忽略高次项。于是在工作点附近，可写成

$$y - y_0 = K_1(x_1 - x_{01}) + K_2(x_2 - x_{02}) \tag{3-19}$$

$$y_0 = f(x_{01},\ x_{02}) \tag{3-20}$$

$$K_1 = \left(\frac{\partial f}{\partial x_1}\right)_{x_1 = x_{01}} \tag{3-21}$$

$$K_2 = \left(\frac{\partial f}{\partial x_2}\right)_{x_2 = x_{02}} \tag{3-22}$$

多元函数的线性化方法与上述相同，可以写出

$$y - y_0 = K_1(x_1 - x_{01}) + K_2(x_2 - x_{02}) + \cdots + K_n(x_n - x_{0n}) \tag{3-23}$$

$$K_m = \left(\frac{\partial f}{\partial x_m}\right)_{x_m = x_{0m}} \qquad (m = 1,\ \cdots,\ n) \tag{3-24}$$

下面为书写方便，增量形式采用

$$\delta y = y - y_0 \tag{3-25}$$

$$\delta x_i = x_i - x_{0i} \tag{3-26}$$

则可写成

$$\delta y = K_1 \delta x_1 + K_2 \delta x_2 + \cdots + K_m \delta x_m \tag{3-27}$$

热连轧主要方程有：增量厚度方程、增量轧制力方程、增量凸度方程、增量前滑方程、增量入口速度及出口速度方程、增量套量方程和增量张力方程。

3.2.1 增量厚度方程

根据弹跳方程

$$h = S + \frac{P - P_0}{C_P} + \frac{F}{C_F} + O + G \tag{3-28}$$

由于 O 及 G 变化缓慢，因此可得

$$\delta h = \delta S + \frac{\delta P}{C_P} + \frac{\delta F}{C_F} \tag{3-29}$$

轧制力 P 为以下变量的函数

$$P = f(h_0,\ h,\ K,\ \tau_f,\ \tau_b) \tag{3-30}$$

因此轧制力增量式为

$$\delta P = \frac{\partial P}{\partial h_0}\delta h_0 + \frac{\partial P}{\partial h}\delta h + \frac{\partial P}{\partial K}\delta K + \frac{\partial P}{\partial \tau_f}\delta \tau_f + \frac{\partial P}{\partial \tau_b}\delta \tau_b \tag{3-31}$$

将式（3-31）代入弹跳方程式（3-29），可得

$$\delta h = \delta S + \frac{\delta F}{C_F} + \frac{1}{C_P}\left[\frac{\partial P}{\partial h}\delta h + \frac{\partial P}{\partial h_0}\delta h_0 + \frac{\partial P}{\partial K}\delta K + \frac{\partial P}{\partial \tau_f}\delta \tau_f + \frac{\partial P}{\partial \tau_b}\delta \tau_b\right] \tag{3-32}$$

$$\delta h = \frac{1}{C_P - \dfrac{\partial P}{\partial h}}\left[C_P\delta S + \frac{C_P}{C_F}\delta F + \frac{\partial P}{\partial h_0}\delta h_0 + \frac{\partial P}{\partial K}\delta K + \frac{\partial P}{\partial \tau_f}\delta \tau_f + \frac{\partial P}{\partial \tau_b}\delta \tau_b\right] \tag{3-33}$$

为了简化可写成

$$\delta h = A_H\delta h_0 + A_S\delta S + A_F\delta F + A_K\delta K + A_{\tau_f}\delta \tau_f + A_{\tau_b}\delta \tau_b \tag{3-34}$$

式（3-34）称为增量方程，令

$$\frac{\partial P}{\partial h} = -Q \tag{3-35}$$

$$A_H = \frac{\dfrac{\partial P}{\partial h_0}}{C_P + Q} \tag{3-36}$$

$$A_S = \frac{C_P}{C_P + Q} \tag{3-37}$$

$$A_F = \frac{\dfrac{C_P}{C_F}}{C_P + Q} \tag{3-38}$$

$$A_a = \frac{\dfrac{\partial P}{\partial a}}{C_P + Q} \tag{3-39}$$

变量 a 可以是 K、τ_b、τ_f 等。

3.2.2 增量轧制力方程

将增量厚度方程式（3-29）代入轧制力增量式（3-31）中，可得

$$\delta P = \frac{\partial P}{\partial h_0}\delta h_0 + \frac{\partial P}{\partial h}\left(\delta S + \frac{\delta P}{C_P} + \frac{\delta F}{C_F}\right) + \frac{\partial P}{\partial K}\delta K + \frac{\partial P}{\partial \tau_f}\delta \tau_f + \frac{\partial P}{\partial \tau_b}\delta \tau_b \tag{3-40}$$

$$\delta P = \left(\frac{C_P}{C_P - \dfrac{\partial P}{\partial h}}\right)\left[\frac{\partial P}{\partial h_0}\delta h_0 + \frac{\partial P}{\partial h}\delta S + \frac{\dfrac{\partial P}{\partial h}}{C_F}\delta F + \frac{\partial P}{\partial K}\delta K + \frac{\partial P}{\partial \tau_f}\delta \tau_f + \frac{\partial P}{\partial \tau_b}\delta \tau_b\right] \tag{3-41}$$

简化为

$$\delta P = B_H\delta h_0 + B_S\delta S + B_F\delta F + B_K\delta K + B_{\tau_f}\delta \tau_f + B_{\tau_b}\delta \tau_b \tag{3-42}$$

式（3-42）称为增量轧制力方程，其中

$$B_H = \frac{C_P\dfrac{\partial P}{\partial h_0}}{C_P + Q} \tag{3-43}$$

$$\begin{cases} B_S = \dfrac{-C_P Q}{C_P + Q} \\ B_F = \dfrac{-\dfrac{C_P Q}{C_F}}{C_P + Q} \end{cases} \tag{3-44}$$

$$B_a = \frac{C_P}{C_P + Q} \cdot \frac{\partial P}{\partial a} \tag{3-45}$$

变量 a 可以是 K、τ_b、τ_f 等。

3.2.3 增量凸度方程

考虑到上述影响因素，有载辊缝形状凸度方程可以描述为

$$CR = \frac{P}{K_P} - \frac{F}{K_F} + E_C\omega_C + E_\Sigma(\omega_H + \omega_W + \omega_0) + E_0\Delta \tag{3-46}$$

对热轧来说，ω_W、ω_H 是扰动量，ω_C 及 F 是控制量，凸度方程增量化时，因为 ω_H、ω_W、ω_0 为缓慢变化量可以忽略不计，而 ω_C 只用于设定不进行控制，所以方程可简化为

$$\delta CR = \frac{\delta P}{K_P} - \frac{\delta F}{K_F} \tag{3-47}$$

将轧制力方程式（3-31）代入式（3-47）可得

$$\begin{aligned}\delta CR &= \frac{1}{K_P}\left(\frac{C_P}{C_P - \dfrac{\partial P}{\partial h}}\right)\left[\frac{\partial P}{\partial h_0}\delta h_0 + \frac{\partial P}{\partial h}\delta S + \frac{\dfrac{\partial P}{\partial h}}{C_F}\delta F + \frac{\partial P}{\partial K}\delta K + \frac{\partial P}{\partial \tau_f}\delta \tau_f + \frac{\partial P}{\partial \tau_b}\delta \tau_b\right] - \frac{\delta F}{K_F} \\ &= C_H\delta h_0 + C_S\delta S + C_F\delta F + C_K\delta K + C_{\tau_f}\delta \tau_f + C_{\tau_b}\delta \tau_b\end{aligned} \tag{3-48}$$

式（3-48）称为增量凸度方程，其中

$$C_{\mathrm{H}} = \frac{C_P \dfrac{\partial P}{\partial h_0}}{(C_P + Q)K_P} \tag{3-49}$$

$$C_{\mathrm{S}} = \frac{-C_P Q}{(C_P + Q)K_P} \tag{3-50}$$

$$C_{\mathrm{F}} = \frac{-\dfrac{C_P Q}{C_F}}{(C_P + Q)K_P} - \frac{1}{K_F} \tag{3-51}$$

$$C_a = \frac{C_P}{(C_P + Q)K_P} \cdot \frac{\partial P}{\partial a} \tag{3-52}$$

变量 a 可以是 K、τ_{b} 及 τ_{f} 等。

3.2.4 增量前滑方程

定义：一个前滑值方程 $f = \dfrac{v - v_0}{v_0} \times 100\%$，在变形区每个断面的流量应相等，则有

$$v' h_0 = v_\gamma h_\gamma = vh \tag{3-53}$$

式中 v_γ ——中性面金属流动的水平速度；

h_γ ——中性面厚度。

前滑张力方程计算可得

$$f = \frac{\gamma^2}{2}\left(\frac{2R}{h} - 1\right) \tag{3-54}$$

当 $\dfrac{2R}{h} \gg 1$ 时，可进一步简化为

$$f = \frac{R}{2}\gamma^2 \tag{3-55}$$

考虑张力对轧机辊系的前滑、后滑的影响，前滑可以写成以下参数的函数：

$$f = f(h_0,\ h,\ \tau_{\mathrm{b}},\ \tau_{\mathrm{f}}) \tag{3-56}$$

线性化后得

$$\delta f = \frac{\partial f}{\partial h}\delta h + \frac{\partial f}{\partial h_0}\delta h_0 + \frac{\partial f}{\partial \tau_{\mathrm{f}}}\delta \tau_{\mathrm{f}} + \frac{\partial f}{\partial \tau_{\mathrm{b}}}\delta \tau_{\mathrm{b}} \tag{3-57}$$

将增量厚度方程式（3-29）代入式（3-57）后，可得增量前滑方程

$$\delta f = \frac{\partial f}{\partial h_0}\delta h_0 + \frac{\partial f}{\partial h}(A_{\mathrm{H}}\delta h_0 + A_{\mathrm{S}}\delta S + A_{\mathrm{F}}\delta F + A_{\mathrm{K}}\delta K + A_{\tau_{\mathrm{f}}}\delta \tau_{\mathrm{f}} + A_{\tau_{\mathrm{b}}}\delta \tau_{\mathrm{b}}) + \frac{\partial f}{\partial \tau_{\mathrm{f}}}\delta \tau_{\mathrm{f}} + \frac{\partial f}{\partial \tau_{\mathrm{b}}}\delta \tau_{\mathrm{b}} \tag{3-58}$$

经整理后得

$$\delta f = D_{\mathrm{H}}\delta h_0 + D_{\mathrm{S}}\delta S + D_{\mathrm{F}}\delta F + D_{\mathrm{K}}\delta K + D_{\tau_{\mathrm{f}}}\delta \tau_{\mathrm{f}} + D_{\tau_{\mathrm{b}}}\delta \tau_{\mathrm{b}} \tag{3-59}$$

$$D_{\mathrm{H}} = \frac{\partial f}{\partial h_0} + A_{\mathrm{H}}\frac{\partial f}{\partial h} \tag{3-60}$$

$$D_S = A_S \frac{\partial f}{\partial h} \tag{3-61}$$

3.2.5　增量入口速度及增量出口速度方程

考虑前滑现象后，轧件出口速度可写成

$$v = v_0(1 + f) \tag{3-62}$$

前滑移的增量式方程为

$$\delta v = v_0 \delta f + (1 + f)\delta v_0 \tag{3-63}$$

轧件入口速度 v' 为

$$v' = \frac{h}{h_0} v \tag{3-64}$$

写成增量形式为

$$\delta v' = \frac{h}{h_0}\delta v + \frac{v}{h_0}\delta h - \frac{hv}{h_0^2}\delta h_0 \tag{3-65}$$

式中　v ——轧件出口速度；

v' ——轧件入口速度；

v_0 ——轧辊轧制时线速度；

f ——前滑值。

代入式（3-59）可得

$$\begin{aligned}\delta v &= v_0 \delta f + (1 + f)\delta v_0 \\ &= v_0(D_H \delta h_0 + D_S \delta S + D_F \delta F + D_K \delta K + D_{\tau_f} \delta \tau_f + D_{\tau_b} \delta \tau_b) + (1 + f)\delta v_0\end{aligned} \tag{3-66}$$

整理后可得

$$\delta v = E_H \delta h_0 + E_S \delta S + E_F \delta F + E_K \delta K + E_{\tau_f} \delta \tau_f + E_{\tau_b} \delta \tau_b + E_V \delta v_0 \tag{3-67}$$

增量入口速度方程（和出口速度方程类同）为

$$\delta v' = F_H \delta h_0 + F_S \delta S + F_F \delta F + F_K \delta K + F_{\tau_f} \delta \tau_f + F_{\tau_b} \delta \tau_b + F_V \delta v_0 \tag{3-68}$$

$$E_H = v_0 D_H \tag{3-69}$$

$$F_V = \frac{h}{h_0} E_V \tag{3-70}$$

$$E_V = (1 + f) \tag{3-71}$$

$$F_H = \frac{h}{h_0} E_H + \frac{v}{h_0} A_H - \frac{h}{h_0^2} v \tag{3-72}$$

$$F_S = \frac{h}{h_0} E_S + \frac{v}{h_0} A_S \tag{3-73}$$

3.2.6　增量套量方程及增量张力方程

套量及张力的产生，可认为是由于相邻两机架速度差异而成套或使带钢拉伸而产生张力。

套量方程为

$$l_{\text{loop}} = \int (v'_{i+1} - v_i)\,\mathrm{d}t \tag{3-74}$$

套量的增量形式为

$$\delta l_{\text{loop}} = \int (\delta v'_{i+1} - \delta v_i)\,\mathrm{d}t \tag{3-75}$$

根据带钢弹性形变微分方程，可写出张力方程（i 机架和 $i+1$ 机架之间），一般采用张应力的形式表示为

$$\tau_i = \frac{E}{l}\int (v'_{i+1} - v_i)\,\mathrm{d}t \tag{3-76}$$

写成增量形式，则为

$$\delta\tau_i = \frac{E}{l}\int (\delta v'_{i+1} - \delta v_i)\,\mathrm{d}t \tag{3-77}$$

式中 E——带钢在高温下的弹性模量；

l——机架间的距离；

v'_{i+1}——第 $i+1$ 个机架入口速度；

v_i——第 i 个机架出口速度。

代入式（3-68）及式（3-67）的公式后，即可得到套量增量及张力增量方程。

在实际轧制过程中，影响带材出口厚度偏差的因素可谓方方面面，并且诸因素之间不是孤立存在的，而往往是相互影响、相互制约的。所以，在进行厚度控制时，不能仅单方面地考虑单个因素的影响，必须综合考虑各因素的影响。同时，应注意到静态分析时的前一个机架的出口厚度变化 δh_i，即为下一个机架的入口厚度变化 δh_{i+1}，而动态分析时要延时后为下一个机架的入口厚度；前一个机架的前张力变量为下一个机架的后张力变量。将其考虑到方程列写的过程中，即可综合分析任何机架工艺参数或调节参数变化对整个连轧机组各机架负荷参数或目标参数的影响。为了应用各方程定量分析连轧过程，必须首先根据具体的轧制力、前滑公式求出各偏导数，然后再由这些偏导数求出各方程中的 A、B、C、D、E、F 等系数。

3.3 模型自学习

模型自学习是近半个世纪迅速发展起来并广泛应用于计算机控制的一项技术。应用前面所述的方法虽然可以建立起设定模型，但仅仅单纯依靠设定模型本身来实现计算机控制，其预报精度是有限的。影响模型精度的主要因素是系统特性的变化。模型的建立，特别是模型系数的定量化，需要通过大量实测数据的统计处理才能实现，数据少了不能保证统计精度（因为测量仪表存在误差），但数据多了又产生新的问题（如何保证大量数据的“环境条件相同”）。以轧制力模型为例，为了建立模型往往需要测量几千个钢卷的轧制力等数据，但在此期间实际的轧制状况并不是始终不变的，例如轧辊的磨损和更换。现代带钢热连轧机约每隔 4 h（能轧制一百多条带钢）要换一对新辊，轧辊表面状态在新辊时和快要换辊时是不同的，它将对轧制力有影响。又如热轧机轧辊与高温带钢相接触，辊温将逐渐升高到一定值时才平衡，而机架间用冷却水的水温和水量的波动又将不断地影响此热平衡状态，可以说，轧机的状态是在不断变化的。这些因素单独起不到多大作用，但从整体上来看则能使轧机状态发生变化。因此，用长时间测量的数据建立起来的模型必然带有“平均”的性质，用此带有“平均”性质的模型来预报每一块处于特定条件下带钢的轧制

力时必然要存在一定的误差，例如，图 3-1 中轧制力回归曲线对新辊和旧辊状态下的轧制力预报都将存在误差。

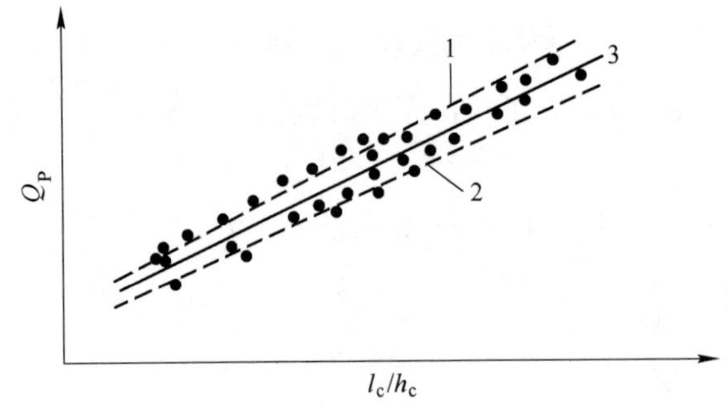

图 3-1 压力回归曲线

1—换辊前；2—新辊；3—回归线

根据系统状态的变化，不断利用即时信息进行模型参数的修正，以保证模型的精度，这种功能称为“模型自学习”功能。模型自学习方法在理论上有增长记忆式递推最小二乘法、限定记忆递推最小二乘法、卡尔曼滤波。下面分别介绍增长记忆式递推最小二乘法的理论方法及目前工程实际应用的指数平滑法。

3.3.1 增长记忆式递推最小二乘法

为了便于用矩阵表达，可写成以下更普遍的形式

$$z(k) = a_1 x_{1k} + a_2 x_{2k} + \cdots + a_m x_{mk} \tag{3-78}$$

式中 a_1，a_2，…，a_m ——模型的待定参数。

将模型式（3-78）写成最小二乘格式

$$z(k) = h^{\tau}(k)\theta + n(k) \tag{3-79}$$

其中

$$\begin{cases} h(k) = [x_{1k},\ x_{2k},\ \cdots x_{mk}]^{\tau} \\ \theta = [a_1,\ a_2,\ \cdots,\ a_m]^{\tau} \end{cases} \tag{3-80}$$

对于 $k = 1, 2, \cdots, L$，构成一个线性方程组

$$\begin{aligned} z(1) &= x_{11}a_1 + x_{21}a_2 + \cdots + x_{m1}a_m + n_1 \\ z(2) &= x_{12}a_1 + x_{22}a_2 + \cdots + x_{m2}a_m + n_2 \\ &\vdots \\ z(L) &= x_{1L}a_1 + x_{2L}a_2 + \cdots + x_{mL}a_m + n_L \end{aligned} \tag{3-81}$$

将上面线性方程组写成

$$Z_L = H_L\theta + n_L \tag{3-82}$$

其中

$$\begin{cases} Z_L = [z(1),\ z(2),\ \cdots,\ z(L)]^{\tau} \\ n_L = [n(1),\ n(2),\ \cdots,\ n(L)]^{\tau} \end{cases} \tag{3-83}$$

$$H_L=\begin{bmatrix}h^\tau(1)\\h^\tau(2)\\\vdots\\h^\tau(L)\end{bmatrix}=\begin{bmatrix}x_{11}, & x_{21}, & \cdots, & x_{m1}\\x_{12}, & x_{22}, & \cdots, & x_{m2}\\ & \vdots & & \\x_{1L}, & x_{2L}, & \cdots, & x_{mL}\end{bmatrix} \tag{3-84}$$

考虑模型（3-79）式的辨识问题，其中 $z(k)$ 和 $h(k)$ 都是可观测的数据，θ 是待估计参数，准则函数取

$$J(\theta)=\sum_{k=1}^{L}[z(k)-h^\tau(k)\theta]^2 \tag{3-85}$$

根据式（3-83）和式（3-84）的定义，准则函数 $J(\theta)$ 可写成二次型的形式

$$J(\theta)=(z_L-H_L\theta)^\tau(z_L-H_L\theta) \tag{3-86}$$

显然，式（3-86）中的 $H_L\theta$ 代表模型的输出，或者说是过程中的输出预报值，因此 $J(\theta)$ 可以被看作用来衡量模型输出与实际过程输出的接近情况。极小化 $J(\theta)$，求得参数 θ 的估计值，将使模型的输出最好地预报过程的输出。

设 $\hat{\theta}_{LS}$ 使得 $J(\theta)\mid_{\theta_{LS}}=\min$，则有

$$\left.\frac{\partial J(\theta)}{\partial\theta}\right|_{\hat{\theta}_{LS}}=\frac{\partial}{\partial\theta}(z_L-H_L\theta)^\tau(z_L-H_L\theta)\mid_{\hat{\theta}_{LS}}=0^\tau \tag{3-87}$$

展开式（3-87），并运用如下两个向量微分公式：

$$\begin{cases}\dfrac{\partial}{\partial x}(a^\tau x)=a^\tau\\[2mm]\dfrac{\partial}{\partial x}(x^\tau x)=2x^\tau\end{cases} \tag{3-88}$$

$$(H_L^\tau H_L)\hat{\theta}_{LS}=H_L^\tau z_L \tag{3-89}$$

式（3-89）称为正则方程。当 $H_L^\tau H_L$ 是正则矩阵时，有

$$\hat{\theta}_{LS}=(H_L^\tau H_L)^{-1}H_L^\tau z_L \tag{3-90}$$

将式（3-90）一次完成算法写成

$$\begin{aligned}\hat{\theta}_{LS}&=(H_L^\tau H_L)^{-1}H_L^\tau z_L\triangleq P(L)H_L^\tau z_L\\&=\left[\sum_{i=1}^{L}h(i)h^\tau(i)\right]^{-1}\left[\sum_{i=1}^{L}h(i)z(i)\right]\end{aligned} \tag{3-91}$$

定义：

$$\begin{cases}P^{-1}(k)=\sum\limits_{i=1}^{k}h(i)h^\tau(i)\triangleq H_k^\tau H_k\\[2mm]P^{-1}(k-1)=\sum\limits_{i=1}^{k-1}h(i)h^\tau(i)\triangleq H_{k-1}^\tau H_{k-1}\end{cases} \tag{3-92}$$

其中

$$H_k=\begin{bmatrix}h^\tau(1)\\h^\tau(2)\\\vdots\\h^\tau(k)\end{bmatrix},\quad H_{k-1}=\begin{bmatrix}h^\tau(1)\\h^\tau(2)\\\vdots\\h^\tau(k-1)\end{bmatrix} \tag{3-93}$$

由式（3-93）可得

$$P^{-1}(k)=\sum_{i=1}^{k-1}h(i)h^{\tau}(i)+h(k)h^{\tau}(k)$$

$$=P^{-1}(k-1)+h(k)h^{\tau}(k) \tag{3-94}$$

$$z_{k-1}=[z(1),\ z(2),\ \cdots,\ z(k-1)]^{\tau} \tag{3-95}$$

$$\hat{\theta}(k-1)=(H^{\tau}H_{k-1}H_{k-1})^{-1}H_{k-1}^{\tau}z_{k-1}$$

$$=P(K-1)\sum_{i=1}^{k-1}[h(i)z(i)] \tag{3-96}$$

$$P^{-1}(k-1)\hat{\theta}(k-1)=\sum_{i=1}^{k-1}[h(i)z(i)] \tag{3-97}$$

$$z_k=[z(1),\ z(2),\ \cdots,\ z(k)]^{\tau} \tag{3-98}$$

并利用式（3-94）和式（3-97），可得

$$\theta(k)=(H_k^{\tau}H_k)^{-1}H_k^{\tau}z_k=P(k)\sum_{i=1}^{k}[h(i)z(i)]$$

$$=P(k)[P^{-1}(k-1)\hat{\theta}(k-1)+h(k)z(k)]$$

$$=P(k)\{[P^{-1}(k)-h(k)h^{\tau}(k)]\hat{\theta}(k-1)+h(k)z(k)\}$$

$$=\hat{\theta}(k-1)+P(k)h(k)[z(k)-h^{\tau}(k)\hat{\theta}(k-1)] \tag{3-99}$$

引进增益矩阵 $K(k)$，定义为

$$K(k)=P(k)h(k) \tag{3-100}$$

则将式（3-99）写成

$$\hat{\theta}(k)=\hat{\theta}(k-1)+K(k)[z(k)-h^{\tau}(k)\hat{\theta}(k-1)] \tag{3-101}$$

进一步把式（3-94）写成

$$P(k)=[P^{-1}(k-1)+h(k)h^{\tau}(k)]^{-1} \tag{3-102}$$

为了避免矩阵求逆运算，利用矩阵反演公式

$$(A+CC^{\tau})^{-1}=A^{-1}-A^{-1}C(I+C^{\tau}A^{-1}C)^{-1}C^{\tau}A^{-1} \tag{3-103}$$

可将式（3-102）演变成

$$P(k)=P(k-1)-P(k-1)h(k)h^{\tau}(k)P(k-1)[h^{\tau}(k)P(k-1)h(k)+1]^{-1}$$

$$=\left[I-\frac{P(k-1)h(k)h^{\tau}(k)}{h^{\tau}(k)P(k-1)h(k)+1}\right]P(k-1) \tag{3-104}$$

将式（3-104）代入式（3-100），整理后有

$$K(k)=P(k-1)h(k)[h^{\tau}(k)P(k-1)h(k)+1]^{-1} \tag{3-105}$$

综合式（3-101）、式（3-104）和式（3-105），便得到加权最小二乘参数估计推算法，公式如下：

$$\begin{cases}\hat{\theta}(k)=\hat{\theta}(k-1)+K(k)[z(k)-h^{\tau}(k)\hat{\theta}(k-1)]\\ K(k)=P(k-1)h(k)[h^{\tau}(k)P(k-1)h(k)+1]^{-1}\\ P(k)=[I-K(k)h^{\tau}(k)]P(k-1)\end{cases} \tag{3-106}$$

式（3-106）表明，k 时刻的参数估计值 $\hat{\theta}(k)$ 等于 $(k-1)$ 时刻的参数估计值 $\hat{\theta}(k-1)$ 加上修正项，修正项正比于 k 时刻的新息 $\tilde{z}(k) \triangleq z(k) - h^{\tau}(k)\hat{\theta}(k-1)$，其增益矩阵 $K(k)$ 是时变矩阵。$P(k)$ 是对称矩阵，为了保证 $P(k)$ 的对称性，有时把式（3-106）的第 3 式写成

$$\begin{aligned} P(k) &= P(k-1) - \frac{[P(k-1)h(k)][P(k-1)h(k)]^{\tau}}{h^{\tau}(k)P(k-1)h(k)+1} \\ &= P(k-1) - K(k)K^{\tau}(k)[h^{\tau}(k)P(k-1)h(k)+1] \end{aligned} \tag{3-107}$$

这样，在计算过程中即使有舍入误差，也能保持 $P(k)$ 矩阵始终是对称的。递推计算需要事先选择初始状态 $\hat{\theta}(0)$ 和 $P(0)$，它们的取值有两种选择方法。

一种是根据一批数据，利用一次完成算法，预先求得

$$\begin{cases} P(L_0) = (H_{L_0}^{\tau}H_{L_0})^{-1} \\ \hat{\theta}(L_0) = P(0)H_{L_0}^{\tau}z_{L_0} \end{cases} \tag{3-108}$$

设 $P(0)=P(L_0)$，$\hat{\theta}(0)=\hat{\theta}(L_0)$，其中 L_0 为数据长度，为了减少计算量，L_0 不宜取太大。

另一种是直接取

$$\begin{cases} P(0) = a^2 I & (a\ \text{为充分大的实数}) \\ \hat{\theta}(0) = \varepsilon & (\varepsilon\ \text{为充分小的实向量}) \end{cases} \tag{3-109}$$

因为

$$\begin{cases} P^{-1}(k) = \sum\limits_{i=1}^{k} h(i)h^{\tau}(i) \\ P^{-1}(k)\hat{\theta}(k) = \sum\limits_{i=1}^{k} h(i)z(i) \end{cases} \tag{3-110}$$

根据式（3-91），则有

$$\begin{aligned} \hat{\theta}(k) &= \left[\sum_{i=1}^{k} h(i)h^{\tau}(i)\right]^{-1}\left[\sum_{i=1}^{k} h(i)z(i)\right] \\ &= \left[P^{-1}(0) + \sum_{i=1}^{k} h(i)h^{\tau}(i)\right]^{-1} \times \left[P^{-1}(0)\hat{\theta}(0) + \sum_{i=1}^{k} h(i)z(i)\right] \end{aligned} \tag{3-111}$$

显然，使式（3-111）成立的条件是 $P^{-1}(0) \to 0$ 及 $\hat{\theta}(0) \to 0$，故有式（3-109）。

另外，可用下式作为递推算法的停机标准

$$\max \left| \frac{\hat{\theta}_i(k) - \hat{\theta}_i(k-1)}{\hat{\theta}_i(k-1)} \right| < \varepsilon \qquad (\varepsilon\ \text{为适当小的数}) \tag{3-112}$$

它意味着当所有参数估计值变化不大时，即可停机。

3.3.2 指数平滑法

为了减轻自适应校正的计算工作量，数学模型尚可用下式表示

$$y = a_1x_1 + a_2x_2 + \cdots + a_mx_m + \beta \tag{3-113}$$

x_1，x_2，…，x_m 是直接影响模型的因素，a_1，a_2，…，a_m 表示这些因素对 y 的作用程度大小，此模型是线性化的，各因素的影响是可以叠加的，a_1，a_2，…，a_m 将随着系统特性的变动而变化。在自学习的模型计算中，为简化问题，把有大量数据得到的数学模型参数 a_1，a_2，…，a_m 看成系统特性固有的量而取定值，常数项 β 反映系统状态的变化，也就是系统状态变化时，可对系数 β 相应的修正计算以适应系统特性的变化。其计算方法为

$$\hat{\beta}_{n+1} = \hat{\beta}_n + \alpha(\beta_n^* - \hat{\beta}_n) \tag{3-114}$$

式中　$\hat{\beta}_n$ ——第 n 次设定 β 的预报数值大小；

β_n^* ——第 n 次设定后 β 的实测数值大小；

$\hat{\beta}_{n+1}$ ——第 $n+1$ 次设定时 β 的预报值大小；

α ——增益系数，$0 < \alpha < 1$。

指数平滑公式如下

$$\begin{aligned}
\hat{\beta}_{n+1} &= \hat{\beta}_n + \alpha(\beta_n^* - \hat{\beta}_n) \\
&= \alpha\beta_n^* + (1-\alpha)\hat{\beta}_n \\
&= \alpha\beta_n^* + (1-\alpha)[\alpha\beta_{n-1}^* + (1-\alpha)\hat{\beta}_{n-1}] \\
&= \alpha\beta_n^* + \alpha(1-\alpha)\hat{\beta}_{n-1} + \alpha(1-\alpha)^2\beta_{n-2}^* + (1-\alpha)^3\hat{\beta}_{n-2} \\
&\quad \vdots \\
&= \alpha\beta_n^* + \alpha(1-\alpha)\hat{\beta}_{n-1} + \alpha(1-\alpha)^2\beta_{n-2}^* + \alpha(1-\alpha)^3\beta_{n-3}^* + \\
&\quad \cdots + \alpha(1-\alpha)^{\gamma}\beta_{n-\gamma}^* + \cdots + \alpha(1-\alpha)^{n-1}\beta_1^* + (1-\alpha)^n\hat{\beta}_1
\end{aligned} \tag{3-115}$$

$\hat{\beta}_{n+1}$ 中包括了 n，$(n-1)$，…，1 的信息及原始数值 $\hat{\beta}_1$。但是，由于 $\alpha < 1$，因此离 $n+1$ 次较远的信息就会被很少地利用。

α 值是对信息 $(\beta_n^* - \hat{\beta}_n)$ 利用程度的表示。当 $\alpha = 1$ 时，则 $\hat{\beta}_{n+1} = \beta_n^*$，即完全依靠第 n 次获得的实测信息 β_n^*，用它来作为第 $n+1$ 次的预报。这种情况只有在仪表绝对可靠而且绝对没有误差下才能实现，实际上是不可能的。当 $\alpha = 0$ 时，则 $\hat{\beta}_{n+1} = \hat{\beta}_n$，代表第 n 次实测值都不可靠，所以第 n 次的预报值 $\hat{\beta}_n$ 仍是第 $n+1$ 次的预报数值 $\hat{\beta}_{n+1}$，不利用所获得的第 n 次信息。合理的方法是由每次的实测数据来决定 α 值，那么如何可靠地去评估每次数据精度将是重点。目前将 α 看作常数，一段时间内修改一次，使自学习模型的效果更完善。可以说 α 值太大会使得预报数值的波动较大，α 值太小会减慢预报数值接近目标数值的速度，如图 3-2 所示。

自学习系统对系数修正有两种方式：加法自学习与乘法自学习，模型为

$$y = f(x_1, x_2, \cdots, x_m) + \beta \tag{3-116}$$

$$y = \beta f(x_1, x_2, \cdots, x_m) \tag{3-117}$$

当第 n 次实测值 y 能得到、自变量 x_{n1}，x_{n2}，…，x_{nm} 也能被实际测时，计算出 β 的实测数值 β^*。

在加法自学习模型中

$$\beta_n^* = y_n^* - f(x_{n1}, x_{n2}, \cdots, x_{nm}) \tag{3-118}$$

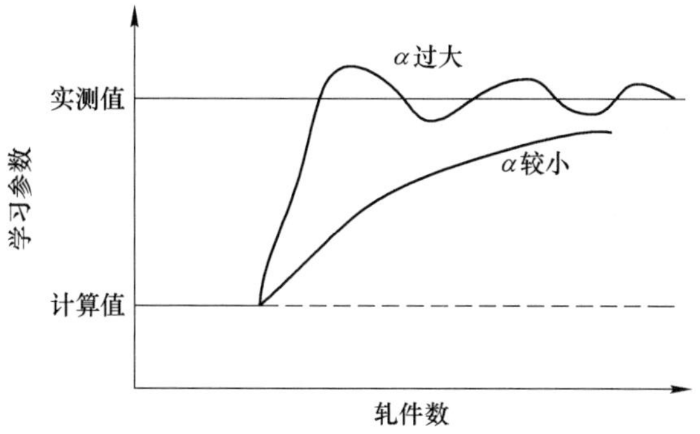

图 3-2 平滑系数 α 值对自学习模型的影响

在乘法自学习模型中

$$\beta_n^* = \frac{y_n^*}{f(x_{n1}, x_{n2}, \cdots, x_{nm})} \tag{3-119}$$

求 $\hat{\beta}_{n+1}$ 后，第 $n+1$ 次模型计算可用下式。

加法自学习模型

$$\hat{y}_{n+1} = f(x_{n1}, x_{n2}, \cdots, x_{nm}) + \hat{\beta}_{n+1} \tag{3-120}$$

乘法自学习模型

$$\hat{y}_{n+1} = \hat{\beta}_{n+1} \cdot f(x_{n1}, x_{n2}, \cdots, x_{nm}) \tag{3-121}$$

实践表明，上述的指数平滑法已经能够满足实际的各种需要。

3.3.3 轧制力的自学习

轧制力的自学习和其他参数的自学习有一个很大区别，即不能把第 n 根带钢的实测轧制力 P_N^* 和原先由模型预报的轧制力 P_N 直接进行比较，这是因为带钢轧机存在显著弹跳。当实测轧制力 P_N^* 偏高或偏低时，由于弹跳的影响，实际轧出厚度 h_i^* 将比原来的厚度分配值偏大或偏小。因此 P_N^* 和 P_N 相当于两个不同轧制条件下的轧制力值，无法相比。

为了利用实测数据校正模型系数，应首先用实测轧制力计算出实际厚度 h_i^*；然后根据 h_{i-1} 和实际厚度 h_i^* 采用原来模型重新计算轧制力 P'（称为重计算），用 P^* 和重计算的 P' 相比较，才能反映出模型的问题。图 3-3 说明了上述问题的解释，即通过重计算后获得

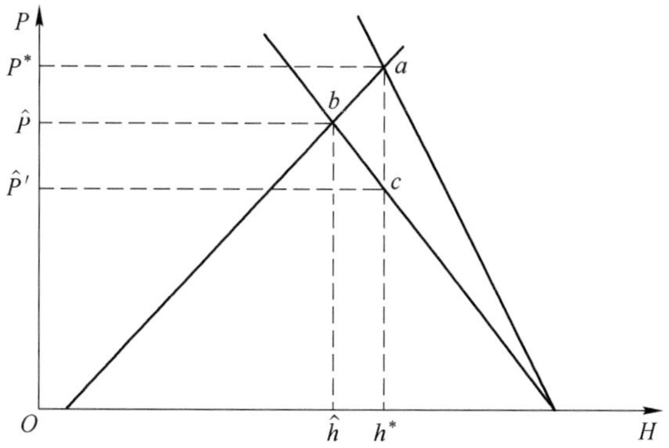

图 3-3 轧制力自学习示意图

c 点，用 c 点和 b 点比较代替 a 点与 b 点的比较。因此，为了对轧制力进行自学习，首先需要确定各机架的实际轧出厚度 h_i^*；再根据 h_i^* 重新用设定模型计算轧制力。

加上自学习系数后，轧制力公式可写成

$$P = K_P B l'_c Q_P K \tag{3-122}$$

式中　K_P——自学习系数。

当实测 P^* 后，由实测 P^* 反求出实际轧出厚度

$$h^* = S_0^* + \frac{P^* - P_0}{C_P} + O + G \tag{3-123}$$

由 h_0、h^* 以及实测温度、速度重计算得 l_c、Q_P、K 值后，可求出

$$K_P^* = \frac{P^*}{B l'_c Q_P K} \tag{3-124}$$

然后用指数平滑法学习 K_P

$$K_{P(n+1)} = K_{P(n)} + \alpha(K_{P(n)}^* - K_{P(n)}) \tag{3-125}$$

式中　α——增益系数；

$K_{P(n)}$——学习表中现有值，用于第 n 根带钢模型计算；

$K_{P(n+1)}$——学习后新值，将存回学习表中（对老值 $K_{P(n)}$ 更新），以便用于下一根带钢（n+1 根钢）的模型计算；

K_P——将按厚度、宽度及机架号对学习表进行分类取出及存入。

3.3.4　辊缝零位常数

间接测厚法是利用辊缝仪信号表示轧辊辊隙的，但实际上轧辊直径由于磨损和热膨胀而产生缓慢的变动，其结果将使实际辊隙和辊缝仪指示有差异。这种现象可归纳为辊缝零位发生了漂移，再加上其他各种因素造成的零位漂移，为此引入了辊缝零位常数 G。

确定辊缝零位常数首先需确定实际出口厚度 h^*，当可逆轧机前后设有测厚仪时直接获得 h^*。对于冷热带钢连轧机组可利用在稳定轧制条件时成品测厚仪实测 h^*，采用秒流量求出各机架实测出口厚度 h_i^*。确定实测厚度 h_i^* 后再用它和弹跳法算出的厚度 h_i 之差求得各机架辊缝零位常数 G_i。

$$G_i = h_i^* - h_i = h_i^* - \left(S_{0i} + \frac{P_i - P_{0i}}{C_P} + S_F + O\right) \tag{3-126}$$

当然，也可以将辊缝零位写成

$$G = G_0 + G_H + G_W \tag{3-127}$$

式中　G_H，G_W——轧热膨胀量及磨损量，此时只学习 G_0。

由于稳定轧制是指轧件已全部通过各机架（热带钢活套动作已基本结束），而厚度系统尚未开始工作时的状态，此时的秒流量相等法则可以认为是成立的。

$$h_i^* = h_n^* \frac{v_{0n}(1 + f_n)}{v_{0i}(1 + f_i)} \tag{3-128}$$

式中　h_n^*，h_i^*——末机架和第 i 机架的实测厚度，mm；

v_{0n}，v_{0i}——末机架和第 i 机架的轧辊线速度，m/s；

f_n，f_i——末机架和第 i 机架的前滑量，%。

考虑到辊缝零位变动是一个缓慢过程，因此可用下式由本块带钢所得的实测辊缝 G_n^*，来求下一块钢的辊缝。

$$G_{n+1} = G_n + \alpha(G_n^* - G_n) \tag{3-129}$$

G_n 为自学习表中存有的值，求出 G_{n+1} 后送自学习表替代 G_n。

3.3.5　变形阻力及应力状态系数的自学习

在换钢种和换规格时应在轧制力公式的变形阻力 K 及应力状态系数 Q_{P} 中增加自学习功能，以提高换钢种及换规格后第一块带钢的预报精度。

为了通过自学习来提高轧制力公式中变形阻力 K 的精度，应利用曾经轧制同类钢种的实测信息，为此对一批同类钢种的实测轧制力 P_i^* 及实测轧制温度、实测轧制速度等进行以下计算：

$$\sigma_0^* = \frac{P^*}{Bl_{\mathrm{c}}Q_PK_tK_uK_\varepsilon} \tag{3-130}$$

其中，应根据实测的 P^* 推算出的实际 h^* 来进行 l_{c}、Q_P 等的重计算，K_t、K_u、K_ε 即为变形阻力公式中的各分项。

$$K_t = \exp(a_1T + a_2) \tag{3-131}$$

$$K_u = \left(\frac{u_m}{10}\right)^{a_3T+a_4} \tag{3-132}$$

$$K_\varepsilon = \left[a_6\left(\frac{e}{0.4}\right)^{a_5} + (a_6 - 1)\left(\frac{e}{0.4}\right)\right] \tag{3-133}$$

将精轧机各机架求得的 σ_{0i}^* 取平均值，对同一批钢种的各块轧件再作平均计算得出这一钢种的 σ_0^*，并存表，在下一次轧制这一钢种时可采用此 σ_0^* 修正该钢种的标准 σ_0 得 $\hat{\sigma}_0$

$$\hat{\sigma}_0 = \alpha\sigma_0^* + (1 - \alpha)\sigma_0 \tag{3-134}$$

对于应力状态系数 Q_P 公式，同样可利用曾经轧制的同一规格的实测信息，其计算公式为

$$Q_P^* = \frac{P^*}{Bl_{\mathrm{c}}K} \tag{3-135}$$

其中，l_{c}、K 应根据实测 P^* 推算出的 h^* 来进行重计算，对同一批规格第 i 机架计算值取平值作为 Q_{Pi}^* 存表。在下一次轧制该规格时可用此 Q_{Pi}^* 修正该机架模型计算所得的 Q_{Pi} 来获得 $\hat{Q}_{Pi}$，$\hat{Q}_{Pi}$ 可用于该规格该机架的轧制，即

$$\hat{Q}_{Pi} = \alpha Q_{Pi}^* + (1 - \alpha)Q_{Pi} \tag{3-136}$$

另外，加权系数 α 大小应经试验确定。

3.4　热连轧耦合系统建模

3.4.1　热连轧液压活套系统建模

带钢进入工作辊咬钢时，轧机由于受到带钢的冲击，不可避免地发生轧辊动态减速，这是轧机固有的特性，无法消除。同时，在现场生产中存在各种干扰，导致上游机架的带

钢出口速度和下游机架的带钢入口速度存在差值，造成相邻机架之间金属秒流量失衡而使带钢的长度和张力受到影响，不仅无法保证产品质量和尺寸精度，同时容易形成堆钢或拉钢，严重时可能造成安全事故。

因此，在精轧机组两机架间设置了活套装置。当机架间出现由于速度不等而引起金属秒流量变化时，活套装置可以作为一个缓冲装置来消除机架间的速度不平衡。液压活套系统通过调节液压缸输出力矩控制活套高度，实现吸收套量和维持小张力轧制，然而在调节高度的过程中，带钢张力的力矩发生变化，影响带钢张力值。活套系统中活套高度和带钢的张力具有强耦合性，如何在一定程度上实现活套高度和带钢张力的解耦控制，对热连轧过程起着关键性的作用。

3.4.1.1　活套控制工艺描述

热连轧过程中精轧部分是轧制系统的核心环节，活套系统又是精轧部分中最核心的机构。液压活套系统设置在相邻的两个轧机间，起到吸收多余的套量和维持小张力轧制的作用。构成液压活套系统的主要设备有活套辊、液压缸、伺服阀、编码器、油压传感器及活套辊支持机构等。活套辊由液压缸驱动，编码器用于检测活套抬起角度，油压传感器用于检测活套辊压力。当带钢从第一台机架穿过到最后机架轧出，整个轧制过程历经五个阶段：咬钢、形成热连轧、建立热连轧、形成稳定热连轧和甩尾抛钢。活套系统在生产过程中主要有起套、恒定张力轧制和落套等阶段，每个阶段都有各自不同的控制特点和要求。

起套阶段主要是指带钢头部被下游机架咬入，直到相邻两机架形成热连轧建立张力之前的阶段。到目前为止，控制起套的方法一共有两种。第一种方式是检测电枢电流。当下游空载轧机接触到上游带钢时，正常空载转速的轧辊会受到轧件的冲击，此时下游的轧机由于速度的不匹配会造成轧辊动态降速，在轧机的速度调节器产生调节信号之前，晶闸管交流装置的输出电压保持不变，导致电枢的电流会间接变大，传感器检测到电流的实际值并且经过控制单元判断大于静态值时，控制单元就会发出起套的控制信号。第二种方式是检测下游轧机的轧制力。当下游机架正常咬钢产生轧辊动态降速时，由于 AGC 系统的快速作用导致轧机的轧制力增大，当控制单元检测到突然变大的轧制力信号时也可以执行起套。

活套的起套过程分为多个阶段，在轧制之前活套装置的位置处于轧辊水平面之下，水平面夹角为 θ_0。机械零位角是活套机构起套之前的角度，与水平面夹角为 10°～13°。工作零位角 θ_{ref} 是指活套机构工作时的摆角，与水平面夹角为 8°～15°。当控制单元发出起套的电流信号时，液压活套辊执行机构立刻以恒定力矩从机械零位角 θ_0 调整到工作零位角 θ_{ref}。该过程如图 3-4 所示，从起套到上升过程一般为 0.3～0.5 s，此时带钢由于上下机架速度差产生的套量仍未被活套完全吸收，所以此刻的带钢在活套辊的支撑下仍处于无张力状态，活套角度将会继续增加直到多余套量被完全吸收，带钢呈绷紧状态。一段时间后，上、下游两机架轧辊速度会向设定值速度慢慢靠拢，多余的套量会逐渐排出，最后活套液压机构的调节器处于饱和状态，为进入恒定活套量和小张力稳定轧制做好准备。上述起套过程中各变量的变化规律可以用图 3-5 表示出来。

图 3-5 中，P 代表 F_{i+1} 机架压力、I 代表 F_{i+1} 主电机电流、n 代表 F_{i+1} 机架主电机转速、θ 代表 F_i 与 F_{i+1} 机架之间活套辊摆角、τ 代表 F_i 与 F_{i+1} 机架之间张力。从该图中可以很明确地看出，它们之间随着轧制时间的变化而发生的变化。

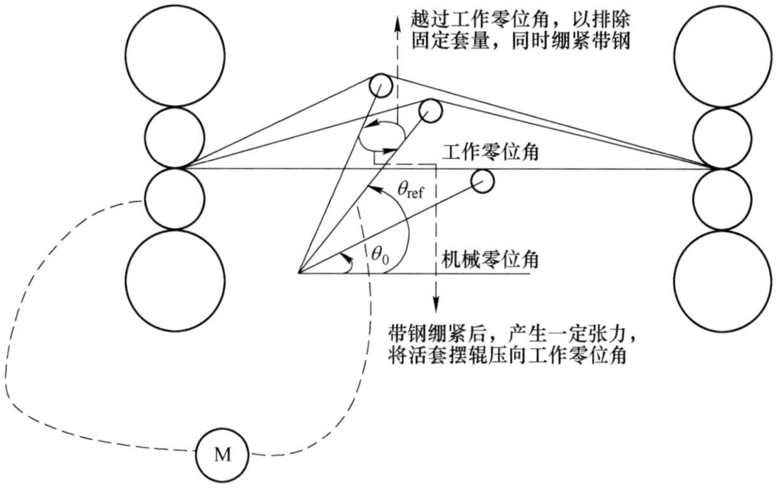

图 3-4 活套起套过程示意图

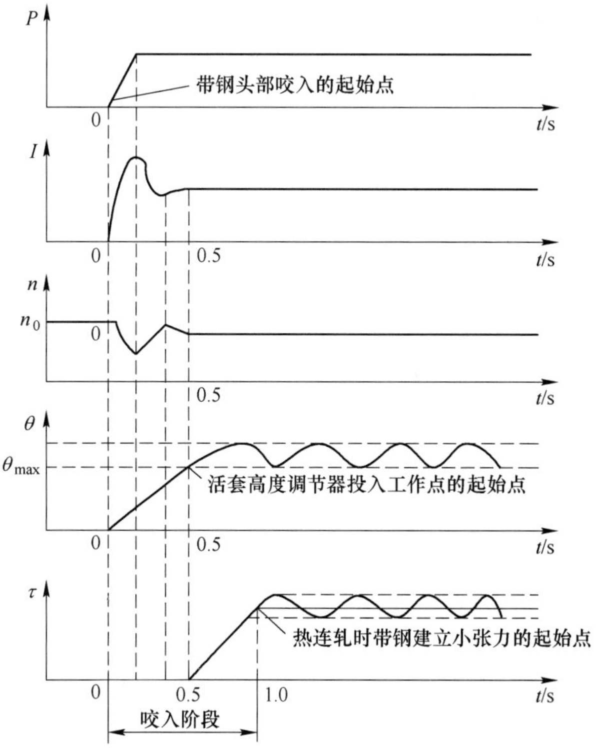

图 3-5 热连轧控制变量的变化规律

恒定小张力轧制阶段是指带钢头部完全命中顺利完成咬钢，并且在上、下游机架之间形成恒定张力控制。活套系统是通过调节上游机架的速度来控制张力，调节液压活套辊的力矩来调整活套高度。顺序一定是从上到下，才能更好地保证产品的生产质量，该阶段所形成的小张力轧制阶段一般占系统热轧时间的 95%。在此阶段，通过对活套辊力矩的控制，使活套辊的摆角在 θ_0 和 θ_{ref} 之间反复波动，轧件的张力大小也会在系统的设定值范围内微量调节。

活套的落套阶段指的是活套机构从接收到落套的控制逻辑信号开始到活套下降至机械零位这一阶段。带钢尾部到达上游机架时，不能落套过早，否则会导致尾部因失去张力而变厚，也不能落套过晚，否则会导致甩尾上翘。这两种情况都会对轧机造成不同程度的损坏，为了防止这种现象的发生，专家学者提出了“小套量”轧制。

所谓小套量轧制，就是在轧件即将离开上游机架时，降低原来系统设定好保证恒定活套量小张力轧制的活套工作角度。当上游机架轧制力突然变小，活套角从小套量角立刻降低至机械零位角，因为小套量轧制阶段是把活套角降低，让其在小套量阶段轧制一段时间，而不是直接去掉，所以小套量轧制满足活套轧制工艺，活套作用依旧存在，避免了板带甩尾对轧机造成损坏，也避免了堆钢和拉钢现象的发生。

3.4.1.2　张力产生的原因

在热连轧过程中，带钢之所以会产生张力，是因为前后机架速度不等，导致在带钢不同位置处的金属位移方向和速度方向不同而产生张力。

图 3-6 中，F 是物体上的任意一个截面，M 是截面 F 上的任意一个点，A、B 是物体被截面 F 分成的两部分，ΔF 是截面 F 上的一个截面元素，S_n 是截面元素 ΔF 上的应力。

可以从物理角度对张力产生进行分析：截面 F 在外力作用下，从平衡状态拉伸成 A、B 两个运动部分。一般认为当物体被考虑成一个整体时，物体中的内力，A 部分对 B 部分沿着截面 F 所作用的内力在截面上是不均匀分布的。

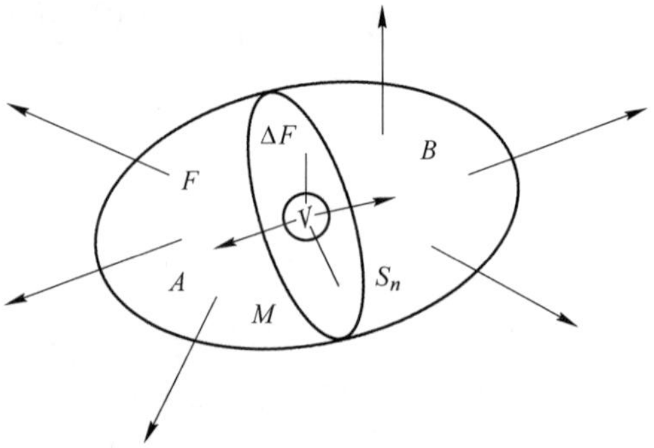

图 3-6　应力产生的原因

将截面元素 ΔF 上作用力的主矢量用 ΔP 表示，二者的比值为：$\dfrac{\Delta P}{\Delta F}$，所计算出的比值为作用在截面元素 ΔF 上平均的应力。如果使截面元素向点 M 进行收缩，ΔP 也将伴随着 ΔF 的减小而减小，同时作用力主矢量 ΔP 的方向也随之改变，截面元素 ΔF 上的应力极值 S_n 可表示为

$$\lim_{\Delta F \to 0} \frac{\Delta P}{\Delta F} = \frac{\mathrm{d}P}{\mathrm{d}F} = S_n \tag{3-137}$$

将 S_n 称为截面元素 ΔF 上的应力，根据胡克定律，金属发生弹性形变时，应力 σ 与弹性应变 ε 间存在如下关系：

$$\sigma = E\varepsilon \tag{3-138}$$

式中　σ ——金属应力，MPa；

E ——杨氏模量，MPa（N/mm^2）；

ε ——弹性形变量。

图 3-7 中，σ_{TM} 为平均单位张力，MPa；T 为带钢张力，N；A 为带钢横截面积，mm^2。带钢上的平均单位张力 σ_{TM} 与张力所作用的带钢截面积 A 的乘积就是带钢上的张力 T，表达式如下

$$T = A\sigma_{TM} \tag{3-139}$$

图 3-8 中，v_a、v_b 分别为轧件上 a 点和 b 点的速度，Δl 表示 a 和 b 两点间由于速度差导致带钢在长度上的相对位移量，l_0 表示轧件发生形变之前 a 点和 b 点的距离，l_1 表示带钢发生形变后 a 点和 b 点的距离。

$$\varepsilon = \frac{\Delta l}{l_0} \tag{3-140}$$

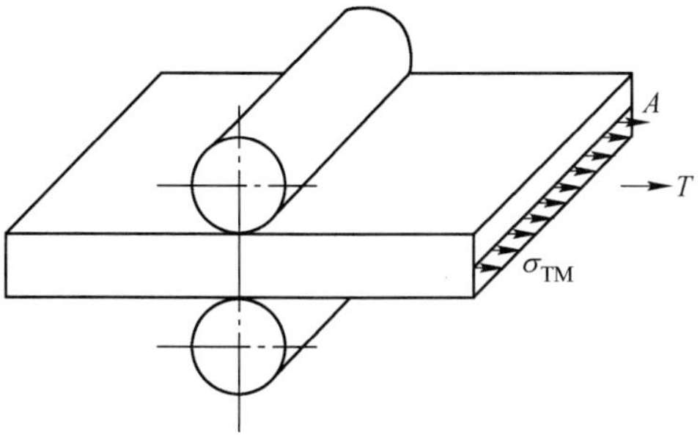

图 3-7　作用在带钢上的张力

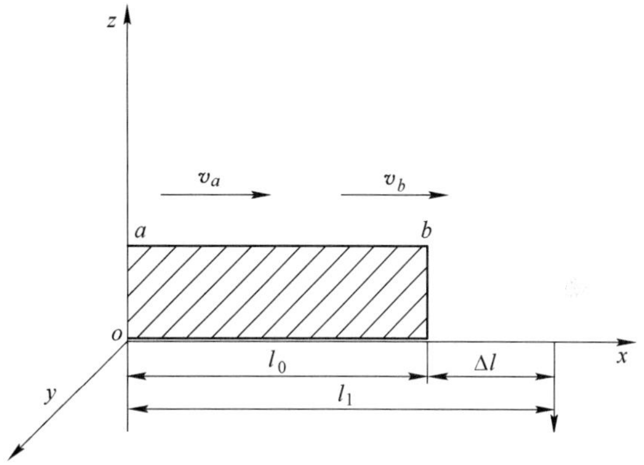

图 3-8　轧件产生张力的原因

带钢产生张力的根本原因是弹性形变的发生，张力大小与带钢在其运动方向上产生的应变量的大小有关，因此带钢张力值取决于 a 点和 b 点的相对位移量。经上述分析可知，带钢平均张力 σ_0 为

$$\sigma_0 = E\varepsilon = E\frac{\Delta l}{l_0} \tag{3-141}$$

微分可得

$$d\sigma_0 = Ed\varepsilon = Ed\left(\frac{\Delta l}{l_0}\right) = \frac{E}{l_0}(v_b - v_a)dt \tag{3-142}$$

积分得

$$\sigma_0 = \frac{E}{l_0}\int(v_b - v_a)dt \tag{3-143}$$

当 v_a、v_b 速度不一致时，作用在带钢上的张力值 T_0 可表示为

$$T_0 = A\sigma_0 = \frac{AE}{l_0}\int(v_b - v_a)dt \tag{3-144}$$

在实际的轧制条件下，A、E、l_0 的值会给定，a 点和 b 点之间的速度差是引起带钢张力 T_0 产生的原因。

实际轧制中，除 a 点和 b 点之间会产生速度差外，v_a 和 v_b 本身也会产生变化。当 v_a 和 v_b 分别变化 Δv_a 和 Δv_b 时，平均张力变化量为

$$\Delta\sigma_0 = \frac{E}{l_0}\int(\Delta v_b - \Delta v_a)dt \tag{3-145}$$

式中　$\Delta\sigma_0$ ——平均张力的变化量，N/mm^2；

Δv_a，Δv_b—— a 点和 b 点的速度变化量，m/s。

作用于带钢上张力值的变化量为

$$\Delta T = A\frac{E}{l_0}\int(\Delta v_b - \Delta v_a)\mathrm{d}t \tag{3-146}$$

因此，当 a 点和 b 点之间存在速度差，并且当 v_a 和 v_b 分别发生变化 Δv_a 和 Δv_b 时，作用在带钢上的单位张力 σ_T 和带钢张力 T 分别为

$$\sigma_T = \sigma_0 + \Delta\sigma_0 = \frac{E}{l_0}\int(v_b - v_a)\mathrm{d}t + \frac{E}{l_0}\int(\Delta v_b - \Delta v_a)\mathrm{d}t \tag{3-147}$$

$$T = T_0 + \Delta T = \frac{AE}{l_0}\int(v_b - v_a)\mathrm{d}t + A\frac{E}{l_0}\int(\Delta v_b - \Delta v_a)\mathrm{d}t \tag{3-148}$$

分析可知，不管是带钢上的单位张力 σ_T，还是带钢上的张力 T，产生的原因均是带钢运动方向上不同位置存在速度差，张力的大小与 a 点和 b 点的速度本身大小无关，只与它们之间的差值相关。带钢张力产生的本质是带钢上不同点处速度差的历史累积，即轧件上不同质点之间速度变化量之差是影响轧件张力大小的重要因素。

3.4.1.3　液压活套系统建模

A　液压活套系统张力建模

液压活套系统中带钢张力变化主要受到两个因素的影响，一是活套套量变化引起的带钢张力的变化；二是带钢在第 i 机架出口速度变化和第 $i+1$ 机架入口速度变化引起的带钢张力变化。

活套的套量是指活套在抬起时造成的机架间带钢长度比两机架的直线长度多余的部分。活套的套量是活套辊摆动角度 θ 的函数，活套套量的计算原理如图 3-9 所示。

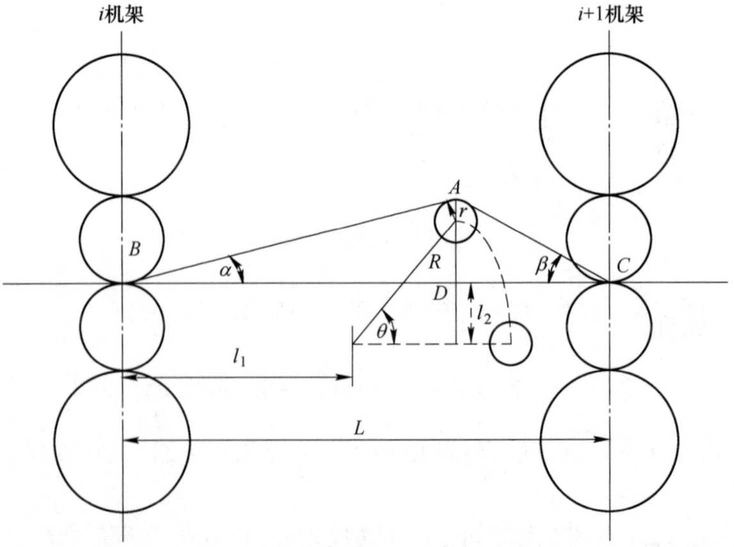

图 3-9　机架间活套套量的计算原理示意图

图 3-9 中，R 为活套臂全长，θ 为活套角度，L 为第 i 和第 $i+1$ 机架间的距离，l_1 为活套

支撑器的支点到第 i 机架中心的水平距离，l_2 为活套支撑点与水平轧制线的垂直距离。第 i 和第 $i+1$ 机架之间的套量为

$$\Delta l = AB + AC - L = \left(\frac{l_1 + R\cos\theta}{\cos\alpha} + \frac{L - l_1 - R\cos\theta}{\cos\beta}\right) - L \tag{3-149}$$

$$AB = \sqrt{BD^2 + AD^2} \tag{3-150}$$

$$AC = \sqrt{DC^2 + AD^2} \tag{3-151}$$

$$BD = l_1 + R\cos\theta \tag{3-152}$$

$$AD = R\sin\theta - l_2 + r \tag{3-153}$$

$$DC = L - l_1 - R\cos\theta \tag{3-154}$$

$$\cos\alpha = \frac{l_1 + R\cos\theta}{\sqrt{(l_1 + R\cos\theta)^2 + (R\sin\theta - l_2 + r)^2}} \tag{3-155}$$

$$\cos\beta = \frac{L - l_1 - R\cos\theta}{\sqrt{(L - l_1 - R\cos\theta)^2 + (R\sin\theta - L_2 + r)^2}} \tag{3-156}$$

$$\alpha = \arctan\frac{R\sin\theta - l_2 + r}{l_1 + R\cos\theta} \tag{3-157}$$

$$\beta = \arctan\frac{R\sin\theta - l_2 + r}{L - l_1 - R\cos\theta} \tag{3-158}$$

$$\Delta l = \sqrt{(l_1 + R\cos\theta)^2 + (R\sin\theta - l_2 + r)^2} + \sqrt{(L - l_1 - R\cos\theta)^2 + (R\sin\theta - l_2 + r)^2} - L \tag{3-159}$$

根据以上公式，可以得出活套量仅受活套角度影响。

套量方程为

$$L_{\text{loop}} = \int (v_{\text{in},\,i+1} - v_{\text{out},\,i})\,\mathrm{d}t \tag{3-160}$$

式中 $v_{\text{in},\,i+1}$——第 $i+1$ 机架入口处带钢速度；

$v_{\text{out},\,i}$——第 i 机架出口处带钢速度。

增量形式

$$\Delta L_{\text{loop}} = \int (\Delta v_{\text{in},\,i+1} - \Delta v_{\text{out},\,i})\,\mathrm{d}t \tag{3-161}$$

当带钢进入轧机并形成稳定连轧时，带钢张力受到速度以及活套套量的影响，方程表示如下

$$\Delta\tau_i = \frac{E}{L}\left[\Delta l\,(\theta)_i + \int_0^t (\Delta v_{\text{in},\,i+1} - \Delta v_{\text{out},\,i})\,\mathrm{d}t\right] \tag{3-162}$$

式中 $\Delta\tau_i$——第 i 机架与第 $i+1$ 机架间平均张力变化量；

$\Delta l\,(\theta)_i$——第 i 机架与第 $i+1$ 机架间活套套量变化量；

$\Delta v_{\text{in},\,i+1}$——第 $i+1$ 机架入口处带钢速度；

$\Delta v_{\text{out},\,i}$——第 i 机架出口处带钢速度。

根据上面分析，可得出以下带钢张力的变化量公式。

a　套量变化引起的带钢张力变化

活套套量的变化引起的带钢张力变化量为

$$\Delta\tau_i = \frac{E}{L}\Delta l(\theta)_i = \frac{E}{L}\cdot\frac{\mathrm{d}\Delta l}{\mathrm{d}\theta}\Delta\theta \tag{3-163}$$

进行拉氏变换后

$$\Delta\tau_i(s) = \frac{E}{L}\cdot\frac{\mathrm{d}\Delta l}{\mathrm{d}\theta}\Delta\theta(s) \tag{3-164}$$

实际轧制过程中，可通过活套角度来控制套量的变化。

b　速度变化引起的带钢张力变化

如果在轧制过程中由于某种原因而使第 i 机架带钢出口速度减少或使第 $i+1$ 机架带钢入口速度加大，结果都将导致两个机架间的张力发生变化。

$$\frac{\mathrm{d}\Delta\tau_i}{\mathrm{d}t} = \frac{E}{L}(\Delta v_{\mathrm{in},i+1} - \Delta v_{\mathrm{out},i}) \tag{3-165}$$

第 $i+1$ 机架后滑量为

$$\beta_{i+1} = \frac{v_{i+1} - v_{\mathrm{in},i+1}}{v_{i+1}} \tag{3-166}$$

式中　β_{i+1} ——第 $i+1$ 机架后滑量；

v_{i+1} ——第 $i+1$ 机架轧辊线速度。

第 $i+1$ 机架带钢入口速度为

$$v_{\mathrm{in},i+1} = (1-\beta_{i+1})v_{i+1} \tag{3-167}$$

可得第 $i+1$ 机架带钢入口速度变化量为

$$\Delta v_{\mathrm{in},i+1} = (1-\beta_{i+1})\Delta v_{i+1} - \Delta\beta_{i+1}v_{i+1} \tag{3-168}$$

当对第 i 和第 $i+1$ 机架间张力进行调节时，以第 $i+1$ 机架的轧辊速度为标准，因此第 $i+1$ 机架的轧辊速度变化量为

$$\Delta v_{i+1} = 0 \tag{3-169}$$

$$\Delta v_{\mathrm{in},i+1} = -\Delta\beta_{i+1}v_{i+1} \tag{3-170}$$

第 i 机架的前滑量为

$$f_i = \frac{v_{\mathrm{out},i} - v_i}{v_i} \tag{3-171}$$

式中　f_i ——第 i 机架的前滑量；

v_i ——第 i 机架轧辊线速度。

第 i 机架带钢出口速度为

$$f_i = \frac{v_{\mathrm{out},i} - v_i}{v_i} \tag{3-172}$$

第 i 机架带钢出口速度变化量为

$$v_{\mathrm{out},i} = (1+f_i)v_i \tag{3-173}$$

微分整理可得

$$\frac{\mathrm{d}\Delta\tau_i}{\mathrm{d}t} = \frac{E}{L}[-\Delta\beta_{i+1}v_{i+1} - (1+f_i)\Delta v_i - \Delta f_i v_i] \tag{3-174}$$

第 i 机架前滑量变化量为

$$\Delta f_i = \frac{\partial f_i}{\partial h_{i,\mathrm{e}}}\Delta h_{i,\mathrm{e}} + \frac{\partial f_i}{\partial h_{i,\mathrm{o}}}\Delta h_{i,\mathrm{o}} + \frac{\partial f_i}{\partial \tau_\mathrm{b}}\Delta\tau_\mathrm{b} + \frac{\partial f_i}{\partial \tau_\mathrm{f}}\Delta\tau_\mathrm{f} \tag{3-175}$$

由式（3-175）可得第 $i+1$ 机架后滑量变化量为

$$\Delta\beta_{i+1} = \frac{\partial \beta_{i+1}}{\partial h_{i+1,\mathrm{e}}}\Delta h_{i+1,\mathrm{e}} + \frac{\partial \beta_{i+1}}{\partial h_{i+1,\mathrm{o}}}\Delta h_{i+1,\mathrm{o}} + \frac{\partial \beta_{i+1}}{\partial \tau_\mathrm{b}}\Delta\tau_\mathrm{b} + \frac{\partial \beta_{i+1}}{\partial \tau_\mathrm{f}}\Delta\tau_\mathrm{f} \tag{3-176}$$

式中 $h_{i,\mathrm{e}}$，$\Delta h_{i,\mathrm{e}}$——第 i 机架入口带钢厚度及其变化量；

$h_{i,\mathrm{o}}$，$\Delta h_{i,\mathrm{o}}$——第 i 机架出口带钢厚度及其变化量；

$h_{i+1,\mathrm{e}}$，$\Delta h_{i+1,\mathrm{e}}$——第 $i+1$ 机架入口带钢厚度及其变化量；

$h_{i+1,\mathrm{o}}$，$\Delta h_{i+1,\mathrm{o}}$——第 $i+1$ 机架出口带钢厚度及其变化量；

τ_b，$\Delta\tau_\mathrm{b}$——后张应力及其变化量；

τ_f，$\Delta\tau_\mathrm{f}$——前张应力及其变化量。

忽略带钢厚度以及前后段张应力的影响，将式（3-175）和式（3-176）代入式（3-174）得

$$\frac{\mathrm{d}\Delta\tau_i}{\mathrm{d}t} = -\frac{E}{L}(1+f_i)\Delta v_i - \frac{E}{L}\left(\frac{\partial \beta_{i+1}}{\partial \tau_i}v_{i+1} + \frac{\partial f_i}{\partial \tau_i}v_i\right)\Delta\tau_i \tag{3-177}$$

$$K_{v\sigma} = \frac{\partial \beta_{i+1}}{\partial \tau_i}v_{i+1} + \frac{\partial f_i}{\partial \tau_i}v_i \tag{3-178}$$

$$\frac{\mathrm{d}\Delta\tau_i}{\mathrm{d}t} = -\frac{E}{L}(1+f_i)\Delta v_i - \frac{E}{L}K_{v\sigma}\Delta\tau_i \tag{3-179}$$

进行拉普拉斯变换后得到

$$\Delta\tau_i(s) = -\frac{E}{sL}(1+f_i)\Delta v_i(s) - \frac{E}{sL}K_{v\sigma}\Delta\tau_i(s) \tag{3-180}$$

式中 $K_{v\sigma}$——带钢张力对带钢速度的影响系数；

E——带钢在高温下得弹性模量，MPa。

综合考虑套量变化及速度变化，可得出带钢张力的变化量方程为

$$\Delta\tau_i = \frac{E}{L}\cdot\frac{\mathrm{d}L_i}{\mathrm{d}\theta}\Delta\theta - \frac{E}{sL}[(1+f_i)\Delta v_i + K_{v\sigma}\Delta\tau_i] \tag{3-181}$$

$$\Delta\tau_i(s) = \frac{E}{L}\cdot\frac{\mathrm{d}L_i}{\mathrm{d}\theta}\Delta\theta(s) - \frac{E}{sL}[(1+f_i)\Delta v_i(s) + K_{v\sigma}\Delta\tau_i(s)] \tag{3-182}$$

B 液压活套系统高度建模

活套支持器的角度发生变化时，活套液压缸输出的力矩也会随之变化，因此在分析活套支持器角度时，可以通过活套支持器承受的力矩来进行分析。活套液压缸作为执行机构，其需要提供的总力矩主要包括：带钢的张力力矩、带钢的重力力矩和活套重力力矩，如图 3-10 所示。此外，由于活套臂的动作产生角加速度，形成动力力矩，则活套液压缸输出的总力矩为

$$M_\mathrm{F} = M_\mathrm{T} + M_\mathrm{W} + M_\mathrm{G} + J\frac{\mathrm{d}^2\theta}{\mathrm{d}t^2} \tag{3-183}$$

式中 M_F——液压缸的总输出力矩；

M_T ——带钢张力力矩；
M_W ——带钢重力力矩；
M_G ——活套重力力矩；
J ——转动惯惯量。

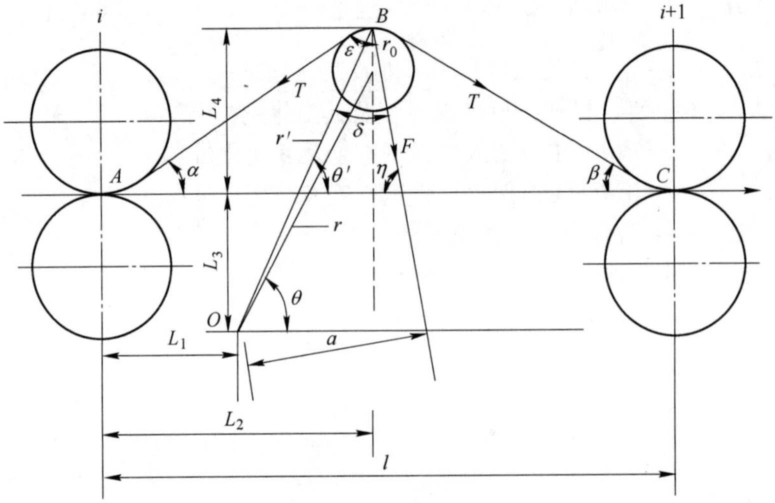

图 3-10　活套受力分析示意图

a　张力力矩

控制活套所需的张力力矩为

$$M_T = a \cdot F \tag{3-184}$$

式中　a——张力力臂；
F——张力的合力。

$$L_2 = L_1 + R \cdot \cos\theta \tag{3-185}$$

$$\delta = 180° - \theta' - \gamma = 90° - \theta' + \frac{\alpha + \beta}{2} \tag{3-186}$$

$$L_4 = R \cdot \sin\theta + \frac{d}{2} - L_3 \tag{3-187}$$

$$a = R' \cdot \sin\delta = R' \cdot \cos\left(\theta' - \frac{\alpha - \beta}{2}\right) \tag{3-188}$$

$$\tan\alpha = \frac{L_4}{L_2} \tag{3-189}$$

$$\tan\beta = \frac{L_4}{L - L_2} \tag{3-190}$$

$$\eta = \varepsilon + \beta = 90° - \frac{\alpha + \beta}{2} + \beta = 90° - \frac{\alpha - \beta}{2} \tag{3-191}$$

$$F = 2T \cdot \sin\left(\frac{\alpha + \beta}{2}\right) = 2B \cdot h \cdot \tau \cdot \sin\left(\frac{\alpha + \beta}{2}\right) \tag{3-192}$$

式中　T——带钢张力；

B——带钢宽度；

h——带钢厚度；

τ——带钢平均单位张力。

$$M_{\mathrm{T}} = R' \cdot B \cdot h \cdot \tau_i [\sin(\theta' + \beta) - \sin(\theta' - \alpha)] \tag{3-193}$$

$$r' = \sqrt{r^2 + 2r \cdot r_0 \cdot \sin\theta + r^2} \tag{3-194}$$

$$\theta' = \arctan \frac{r \cdot \sin\theta + r_0}{r \cdot \cos\theta} \tag{3-195}$$

b　重力力矩

为支持机架间的带钢质量（见图 3-11），活套支持器需要输出的力矩为

$$M_{\mathrm{W}} = Bh(AB + BC)\rho gr\cos\theta \approx Bhl\rho gr\cos\theta \tag{3-196}$$

式中　l——机架间带钢长度；

ρ——带钢密度。

$$M_{\mathrm{G}} = m \cdot g \cdot R_{\mathrm{g}} \cdot \cos(\theta - \varphi_{\mathrm{g}}) \tag{3-197}$$

式中　m——活套自身质量，kg；

R_{g}——活套重心与活套转轴之间的距离；

φ_{g}——活套重心与活套转轴连线与活套工作臂之间的夹角。

c　活套液压缸力矩

液压活套中液压缸的输出力矩是通过控制伺服阀的电流来控制的，在液压缸的进油口和出油口各安装有压力传感器检测进出油口的压力。由图 3-11 中几何关系得活套液压缸的输出力矩为

$$M_{\mathrm{F}} = F \cdot r_1 \cdot \cos(\varphi - \theta - \vartheta) \tag{3-198}$$

式中　F——液压缸压力，N；

r_1——活套动力臂长度，m；

φ——活套工作臂和动力臂之间夹角，(°)；

ϑ——液压缸与竖直方向夹角，(°)。

整理后可得

$$\begin{aligned} J\frac{\mathrm{d}^2\Delta\theta}{\mathrm{d}t^2} &= \Delta M_{\mathrm{F}} - \Delta M_{\mathrm{T}} - \Delta M_{\mathrm{W}} - \Delta M_{\mathrm{G}} \\ &= \frac{\partial M_{\mathrm{F}}}{\partial F} \cdot \Delta F + \frac{\partial M_{\mathrm{F}}}{\partial \theta} \cdot \Delta\theta + \frac{\partial M_{\mathrm{F}}}{\partial \sigma_i} \cdot \Delta\tau_i - \frac{\partial M_{\mathrm{T}}}{\partial \theta} \cdot \Delta\theta - \\ &\quad \frac{\partial M_{\mathrm{T}}}{\partial \sigma_i} \cdot \Delta\sigma_i - \frac{\partial M_{\mathrm{W}}}{\partial \theta} \cdot \Delta\theta - \frac{\partial M_{\mathrm{W}}}{\partial \sigma_i} \cdot \Delta\sigma_i - \frac{\partial M_{\mathrm{G}}}{\partial \theta} \cdot \Delta\theta - \frac{\partial M_{\mathrm{G}}}{\partial \sigma_i} \cdot \Delta\sigma_i \end{aligned} \tag{3-199}$$

带钢的重力力矩和活套重力力矩只与活套角度有关，液压缸输出力矩只与负载力和活套角度有关，所以带钢重力力矩、活套重力矩和液压缸输出力矩对带钢张力的导数为零。

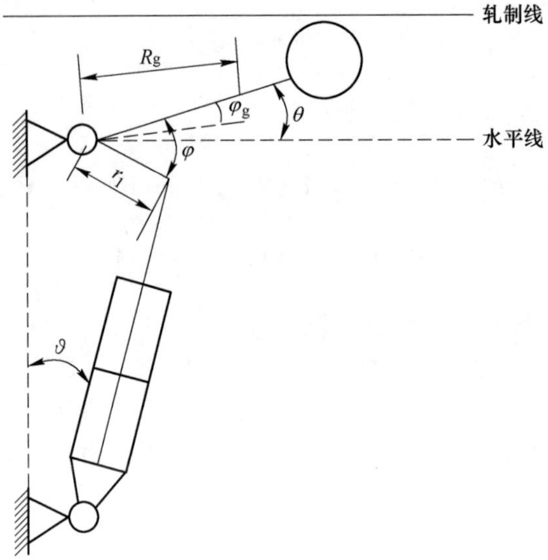

图 3-11　液压活套示意图

对式（3-199）进行拉氏变换后得

$$Js^2\Delta\theta(s) = \frac{\partial M_F}{\partial F}\cdot\Delta F(s) + \frac{\partial M_F}{\partial\theta}\cdot\Delta\theta(s) - \frac{\partial M_T}{\partial\theta}\cdot\Delta\theta(s) - \frac{\partial M_T}{\partial\sigma_i}\cdot\Delta\sigma_i(s) - \frac{dM_W}{d\theta}\cdot\Delta\theta(s) - \frac{dM_G}{d\theta}\cdot\Delta\theta(s) \tag{3-200}$$

C　建模伺服阀-液压缸系统建模

阀控缸的数学模型为：在建立阀控缸的数学模型时，假定供油压力恒定，回油压力为零；伺服阀为理想零开口四通滑阀，即认为伺服阀没有泄漏；液体在管道内没有流量压力损失，忽略液体压缩性对模型的影响。

$$Q_L = K_q\cdot x_v - K_c\cdot p_L \tag{3-201}$$

式中　Q_L——负载流量；

K_q——伺服阀流量增益；

x_v——阀芯位移；

K_c——流量压力系数；

p_L——负载压力。

液压缸的流量方程

$$Q_L = A_p\frac{dx_p}{dt} + c_{tp}\cdot p_L + \frac{V_t}{4\beta_e}\cdot\frac{dp_L}{dt} \tag{3-202}$$

式中　A_p——液压缸活塞有效作用面积；

x_p——活塞位移；

c_{tp}——液压缸总泄漏系数；

V_t——总压缩体积；

β_e——有效体积弹性模量。

液压缸输出力与负载力平衡方程为

$$F = A_p p_L = m_t \frac{d^2 x_p}{dt^2} + B_p \frac{dx_p}{dt} + K x_p + F_L \tag{3-203}$$

式中 m_t ——折算到活塞上的总质量；

B_p ——黏性阻尼系数；

K ——负载刚度；

F_L ——任意外负载力。

进行拉氏变换得

$$Q_L = A_p s x_p + c_{tp} p_L + \frac{V_t}{4\beta_e} s p_L \tag{3-204}$$

$$F = A_p p_L = m_t s^2 x_p + B_p s x_p + K x_p + F_L \tag{3-205}$$

忽略负载的黏性阻尼和液压缸的泄漏，外干扰力 $F_L = 0$，可以得出液压缸输出力的传递函数为

$$G(s) = \frac{F}{Q_L} = \frac{\frac{A_p}{K_c}\left(\frac{m_t}{K}s^2 + 1\right)}{\left(\frac{1}{\omega_r}s + 1\right)\left(\frac{s^2}{\omega_h} + \frac{2\zeta_h}{\omega_h}s + 1\right)} \tag{3-206}$$

$$\omega_h = \sqrt{\frac{4\beta_e A^2}{V_t m_t} + \frac{K}{m_t}} \tag{3-207}$$

$$\zeta_h = \frac{1}{2\omega_h}\left[\frac{4\beta_e K_c}{V_t(1 + K_h)}\right] \tag{3-208}$$

$$K_h = \frac{4\beta_e A^2}{V_t} \tag{3-209}$$

$$\omega_r = \frac{\frac{K_c K}{A_p^2}}{1 + \frac{K}{K_h}} \tag{3-210}$$

式中 ω_r ——惯性环节角频率；

ω_h ——二阶振荡环固有频率；

ζ_h ——活套液压缸的阻尼系数；

K_h ——液压刚度。

在热连轧液压活套系统中，伺服阀的动态响应非常迅速，一般会远高于系统负载的动态响应。因此在对其动态特性进行分析时，只需要考虑伺服阀在适当的低频段内的动态特性，就可以满足系统的分析设计要求，可用二阶振荡环节描述。

$$G_{sv}(s) = \frac{Q_l}{I} = \frac{K_{sv}}{\frac{s^2}{\omega_{sv}^2} + 2\frac{\zeta_{sv}}{\omega_{sv}}s + 1} \tag{3-211}$$

式中 K_{sv} ——伺服阀流量增益；

ω_{sv} ——伺服阀固有频率；

ζ_{sv} ——阻尼比。

活套系统伺服阀-液压缸的传递函数为

$$G(s)=G_s(s)G_{sv}(s)=\frac{\frac{A_pK_{sv}}{K_c}\left(\frac{m_t}{K}s^2+1\right)}{\left(\frac{1}{\omega_r}s+1\right)\left(\frac{s^2}{\omega_h}+\frac{2\zeta_h}{\omega_h}s+1\right)\left(\frac{s^2}{\omega_{sv}^2+2\frac{\zeta_{sv}}{\omega_{sv}}s+1}\right)} \tag{3-212}$$

D　主传动系统建模

对于轧机主传动系统，其主电机数学模型可以近似为一阶惯性环节。

$$G_v(s)=\frac{1}{T_vs+1} \tag{3-213}$$

式中　T_v ——时间常数。

E　液压活套高度和带钢张力系统建模

综合以上轧件张力模型、液压活套高度模型、阀控液压缸模型和主传动系统数学模型，可以建立活套在工作点附近的线性化模型，如图 3-12 所示。

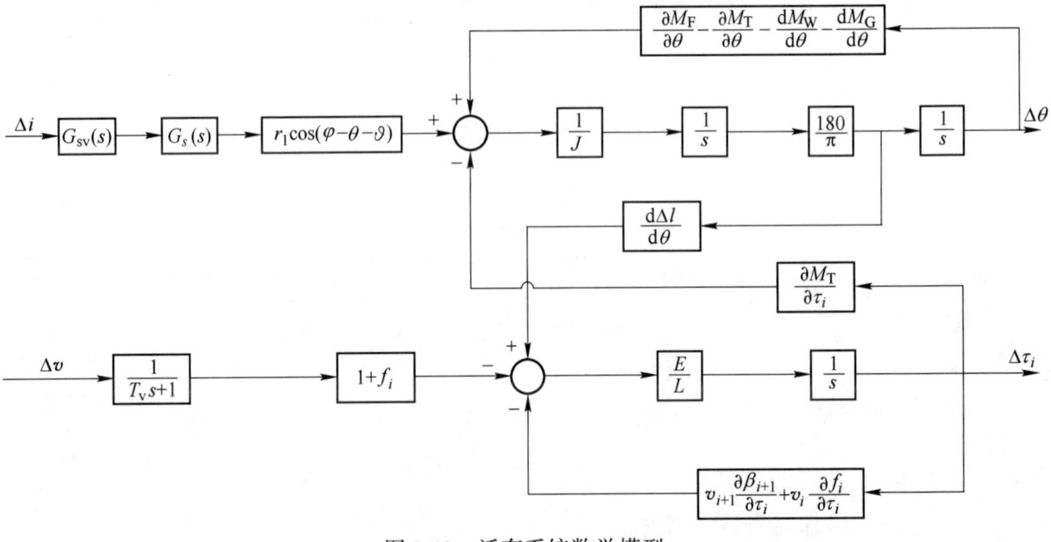

图 3-12　活套系统数学模型

从图 3-12 可以看出，活套高度和张力系统是一个典型的双输入双输出系统，当外部扰动引起带钢张力发生变化时，会导致张力力矩发生变化，从而引起活套角度发生变化；反之，当活套角度发生变化时，会引起活套液压缸力矩的变化，使得带钢张力也随之发生波动。

3.4.2　热连轧板形板厚系统建模

板形板厚综合控制系统框图如图 3-13 所示，控制输入分别为压下量和弯辊力，输出分别为厚度和凸度。

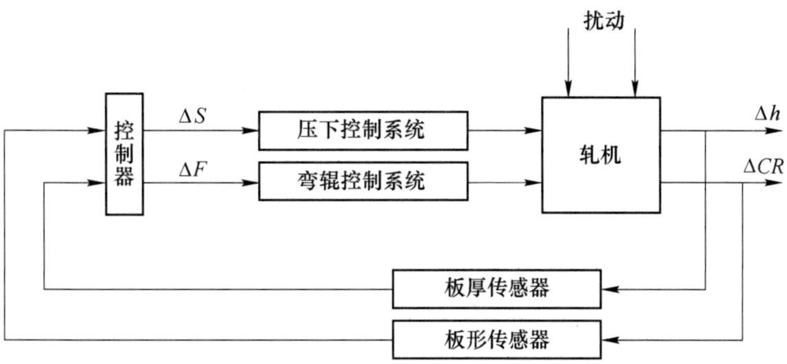

图 3-13 AFC-AGC 控制系统结构图

有载辊缝的影响因素主要包括：轧制力、弯辊力、热轧辊系磨损和轧机的控辊技术，板带凸度可描述为

$$CR = \frac{P}{K_P} - \frac{F}{K_F} + E_C\omega_C + E_W(\omega_H + \omega_W + \omega_O) + E_0\Delta \tag{3-214}$$

式中 $E_0\Delta$ ——入口带钢凸度，μm；

K_P ——轧机的横向刚度，kN/mm；

ω_H ——热辊型，mm；

K_F ——轧机的纵向刚度，kN/mm；

ω_W ——磨损辊型，mm；

ω_O ——原始辊型，mm；

ω_C ——可控辊型，mm；

E_C，E_W ——相应辊型的系数。

控制模型可简化为

$$CR = \frac{P}{K_P} - \frac{F}{K_F} + \omega \tag{3-215}$$

在动态建模中忽略油膜厚度及辊缝零位变化对实际辊缝高度的影响，通过调整弯辊力和辊缝压下量来调整板形和板厚。板形板厚综合控制系统的数学模型可表示如下：

$$\Delta h = \Delta S + \frac{\Delta P}{C_P} + \frac{\Delta F}{C_F} \tag{3-216}$$

$$\Delta CR = \frac{\Delta P}{K_P} - \frac{\Delta F}{K_F} + E_W\delta(\omega_H + \omega_W + \omega_O) + E_C\delta\omega_C \tag{3-217}$$

增量轧制力方程

$$\Delta P = \frac{\partial P}{\partial H}\Delta H + \frac{\partial P}{\partial h}\Delta h + \frac{\partial P}{\partial K}\Delta K \tag{3-218}$$

$$\begin{aligned}\Delta P &= \frac{\partial P}{\partial H}\Delta H + \frac{\partial P}{\partial h}\left(\Delta S + \frac{\Delta P}{C_P} + \frac{\Delta F}{C_F}\right) + \frac{\partial P}{\partial K}\Delta K \\ &= \frac{\partial P}{\partial H}\Delta H + \frac{\partial P}{\partial h}\Delta S + \frac{1}{C_P}\cdot\frac{\partial P}{\partial h}\Delta P + \frac{1}{C_F}\cdot\frac{\partial P}{\partial h}\cdot 2\Delta F + \frac{\partial P}{\partial K}\Delta K\end{aligned} \tag{3-219}$$

$$\Delta P=\frac{\frac{\partial P}{\partial H}}{1-\frac{1}{C_P}\cdot\frac{\partial P}{\partial h}}\Delta H+\frac{\frac{\partial P}{\partial h}}{1-\frac{1}{C_P}\cdot\frac{\partial P}{\partial h}}\Delta S+\frac{1}{C_F}\cdot\frac{\frac{\partial P}{\partial h}}{1-\frac{1}{C_P}\cdot\frac{\partial P}{\partial h}}\Delta F+\frac{\frac{\partial P}{\partial K}}{1-\frac{1}{C_P}\cdot\frac{\partial P}{\partial h}}\Delta K \tag{3-220}$$

根据 $Q=\frac{\partial P}{\partial(H-h)}$，当 h 保持恒定时，$\frac{\partial P}{\partial(H-h)}=\frac{\partial P}{\partial H}=Q$；当 H 保持恒定时，$\frac{\partial P}{\partial(H-h)}=-\frac{\partial P}{\partial H}=Q$，即 $\frac{\partial P}{\partial h}=-Q$。

整理可得

$$\Delta P=\frac{C_PQ}{C_P+Q}\left(\Delta H-\Delta S-\frac{\Delta F}{C_F}+\frac{1}{Q}\cdot\frac{\partial P}{\partial K}\Delta K\right) \tag{3-221}$$

$$\Delta h=\frac{C_P}{C_P+Q}\Delta S+\frac{Q}{C_P+Q}\Delta H+\frac{C_P}{(C_P+Q)C_F}\Delta F+\frac{1}{C_P+Q}\cdot\frac{\partial P}{\partial K}\Delta K \tag{3-222}$$

$$\begin{aligned}\Delta CR&=\frac{1}{K_P}\cdot\frac{C_PQ}{C_P+Q}\left(\Delta H-\Delta S-\frac{\Delta F}{C_F}+\frac{1}{Q}\cdot\frac{\partial P}{\partial K}\Delta K\right)-\frac{\Delta F}{K_F}+E_W\delta(\omega_H+\omega_W+\omega_O)+E_C\delta\omega_C\\&=\frac{C_PQ}{K_P(C_P+Q)}(\Delta H-\Delta S)-\left(\frac{2C_PQ}{K_PC_F(C_P+Q)}+\frac{1}{K_F}\right)\Delta F+\frac{1}{K_P(C_P+Q)}\cdot\frac{\partial P}{\partial K}\Delta K-\\&\quad E_W\delta(\omega_H+\omega_W+\omega_O)+E_C\delta\omega_C\end{aligned} \tag{3-223}$$

板形和板厚之间存在耦合作用，弯辊力与轧制力共同影响着板形控制和板厚控制。轧制过程是动态的，当有外来扰动时，需及时调整液压压下系统和弯辊系统，进而保持 Δh 和 ΔCR 不变。

液压弯辊执行机构可用二阶系统近似描述，公式为

$$G_W(S)=\frac{\omega_W^2}{S^2+2\xi_W\omega_WS+\omega_W^2} \tag{3-224}$$

式中　ξ_W ——阻尼比；

　　ω_W ——自然频率。

轧机辊缝执行机构可等效为二阶惯性环节，公式为

$$G_S(S)=\frac{\omega_S^2}{S^2+2\xi_S\omega_SS+\omega_S^2} \tag{3-225}$$

式中　ξ_S ——轧机压下系统的阻尼比；

　　ω_S ——轧机压下系统的无阻尼振荡频率。

建立 AFC-AGC 综合控制系统动态数学模型为

$$\begin{bmatrix}\Delta CR\\ \Delta h\end{bmatrix}=\begin{bmatrix}G_{11}(S)\,G_{12}(S)\\ G_{21}(S)\,G_{22}(S)\end{bmatrix}\begin{bmatrix}\Delta F\\ \Delta S\end{bmatrix}+\begin{bmatrix}\eta_1(S)\\ \eta_2(S)\end{bmatrix} \tag{3-226}$$

$$G_{11}(S)=\left(-\frac{2C_PQ}{K_PC_F(C_P+Q)}-\frac{1}{K_F}\right)\frac{\omega_W^2}{S^2+2\xi_W\omega_WS+\omega_W^2} \tag{3-227}$$

$$G_{12}(S)=\left[-\frac{C_PQ}{K_P(C_P+Q)}\right]\frac{\omega_S^2}{S^2+2\xi_S\omega_SS+\omega_S^2} \tag{3-228}$$

$$G_{21}(S)=\frac{C_P}{C_F(C_P+Q)}\cdot\frac{\omega_W^2}{S^2+2\xi_W\omega_W S+\omega_W^2} \tag{3-229}$$

$$G_{22}(S)=\frac{C_P}{C_P+Q}\cdot\frac{\omega_S^2}{S^2+2\xi_S\omega_S S+\omega_S^2} \tag{3-230}$$

$$\eta_1(S)=\frac{C_P Q}{K_P(C_P+Q)}\Delta H+\frac{1}{K_P(C_P+Q)}\cdot\frac{\partial P}{\partial K}\Delta K+E_W\delta(\omega_H+\omega_W+\omega_O)+E_C\delta\omega_C \tag{3-231}$$

$$\eta_2(S)=\frac{Q}{C_P+Q}\Delta H+\frac{1}{C_P+Q}\cdot\frac{\partial P}{\partial K}\Delta K \tag{3-232}$$

式中 $\eta_1(S)$，$\eta_2(S)$——扰动因子，包括轧辊热膨胀、磨损等干扰因素。

AFC-AGC 耦合系统框图如图 3-14 所示。

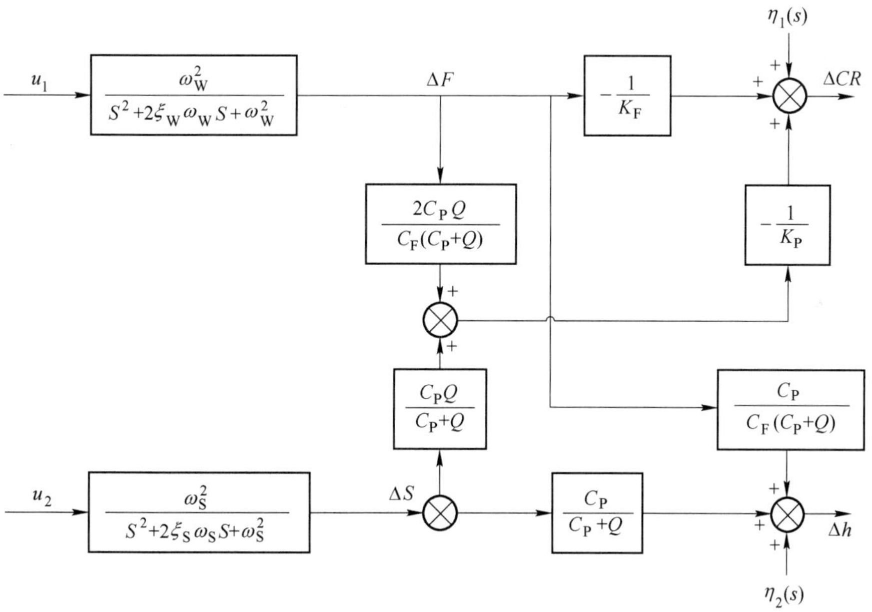

图 3-14 AFC-AGC 耦合系统框图

4 厚度模型与厚度控制

厚度是板带钢最主要的质量指标之一，带钢纵向厚度不均是影响产品质量的一大障碍。带钢厚度的自动控制（Automatic Gauge Control），简称 AGC。厚度自动控制发展到现阶段是直接数字计算机控制，采用全液压压下或液压短行程加电动压下作为执行机构。计算机不仅进行轧机辊缝预设定控制，并且作为一个控制器，通过复杂的逻辑运算控制，进行在线辊缝调节，使带钢纵向厚度偏差控制在允许的范围内。

4.1 影响厚差的因素

热连轧厚度控制系统的主要任务是通过头部设定确保合理的负荷分配和头部命中率，并通过全长厚度控制保持全长厚差在允许的精度范围内，同时尽量减少对成品宽度和平直度的影响。

模型设定精度影响带头命中率，设定精度不高有两种可能：一是模型本身精度不高，这主要表现在温降模型、轧制力模型和弹跳方程的辊缝零位计算上；二是模型计算提供的实测表面温度与实际带坯平均温度不符或带坯成分与计划值不符等。

头部命中率是反映模型精度的重要指标，直接影响到绝对 AGC 的投入，实际中常采用动态设定（DSU）以及快速监控（FMN）控制来提高头部命中率。

为了进一步提高厚度控制精度，需分析造成厚差的原因。影响热轧厚度精度的主要扰动是带坯温度的不均匀性，带坯温度有以下几种变化规律：

（1）带头温度偏低（黑头），带坯带头有 0.5~1.0 m 的部分温度比带坯平均温度低 30~50 ℃。

（2）颈部厚度拉薄。由于咬钢时产生的动态速降，穿带时有可能出现拉钢或起套过大后又拉直的拉钢现象，使颈部有一段带钢被拉薄拉窄。

（3）头尾趋势性温降。这主要是由于粗轧末机架出口速度一般比精轧机组入口速度要高，因而造成了带钢头部和尾部在空气中停留时间不同，形成温降。

（4）“本体部分”温度随机波动，要考虑的是在轧制力波动信息中还包含轧辊偏心成分。由于轧辊偏心与温度波动的控制方向正好相反，因此在对温度波动进行控制时需尽可能地将轧辊偏心成分滤去。

（5）“水印”造成的厚差，加热炉内导轨在钢坯表面造成的低温段称为水印，由于此段温度变化率大，厚度变化比较陡。

（6）带尾厚度“突变”。带尾由于温度偏低，再加上逐架抛钢“失张”造成轧制力突增而形成一个厚度明显增厚的尾部。

造成热连轧厚差的原因可分为三大类：

第一类是随带钢而来的扰动，主要是温度变动，表现在三个突发性成分（头端部鼓包、水印及尾端部尖峰）加上缓慢趋势性头尾厚差，再加上高频温度波动（轧辊偏心应尽量加以补偿)。除此之外，还包括来料厚度变动（对成品影响不大）、宽度波动以及化学成分的偏析，但应强调主要是温度波动，而这三种厚差都是由于温度变动造成的。

第二类是轧机本身存在的扰动，包括轧辊偏心、轧辊热膨胀及磨损、油膜轴承的油膜厚度随速度及轧制力而变。

第三类为仪表误差，包括了仪表精度、标定后的漂移以及仪表布置造成的测量误差。例如，轴承座和牌坊窗口的摩擦力对轧制力测量精度的影响等。

4.2 轧机 AGC 系统的研究和发展

在热轧带钢生产中，精轧的板厚自动控制（Automatic Gauge Control，AGC）在整个生产过程有着重要的作用，其控制水平的高低直接影响成品的质量及合格率。AGC 系统的功能是：当热轧带钢通过该机架时控制压下位置，使得带钢出口厚度为设定厚度。由于精轧机组机架间空间狭小、环境恶劣，无法安装测厚装置，传统的反馈闭环控制无法实施，而所能测量的量是轧制压力和压下装置的位置。为此，通常依据轧机弹跳方程计算轧件出口厚度来实施闭环控制。

4.2.1 BISRA AGC

基于轧机弹跳方程的增量形式 $\Delta h = \Delta S + \dfrac{\Delta P}{C_{\mathrm{P}}}$，将 $-\dfrac{\Delta P}{C_{\mathrm{P}}}$ 作为位置控制系统的设定值。其主要控制算法为

$$\begin{cases} \Delta S_n = S_n - S_0 \\ \Delta P_n = P_n - P_0 \\ \Delta S_{n+1} = -\dfrac{\Delta P_n}{C_{\mathrm{P}}} \end{cases} \tag{4-1}$$

BISRA AGC 首创应用轧机弹跳方程控制轧件厚度，其他压力 AGC 系统均在此基础上发展而来，它是最简单形式的 AGC，只使用了轧机刚度 C_{P}。但也存在不足，轧机弹跳方程是线性的，影响了轧件厚度控制精度，未考虑轧机压下效率补偿问题，系统动态响应特征不理想。

4.2.2 GM AGC

GM AGC 亦称厚度计型 AGC。在 BISRA AGC 基础上加入轧机塑性刚度 Q，考虑了轧机压下效率补偿环节 $\dfrac{C_{\mathrm{P}} + Q}{C_{\mathrm{P}}}$，有效地提高了系统动态响应特征，但其厚度控制模型仍使用线性轧机弹跳方程，限制了控制精度。其主要控制算法为

$$\begin{cases} \Delta h_n = \Delta S_n + \dfrac{\Delta P_n}{C_{\mathrm{P}}} \\ \Delta S_{n+1} = \Delta S_n - \dfrac{C_{\mathrm{P}} + Q}{C_{\mathrm{P}}} \Delta h_n \end{cases} \tag{4-2}$$

4.2.3　动态设定 AGC

动态设定 AGC（Dynamic Set AGC）的基本思想是：先将轧机增量中减掉辊缝调节造成的轧制力增量而得到轧件扰动轧制力增量，然后再计算辊缝调节量。其主要控制算法为

$$\begin{cases} \Delta P_{dn} = \Delta P_n + C_{\mathrm{P}} \cdot Q \cdot \dfrac{\Delta S_n}{C_{\mathrm{P}} + Q} \\ \Delta S_{n+1} = -(C_{\mathrm{P}} + Q) \cdot \dfrac{\Delta P_{dn}}{C_{\mathrm{P}}^2} \end{cases} \tag{4-3}$$

4.2.4　绝对与相对 AGC

锁定 AGC 是轧制力为过程变量，用弹跳方程计算出轧辊出口厚度，该控制方式下的厚度基准是锁定钢板的头部厚度得到的。钢板的厚度锁定方法有两种：第一种是以设定值为目标（绝对 AGC），当轧件轧出后，根据 S_0、P 等反馈实测信号，计算间接实测厚度后，与此目标值相比较，如果不同就进行调厚，直到 $\delta h_i = 0$ 为止。第二种（相对 AGC）是不论钢板头部是否符合目标值，厚度控制系统以头部的实际厚度为标准，即用头部控制的实测成品厚度反推出各机架厚度作为给定值。厚度控制系统应使钢板各点的厚度向此值看齐，这样有利于得到厚度均匀的钢板，但此钢板的厚度不一定符合产品所要求的设定值。

绝对 AGC 是以设定值为目标，它考虑了轧机弹跳方程的非线性和轧机宽度对轧机刚度的影响，加上全面的辊缝补偿，包括轧辊热凸度变化模型、轧辊磨损模型、油膜轴承厚度模型等，从而使得轧件厚度估计模型精度大大提高。绝对 AGC 控制算法表达式表示为

$$\Delta h_n = \Delta S_n + f(\Delta P_n) \tag{4-4}$$

$$\Delta S_{n+1} = \Delta S_n - (C_{\mathrm{P}} + Q) \cdot \frac{\Delta h_n}{C_{\mathrm{P}}} \tag{4-5}$$

绝对 AGC 使用了完全线性的压下效率补偿模型，而实际上轧机弹跳方程和轧件塑性方程均为非线性模型，其系统动态响应特征仍受到一定影响。

相对 AGC 不论带钢头部是否符合设定值，厚度控制系统以头部的实际锁定厚度为标准，即用头部的实测厚度为目标值。由于二级厚度模型设定存在误差，因此实际工程中需采用相对 AGC。

4.2.5　AEG AGC 与 RAL AGC

AEG AGC 在轧件厚度估计和轧机压下效率补偿两个环节上均使用实测的非线性轧机弹跳方程模型，其对应的 P-H 图如图 4-1 所示。图中，P_{zero} 为辊缝清零时刻轧制力，OF 为空载辊缝基准值 S_0，OE 为出口厚度基准值 h_0，AE 为轧制力基准值 P_0，OG 为初始来料厚度 H_0，B 为某时刻轧机工作点，OI 为该时刻辊缝值 S_1，BL 为该时刻轧制力，OL 为该时刻出口厚度 h_1。

其控制算法如下

$$h_0 = S_0 + f(P_0) - f(P_{\mathrm{zero}}) \tag{4-6}$$

$$h_1 = S_1 + f(P_1) - f(P_{zero}) \tag{4-7}$$

$$S_1^* = OI = OF - IF = S_0 - IF \tag{4-8}$$

$$JF = JE - FE = f(DE) - f(AE) = f(P_1^*) - f(P_0) \tag{4-9}$$

$$P_1^* = BL \cdot \frac{EG'}{LG'} = P \cdot \frac{H_1 - h_0}{H_1 - h_1} \tag{4-10}$$

式中　$f(P)$——轧机弹跳的非线性表达式。

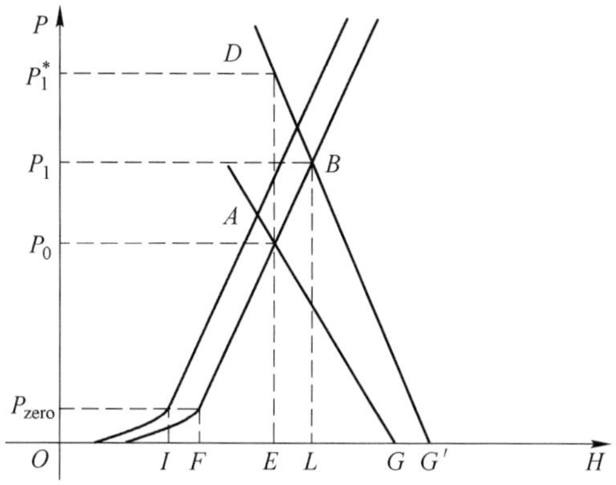

图 4-1　AEG AGC 对应的 P-H 图

在 AEG AGC 控制算法中，假设条件是轧件来料厚度不变或轧件来料厚度已知，而将轧制力的波动归因于轧件塑性高度的波动。实际上在缺乏必要检测手段的情况下，轧制力波动的原因无论是轧件塑性刚度波动还是轧件来料厚度波动，抑或两者兼而有之，是难以确定的。一般地，热轧由于轧件温度变化大，将轧制力的波动主要归因于轧件塑性刚度波动，冷轧时主要将轧制力的波动归因于轧件厚度波动。为此，与 AEG AGC 相对应，RAL AGC 被提出。RAL AGC 基于假设前提是轧件塑性刚度不变或轧件塑性刚度已知，将轧制力的波动归因于轧件来料厚度波动。

控制算法如下

$$S' = OK = S_0 - KF \tag{4-11}$$

$$KF = f(P'_1) - f(P'_0) \tag{4-12}$$

$$P' = BL \cdot \frac{EN}{LN} = P_1 \cdot \frac{(LN + h_1 - h_0)}{LN} \tag{4-13}$$

$$LN = \frac{P_1}{Q_1} \tag{4-14}$$

其对应的 P-H 图如图 4-2 所示。

AEG AGC 模型和 RAL AGC 模型，不仅在轧件厚度估计环节上，而且在轧机压下效率补偿环节上，都使用了实测的非线性弹跳方程，较绝对值 AGC 系统具有更好的动态特征。但两者仍使用线性的轧件塑性方程，且轧制力波动原因无论是轧件塑性刚度变化，还是轧件来料厚度变化，抑或是两者兼而有之，均难以确定。一般来讲，前者适于热轧，后者适于冷轧。

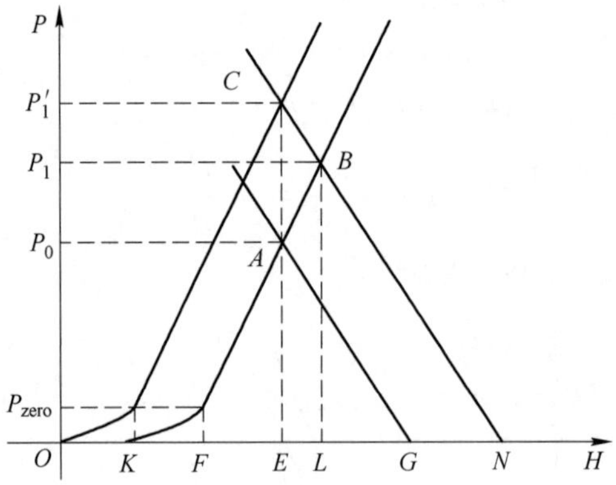

图 4-2　RAL AGC 对应的 *P-H* 图

4.2.6　KFF-AGC

AGC 系统从厚度偏差出发前馈及反馈控制厚度，计算表明，当粗轧出的带坯厚度存在 3%的台阶时，成品厚差不足 10 μm。这是由于随着带坯厚度被压缩的同时厚度偏差亦被“压缩”减少，带钢热连轧机具有“自然削弱来料厚差”的能力。

但温度波动不同，当温度较低的那段带钢进入每一个机架时都将使轧制力加大而产生新的厚差，即温度波动对厚度影响具有“重复发生”的性质。当来料带坯某一段具有 3%的温度变动时将使成品产生 80 μm 以上的厚差（不投入 AGC 时），为消除这种“重发性”影响，将以温度波动为依据来控制厚度，即采用 KFF-AGC 控制策略来提高带坯全长的厚度精度。前馈 AGC 控制的最大优点是不存在滞后，并且必要时还可超前控制，但前馈控制为开环控制，精度决定于所用模型，如何在线应用将在之后详述。

在杜法斯克（Dofasco）厂的 1700 mm 热带轧机中应用了轧制力前馈 AGC，第一机架处所测得轧制力信号取代温度传感器过来的信号，被称为 FAT 的前馈自适应穿带控制功能，利用作用在第二机架上的带钢头部轧制力的偏差值来调节作用在后面机架上的轧制预测力和辊缝基准值。轧制力反馈信号能提高穿带中带钢厚度的精度，故该系统因利用轧制力反馈信号使厚度控制精度得以提升，其控制结构如图 4-3 所示。

通常情况下，X 射线测厚仪安装在热带精轧机组末机架的出口处。以日本住友金属公司为例，该公司开发了将机架间 X 射线测厚仪安装在七机架精轧机组的 F4 机架出口处的厚度前馈控制技术，即机架间装有 X 射线测厚仪，其中 F1 ~ F4 机架是根据机架间 X 射线测厚仪测出的实际值来计算下一机架的厚度设定值，F5 ~ F7 机架是利用出口处 X 射线测厚仪测出的带钢实际值来计算带钢在下一机架中厚度设定值。该厚度前馈控制系统框图如图 4-4 所示。

当带钢头部开始出第 4 机架时，机架间 X 射线测厚仪就会立即测出此时的板厚与第 4 机架出口处的带钢目标厚度值 h_4 之间的偏差量 Δh_4。于是计算机就可以利用 Δh_4 的值计算出后面各机架（F5、F6、F7）所需的厚度纠正量 Δh_i，其值可由下式计算出：

$$\Delta h_i = \Delta h_4 \frac{h_i}{h_4} \qquad (i = 5,\ 6,\ 7) \tag{4-15}$$

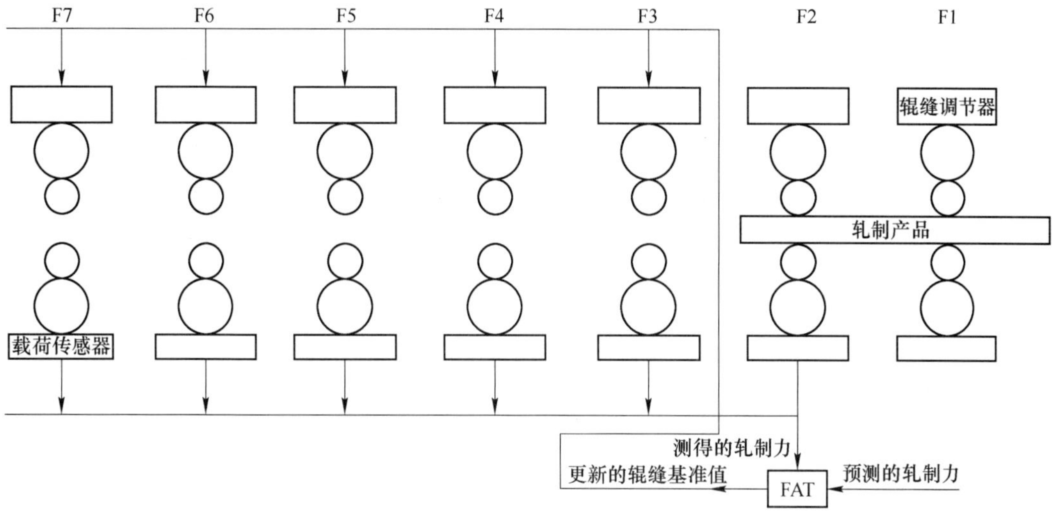

图 4-3 Dofasco 1700 mm 热带轧机的穿带自适应 FAT 控制系统框图

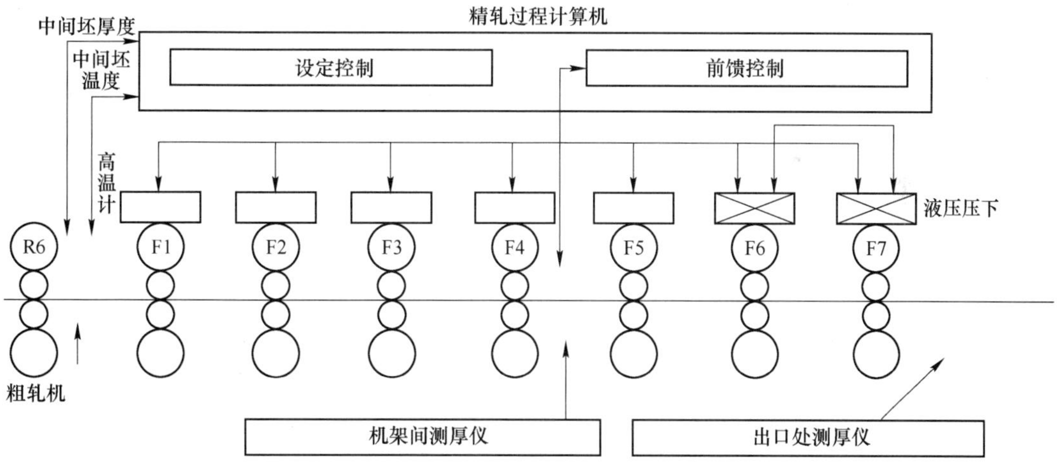

图 4-4 住友金属公司开发的带有机架间测厚仪的带钢头部厚度前馈控制系统

在综合考虑轧机刚度和轧件塑性性能后，就可以把厚度纠正量 Δh_i 转化为辊缝调节量。同时通过调节第 5、6 机架的轧制速度可以补偿辊缝调节量所引起的秒流量变化。轧机速度调节量 Δv_i 可由下式给出：

$$\Delta v_i = v_i\left(\frac{\Delta v_{i+1}}{v_i} + K_{i+1}\frac{\Delta h_{i+1}}{h_{i+1}} + K_i\frac{\Delta h_i}{h_i}\right) \quad (i = 5, 6) \tag{4-16}$$

式中 K_i，K_{i+1} ——系数。

对第 1~4 机架而言，自适应轧机设定控制系统是利用机架间 X 射线测厚仪测出的实际值计算下一机架的厚度设定值；对第 5~7 机架而言，则是利用出口处 X 射线测厚仪测出的带钢实际值计算带钢在下一机架中厚度设定值。

4.2.7　监控 AGC

在热轧带钢生产过程中，厚度质量控制功能是最为重要的控制功能。间接测厚的厚度控制系统虽然考虑了各种补偿（如油膜厚度、辊缝零位常数等），其精度总是低于 X 射线测厚仪直接测出的厚度值。因此，在本卷钢厚度控制系统投入后，仍需以 X 射线仪所测得的成品厚度实测值为基准，对 AGC 系统进行监控。当成品厚度和设定值有偏差时，将此偏差值积分后反馈到每个机架的 AGC 系统中。因而监控 AGC 又是 AGC 全部方案中最为关键、有效、必不可少的控制方法，几乎在每条自动化生产线上均有应用和体现，这是监控 AGC 的主要作用和优点。

监控 AGC 有一些缺陷，大量被使用的原因在于它优点十分突出，另外其他更有效的方法代替不了它所起到的作用。

第一个缺陷是控制与反馈的滞后性。测厚仪得到偏差处已无法纠正了，这被控制系统认为是纯滞后环节。一般末机架中心线距测厚仪的距离在 3.5 m 左右，纯滞后时间 0.3~1.0 s 之间。这样大的时间在控制系统中如果不加以处理，会使系统控制振荡，使得监控 AGC 控制结果破坏了其他 AGC 的效果。

第二个缺陷在于无选择性的积分计算将带材中水印厚度误差和其他缓慢波动之外的均积于监控算法内，常常造成监控 AGC 控制过头振荡。

第三个缺陷是系统控制模型是变参数的。由于轧制速度的变化，压下率不一致造成前滑影响的不一样，模型中关键的纯滞后时间常数是变化的。因此，本系统是变参数的非线性控制系统，要依据线性系统理论简单地使用 PI 算法确实难以达到理想的控制精度。

第四个缺陷在于带材的厚度波动规律千变万化，不具有随机过程中的某种平稳特性，特别是对于监控 AGC 这样纯滞后系统，非平稳的扰动输入造成的结果必定是破坏了反馈系统的鲁棒性，造成原先是优点的地方反而成了缺点。

通常情况下，监控 AGC 应用于最末两个机架，最末机架为主，次末机架为辅，以避免机架监控冲突而引发系统振荡的情况发生。实际应用中，不同厚度规格的轧制对监控 AGC 应用的机架选择也不同。因厚度小于 3.0 mm 的薄规格成品塑性系数 Q 较大，一般会选择由后两个机架共同来承担监控 AGC 工作。由于系统存在纯延迟，次末机架的增益系数一般在 0.4~0.65 之间（视不同成品厚度规格而定）；反之，因厚规格产品压下率高，通常选择只由最末一个机架承担监控 AGC 工作。

4.2.8　AGC 各种补偿

当 AGC 以轧件扰动为主要目标进行控制时需对轧机产生的扰动进行补偿，AGC 系统需采用的补偿功能有：

（1）轧辊偏心补偿；

（2）油膜补偿（升速补偿）：升速时带钢厚度随支撑辊油膜轴承油膜变化而变薄，因此 AGC 必须考虑油膜补偿；

（3）牵引补偿：压下位置波动，入口带钢厚度、出口带钢厚度及前后滑变化影响活套不稳定，因此进行牵引补偿；

（4）尾端补偿：带钢尾部失张及温度低使尾部变厚，因此进行尾端补偿；

（5）头部补偿：针对头部特有形状进行补偿。

4.2.9 AGC 功能构成图

图 4-5 为 AGC 控制功能构成图。

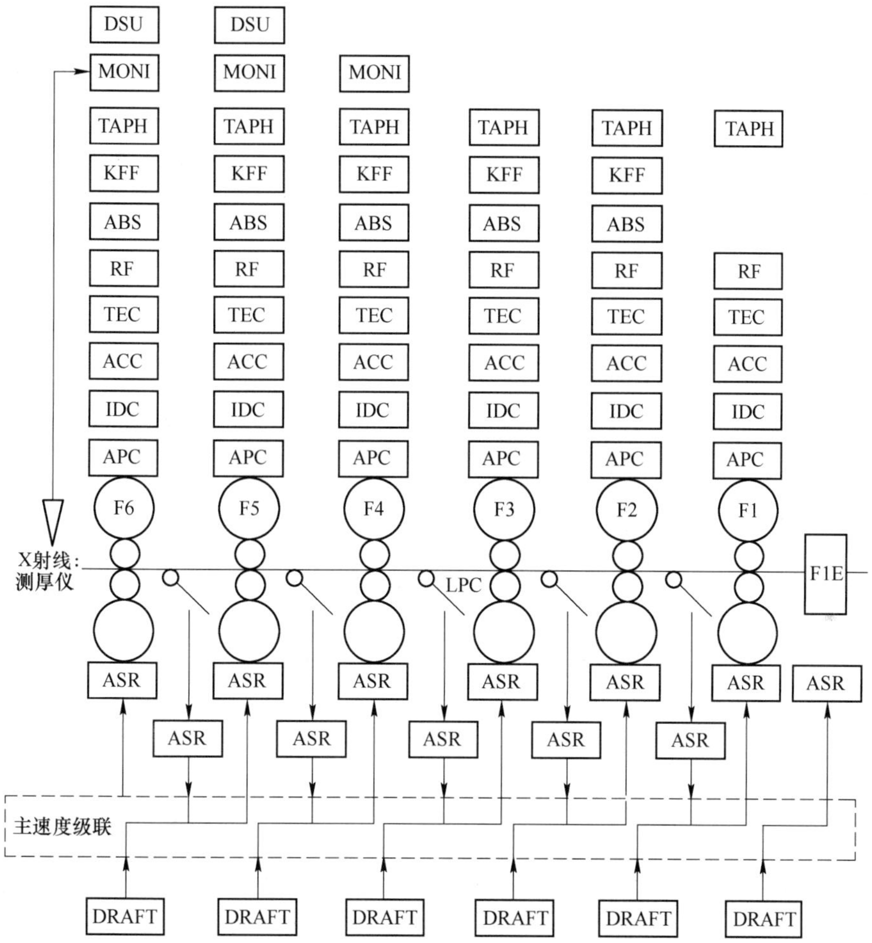

图 4-5 AGC 控制功能构成图

DSU—动态设定或称为穿带自适应（Dynamic Set-up）；MONI—监控 AGC（Monitor AGC）；KFF—硬度前馈 AGC（Force Feed Forward AGC）；ABS—绝对值 AGC（Absolute AGC）；RF—轧制力 AGC（Rolling Force AGC）；TEC—尾部补偿（Tail End Compensate）；ACC—加速补偿或称为油膜补偿（Acceleration Compensate）；IDC—油柱冲击补偿（Impact Drop Compensate）；APC—自动位置控制（Automatic Position Control）；ASR—自动速度调节器（Automatic Speed Regulator）；LPC—活套位置控制（Looper Position Control）；TAPH—头部补偿（Taper Head）

4.3 厚度设定模型

厚度设定的任务是根据将要进入轧机的坯料初始数据及实测数据，对轧机各机架的负荷进行分配确定各机架出口厚度后，通过相关模型计算出轧机各道次或各机架的辊缝设定值和速度设定值。

4.3.1　精轧机组厚度分配

合理分配精轧各机架的厚度，要考虑设备条件的限制（轧制力、轧制力矩、电机功率及电机转速）及工艺上的限制。对于带钢热连轧来说，各机架的设备限制条件大致相同，但各机架的工艺条件不同，如头几个机架轧件厚、温度高、压下量可以大些，后几个机架轧件薄、温度低、压下量将逐个机架降低，但速度逐架增高。

负荷合理分配是指各个机架功率均匀分配或各个机架轧制力的合理分配，特别是后几个机架轧制力的分配将会直接影响成品的凸度和平直度（板形）。一般说，由于前几个机架速度低，压下量大、轧制力及轧制力矩往往是其限制条件；后面几个机架，由于速度高，其功率往往受到限制，而且为了保持成品平直度，后几个机架的轧制力应有一个合理分配。

目前，各厂负荷分配常用的方法为能耗分配法。

4.3.2　精轧设定涉及的模型

4.3.2.1　穿带速度的设定

穿带速度设定首先要确定末架轧机的穿带速度，然后按负荷分配已确定的各机架出口厚度，用秒流量方程计算各机架的穿带速度。末机架穿带速度可以查表确定，一般以成品厚度为依据，表 4-1 列出了某热连轧所用的穿带速度。

表 4-1　热连轧穿带速度

成品厚度/mm	穿带速度/$m \cdot s^{-1}$	成品厚度/mm	穿带速度/$m \cdot s^{-1}$	成品厚度/mm	穿带速度/$m \cdot s^{-1}$
≤4.0	10	5.5~5.99	7	8.0~9.99	5.5
4.01~4.59	9.5	6.0~6.49	6.5	10~12.5	5
4.6~4.99	9.0	6.5~6.99	6		
5.0~5.49	7.5	7.0~7.99	5.75		

当末机架速度 v_n 确定后，可用下式求各机架穿带速度：

$$v_i = \frac{h_n}{h_i} v_n \tag{4-17}$$

$$v_{0,i} = v_i / (1 + f_i) \tag{4-18}$$

$$n_{0,i} = \frac{60 v_{0,i}}{\pi D_i} \tag{4-19}$$

式中　f_i —— i 机架的前滑值,%;
v_i —— i 机架带坯速度，m/s;
$v_{0,i}$ —— i 机架轧辊线速度，m/s;
D_i —— i 机架工作辊直径，m;
$n_{0,i}$ —— i 机架轧辊转速，r/min，乘以主传动速比后即为主电机的设定穿带速度。

4.3.2.2　各机架轧制温度计算

由于热连轧生产线上最可靠的测温点是粗轧区出口处，因此各机架轧制温度要由粗轧至精轧的辐射温降及精轧机组内温降逐步计算。

在实测 T_{RC} 后，可用长距离辐射温降公式计算 $T_{FT,0}$

$$T_{FT,0} = 100\left[\frac{6\varepsilon\sigma}{100\gamma C} \cdot \frac{\tau}{H_{RC}} + \left(\frac{T_{RC}}{100}\right)^{-3}\right]^{-\frac{1}{3}} \tag{4-20}$$

式中 $T_{FT,0}$——精轧机组入口处的带钢温度，℃；

H_{RC}——粗轧轧出的带坯厚度，m；

σ——玻耳兹曼常量，$\sigma = 5.67\ W/(m^2 \cdot K^4)$；

ε——带坯的黑度（与绝对黑度相比）；

γ——密度，kg/m^3；

C——比热容，J/(kg · ℃)；

τ——由粗轧出口 T_{RC} 测温点到精轧入口所需的运输时间，s。

当带坯在中间辊道停留后，需根据实测时间对 $T_{FT,0}$ 进行再次计算。

由 $T_{FT,0}$ 计算 T_i(第 i 机架轧制温度)，可用如下公式

$$\frac{T_i - T_w}{T_{FT,0} - T_w} = \exp\left\{-K_a \frac{\sum_{j=1}^{8} L_j}{h_n v_n}\right\} \tag{4-21}$$

式中 K_a——综合对流冷却系数，可利用实测 T_{RC} 来进行自学习，m/s；

T_w——水温，℃；

L_j——第 $j-1$ 机架到第 j 机架的距离（当 $j=8$ 时，此 L 为终轧测温仪离第七架的距离；当 $j=1$ 时，此 L 为精轧入口测温仪离第一机架的距离），m；

h_n，v_n——末机架的出口厚度和出口速度。

4.3.2.3 轧制力计算

目前普遍公认，SIMS 公式的轧制力模型最适于热轧带钢轧制力模型的理论公式。

$$P = Bl'_c Q_P K K_T \tag{4-22}$$

精轧机组轧制力计算中遇到的另一个问题是轧辊存在压扁，因而其接触弧长 l'_c 与单位宽度上的轧制力有关。

$$l'_c = \sqrt{R'\Delta h} \tag{4-23}$$

$$R' = R\left(1 + 2.2 \times 10^{-1}\frac{P}{B\Delta h}\right) \tag{4-24}$$

式中 R——轧辊半径；

B——板宽；

Δh——绝对压下量。

由此可知，$R' = f(P, R, B, \Delta h)$，轧制力 $P = f(R', h_0, h_1, K, K_T)$，因此需通过迭代计算联解轧制力公式和轧辊压扁公式才能最终求出 l'_c 及轧制力 P。

4.3.2.4 辊缝设定值计算

确定轧制力后，可用弹跳方程求得辊缝值 S。

$$S = h - \left(\frac{P - P_0}{C_P} + \frac{F}{C_F} + O + G\right) \tag{4-25}$$

4.3.2.5　其他设定值计算

精轧设定程序同时对侧导板开口度、活套高度、单位张应力、轧机的加速度和减速度、最大轧制速度进行设定，上述参数一般通过查表确定。

4.3.3　设定时序

精轧设定时序为：

（1）第一次设定计算，可利用安装在粗轧机组后测温仪取得的粗轧机出口带钢的实测温度，预测带钢到达精轧机组入口处的温度及各机架轧制温度，并利用所测得的厚度及宽度计算精轧各架的轧制力、辊缝、速度等。这样，由于用实测参数提高了精度，同时也达到提前对精轧机组进行调整的目的。

（2）第二次设定计算，在轧件到达中间辊道中间偏后位置时进行。此时，根据轧件到达此位置时的实际运行时间加上后段的估计时间与第一次设定时预计的运行时间之差是否在允许范围之内，决定是否需要按实际时间来重新计算精轧机组的各机架温度并进行所有参数的二次设定计算。

（3）经过以上两次或多次设定，虽然采用了本块坯料的实测参数进行计算，但轧制力预报精度尚不能完全保证。这是由于，一方面轧件表面温度与内部温度的不均匀引起实际平均温度的偏差；另一方面各块带钢的化学成分偏差无法在线识别。为了考虑这些不可预估的条件变化，近年来精轧机设定控制又增加了动态设定内容，根据实测信息对后面机架再调整。这一功能可称为动态设定或穿带自适应，它使轧机预报精度大大提高。

4.4　设定模型自学习

模型自学习是提高设定精度的重要手段，实际应用效果十分显著。目前对精轧机组设定的主要模型，如温降模型、轧制力模型以及辊缝零位等都要进行自学习。

模型自学习所用公式并不复杂，常用指数平滑公式（详见第 3 章）即

$$\hat{\beta}_{n+1} = \hat{\beta}_n + \alpha(\beta_n^* - \hat{\beta}_n) \tag{4-26}$$

其中，β 为要进行学习的模型系数。为此，在计算机中设有自学习表，在轧制第 n 块钢时自学习表中存储的系数称为 β_n。

4.5　先进 AGC 控制策略在热连轧上的应用

板厚是热轧板带质量的主要衡量指标之一，它直接关系到产品的质量和经济效益。厚度自动控制是提高带钢质量的重要方法之一，其目的是获得带钢纵向厚度的均匀性。

轧制技术发展需要强有力的技术支持，既要有充分的理论研究，又需要丰富的实践经验。经过多年发展，热连轧自动化水平已经达到很高的水平。但目前控制水平已经到了一个转折点，即基于传统控制理论的控制效果已接近极限，而所面临的一些关键问题并未得到彻底的解决，因此迫切需要引入新的控制理论和方法以实现控制性能的跨越式进步。

由于实际轧制过程的复杂性、控制对象的非线性、时变性，单纯的 AGC 控制系统不能取得较好的控制效果。本节以鞍钢 1700 mm ASP 热轧现场为背景，采用先进 AGC 控制策略来进一步提高带坯的全长厚控精度。

4.5.1　硬度前馈自动厚度控制系统应用研究

最早采用的 AGC 算法是基于弹跳方程的反馈 AGC。弹跳方程的应用解决了精轧机组仅采用一个成品测厚仪时能间接"测量"各机架出口厚度以用于反馈信号来控制厚度，因此具有里程碑意义，反馈 AGC 的主要优点是闭环反馈来消除偏差。

但反馈控制存在的缺点很大一部分也正是由于采用了弹跳方程，基于弹跳方程计算出的厚度不精确是影响反馈控制精度的主要因素。采用弹跳方程的第二个缺点是依靠实测轧制力来进行反馈控制，这是因为存在两类不同扰动（轧辊偏心、带钢硬度变化）造成轧制力变动后要求的控制策略正好相反，因而进一步造成误差。反馈 AGC 的第三个缺点是反馈增益系数中含有不易确定并且时变的 Q 值，反馈 AGC 的控制算法为

$$\delta S = K \frac{C_P + Q}{C_P} \delta h \tag{4-27}$$

其中，K 是小于 1 的系数，一般在 0.75～0.85 之间，主要是轧制力信号中存在正反馈成分，如 K 取值大将容易造成振荡，引起系统不稳定。另外，Q 值的确定亦是一个难题，它是一个在带钢全长轧制中不断变化的值，越薄的带钢 Q 值越大，如何辨识或实测 Q 值以及对 Q 值进行自学习都是值得研究的问题。针对 GM AGC 的局限性存在正反馈的现象，使得中间机架厚度控制存在正反馈的现象，在分析其内在原因的基础上，提出了硬度前馈 KFF-AGC 控制策略。

4.5.1.1　轧机刚度摄动对弹跳方程影响的分析

从上述分析可知，AGC 系统的本质特征是利用弹跳方程和工艺参数（轧制力、辊缝等）等的实时测量间接无滞后地检测轧机出口的带钢厚度，并据此实现厚度闭环调节。北京科技大学杨卫东教授首次提出基于弹跳方程 GM AGC 的局限性。本节以新的视角，对其进一步剖析并推广到动态设定 AGC 等领域，揭示了基于弹跳方程的 AGC 系统存在的局限性。从影响弹跳方程精度的主要原因，即轧机刚度存在误差入手，通过数学解析方法对工程上常见的 GM AGC 和动态设定 AGC 进行了静态分析，得出系统出现伪正反馈现象的机理与本质，并定量地给出了标称刚度和摄动刚度到 AGC 正负反馈稳定系统区域的映射函数和物理解释。

为突出问题的本质和不失一般性，假定轧机辊缝测量值 S 是准确的，且不考虑轧制压力测量值 P 的误差及其他影响因素，则轧机的真实出口带钢厚度可由下述基础弹跳方程给出。

$$h = S + \frac{P - P_0}{C_P} \tag{4-28}$$

式中　P_0——零调压力；
　　C_P——轧机刚度；
　　h——轧机出口板厚。

"锁定"是相对 AGC 的一个重要概念，它是指在轧机咬钢后的某个时刻对带钢出口厚度按弹跳方程进行计算，并以此计算值即"厚度锁定值"作为该机架 AGC 控制的厚度给定值。

设锁定时的真实厚度为

$$h_L = S_L + \frac{P_L - P_0}{C_P} \tag{4-29}$$

轧机刚度计算值 $\overline{C_P}$ 和实际值 C_P 间存在偏差 δC_P。

GM AGC 受刚度摄动影响的静态分析：

GM AGC 中，带钢的计算厚度为

$$\overline{h} = S + \frac{P - P_0}{\overline{C_P}} \tag{4-30}$$

锁定时的计算厚度则为

$$\overline{h}_L = S_L + \frac{P_L - P_0}{\overline{C_P}} \tag{4-31}$$

在使用 GM AGC 进行厚度控制时，计算厚度偏差为

$$\delta\overline{h} = \overline{h} - \overline{h}_L = S - S_L + \frac{P - P_L}{\overline{C_P}} \tag{4-32}$$

对于同样的辊缝和轧制压力测量值，带钢真实厚度偏差则为

$$\delta h = h - h_L = S - S_L + \frac{P - P_L}{C_P} \tag{4-33}$$

从定性的角度，首先要求计算厚差 $\delta\overline{h}$ 和真实厚差 δh 的符号应保持相同，从而保证按照负反馈原理工作的 GM AGC 调节方向正确，以达到控制真实厚度的目的。

$\delta\overline{h}$ 和 δh 同符号的充分必要条件是两者的乘积不能为负，即 $\delta\overline{h} \cdot \delta h \geqslant 0$。由式（4-32）和式（4-33）分析，令 $\Delta S = S - S_L$，$\Delta P = P - P_L$，可得

$$\begin{aligned}\delta\overline{h} \cdot \delta h &= \left(\Delta S + \frac{\Delta P}{\overline{C_P}}\right)\left(\Delta S + \frac{\Delta P}{C_P}\right) \\ &= \Delta S^2 + \frac{\Delta P^2}{\overline{C_P} \cdot C_P} + \frac{\overline{C_P} + C_P}{\overline{C_P} \cdot C_P} \cdot \Delta S \cdot \Delta P\end{aligned} \tag{4-34}$$

令 $\delta\overline{h} \cdot \delta h = z$，$\Delta S = x$，$\Delta P = y$，式（4-34）可简化为

$$z = x^2 + \frac{C_P + \overline{C_P}}{\overline{C_P} \cdot C_P}xy + \frac{1}{\overline{C_P} \cdot C_P}y^2 \tag{4-35}$$

显然，此二元函数 $z = f(x, y)$ 在三维空间图形为一个二次曲面。使 z 为常数 (x, y) 点的轨迹为该二次曲面与平行于 Oxy 的一个平面截线。该截线由下述二次曲线方程描述

$$x^2 + \frac{C_P + \overline{C_P}}{\overline{C_P} \cdot C_P}xy + \frac{1}{\overline{C_P} \cdot C_P}y^2 + r = 0 \tag{4-36}$$

式中　r——常数，对于不同的 r 值，可以得到该二次曲面与不同的平行于 Oxy 平面的截线。

根据 Beyer 1987 列出的二次曲线分类表，对于通用二元二次方程

$$ax^2 + 2bxy + cy^2 + 2dx + 2fy + g = 0 \tag{4-37}$$

定义变量：$\boldsymbol{\Delta} = \begin{vmatrix} a & b & d \\ b & c & f \\ d & f & g \end{vmatrix}$ 和 $J = \begin{vmatrix} a & b \\ b & c \end{vmatrix}$，对式（4-36）计算得

$$\boldsymbol{J} = \begin{vmatrix} 1 & \dfrac{C_{\mathrm{P}} + \overline{C_{\mathrm{P}}}}{2C_{\mathrm{P}} \cdot \overline{C_{\mathrm{P}}}} \\ \dfrac{C_{\mathrm{P}} + \overline{C_{\mathrm{P}}}}{2C_{\mathrm{P}} \cdot \overline{C_{\mathrm{P}}}} & \dfrac{1}{C_{\mathrm{P}} \cdot \overline{C_{\mathrm{P}}}} \end{vmatrix} = -\frac{1}{4} \cdot \frac{(C_{\mathrm{P}} - \overline{C_{\mathrm{P}}})^2}{(C_{\mathrm{P}} \cdot \overline{C_{\mathrm{P}}})^2} < 0 \tag{4-38}$$

若 $r \neq 0$，则有

$$\boldsymbol{\Delta} = \begin{vmatrix} a & b & d \\ b & c & f \\ d & f & g \end{vmatrix} = \begin{vmatrix} J & 0 \\ 0 & r \end{vmatrix} = J \cdot r \neq 0 \tag{4-39}$$

则式（4-36）表示的二次曲线族为双曲线。

同样不难证明，该二次曲面与平行于 Oxz 和 Oyz 平面的截线均为抛物线。式（4-35）给出的二次曲面为一个双曲抛物面（马鞍面），其与 Oxy 平面的截线［即方程式（4-36）中的 $r = 0$］为一对过原点的相交直线。

为便于清晰说明，任取一个满足上述条件的二次曲面 $z = x^2 + 3xy + y^2$，验证其与 Oxy 平面的截线方程，有 $\boldsymbol{J} = \begin{vmatrix} a & b \\ b & c \end{vmatrix} = \begin{vmatrix} 1 & 1.5 \\ 1.5 & 1 \end{vmatrix} < 0$，$\boldsymbol{\Delta}$ 不恒为 0。其二次曲面如图 4-6 所示。

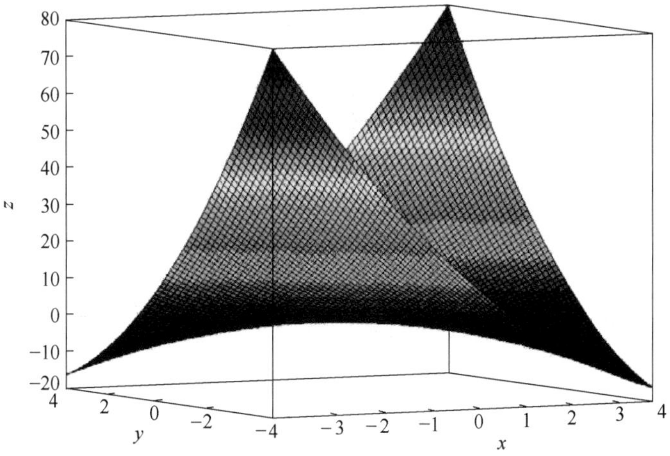

图 4-6　二次曲面图

图 4-6 彩图

从 z 轴正方向向下俯视，得到该二次曲面的等高线（见图 4-7）。

进一步分析，对式（4-36）作顺指针旋转变换

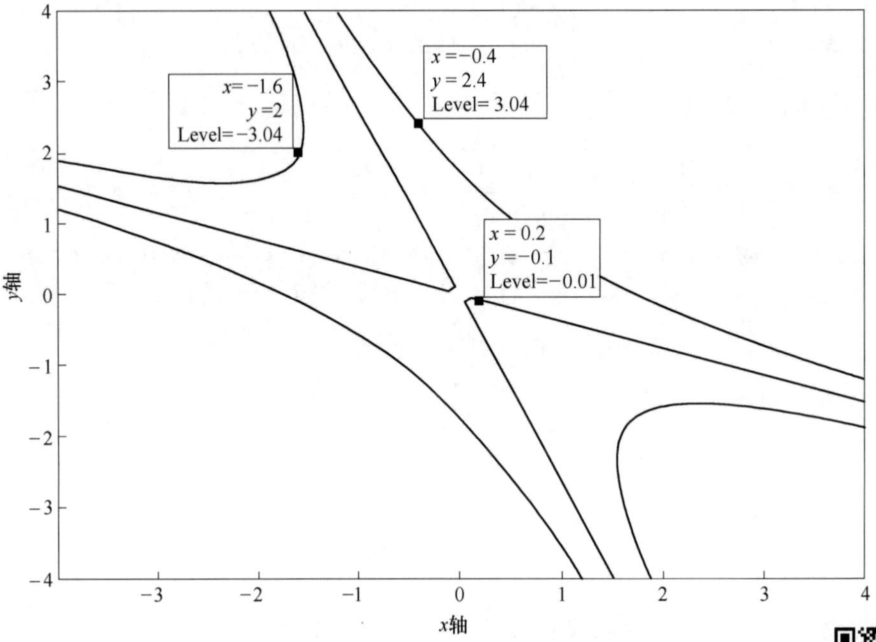

图 4-7　二次曲面等高线图

图 4-7 彩图

$$\begin{bmatrix} x \\ y \end{bmatrix} = \begin{bmatrix} \cos\theta & \sin\theta \\ -\sin\theta & \cos\theta \end{bmatrix} \begin{bmatrix} \tilde{x} \\ \tilde{y} \end{bmatrix} \tag{4-40}$$

得到

$$\tilde{x}^2(\cos^2\theta - b\cos\theta\sin\theta + c\sin^2\theta) + \tilde{x}\tilde{y}[2(1-c)\cos\theta\sin\theta + b\cos^2\theta - b\sin^2\theta] + \tilde{y}^2(\sin^2\theta + b\cos\theta\sin\theta + c\cos^2\theta) = 0 \tag{4-41}$$

旋转变换消去交叉项得

$$2\theta = \text{arctg}\,\frac{b}{c-1} \tag{4-42}$$

将式（4-36）参数代入式（4-42）得到

$$2\theta = \text{arctg}\,\frac{\dfrac{C_P + \overline{C_P}}{C_P \cdot \overline{C_P}}}{\dfrac{1}{C_P \cdot \overline{C_P}} - 1} = \frac{C_P + \overline{C_P}}{1 - C_P \cdot \overline{C_P}} \tag{4-43}$$

很显然，若认为 $\theta_1 = \text{arctg}C_P$、$\theta_2 = \text{arctg}\,\overline{C_P}$，则旋转角度 $\theta = \dfrac{\theta_1 + \theta_2}{2}$，公式如下：

$$\theta = \frac{\theta_1 + \theta_2}{2} = \frac{\tan^{-1}C_P + \tan^{-1}\overline{C_P}}{2} \tag{4-44}$$

式（4-44）揭示了标称刚度和实际刚度与双曲线实（虚）轴旋转角度之间的关系，同时也可得到该双曲线的渐进线在经过 θ 旋转变换的新坐标系下的方程：

$$\frac{\tilde{y}}{\tilde{x}} = \pm\sqrt{\frac{\cos^2\theta + c\sin^2\theta - b\cos\theta}{\cos^2\theta + c\sin^2\theta + b\cos\theta}} = \pm\sqrt{\frac{(\tan\theta - C_{\mathrm{P}})(\tan\theta - \overline{C_{\mathrm{P}}})}{(\tan\theta + C_{\mathrm{P}})(\tan\theta + \overline{C_{\mathrm{P}}})}} \tag{4-45}$$

式（4-45）揭示了标称刚度和实际刚度在 Oxy 平面所划分的系统处于负反馈和伪正反馈的分解线。该过原点的两条直线将 Oxy 平面划分为四个区域，当 Oxy 平面上的点（x，y）即点（ΔS，ΔP）位于这一对相交直线的一对定角之内时，z 值（即 $\delta\bar{h}\cdot\delta h$）为正；当位于另外一对顶角之内时，$z$ 值则为负。图 4-7 给出了一个示意图。这样可以清晰地得出结论：当 ΔS 和 ΔP 组合不同时，$\delta\bar{h}$ 和 δh 的符号可能相同（$z > 0$），此时 GM AGC 系统工作在负反馈状态；$\delta\bar{h}$ 和 δh 的符号可能不同（$z < 0$），此时 GM AGC 系统工作在正反馈状态。从而使得 GM AGC 在依弹跳方程所计算出的主机出口厚差 $\delta\bar{h}$ 进行厚度反馈控制，即通过辊缝的增大和减小使 $\delta\bar{h}$ 趋于零时，实际使真实厚差 δh 的绝对值趋于增大。

4.5.1.2 KFF-AGC 控制算法

反馈 AGC 的另一个缺点是不可避免的滞后，即反馈的信号是已经发生的，再加上控制装置不可避免地存在响应滞后，因此控制点不是测量点，容易造成振荡。

造成热带钢厚度偏差的主要原因是沿带钢长度方向上的温度波动，带钢温度的变化方式通常认为有以下两种。

（1）带钢头部到尾部的温度全面下降（有时上升）；

（2）带钢上称为水印的局部硬区，它是在加热炉中带钢表面与炉子滑道接触时产生的。

硬度前馈抓住主要影响因素（带坯温度波动），在其产生厚差前加以控制，因此效果明显，特别是对于带钢头部、尾部以及水印处，这些地方有突发性厚差。正是基于这样的认识，近年来，出现了一些以前馈为主的 AGC 系统，如加拿大推出的 FFF-AGC（轧制力前馈 AGC）和 POSCO 的新 FF-AGC。

提高硬度前馈控制精度的关键有三点：

（1）从上游机架 F1 或 F2 辨识出由于温度变动，形成的硬度变化 δK_1 或 δK_2；

（2）由 δK_1 或 δK_2 估计 $\delta K_i (i = 3 \sim 6)$ 的硬度估计器；

（3）精确跟踪该段带钢进入第 i 机架的时间，以实现前馈控制。

在实际应用中，为充分发挥各种 AGC 的控制功能，将硬度前馈 AGC 与反馈 AGC 相结合，让前馈解决低频突发性数值大的厚差，反馈解决中频波动数值小的厚差，再加上监控 AGC 用 X 射线测厚仪正确信号加以系统性修正。

A 硬度提取

鞍钢 1700 mm ASP 热连轧机共有六个机架，前两个是电动压下、后四个采用电动+液压压下。电动压下装置根据二级模型设定摆好辊缝后，不进行厚度控制，由于来料厚度和硬度的波动都将影响轧制力的变化，因此从粗轧出口处依据弹跳方程确定分段带钢的 δH_{0i} 不利于实现精确跟踪控制。事实上 F2 机架的轧制力变化更能反映带坯的硬度变化趋势，这是因为在 $\delta S_2=0$ 的情况下，其轧制力的变动 δP_2 是分段来料带钢厚度变化 $\delta H_{2,i}$ 和硬度 $\delta K_{2,i}$ 的函数，即

$$\delta P_{2,i} = B_{H_2}\delta H_{2,i} + B_{K_2}\delta K_{2,i} \tag{4-46}$$

$$\begin{cases} B_{H_2} = \left(\dfrac{C_P}{C_P + Q}\right)_2 \left(\dfrac{\partial P}{\partial H}\right)_2 \\ B_{K_2} = \left(\dfrac{C_P}{C_P + Q}\right)_2 \left(\dfrac{\partial P}{\partial K}\right)_2 \end{cases} \tag{4-47}$$

它能充分利用 F1 机架出口分段带钢 δH_2，的变化来确定 δK_2。因此在实施 KFF-AGC 控制策略时，是在第二机架辨识出 K 的变化用于前馈控制 F3～F6。

h_1、h_2 是 F2 机架的入口厚度和出口厚度，K、τ_f、τ_b 是变形阻力、前后张应力。

轧制力 P 是以下变量的函数

$$P = f(h_1,\ h_2,\ K,\ \tau_f,\ \tau_b) \tag{4-48}$$

轧制力 P 的增量方程

$$\delta P_2 = \frac{C_P}{C_P + Q}\left[\frac{\partial P}{\partial h_1}\delta h_1 + \frac{\partial P}{\partial h}\delta S_2 + \frac{\partial P}{\partial K}\delta K_2 + \frac{\partial P}{\partial \tau_f}\delta\tau_f + \frac{\partial P}{\partial \tau_b}\delta\tau_b\right] \tag{4-49}$$

$$\begin{cases} \delta h_1 = \delta S_1 + \dfrac{\delta P_1}{C_P} \\ \delta h_2 = \delta S_2 + \dfrac{\delta P_2}{C_P} \end{cases} \tag{4-50}$$

F1、F2 机架不投入 AGC（$\delta S_1,\ \delta S_2 = 0$），在咬钢信号来时，采得头部轧制力的锁定值 $P_{1锁}$、$P_{2锁}$，由于二级模型设定精度存在误差，有时误差较大（尤其在频繁换钢种轧制情况下），若一定要与设定值为基准，要求压下系统将带钢厚度调到设定值势必会造成压下系统负荷过大，前馈是在 F3～F6 咬钢信号来时，可以马上投入 AGC 控制，尤其是这时的活套还没有起来到达设定值，过大的压下量不利于活套系统的稳定。考虑到 F5、F6 机架监控 AGC 进行系统性的纠偏，这里采用相对 KFF-AGC 的控制策略，以实测的锁定轧制力值 $P_{1锁}$、$P_{2锁}$ 为基准。

$$\begin{cases} \delta K_2 = \dfrac{(C_P + Q)\cdot\delta P_2 - \dfrac{\partial P}{\partial h_1}\delta P_1}{C_P \cdot \dfrac{\partial P}{\partial K}} \\ \delta P_1 = P_{1锁} - P_1 \\ \delta P_2 = P_{2锁} - P_2 \end{cases} \tag{4-51}$$

轧制力 P 为

$$\begin{cases} P = Bl'_c Q_P K \\ l'_c = \sqrt{R'\Delta h} \\ R' = R\left(1 + 2.2 \times 10^{-1} \times \dfrac{P}{B\Delta h}\right) \end{cases} \tag{4-52}$$

$$\begin{cases} \dfrac{\partial P}{\partial K} = Bl'_{\mathrm{c}} \cdot Q_{\mathrm{P}} \\ \Delta h = h_{0i} - h_i \end{cases} \tag{4-53}$$

B、Q_{P}、l'_{c}、R 分别为带宽、接触弧上摩擦力造成应力状态的影响系数、压扁后接触弧的水平投影长度、轧辊半径。$h_{0,i}$、h_i 为第 i 机架轧件入口厚度、轧件出口厚度，单位是 mm。由上面的公式，可求出每段带钢的 δK_2。

曾对不同成品规格当 FT0（精轧机组入口处的带钢温度）有 30 ℃变动时各机架轧制温度以及其变形阻力的变动作了计算，由计算结果可知，不能用 $(\delta K/K)_i$ 相等的法则来表示各机架 δK 间的关系。这是因为要保证终轧温度（对带钢质量有直接影响），从精轧入口温度 FT0 处进行温度控制时，机架间的喷水方式（冷却水的压力，流量等因素）、速度制度会有所不同，导致硬度影响系数发生变化，这里最好由二级计算机来计算下一块钢的参数变化。应采用公式

$$\delta K_i = \beta \delta K_2 \qquad (i = 3 \sim 6) \tag{4-54}$$

其中，β 在不同规格不同钢种将有所不同。可由二级计算机通过模型计算后下达，亦可事先算出后列表内插查用。

B 硬度影响系数的确定

计算时以设定 RTC 计算各机架轧制温度，并由此计算出轧制力及设定辊缝。然后设 RTC 有一个温度波动（如 30 ℃），再计算此低温段进入设定辊缝后将产生的厚度和硬度变化。规程（设定计算），已知：粗轧出口厚度 H_{RC} 及要求的成品厚度 h_6、负荷分配后的 $h_1 \sim h_5$、粗轧出口温度 RTC，粗轧出口宽度 b、钢种代号（变形阻力公式系数），可由温降方程计算各个机架将会有的 δK_i 并获得 β_i，从而确定带坯分段意义下的硬度变化量。

a 精轧入口温度 FT0

由于热连轧生产线上最可靠的测温点是粗轧区出口处，因此带钢传送时产生的温降主要是辐射造成的热量损失，同时也存在自然对流冷却（空气）。

在实测 RTC 后，可用长距离辐射温降公式计算 FT0，公式如下

$$FT0 = 100\left[\frac{6\varepsilon\sigma}{100\gamma C} \cdot \frac{\tau}{H_{\mathrm{RC}}} + \left(\frac{RTC}{100}\right)^{-3}\right]^{-\frac{1}{3}} \tag{4-55}$$

式中 σ ——玻耳兹曼常量，$\sigma = 5.67\ \mathrm{W/(m^2 \cdot K^4)}$；

ε ——带坯的黑度（与绝对黑度相比）；

γ ——密度，$\mathrm{kg/m^3}$；

C ——比热容，J/(kg · ℃)；

τ ——由粗轧出口 RTC 测温点到精轧入口测温点所需的运输时间，当带坯在中间辊道停留后需根据实测时间对 FT0 进行再次计算，s。

b 逐架计算各机架轧制温度

（1）高压水除鳞的温降方程如下

$$\Delta t^0 = \frac{-2\alpha_{\mathrm{H}} l_{\mathrm{H}}}{\gamma C h v}(t^0 - t_{\mathrm{W}}^0) \tag{4-56}$$

式中 h ——上游机架出口厚度；

t_W^0 ——水温；

α_H ——强迫对流交换系数，其物理含义为"当温差为 1 ℃时单位时间单位面积的换热量"，$W/(m^2 \cdot ℃)$；

l_H，v ——高压水端长度、轧件速度。

（2）机架间喷水冷却。由于喷水冷却也是一种强迫对流，因此计算公式类似。但 α 值不同，需根据机架间是喷水冷却还是输出道上层冷却分别确定。

$$\Delta t^0 = \frac{-2\alpha_L l_F}{\gamma C h v}(t^0 - t_W^0) \tag{4-57}$$

式中　l_F ——机架间距离；

α_L ——强迫对流交换系数，其变化需通过实测来定，而比热容 C 则是温度的函数。

（3）轧制过程的热量得失。轧制时存在着两个相互矛盾的热过程，一方面是轧制时轧件塑性变形所产生的热量造成一个温升 Δt_H^0，另一方面轧制时高温轧件和低温轧辊相互接触时所损失的热量造成温降 Δt_C^0。因此变形区变形发热方程为：

$$\begin{cases} \Delta t_H^0 = \dfrac{p_c \ln\left(\dfrac{h_0}{h} \times 10^6\right)}{J_1 \gamma C}\eta \\ \eta = [(Q_P - 1)\beta + 1]/Q_P \\ p_c = Q_P K \\ K = 1.15\sigma \end{cases} \tag{4-58}$$

式中　J_1 ——热功当量，0.102 kg · m/J；

p_c ——平均单位压力（接触弧上），MPa；

Q_P ——变形区应力状态系数；

h_0，h ——当前机架的入口厚度、出口厚度；

β ——轧件与轧辊热传导效率，一般为 0.48~0.55；

η ——吸收效率，即变形热转为轧件发热的部分占总变形热的比例，一般为 0.5~0.95，前几架大些，后几架小些；

σ——金属变形阻力。

接触传导造成的温降为

$$\Delta t_C^0 = 4\beta \frac{l'_c}{h_c}\sqrt{\frac{K_S}{\pi l'_c v_0}}(t_S - t_R)$$

$$K_S = \frac{\lambda}{\gamma C} \tag{4-59}$$

式中　t_S，t_R ——带钢和轧辊温度；

l'_c ——考虑压扁后的变形区接触弧长；

v_0，h_c ——轧辊线速度，平均厚度；

λ ——接触热传导系数，$W/(m \cdot ℃)$。

由于实测得到的结果将是塑性变形发热与轧件、轧辊间接触热传导的综合结果，因此需要积累相当数量的数据才能将这几个公式中的未定系数确定下来，这可由二级计算机针对不同的钢种统计计算得到。

c 计算外摩擦应力状态系数 Q_P

为了求出单位压力 p 在接触弧上的分布，以便通过积分求出总压力，SIMS 以 OROWAN 的变形区以力学平衡公式为基础，并假设热轧时接触弧表面黏着而不产生相对滑动，变形区高度方向存在不均匀变形。根据 SIMS 公式计算的数据回归结果，一般选取

$$Q_P = 0.8049 + 0.2488\frac{l_c}{h_m} + 0.0393\varepsilon\frac{l_c}{h_m} - 0.3393\varepsilon + 0.0732\varepsilon^2\frac{l_c}{h_m} \tag{4-60}$$

$$\begin{cases} l_c = \sqrt{R\Delta h} = \sqrt{R(h_0 - h)} \\ h_m = \dfrac{h_0 + h}{2} \\ \varepsilon = \dfrac{\Delta h}{h_0} \end{cases} \tag{4-61}$$

式中 R——轧辊半径；

h_0，h——轧件入口与出口厚度；

ε——相对压下量。

d 计算轧辊压扁

目前普遍公认，基于 OROWAN 变形区力平衡理论的 SIMS（西姆斯）公式是最适于热轧带钢轧制力模型的理论公式，SIMS 公式的轧制力模型是 $P = f(R', h_0, h_1, K, K_T)$，而 $R' = f(P, R, B, \Delta h)$，又金属变形阻力 K 为

$$K = 1.15\sigma_0 \exp\left[(a_1T + a_2)\left(\frac{u_c}{10}\right)^{(a_3T+a_4)}\right]\cdot\left[a_6\left(\frac{e}{0.4}\right)^{a_5} - (a_6 - 1)\left(\frac{e}{0.4}\right)\right] \tag{4-62}$$

$$\begin{cases} e = \ln\dfrac{h_0}{h} \\ u_c = v/l_c \cdot e \\ T = \dfrac{t_i^0 + 273}{1000} \end{cases} \tag{4-63}$$

式中 u_c——平均变形速度；

e——真正变形程度。

不同钢种有不同的 σ_0、$a_1 \sim a_6$。在设定规程下，可以计算带坯的硬度影响系数 β_i $(i = 3 \sim 6)$ 及 $\left(\dfrac{\partial P}{\partial K}\right)_i$。

C KFF-AGC 的有用系数分析研究

为了便于对 KFF-AGC 的深入理解，以鞍钢 1700 mm ASP 的负荷分配对各项有用系数进行了计算，计算结果列于表 4-2 中。

表 4-2 1700 mm ASP 影响系数

参数	h_6/mm	F1	F2	F3	F4	F5	F6
轧制力/t	2.0	2495	2143	1810	1720	1276	778
	3.0	2059	1782	1470	1423	1022	713
	4.0	1825	1666	1375	1323	946	683

续表 4-2

参数	h_6/mm	F1	F2	F3	F4	F5	F6
轧制力 /t	5.0	1629	1490	1239	1209	880	676
	6.0	1510	1360	1144	1112	838	672
	7.0	1449	1272	1069	1024	760	670
$\partial P/\partial h_0$	2.0	133.4	320.3	664.4	1140	1852	2477
	3.0	131.9	277.5	498.5	788.7	1158	1472
	4.0	123.3	227.1	364.2	570.6	817.9	1029
	5.0	117.8	201.2	319.2	463.6	641.1	800.5
	6.0	111.9	182.6	277.1	390.6	534.7	659.5
	7.0	106.4	168.5	247.7	340.6	453.9	558.9
$\partial P/\partial h_1$	2.0	-273.7	-577.5	-1058	-1751	-2541	-3000
	3.0	-250.1	-448.6	-727.6	-1120	-1494	-1739
	4.0	-202.1	-350.4	-541.6	-791.8	-1036	-1203
	5.0	-181.5	-294.6	-434.8	-622.7	-796.4	-935
	6.0	-165.9	-257.7	-367.9	-512.2	-655.2	-764
	7.0	-154.3	-231.9	-322.6	-437.3	-546.2	-643.9
$\partial P/\partial K$	2.0	148.6	113.8	87.8	77.8	58.5	36.8
	3.0	128.5	101.6	78.5	69.8	51.6	35.8
	4.0	122.2	99.1	77.3	69.6	51.4	35.5
	5.0	114.4	94.3	74.7	67.3	50.6	34.5
	6.0	110.2	90.5	72.8	65.7	50.3	34.2
	7.0	108.2	88.2	71.4	64.2	48.8	34.1
AH	2.0	0.160	0.277	0.406	0.489	0.593	0.692
	3.0	0.158	0.27	0.381	0.464	0.559	0.635
	4.0	0.158	0.245	0.343	0.416	0.506	0.577
	5.0	0.155	0.23	0.315	0.386	0.466	0.528
	6.0	0.150	0.218	0.292	0.358	0.433	0.491
	7.0	0.145	0.208	0.274	0.335	0.403	0.457
AS	2.0	0.679	0.501	0.354	0.249	0.186	0.162
	3.0	0.699	0.564	0.444	0.341	0.28	0.25
	4.0	0.742	0.623	0.517	0.423	0.359	0.325
	5.0	0.762	0.663	0.572	0.482	0.421	0.383
	6.0	0.778	0.693	0.612	0.531	0.471	0.432
	7.0	0.79	0.714	0.643	0.57	0.515	0.474

续表 4-2

参数	h_6/mm	F1	F2	F3	F4	F5	F6
AK	2.0	0.174	0.098	0.054	0.033	0.019	0.01
	3.0	0.158	0.099	0.06	0.041	0.025	0.015
	4.0	0.156	0.107	0.069	0.051	0.032	0.02
	5.0	0.15	0.108	0.074	0.056	0.037	0.025
	6.0	0.148	0.109	0.077	0.06	0.041	0.028
	7.0	0.147	0.11	0.079	0.063	0.043	0.031
KH	2.0	0.0035	0.0225	0.0814	0.201	0.411	0.692
	3.0	0.0029	0.0169	0.0628	0.165	0.355	0.635
	4.0	0.0016	0.0102	0.0416	0.122	0.292	0.577
	5.0	0.0011	0.0069	0.0298	0.095	0.246	0.528
	6.0	0.0007	0.0048	0.0222	0.076	0.213	0.491
	7.0	0.0005	0.0035	0.0169	0.062	0.184	0.457
KS	2.0	0.0153	0.0408	0.0711	0.102	0.129	0.162
	3.0	0.0118	0.0354	0.073	0.121	0.178	0.25
	4.0	0.0076	0.0259	0.0628	0.124	0.207	0.325
	5.0	0.0052	0.0198	0.0542	0.119	0.223	0.383
	6.0	0.0038	0.0154	0.0465	0.113	0.231	0.432
	7.0	0.0028	0.0131	0.0396	0.105	0.235	0.474
DK	2.0	0.863	0.796	0.725	0.66	0.573	0.475
	3.0	0.841	0.787	0.728	0.668	0.605	0.516
	4.0	0.811	0.785	0.732	0.695	0.617	0.532
	5.0	0.786	0.766	0.721	0.698	0.625	0.554
	6.0	0.767	0.748	0.709	0.69	0.629	0.561
	7.0	0.753	0.73	0.694	0.677	0.616	0.562
$\partial K_i/\partial K_2$	2.0		1.0	0.91	0.83	0.72	0.60
	3.0		1.0	0.92	0.85	0.76	0.66
	4.0		1.0	0.93	0.89	0.79	0.68
	5.0		1.0	0.94	0.91	0.82	0.72
	6.0		1.0	0.95	0.92	0.84	0.75
	7.0		1.0	0.95	0.93	0.85	0.77
$\partial h_6/\partial K_2$	2.0						0.0452
	3.0						0.0496
	4.0						0.0538
	5.0						0.0567
	6.0						0.0583
	7.0						0.0585

a　表中符号的定义

轧制力（Rolling Force），单位吨（t）。

$$\begin{cases} AH = \dfrac{\partial P}{\partial h_0} \Big/ \left(C - \dfrac{\partial P}{\partial h_1} \right) \\ AS = C \Big/ \left(C - \dfrac{\partial P}{\partial h_1} \right) \\ AK = \dfrac{\partial P}{\partial K} \Big/ \left(C - \dfrac{\partial P}{\partial h_1} \right) \end{cases} \tag{4-64}$$

其中，AH、AS、AK 为增量厚度方程的系数，即 $\delta h_1 = AH\delta h_0 + AK\delta K + AS\delta S$；$\delta h_0$ 为来料厚度的变化；δh_1 为出口厚度变化。

$$\begin{aligned} KH_i &= AH_i \cdot AH_{i+1} \cdot \cdots \cdot AH_6 \\ KS_i &= AS_i \cdot AH_{i+1} \cdot \cdots \cdot AH_6 \end{aligned} \tag{4-65}$$

其中，KH_i、KS_i 分别表示第 i 机架的厚度变化 δh_i 对成品厚度 δh_6 的影响、辊缝变动 δS_i 对成品厚度 δh_6 的影响。

DK 即 ∂K，为 FT0 有 30 ℃变化所引起的各机架 ∂K 值。

$\delta K_i/\delta K_2$，即 F_2 的 δK_2 与各机架 ∂K 的比值，当实测 δK_2^* 后乘以此比值可得 δK_i（i=3~6）。

$\delta h_6/\delta K_2$，即 FT_0 变化 30 ℃后造成的 δh_6 变化，由实测 δK_2^* 后乘以此比值可得到将会产生的 δh_6，其计算公式为

$$\delta h_6 = \delta K_2 \cdot AK_2 \cdot KH_3 + \delta K_3 \cdot AK_3 \cdot KH_4 + \cdots + \delta K_5 \cdot AK_5 \cdot KH_6 + \delta K_6 \cdot AK_6 \tag{4-66}$$

b　结论

根据表 4-2 可得出以下结论：

(1) $\delta K_i/\delta K_2$ 的比值可用来由实测 δK_2^* 求 δK_i。通过对各种钢种、各种厚度规格的计算及在实际中的应用，表 4-2 具有普遍的应用意义，能较为准确地反映硬度变化所引起的趋势性厚差变化。前馈的最大优点是控制上不存在滞后，尤其是对于突发性成分所导致的厚度变化最为有利，效果也最为明显；另外，还有利于活套系统的提前补偿以使得速度匹配，这样有助于进一步发挥综合 AGC 系统的控制功能。在 F3~F6 实施硬度前馈以后，其将使得 F6 的出口厚度向同一目标值靠近，这有利于监控 AGC 的工作并减轻其负担，同时还能相对地保证在实施监控 AGC 时 F6 机架的轧制力波动不大，这将有利于成品的板形，尤其对薄规格效果更明显。

(2) 由 KS 可知，当轧制厚成品规格时，F1，F2 甚至 F3 移动 δS（即投入 AGC）的效率很低，而 δS_6 的效率最大，达到 0.4 以上，因此厚规格应充分利用 F5、F6 来调厚。薄规格 δS_6 的效果所占比例不是很大，加上 F6 如移动 δS_6 将使得 δP 变动而影响成品的凸度与平直度。为此国外几个大公司都提出了 F6 机架不投 AGC，即 $\delta S_6=0$ 的控制方案，同时控制 F5 的 δS_5 使之不仅消除 δK_5 的影响，而且还再反过头使 δh_5 变薄，用薄的 F5 机架的出口厚度 δH_6($\delta h_5 = \delta H_6$) 来补偿 δK_6 所引起的厚度变化，这样将使 $\delta P_6 = 0$。依据凸度增量方程可知，凸度增量 $\delta CR_6 = 0$，这有利于保证薄规格板带板形控制品质。当然，由于

薄规格允许出口厚差 $\delta h_6 = \pm30 \sim \pm50\ \mu m$ 相当于（$\delta P_6 \approx \pm18 \sim \pm30$ t 之间），因此可以不完全补偿，即只补偿由 δK_6 所产生的大于 30 t 的部分。

（3）从 AK 看薄规格 AK_6 很小，即 δK_6 对 δh_6 影响小，而厚规格 AK_6 大一些，再加上薄规格 $\delta K_i / \delta K_2$ 亦小，因而厚规格 F6 还必须投入 KFF-AGC；薄规格可以采用 F5 过补偿，薄规格 AH_6 大，容易补偿过来，使得 $\delta h_6 = 0$ 或小于 30 μm。

（4）从 AS 看，厚规格 AS_6 大、薄规格 AS_6 小。这就更证实了不如让 $\delta S_6 = 0$ 的想法，即厚规格 δS_6 效果大，应加强厚规格 F6 的综合 AGC 控制。对于薄规格尤其是 3.0 mm 以下的成品规格，则采用 $\delta S_6 = 0$，$\delta P = 0$，以保证板形（厚规格板形问题不突出）。

（5）AH_i 值的变化规律是：AH_i 都小于 1，而且 AH_1 的值小、AH_6 的值大，薄规格 AH_6 的值大得更多。当来料厚度偏差 δH_0 为 1.0 mm 时，对于厚度 2.0 mm 规格 F1 出口厚差 δh_1 仅为 160 μm，而到 F6 出口厚差 δh_6 仅为 4 μm，对于 7.0 mm 规格则 $\delta h_1 = 145$ μm，而 F6 出口厚差 $\delta h_6 = 0.51$ μm。由此可见，由于 $AH_1 \cdot AH_2 \cdot \cdots \cdot AH_6$ 极小，因此来料厚差对成品厚差的影响极小。但 δh_5 即 δH_6 对 δh_6 的影响较大，应当设法使 $\delta h_5 = 0$。

D　辊缝计算

基本方程为第 i 机架出口厚度的变化量和轧制力变化量方程，可用下式表示：

$$\begin{cases} \delta h_i = A_{\mathrm{H},i} \delta H_i + A_{\mathrm{K},i} \delta K_i + A_{\mathrm{S},i} \delta S_i \\ \delta P_i = B_{\mathrm{H},i} \delta H_i + B_{\mathrm{K},i} \delta K_i + B_{\mathrm{S},i} \delta S_i \\ A_{\mathrm{X},i} = \dfrac{(X)_i}{C_{\mathrm{P}} + Q} \\ B_{\mathrm{X},i} = \dfrac{C(X)_i}{C_{\mathrm{P}} + Q} \end{cases} \tag{4-67}$$

其中，X 为 $(\partial P / \partial H)_i$，或 $(\partial P / \partial K)_i$，或 C_{P}、δH_i、δK_i、δS_i 为第 i 机架入口厚度、硬度变动、辊缝调节量。在算出 δK_2 后，为了使 F3 机架出口厚差为零，可得

$$\begin{cases} \delta S_3 = -(A_{\mathrm{H},3} \delta H_3 + A_{\mathrm{K},3} \delta K_3) / A_{\mathrm{S},3} \\ \delta S_i = -A_{\mathrm{K},i} \delta K_i / A_{\mathrm{S},i} \qquad (i = 4 \sim 6) \\ \delta H_3 = \delta h_2 \\ \delta h_2 = A_{\mathrm{H},2} \delta H_2 + A_{\mathrm{K},2} \delta K_2 \end{cases} \tag{4-68}$$

E　应用研究

在轧制规程：$B = 1200$ mm，Q235B，$R = 380$ mm，$H_0 = 32$ mm，$h_6 = 2.0$ mm，$FT_0 = 1020$ ℃，$FC = 870$ ℃，：$AK_1 = 0.173$，$AK_2 = 0.097$，$AK_3 = 0.053$，$AK_4 = 0.033$，$AK_5 = 0.018$，$AK_6 = 0.01$。对于轧制厚度 7.0 mm 规格，$AK_1 = 0.147$，$AK_2 = 0.108$，$AK_3 = 0.079$，$AK_4 = 0.062$，$AK_5 = 0.043$，$AK_6 = 0.031$。这里 B、Q235B、R 分别是带坯的设定宽度、钢种号、轧辊半径，H_0、h_6、FT0、FC 为精轧入口厚度、出口厚度、入口温度、出口温度。对于不同规格，AK_i 在其中作线性插值处理。β_i 的计算值见表 4-3。

表 4-3　影响系数 $\beta_i = \delta K_i / \delta K_2$

钢种	成品厚度/mm	F2	F3	F4	F5	F6
Q235B	2.0	1	0.866	0.755	0.664	0.621
	2.5	1	0.889	0.789	0.708	0.665
	3.0	1	0.906	0.818	0.743	0.669
	4.0	1	0.925	0.853	0.786	0.742
	5.0	1	0.937	0.876	0.801	0.76
	7.0	1	0.951	0.906	0.85	0.798

这样在每次采样算出 δK_2 后，可估算 F3～F6 机架将会有的 $\delta K_3 - \delta K_6$，可计算出在下一机架咬钢信号来时，每个采样周期内需调节的辊缝量。在上面的轧制规程下，依据给出的控制算法及策略，将得到的辊缝调节量对 F3、F4、F5 实施前馈控制，F5、F6 投入监控 AGC。对各机架实施前馈后，其目的就是在轧件在进入测厚仪前，使精轧出口厚度向同一目标值靠近，这不仅减轻了监控 AGC 的负担，也减少了 F6 机架辊缝的频繁摆动，使得 F5～F6 之间的活套系统相对稳定，利于保证板形。在实际 KFF-AGC 系统应用中，由于带坯头部变化多端，尾部一般由于在空气中滞留时间长、温度较低，其厚差曲线呈上升趋势。在投入前馈控制之后，尾部的控制效果有明显改善，这可进一步提高带坯全长厚控精度及其百分比。实际应用表明：在不去头、不去尾全长厚度精度统计比原来提高了 0.5～1 个百分点。

轧制规程：5154Q01100，1280 * * 0448，Auto Q235B，带坯宽度 1280 mm，轧制目标厚度 4.48 mm，厚度偏差及厚度精度百分比如图 4-8 所示，机架前馈辊缝调节量如图 4-9 所示。

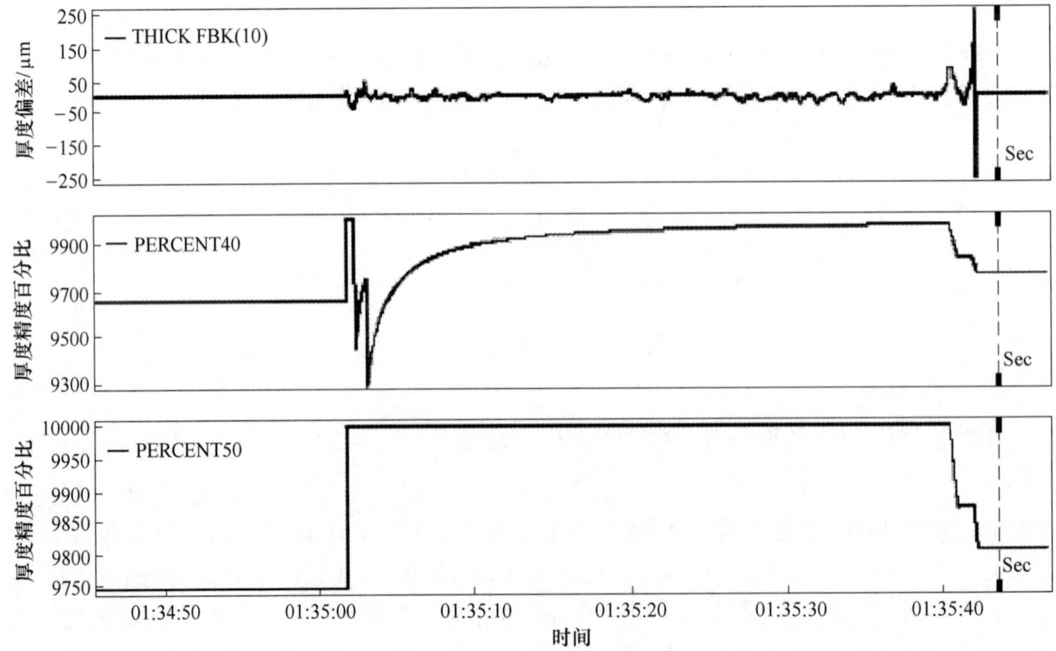

(a)

	SignalName	X1	X2	X2 - X1	Y1	Y2
1	THICK FBK	01:35:43.3	01:35:43.3	0.0	0.00	0.00
2	PERCENT40	01:35:43.3	01:35:43.3	0.0	9762.00	9762.00
3	PERCENT50	01:35:43.3	01:35:43.3	0.0	9806.00	9806.00

(b)

图 4-8　厚度偏差（a）及厚度精度百分比（b）

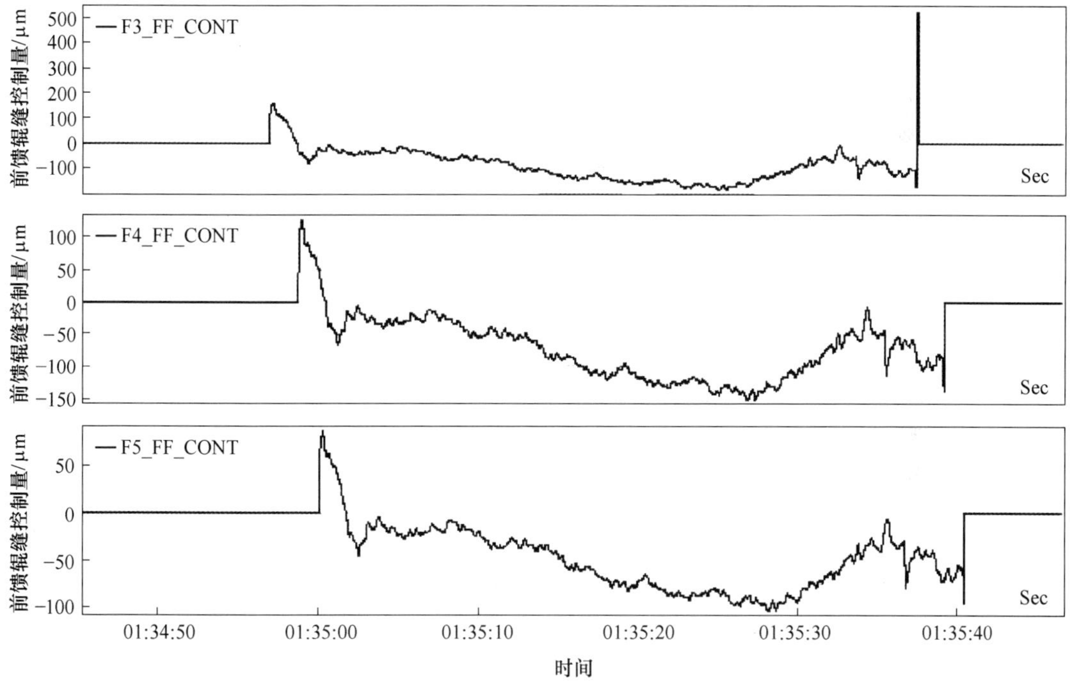

图 4-9　F3~F5 机架前馈辊缝调节量

从图 4-8 可知，带坯全长±40 μm 的厚度精度百分比统计“PERCENT40”为 97.62%，±50 μm 的厚度精度百分比统计“PERCENT50”为 98.06%。

轧制规程：5161M02090，1298 * 0600，Auto SPCC，带坯宽度 1298 mm，目标厚度 6.0 mm，厚差及辊缝量如图 4-10 和图 4-11 所示，全长厚度精度百分比统计如图 4-12 所示。

从图 4-12 可知，带坯全长±40 μm 的厚度精度百分比统计“PERCENT40”为 96.26%，±50 μm 的厚度精度百分比统计“PERCENT50”为 97.52%。

4.5.2　监控 AGC 的单神经元自适应 PID 控制

近十几年来，一门新兴的交叉学科——人工神经网络迅速地发展起来。对于控制领域的研究工作者来说，ANN 的魅力在于：

（1）能够充分逼近任意复杂的非线性关系，从而形成非线性动力学系统，以表示某些被控对象的数学模型；

（2）能够学习和适应不确定性系统的动态特性；

（3）所有定量或定性的信息都分布储存于网络内的各神经单元，从而具有很强的容错性和鲁棒性；

（4）采用信息的分布式并行处理，可以进行大量运算。

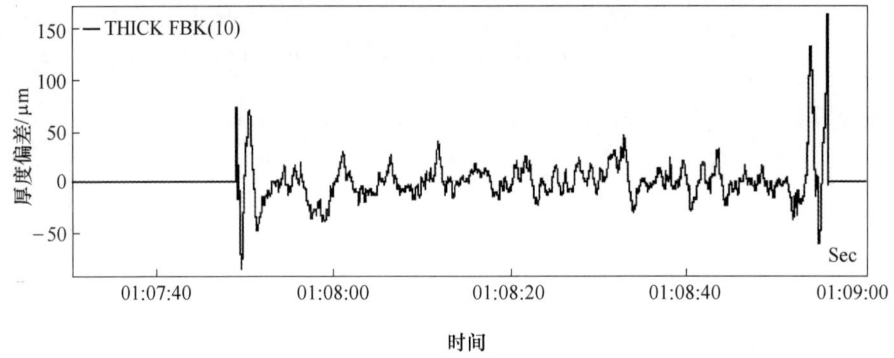

图 4-10　厚度偏差曲线

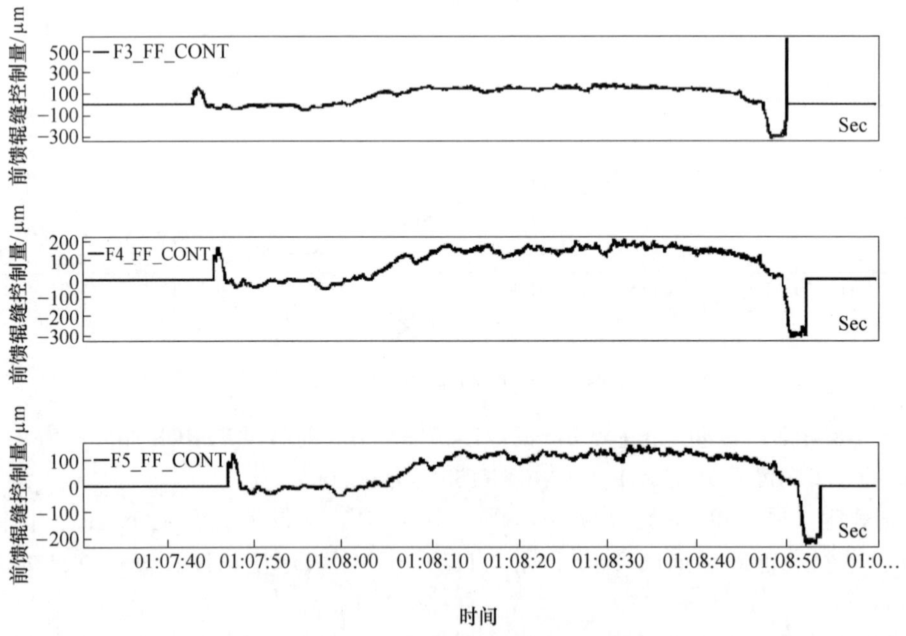

图 4-11　F3～F5 前馈辊缝量

对于长期困扰控制界的非线性系统和不确定性系统来说，ANN 无疑是一种解决问题的有效途径。正因为如此，近年来在控制理论的所有分支几乎都能看到 ANN 的引入及应用，对于传统的 PID 控制当然也不例外，以各种方式应用于 PID 控制的新算法大量涌现，其中有一些取得了明显的效果。

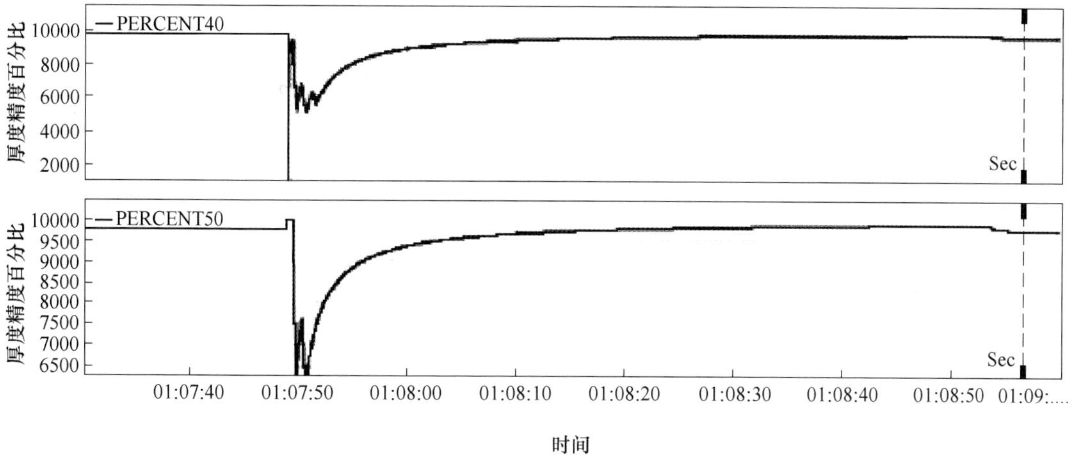

	SignalName	X1	X2	X2－X1	Y1	Y2
1	PERCENT40	01:08:57.2	01:08:57.2	0.0	9626.00	9626.00
2	PERCENT50	01:08:57.2	01:08:57.2	0.0	9752.00	9752.00

图 4-12 全长厚度精度百分比统计

4.5.2.1 PID 控制原理

自从计算机进入控制领域以来，用数字计算机代替模拟计算机调节器组成计算机控制系统，不仅可以用软件实现 PID 控制算法，而且可以用计算机的逻辑功能，使先进 PID 控制技术在线实施成为可能。

在模拟控制系统中，控制器最常用的控制规律是 PID 控制。常规 PID 控制系统原理框图如图 4-13 所示，系统由模拟 PID 控制器和被控对象组成。

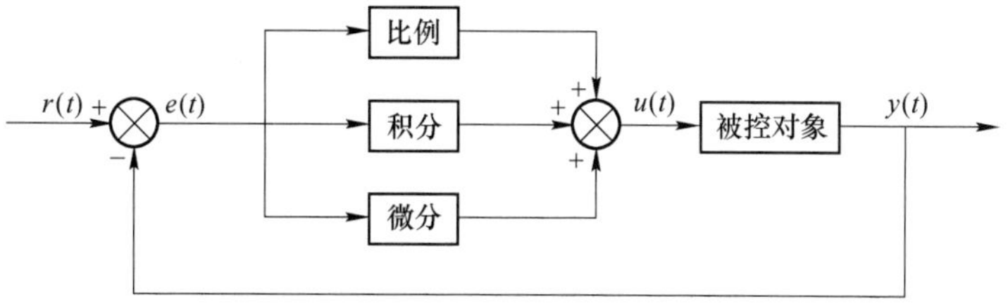

图 4-13 模拟 PID 控制系统原理图

PID 控制器是一种线性控制器，它的根据给定值 $r(t)$ 与实际输出值 $y(t)$ 构成控制偏差，公式如下：

$$e(t) = r(t) - y(t) \tag{4-69}$$

将偏差的比例（P）、积分（I）和微分（D）通过线性组合构成控制量，对被控对象进行控制，故称 PID 控制器。其控制规律为

$$u(t) = K_P\left[e(t) + \frac{1}{T_I}\int_0^t e(t)\mathrm{d}t + \frac{T_D \mathrm{d}e(t)}{\mathrm{d}t}\right] \tag{4-70}$$

或写成传递函数形式

$$G(s)=\frac{U(s)}{E(s)}=K_{\mathrm{P}}\left(1+\frac{1}{T_{\mathrm{I}}s}+T_{\mathrm{D}}s\right) \tag{4-71}$$

式中　K_{P}——比例系数；

T_{I}——积分时间常数；

T_{D}——微分时间常数。

简单说来，PID 控制器各校正环节的作用如下：

（1）比例环节：成比例地反映控制系统的偏差信号 $e(t)$，偏差一旦产生，控制器立即产生控制作用，以减少偏差。

（2）积分环节：主要用于消除静差，提高系统的无差度。积分作用的强弱取决于积分时间常数 T_{I}，T_{I} 越大，积分作用越弱，反之则越强。

（3）微分环节：能反映偏差信号的变化趋势（变化速率），并在偏差信号值变得太大之前，在系统中引入一个有效的早期修正信号，从而加快系统的动作速度，减少调节时间。

在计算机控制系统中，使用的是数字 PID 控制器，数字 PID 控制算法又分为位置式 PID 控制算法和增量式 PID 控制算法。

由于计算机控制是一种采样控制，它只能根据采样时刻的偏差值计算控制量，因此需要进行离散化处理。

$$\begin{cases} t\approx kT \qquad (k=0,1,2,\cdots) \\ \int_0^t e(t)\mathrm{d}t = T\sum_{j=0}^{k}(jT) = T\sum_{j=0}^{k}e(j) \\ \frac{\mathrm{d}e(t)}{\mathrm{d}t}\approx\frac{e(kT)-e[(k-1)T]}{T}=\frac{e(k)-e(k-1)}{T} \end{cases} \tag{4-72}$$

式中　T——采样周期。

显然，上述离散化过程中，采样周期 T 必须足够短，才能保证有足够的精度。为书写方便，将 $e(kT)$ 简化表示成 $e(k)$，可得离散的 PID 位置式控制算法为

$$u(k)=K_{\mathrm{P}}\left\{e(k)+\frac{T}{T_{\mathrm{I}}}\sum_{j=0}^{k}e(j)+\frac{T_{\mathrm{D}}}{T}[e(k)-e(k-1)]\right\} \tag{4-73}$$

$$u(k)=K_{\mathrm{P}}e(k)+K_{\mathrm{I}}\sum_{j=0}^{k}e(j)+K_{\mathrm{D}}[e(k)-e(k-1)] \tag{4-74}$$

式中　k——采样序号，$k=0,1,2,\cdots$；

$u(k)$——第 k 次采样时刻的计算机输出值；

$e(k)$——第 k 次采样时刻输入的偏差值；

$e(k-1)$——第 $k-1$ 次采样时刻输入的偏差值；

K_{I}——积分系数，$K_{\mathrm{I}}=K_{\mathrm{P}}T/T_{\mathrm{I}}$；

K_{D}——微分系数，$K_{\mathrm{D}}=K_{\mathrm{P}}T_{\mathrm{D}}/T$。

由式（4-74）可导出增量式 PID 控制算法，根据递推原理可得

$$u(k-1)=K_{\mathrm{P}}e(k-1)+K_{\mathrm{I}}\sum_{j=0}^{k-1}e(j)+K_{\mathrm{D}}[e(k-1)+e(k-2)]$$

$$\Delta u(k)=K_P[e(k)-e(k-1)]+K_I e(k)+K_D[e(k)-2e(k-1)+e(k-2)]$$
$$u(k)=u(k-1)+\Delta u(k) \tag{4-75}$$

4.5.2.2 单神经元 PID 控制应用

单神经元自适应 PID 控制的结构如图 4-14 所示。

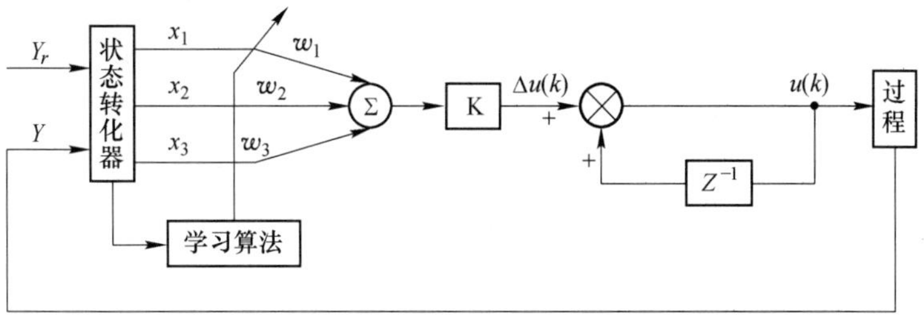

图 4-14 单神经元自适应 PID 控制结构

由具有自学习和自适应能力的单神经元构成单神经元自适应智能 PID 控制器，不但结构简单，而且能适应环境变化，有较强的鲁棒性，利于工程上实现。

单神经元自适应控制器是通过加权系数的调整来实现自适应、自组织功能，权系数的调整是按有监督的 Hebb 学习规则实现的。控制算法及学习算法为

$$u(k)=u(k-1)+K\sum_{i=1}^{3}w_i(k)x_i(k) \tag{4-76}$$

$$w_i(k)=w_j(k)\Big/\sum_{j=1}^{3}|w_j(k)| \tag{4-77}$$

$$\begin{aligned}w_1(k)&=w_1(k-1)+\eta_I z(k)u(k)x_1(k)\\w_2(k)&=w_2(k-1)+\eta_P z(k)u(k)x_2(k)\\w_3(k)&=w_3(k-1)+\eta_D z(k)u(k)x_3(k)\end{aligned} \tag{4-78}$$

$$\begin{aligned}x_1(k)&=e(k)\\x_2(k)&=e(k)-e(k-1)\\x_3(k)&=e(k)-2e(k-1)+e(k-2)\\z(k)&=e(k)\end{aligned} \tag{4-79}$$

式中 K——神经元的比例系数，$K>0$；

$x_1(k)$，$x_2(k)$，$x_3(k)$——输出的辊缝量，μm；

w_1，w_2，w_3——初始权值 5500、225、375；

η_I，η_P，η_D——积分、比例、微分的学习速率，4.2×10^{-6}、2.25×10^{-7}、2.75×10^{-7}。

若学习速率都取 0，则式（4-76）又回到了增量式 PID 控制算法。需对积分 I、比例 P 和微分 D 分别采用不同的学习速率 η_I、η_P，η_D，以便对不同的权系数分别进行调整。从无穷的非线性组合中找出三者之间既能相互配合又能相互制约的最佳关系，从而使 PID 控制的效果达到最佳。从实质上来讲，单神经元自适应 PID 是一个同时包含变系数的比例 P、积分 I、微分 D 的复合型控制器，并具有自适应的学习算法，能适应环境变化，有较强的鲁棒性。

K 值的选择非常重要。K 值越大，则快速性越好，但超调量大，甚至可能使系统不稳定。当被控对象时延增加时，K 值必须减小，以保证系统稳定。K 值选择过小，会使系统的快速性变差。

神经网络初始权值的给定是实际应用的前提，基于上述的控制算法需设定七个值，以完成一块钢的监控 AGC 工作。控制算法中的第二项规范化处理增强了算法的鲁棒性，先进控制技术的应用需在常规 PID 控制参数整定好的基础上才能实现，可考虑给予原来控制参数±10%的变化范围，这样神经元的比例系数、初始权值及学习速率的选择就相对容易选取，学习速率的选择需对算法后面的三个乘积项进行归一化处理。为保证稳定轧制以便在线应用，在实际应用中需对控制参数及最终的辊缝调节量作限幅处理。

K 值的选择关系到系统响应的快速性及其自身的稳定性，曾对不同厚度规格进行相关实验，这里给出 K 取值的经验公式作线性插值处理。对不同的轧制层分别给出不同的初始 PID 控制参数，从而进一步提高厚度控制精度。

$$K = \begin{cases} TH \leqslant 3.0 & (K = 1.25) \\ 3.0 < TH < 8.0 & (K = -0.1TH + 1.55) \\ TH \geqslant 8.0 & (K = 0.75) \end{cases} \tag{4-80}$$

式中　TH——厚度设定值，mm。

轧制规程：5221A01110，1295 ＊ ＊0400 AUTO，SPCC，宽度：1295 mm，厚度设定：4.0 mm，钢种：SPCC。大量的实际应用表明，智能 PID 控制比传统的 PI 调节响应速度快，尤其是当偏差量突然加大或减小时，基于单神经元自适应 PID 的控制作用上升或下降的斜率大，具有快速跟踪目标厚度的能力，提高了厚度控制精度，这是对不同厚度规格采取不同控制增益及变 PID 控制的结果。智能 PID 控制的厚差及 F6 的监控量如图 4-15 所示。

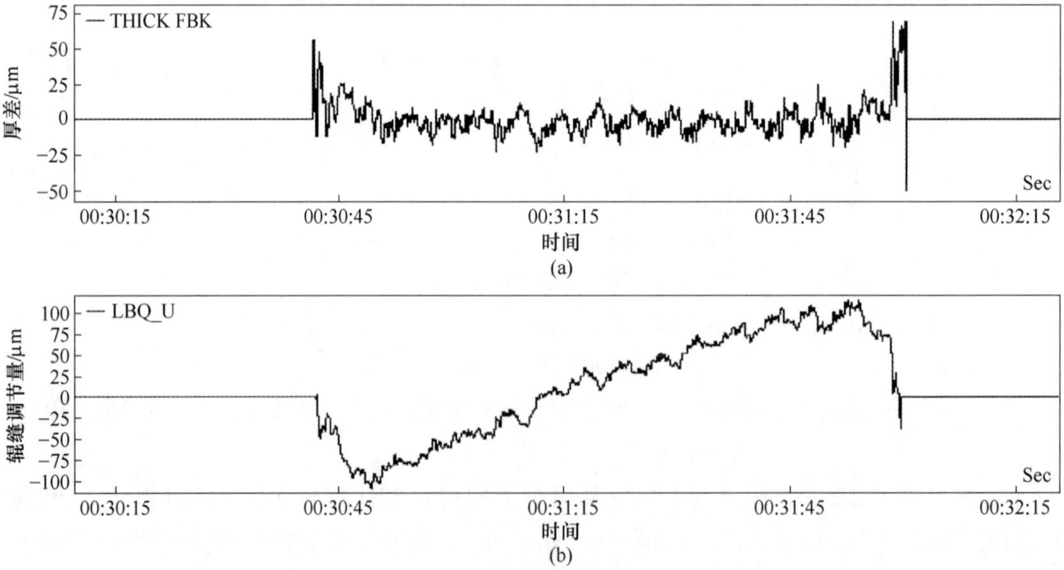

图 4-15　厚度偏差（a）及监控 AGC 的 F6 机架辊缝调节量（b）

对不同的成品厚度规格控制时，为使神经 PID 控制策略能得到实际应用，需给出不同的增益系数、不同的初始权值及学习速率。在对不同轧制规程下，轧出成品的全长厚度百分比的统计中（共计 217 块钢，轧制厚度 6.0 mm 以下，头尾各去 15 m），总体精度指标较原来提高了 0.5 个百分点左右。

下面的数据是监控 AGC 单神经元 PID 控制的统计结果：

（1）3.0 mm 以下不去头尾（≤40 μm）精度为 98.06%，3.0 mm 以下去头尾（≤40 μm）精度为 99.06%；

（2）3.0 mm 以下不去头尾（≤50 μm）精度为 98.21%，3.0 mm 以下去头尾（≤50 μm）精度为 99.41%；

（3）3.0~4.0 mm 不去头尾（≤40 μm）精度为 97.68%，3.0~4.0 mm 去头尾（≤40 μm）精度为 98.75%；

（4）3.0~4.0 mm 不去头尾（≤50 μm）精度为 98.32%，3.0~4.0 mm 去头尾（≤50 μm）精度为 99.31%；

（5）4.0~5.0 mm 不去头尾（≤40 μm）精度为 94.58%，4.0~5.0 mm 去头尾（≤40 μm）精度为 98.25%；

（6）4.0~5.0 mm 不去头尾（≤50 μm）精度为 95.66%，4.0~5.0 mm 去头尾（≤50 μm）精度为 99.02%；

（7）5.0~6.0 mm 不去头尾（≤40 μm）精度为 93.19%，5.0~6.0 mm 去头尾（≤40 μm）精度为 97.39%；

（8）5.0~6.0 mm 不去头尾（≤50 μm）精度为 94.43%，5.0~6.0 mm 去头尾（≤50 μm）精度为 98.53%。

本节将单神经元和 PID 控制器两者相结合，提出智能 PID 控制器。其基本思想是：利用自学习功能和自适应能力，以一定的学习规则为依据，在线智能式地调整 PID 控制器的参数，使之适应被控对象参数，以及结构和输入参考信号的变化，并克服外来扰动的影响。

4.5.3 监控 AGC 的非线性 PID 控制

4.5.3.1 非线性控制器设计原理

图 4-16 是一般的系统阶跃响应曲线，采用该曲线可以分析非线性 PID 控制器增益参数的构思思想。

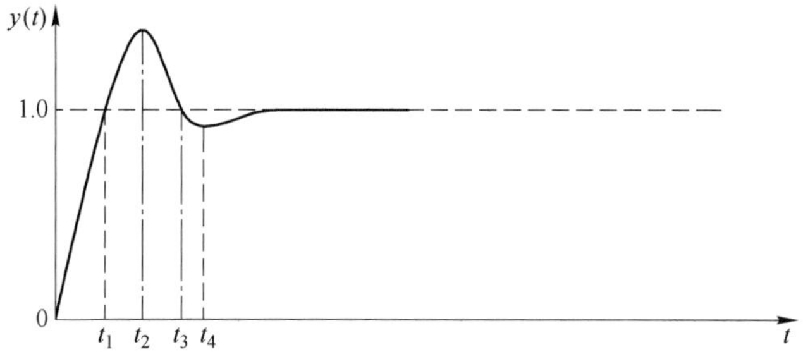

图 4-16 一般系统阶跃响应曲线

非线性控制器设计原理如下：

（1）比例增益参数 k_p：在阶跃响应时间 $0 \leqslant t \leqslant t_1$ 段，为保证系统有较快的响应速度，比例增益参数 k_p 在初始时应较大，同时为了减小超调量，希望偏差 $e_P(t)$ 逐渐减小时，比例增益也随之减小；在 $t_1 \leqslant t \leqslant t_2$ 段，为了增大反向控制作用，减小超调，期望 k_p 逐渐增大；在 $t_2 \leqslant t \leqslant t_3$ 段，为了使系统尽快回到稳定点，并且不再产生大的惯性，期望 k_p 逐渐减小；在 $t_3 \leqslant t \leqslant t_4$ 段，期望 k_p 逐渐增大，作用与 $t_1 \leqslant t \leqslant t_2$ 段相同。显然，按上述变化规律，k_p 随偏差 $e_P(t)$ 变化的大致形状如图 4-17 所示，根据该图可以构造如下非线性函数

$$k_p(e_P(t)) = a_p + b_p\{1 - \mathrm{sech}[c_p e_P(t)]\} \tag{4-81}$$

$$\mathrm{sech}(x) = \frac{2}{e^x + e^{-x}} \tag{4-82}$$

式中　a_p，b_p，c_p ——正实常数。

当误差 $e(t) \to \pm\infty$ 时，k_p 取最大值为 $a_p + b_p$；当 $e_P(t) = 0$ 时，k_p 取最小值为 a_p；b_p 为 k_p 的变化区间，调整 c_p 的大小可调整 k_p 变化的速率。

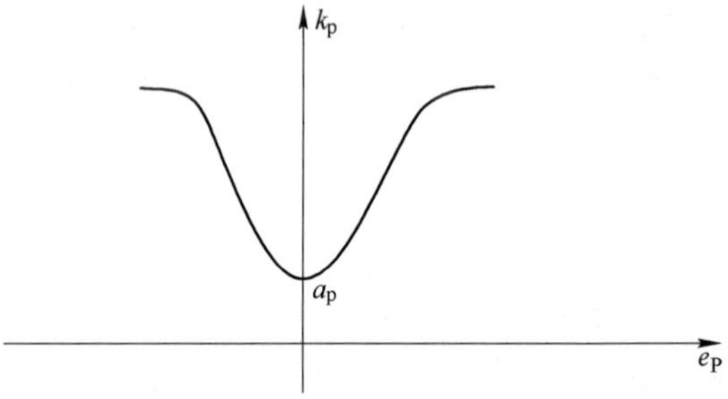

图 4-17　k_p 变化曲线

（2）微分增益参数 k_d：在响应时间 $0 \leqslant t \leqslant t_1$ 段，微分增益参数 k_d 由小逐渐增大，这样可以保证在不影响响应速度的前提下，抑制超调的产生；在 $t_1 \leqslant t \leqslant t_2$ 段，继续增大 k_d，从而增大反向控制作用，减小超调量；在 t_2 时刻，减小微分增益参数 k_d，并在随后的 $t_2 \leqslant t \leqslant t_4$ 段再次逐渐增大 k_d，抑制超调的产生。

k_d 的变化形状如图 4-18 所示，所构造的非线性函数为

$$k_d(e_P(t)) = \frac{a_d + b_d}{1 + c_d \exp[d_d \cdot e_P(t)]} \tag{4-83}$$

式中　a_d，b_d，c_d，d_d ——正实常数。

a_d 为 k_d 的最小值，$a_d + b_d$ 为 k_d 的最大值。当 $e_P = 0$ 时，$k_d = a_d + b_d/(1 + c_d)$，调节 d_d 的大小可调整 k_d 的变化速率。

（3）积分增益参数 k_i：当偏差信号较大时，希望积分增益不要太大，以防止响应产生振荡，有利于减小超调量；当偏差较小时，希望积分增益增大，以消除系统的稳态误差。根据积分增益的希望变化特性，积分增益参数 k_i 的变化形状如图 4-19 所示，其非线性函数可表示为

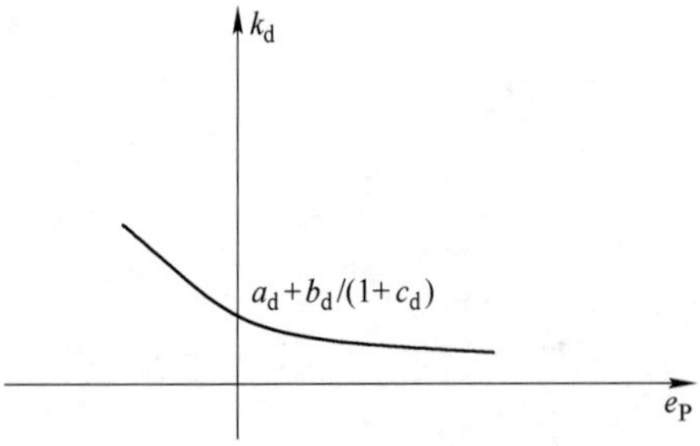

图 4-18　k_d 变化曲线

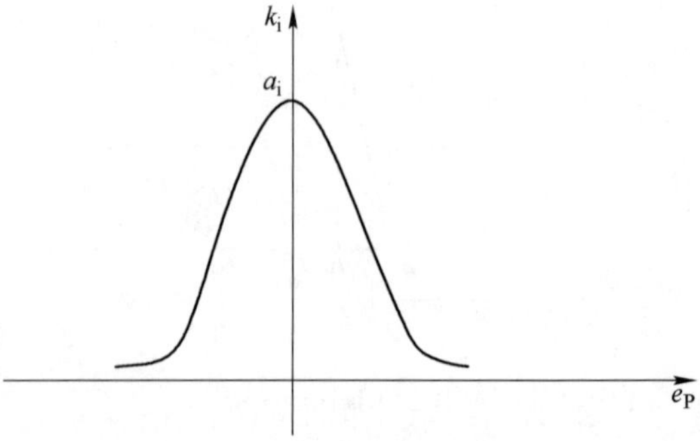

图 4-19　k_i 变化曲线

$$k_i(e_P(t)) = a_i \operatorname{sech}(c_i e_P(t)) \tag{4-84}$$

其中，$k_i(e_P(t)) = a_1 \operatorname{sech}(c_1 e_P(t))$ 为正实常数。k_i 的取值范围为 $(0,\ a_i)$，当 $e_P(t)=0$ 时，k_i 取最大值。c_i 的取值决定了 k_i 的变化快慢程度。

非线性 PID 调节器的控制输入为

$$u(t) = k_p(e_P(t))e_P(t) + k_i(e_P(t))\int_0^t e_P(t)\mathrm{d}t + k_d(e_P(t))\frac{\mathrm{d}e_P(t)}{\mathrm{d}t} \tag{4-85}$$

由上述分析可知，如果非线性函数中的各项参数选择合适，能够使控制系统既达到响应快又无超调现象。另外，由于非线性 PID 调节器的增益参数能够随控制偏差变化，因而其抗干扰能力较常规线性 PID 控制强。实际监控 AGC 采用 PI 控制策略，基于上述的控制算法，为利于在线应用，在常规 PI 控制参数整定好的基础上，可考虑给予±10%的控制量变化（实际工程上需对控制量进行限幅），以确定比例、积分增益系数中的 a_p、b_p、a_i，进而再确定相应的变化速率。

4.5.3.2 非线性 PID 控制技术在热连轧监控 AGC 上的应用

轧制规程：5302K06200，1071 * * 0273 AUTO，Q235B，宽度：1071 mm，厚度设定：2.73 mm，钢种：Q235B，采用非线性 PID 控制策略，厚度偏差曲线如图 4-20 所示。末机架传统 PID 控制和基于非线性 PID 控制的辊缝调节量，如图 4-21 所示：其全长厚度精度去头去尾（头尾各去 15 m）的数值统计，如图 4-22 所示。

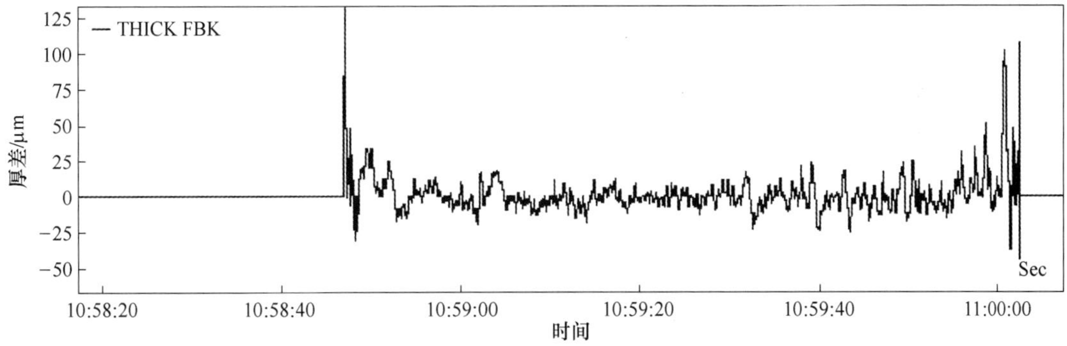

图 4-20 厚度偏差曲线

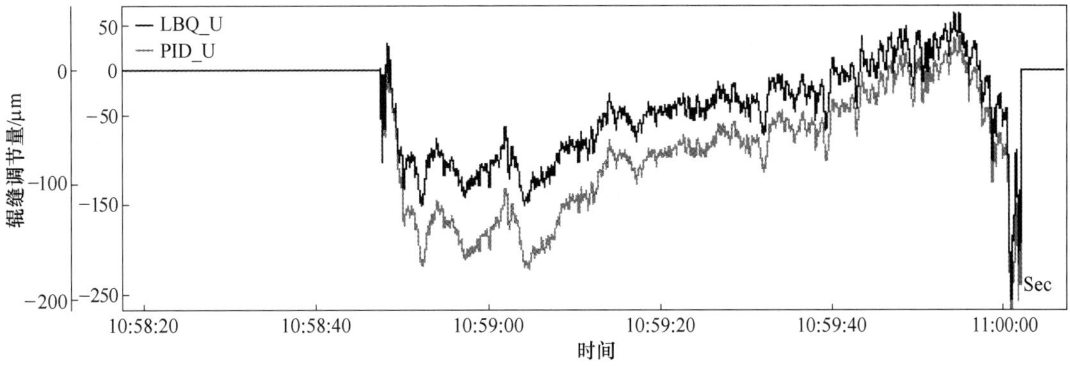

图 4-21 监控 AGC 的 F6 机架辊缝调节量

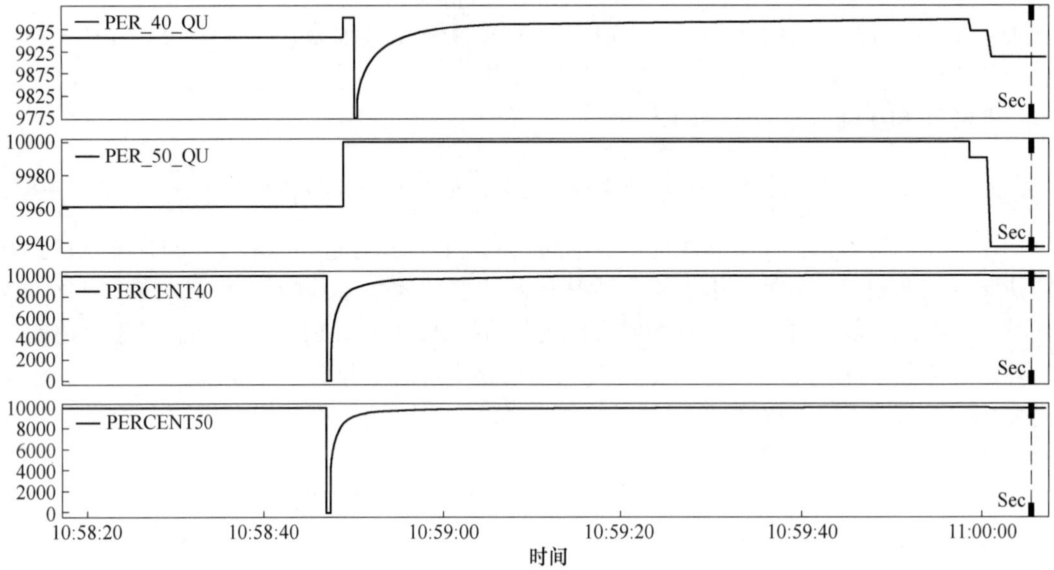

	SignalName	X1	X2	X2−X1	Y1	Y2	Y2−Y1
1	PER_40_QU	11:00:05.5	11:00:05.5	0.0	9912.00	9912.00	0.00
2	PER_50_QU	11:00:05.5	11:00:05.5	0.0	9937.00	9937.00	0.00
3	PERCENT40	11:00:05.5	11:00:05.5	0.0	9837.00	9837.00	0.00
4	PERCENT50	11:00:05.5	11:00:05.5	0.0	9884.00	9884.00	0.00

图 4-22　去头尾±40 μm、±50 μm 带钢厚度精度百分比统计

在图 4-21 中，从监控 AGC 的控制效果来看，PID_ U 比 LBQ_ U 的调节幅度更强，即在出现偏差时，其 PID 参数的变化更能以较快的速度趋向于目标值。这从厚度曲线中可明显地看出，当偏差增大时，非线性 PID 算法的控制作用比常规 PID 控制有更快的斜率变化，系统压下幅度大，能很快地向设定值靠拢，从而可进一步提高控制效果。在图 4-22 中，纵坐标除以 100 代表厚控精度的百分比。PER-40-QU 表示去头尾 ± 40 μm 统计，PERCENT40 表示不去头尾 ± 40 μm 统计。PER-40-QU 是 99. 12%、PERCENT40 是 98. 37%，PER-50-QU 是 99. 37%、PERCENT50 是 98. 84%。

4. 5. 4　基于 RBF 神经网络整定的 PID 控制

AGC 系统的主要任务是对带钢全长进行厚度控制，以保证带钢的厚度精度。但目前的控制水平已经到了一个转折点，即基于传统控制理论的控制效果已接近极限，将先进的控制技术引入轧制生产中，无疑为传统 AGC 控制技术开辟了更广阔的天地。在监控 AGC 上，提出了 RBF 神经网络整定的 PID 控制器，应用于具有高度非线性、时变性的鞍钢 1700 mm 生产线精轧机自动厚度控制系统。

4. 5. 4. 1　RBF 神经网络

RBF 神经网络是一种具有单隐层的三层前馈局部逼近网络，它能以任意精度逼近任意连续函数。由输入到输出的映射是非线性的，从隐含层到输出层的映射是线性的，从而大大加快了学习速度。RBF 神经网络结构如图 4-23 所示。

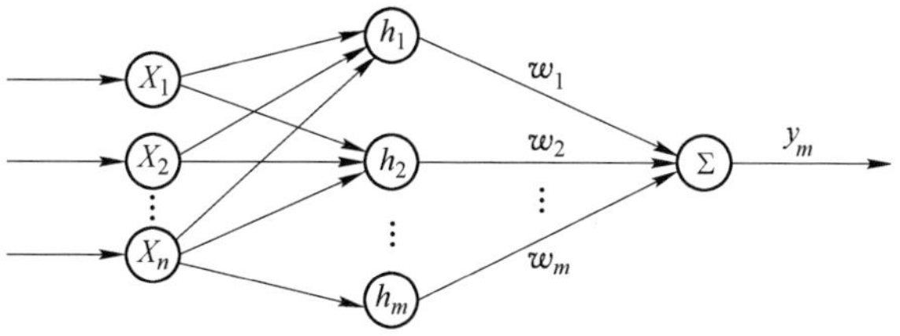

图 4-23 RBF 神经网络结构

在 RBF 网络结构中，$\boldsymbol{X}=[x_1,\ x_2,\ \cdots,\ x_n]^{\mathrm{T}}$ 为网络的输入向量。设 RBF 网络的径向基向量 $H=[h_1,\ h_2,\ \cdots,\ h_m]^{\mathrm{T}}$，其中 h_j 为高斯基函数，公式如下

$$h_j=\exp\left(-\frac{\|X-C_j\|^2}{2b_j^2}\right)\qquad(j=1,\ 2,\ \cdots,\ m)\tag{4-86}$$

网络的第 j 个结点的中心矢量为 $\boldsymbol{C}_j=[c_{j1},\ c_{j2},\ \cdots,\ c_{ji},\ \cdots,\ c_{jn}]^{\mathrm{T}}$，其中，$i=1,\ 2,\ \cdots,\ n$。

设网络的宽基向量为 $B=[b_1,\ b_2,\ \cdots,\ b_m]^{\mathrm{T}}$。

b_j 为节点 j 的基宽度参数，且为大于零的数。网络的权向量为

$$W=[w_1,\ w_2,\ \cdots,\ w_j,\ \cdots,\ w_m]^{\mathrm{T}}\tag{4-87}$$

辨识网络的输出为

$$y_m=w_1h_1+w_2h_2+\cdots+w_mh_m\tag{4-88}$$

辨识器的性能指标函数为

$$J=\frac{1}{2}[y(k)-y_m(k)]^2\tag{4-89}$$

其中，$y(k)$ 为系统的输出反馈值，即 X 射线测厚仪传来的厚度信号。

根据梯度下降法，输出权、节点中心及节点基宽参数的迭代算法如下

$$w_j(k)=w_j(k-1)+\eta[y(k)-y_m(k)]h_j+\alpha[w_j(k-1)-w_j(k-2)]\tag{4-90}$$

$$\Delta b_j=[y(k)-y_m(k)]w_jh_j\frac{\|X-C_j\|^2}{b_j^3}\tag{4-91}$$

$$b_j(k)=b_j(k-1)+\eta\Delta b_j+\alpha[b_j(k-1)-b_j(k-2)]\tag{4-92}$$

$$\Delta c_{ji}=[y(k)-y_m(k)]w_jh_j\frac{x_i-c_{ji}}{b_j^2}\tag{4-93}$$

$$c_{ji}(k)=c_{ji}(k-1)+\eta\Delta c_{ji}+\alpha[c_{ji}(k-1)-c_{ji}(k-2)]\tag{4-94}$$

式中 η ——学习速率；

α ——动量因子。

Jacobian 阵是对象的输出对控制输入的灵敏度信息，算法为

$$\frac{\partial y(k)}{\partial\Delta u(k)}\approx\frac{\partial y_m(k)}{\partial\Delta u(k)}=\sum_{j=1}^{m}w_jh_j\frac{c_{j1}-x_1}{b_j^2}\tag{4-95}$$

其中，$x_1 = \Delta u(k)$。

4.5.4.2　RBF 网络整定原理（RBF-PID）

采用增量式 PID 控制器，控制误差为

$$e(k) = r(k) - y(k) \tag{4-96}$$

$$xc(1) = e(k) - e(k-1) \tag{4-97}$$

$$xc(2) = e(k) \tag{4-98}$$

$$xc(3) = e(k) - 2e(k-1) + e(k-2) \tag{4-99}$$

$$u(k) = u(k-1) + k_p(e(k) - e(k-1)) + k_i e(k) + k_d[e(k) - 2e(k-1) + e(k-2)] \tag{4-100}$$

神经网络整定指标为

$$E(k) = \frac{1}{2}[r(k) - y(k)]^2 \tag{4-101}$$

k_p，k_i，k_d 的调整采用梯度下降法

$$\Delta k_p = -\eta_p \frac{\partial E}{\partial k_p} = -\eta_p \frac{\partial E}{\partial y} \cdot \frac{\partial y}{\partial \Delta u} \cdot \frac{\partial \Delta u}{\partial k_p} = \eta_p e(k) \frac{\partial y}{\partial \Delta u} xc(1) \tag{4-102}$$

$$\Delta k_i = -\eta_i \frac{\partial E}{\partial k_i} = -\eta_i \frac{\partial E}{\partial y} \cdot \frac{\partial y}{\partial \Delta u} \cdot \frac{\partial \Delta u}{\partial k_i} = \eta_i e(k) \frac{\partial y}{\partial \Delta u} xc(2) \tag{4-103}$$

$$\Delta k_d = -\eta_d \frac{\partial E}{\partial k_d} = -\eta_d \frac{\partial E}{\partial y} \cdot \frac{\partial y}{\partial \Delta u} \cdot \frac{\partial \Delta u}{\partial k_d} = \eta_d e(k) \frac{\partial y}{\partial \Delta u} xc(3) \tag{4-104}$$

其中，$\frac{\partial y}{\partial \Delta u}$ 为被控对象的 Jacobian 信息，可通过神经网络的辨识而得。

4.5.4.3　实际应用结果

AGC 系统采用以上的神经网络 PID 控制器，RBF 网络结构选取输入层个数为 3，中间层数目为 6，输出层数目为 1，输入变量分别为当前厚度 $y(k)$，上一时刻厚度 $y(k-1)$，控制量增量 $\Delta u(k)$。在对各状态变量及其中间变量归一化后，取参数 $\alpha = 0.06$、$\eta = 0.35$、$\eta_p = 0.25$、$\eta_i = 0.12$、$\eta_d = 0.08$，初始 PID 值为 $k_p = 0.75$、$k_i = 0.035$、$k_d = 0.016$。

轧制规程：7383V01010，1275＊＊0295，Auto SPHC，带坯宽度 1275 mm，轧制目标厚度 2.95 mm。下面给出了应用神经网络 PID 控制器后，产品的厚度精度曲线、相关变量曲线及精度统计，横坐标代表时间（小时-分-秒）。图 4-24 为厚度偏差曲线，图 4-25 是 RBF 神经网络的 $\partial y/\partial \Delta u$ 变化量，是没有量纲的，其雅可比矩阵信息的变化直接关系到比例、积分、微分系数的精度。

图 4-26 为 RBF 神经网络的模型辨识误差曲线，图 4-27 为 F6 机架基于 RBF 神经网络整定的 PID 控制曲线。

在对这块带坯的轧制过程中，其 PID 控制参数的变化范围是：$k_p = 0.66 \sim 0.85$、$k_i = 0.027 \sim 0.041$、$k_d = 0.014 \sim 0.019$，依性能指标实现非线性轧机对象的神经网络自适应 PID 控制。为了提高控制系统的稳定性以利于神经 PID 策略实际应用，对以上三个控制参数变量需作限幅处理，实际控制中取给定初值上下限的±(10%~15%)。神经网络初始权值的给定是实际应用的前提，通过现场 PDA 数据离线与在线的不断学习确定 RBF 神经网

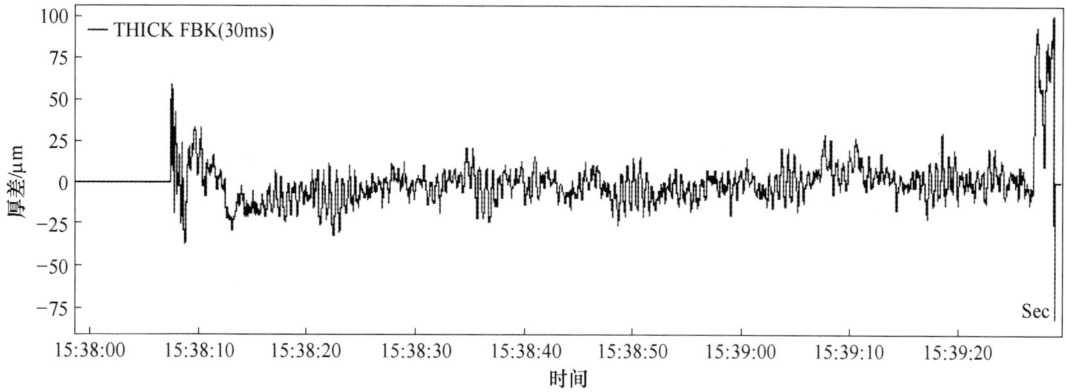

图 4-24　应用神经网络 PID 控制的厚度偏差曲线

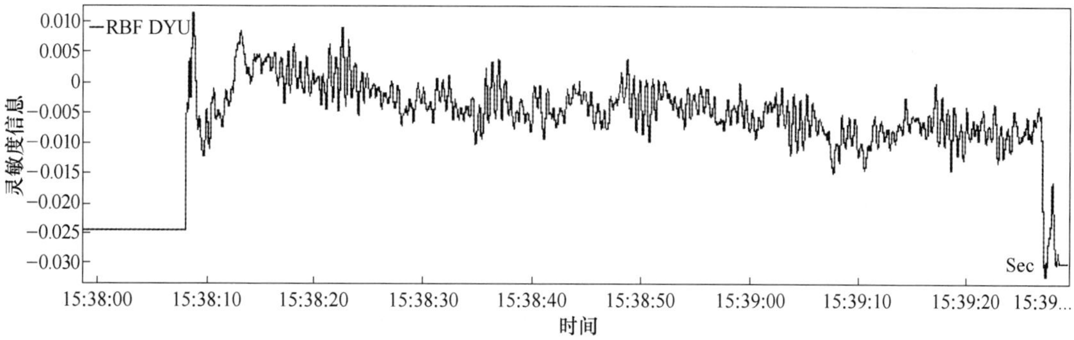

图 4-25　RBF 神经网络的 $\partial y/\partial \Delta u$ 曲线

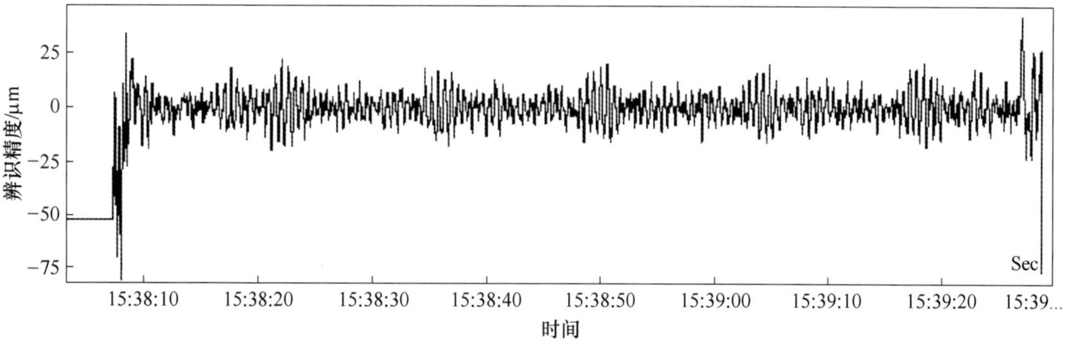

图 4-26　RBF 神经网络的模型误差曲线

络的初始权值。由于实际热轧带钢 AGC 控制是在带坯进入 X 射线仪并过 3 m 之后，连续采用 10 个点作厚度锁定，若厚度偏差大于 50 μm，就执行快速监控 FMN（Fast Monitor）。因此在这段时间里，为提高辨识精度，需在未执行 AGC 控制时，即开始系统辨识工作，以在线修正初始权值。

在上述选择的学习速率及动量因子的基础上，其神经网络模型输出与 X 射线实际测量值的误差绝大部分控制在 25 μm 以内，头部虽然存在的误差大于 25 μm，但这时监控 AGC 并没有工作，模型辨识刚刚开始；事实上在监控 AGC 工作时，其模型辨识误差已经在合理的范围内（与控制目标相比），这可从图 4-25 和图 4-26 的曲线横轴时间对比中反

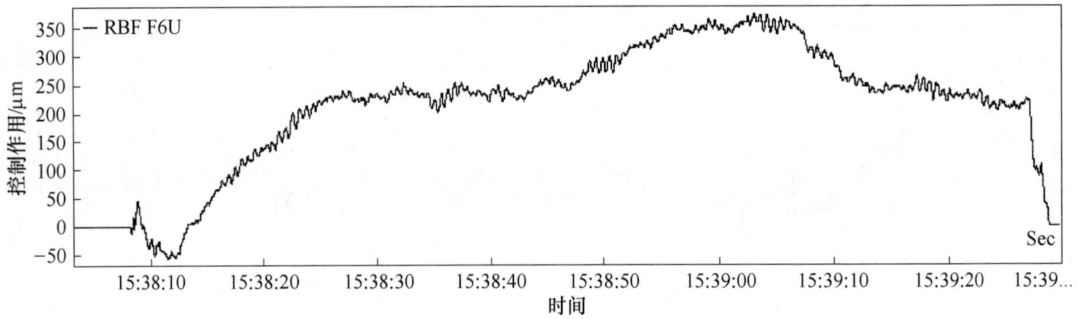

图 4-27　RBF 神经网络 PID 控制量曲线

映出来。

考虑实际带坯要求的控制指标（一般±50 μm 范围），完全可用被控对象的 Jacobian 信息来代替 $\partial y/\partial\Delta u$，这可以进一步提高控制效果，其精度统计如图 4-28 所示（纵坐标除以 100 代表厚控精度的百分比）。PERCENT40-QU、PERCENT50-QU 表示去头尾±40 μm、±50 μm 统计结果，PERCENT40、PERCENT50 为不去头尾±40 μm、±50 μm 统计结果。

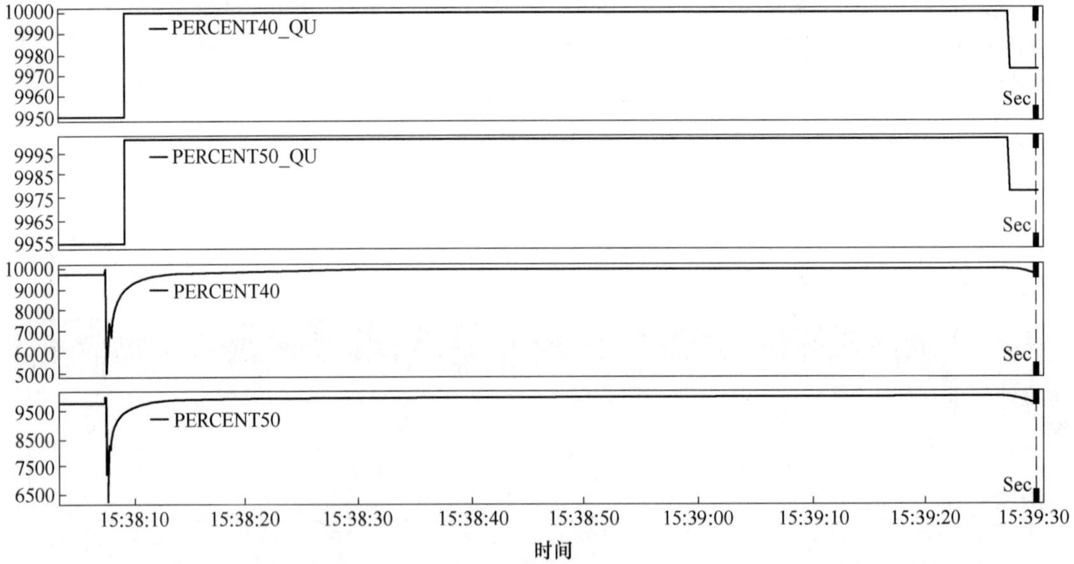

SignalName	X1	X2	X2−X1	Y1	Y2	Y2−Y1
PERCENT40_QU	15:39:29.5	15:39:29.5	0.0	9973.00	9973.00	0.00
PERCENT50_QU	15:39:29.5	15:39:29.5	0.0	9977.00	9977.00	0.00
PERCENT40	15:39:29.5	15:39:29.5	0.0	9772.00	9772.00	0.00
PERCENT50	15:39:29.5	15:39:29.5	0.0	9798.00	9798.00	0.00

图 4-28　厚度精度百分比统计

实际轧制过程中，即使是前后两块带钢的化学偏析成分也有所不同，不便与传统控制相比较，而只能通过大量的轧制数据来说明。在同一轧制规程下，大量的实际统计数据表明，基于 RBF 神经网络整定的 PID 控制精度较传统 PID 控制，其厚度精度提高了 0.2~

0.5个百分点。

针对具有高度非线性、时变性的热连轧AGC控制系统，提出了基于RBF神经网络整定的PID控制，通过在线辨识建立了过程模型并为神经网络控制器提供了梯度信息，在线调节比例、积分、微分控制参数，解决了PID控制在非线性系统下的弊端，达到了在线辨识、在线控制的目的。平台是基于美国GE公司的VME处理器，在VME上建立起多个（Sequence）程序包，将神经网络算法放在Sequence4软件包中执行，在规定的30 ms控制周期中完成一次辊缝量的计算，并把计算结果经子网传送到液压执行机构APC中(APC的控制周期3 ms),其控制精度高，具有良好的静态和动态性能，自适应性强，鲁棒性好。

4.5.5　Smith预估控制在厚规格带钢轧制中的应用

由监控AGC工作原理可知，系统存在一定纯滞后时间，尤其是9.0 mm以上的较厚规格带钢成品，其出口速度在4~5 m/s之间，系统时滞环节较大，采用常规PID控制器易出现超调和振荡现象。为提高厚度控制精度，采用基于Smith预估补偿控制策略，设法对系统的纯滞后环节进行补偿，并给出实际应用结果。

4.5.5.1　纯滞后系统的Smith控制算法

1957年，美国学者O. J. M. Smith针对工业过程控制中，具有纯滞后特性的被控对象，提出了一种纯滞后补偿模型。其提出的思想是与PID控制器并接一个Smith预估器，称之为补偿环节。

带有纯延迟的单回路控制系统闭环传递函数为

$$\phi(s)=\frac{Y(s)}{R(s)}=\frac{G_c(s)G_0(s)e^{-\tau s}}{1+G_c(s)G_0(s)e^{-\tau s}} \tag{4-105}$$

特征方程为

$$1+G_c(s)G_0(s)e^{-\tau s}=0 \tag{4-106}$$

带有纯延迟的单回路控制系统框图如图4-29所示。

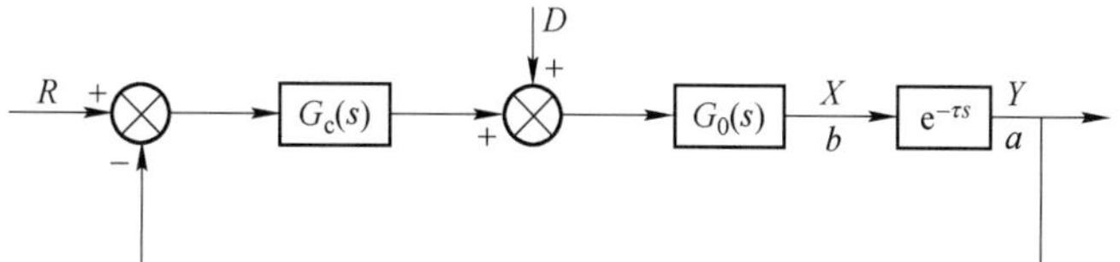

图4-29　带有纯延迟的单回路控制系统

可见，大延迟过程难控制的本质在于特征方程中纯延迟环节的存在，τ越大系统越不稳定。在图4-29所示控制系统中，反馈信号是由a点引出，故$e^{-\tau s}$出现在特征方程中；若想将纯延迟环节移到控制回路外，则可从b点引出反馈信号。

如图4-30所示，经过τ的延迟时间后，被调量Y将重复X同样的变化。

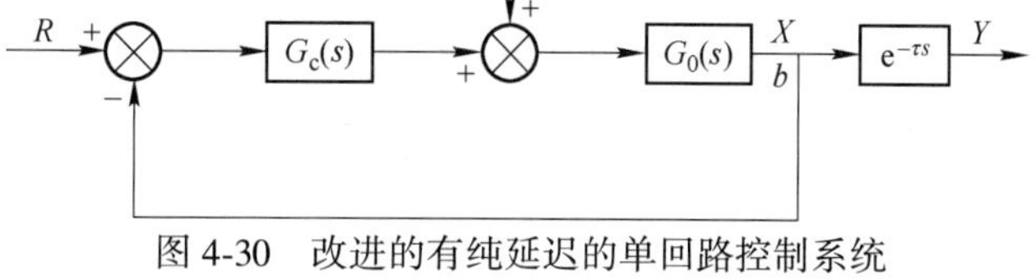

图4-30　改进的有纯延迟的单回路控制系统

由图 4-30 可知，理论上系统反馈信号 X 没有延迟，但实际控制中难免受其他物理因素等干扰，故 Smith 针对反馈信号 X 很难从 b 点引出这一问题。因此，采用构造模型的方法，构造如图 4-31 所示的控制系统。

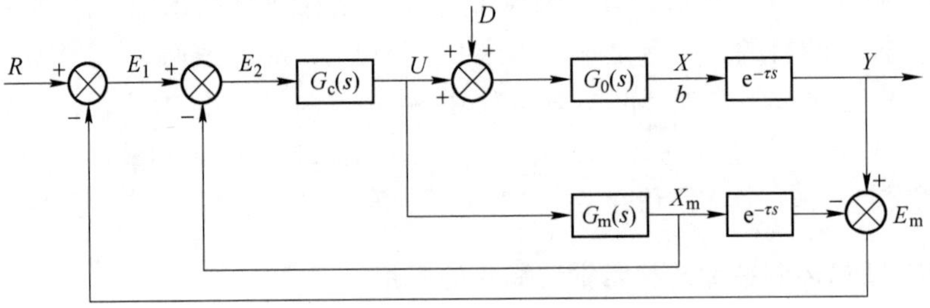

图 4-31　Smith 预估控制系统

当 $G_0(s)=G_m(s)$ 时，$\tau=\tau_m$ 为精确模型；负荷扰动 $D=0$ 时，则 $Y=Y_m$、$E_m=Y-Y_m=0$、$X=X_m$，可用 X_m 代替 X 作为第一条反馈回路的方式将纯延迟环节移到控制回路的外边。当模型不精确，且 $D\neq 0$ 时，则 $X\neq X_m$、$E_m=Y-Y_m\neq 0$，此时控制精度无法满足实际需求。为此，采用 E_m 实现第二条反馈回路，即 Smith 预估器的控制策略。实际上，因预估模型是反馈并联在控制器上的，故可得如图 4-32 所示的 Smith 预估控制系统等效图。

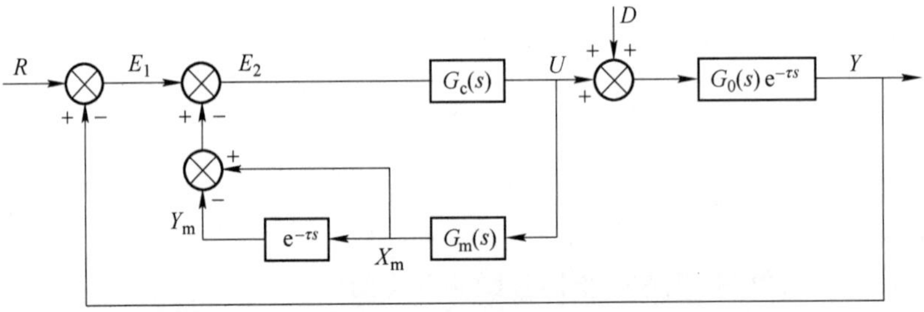

图 4-32　Smith 预估控制系统等效图

显然，Smith 控制方法需建立在精准被控对象的数学模型基础上，才可建立精确的预估模型。

由图 4-32 可得

$$e_2(k)=e_1(k)-x_m(k)+y_m(k)=r(k)-y(k)-x_m(k)+y_m(k) \tag{4-107}$$

若模型是精确的，则有

$$y(k)=y_m(k)$$
$$e_2(k)=r(k)-x_m(k) \tag{4-108}$$

$e_2(k)$ 为数字控制器 $G_c(z)$ 的输入。

4.5.5.2　数字 Smith 预估控制在 1700 mm ASP 上的应用

相对薄成品规格带钢而言，因厚成品规格系统延迟时间更长，其控制点无法准确反馈检测点信息，此时的辊缝调节量不再是当前末机架出口厚度的真实反映。实际轧制过程中，因监控 AGC 增益不能加大，以致出口厚度的波动范围为 100~150 μm。将基于 Smith 预估控制策略应用于鞍钢 1700 mm ASP，在一定程度上消除系统纯滞后环节，对提升厚规格成品带钢的精度具有里程碑式的意义。

为提高实时反馈模型精度，在实际轧制过程中需做以下工作。

A 以弹跳方程为依据计算出口厚度

采用在不同轧制力区段确定刚度 C_P 的办法，提高模型精度。F6 机架分段轧制力下的刚度见表 4-4。

表 4-4 F6 机架分段轧制力下的刚度

轧制力范围/t	刚度 C_P	轧制力范围/t	刚度 C_P
220 ~ 320	285	1150 ~ 1300	538
320 ~ 440	350	1300 ~ 1450	567
440 ~ 600	433	1450 ~ 1600	585
600 ~ 890	482	1600 ~ 1800	600
890 ~ 1150	525	1800 ~ 2000	610

B 辊缝零位自学习

间接测厚法是利用辊缝仪信号来表示轧辊辊隙的，但实际上轧辊直径由于磨损和热膨胀而产生缓慢的变动，其结果将使实际辊隙和辊缝仪指示有差异。这种现象可归纳为辊缝零位发生了漂移，加上其他各种因素造成的零位漂移，为此引入了辊缝零位常数 G 。

实际做法是：以弹跳方程为依据，建立先入先出表，即在 F6 咬钢信号和 X 射线测厚仪信号来时，将每隔 30 ms 算出出口厚度与设定值做减法，而精准厚度偏差以 X 射线测得为准。在带坯进入测厚仪做厚度锁定后确定实测厚度 h_6^* ，再用 h_6^* 和弹跳方程算出的厚度 h_6 之差来求得 F6 机架辊缝零位常数的 $\overset{*}{G}_6$ 。

$$\overset{*}{G}_6 = \overset{*}{h}_6 - h_6 = \overset{*}{h}_6 - \left(S_{06} + \frac{P_6 - P_{06}}{C_{P,6}} + S_{F6} + O \right) \tag{4-109}$$

考虑到辊缝零位变动是一个缓慢过程，因此可用下式由本块带钢头部所得的实测辊缝 G_6^* ，采用模型自学习功能做本块带钢间接测厚的辊缝零位修正。

$$\hat{G}_6 = G_6 + \alpha(\overset{*}{G}_6 - G_6) \tag{4-110}$$

其中，α 为增益系数，$0 \leqslant \alpha \leqslant 1$。$G_6$ 为自学习表中存有的值，求出 $\hat{G}_6$ 后送自学习表替代 G_6。这里增益系数取 0.85~0.9，以便给实测数据更大的置信度。

实际中，对厚规格带钢的考察范围在±75~±100 μm 之间，基于上述方法，在 PDA 工具上的曲线偏差值均在±40 μm 或±50 μm 之内，实际偏差值在可允许范围内，故上述方法间接测厚所计算出的厚度可作为预测模型。Smith 补偿控制中的第二条反馈回路可用来弥补由模型精度问题引起的影响。

C 比较

基于 Smith 预估策略计算的偏差量与 MN-AGC 相比，增加了 $x_m(k)$ 、$y_m(k)$ ，$x_m(k)$ 代表当前时刻的模型输出，$y_m(k)$ 代表 τ 时间前的模型预测值。

轧制规程：5522F04070，1046 * *0905AUTO，Q235B ，宽度：1046 mm，厚度设定：9.05 mm，钢种：Q235B ，采用 Smith 预估控制策略，其预测模型误差（x_ray2）及厚度偏

差曲线如图 4-33。考虑压力反馈的滞后及对突发的鼓包、凹坑及水印控制，前馈具有明显的提升厚规格控制精度的效果（提前进行控制，随着轧制速度降低，系统的跟踪性能变好），F3～F5 采用前馈控制策略，F5 机架采用硬度过补偿控制，目的是使带坯在到达 F6 机架时，能尽可能地保证出口厚度的一致性。由于前馈的趋势是一致的，这里给出F4～F5 辊缝调节量及控制偏差［$e_2(k)$ = X _ RAY3］如图 4-34 所示。基于 Smith 预估的 F6 机架辊缝调节量（LBQ _ F6 _ T）与监控量（LBQ _ F6）如图 4-35 所示。

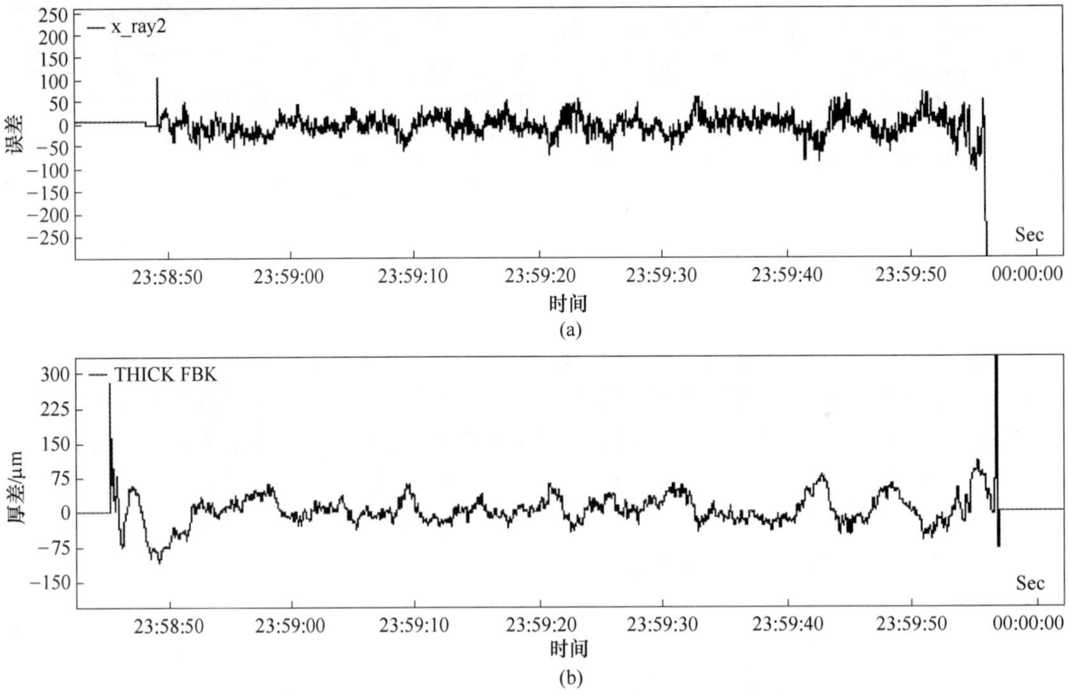

图 4-33　预测模型误差（ x _ ray2 ）（a）及厚度偏差曲线（b）

从图 4-35 可看出，采用 Smith 预估的 F6 机架在跟踪目标厚度能力和动态响应性能方面均优于单纯的监控 AGC（LBQ _ F6）控制，即其响应速度快、辊缝控制量大，利于厚差的消除。

F3～F5 实施前馈压尾控制策略，增益系数分别为 0. 85、0. 65、0. 5，各机架前馈压尾压下量限制在 ±600 μm 以内，其辊缝调节量如图 4-36 所示。

从厚度偏差曲线中可看出，前馈压尾控制策略对尾部控制效果具有正向作用，可见，此方法可进一步提高带钢全长厚控精度及其百分比。厚度精度百分比统计如图 4-37 所示，（其中，PER _ 50 _ QU、PER _ 75 _ QU、PER _ 100 _ QU 为去头尾±50 μm、±75 μm、±100 μm的统计，下组变量名为全长百分比统计）。

从图 4-37 可知，去头尾 50 μm、75 μm、100 μm 的厚度精度百分比统计分别为 94. 57%、99. 71%、100%，不去头尾 50 μm、75 μm、100 μm 的厚度精度百分比统计分别为 88. 91%、95. 56%、99. 16%。基于上述方法，在对当日近 30 块带钢（同种厚度规格、钢种）的统计中，厚度精度比原来提高了 1 个百分点左右。实际应用表明此控制策略的有效性，对于厚规格成品带钢的轧制具有很高的实用价值。

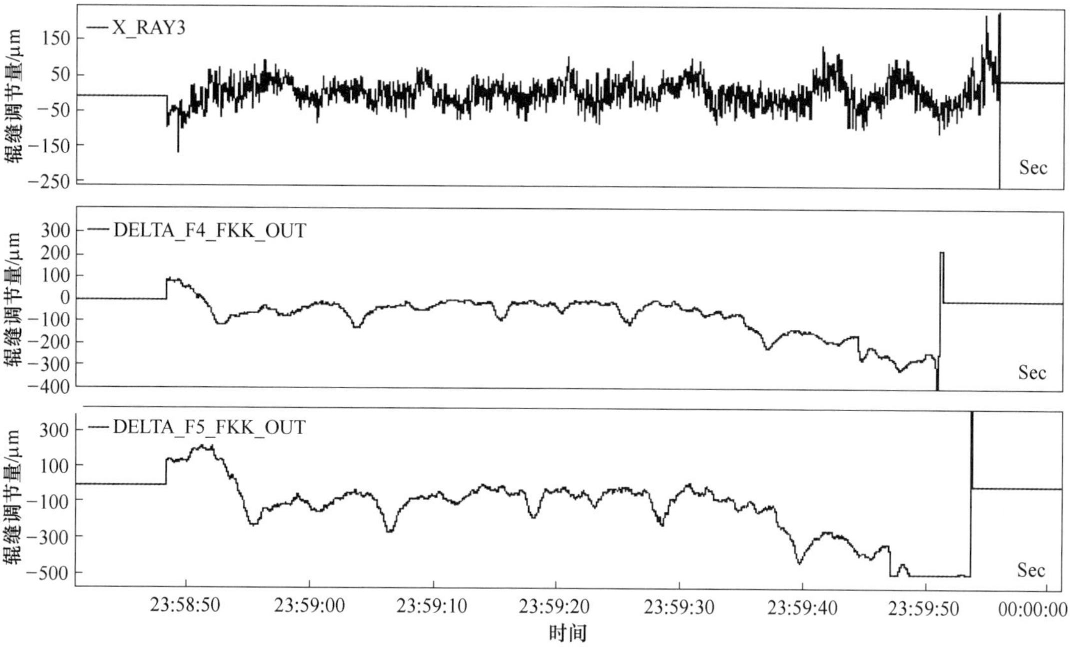

图 4-34 偏差（X _ RAY3）及 F4～F5 的前馈辊缝调节量

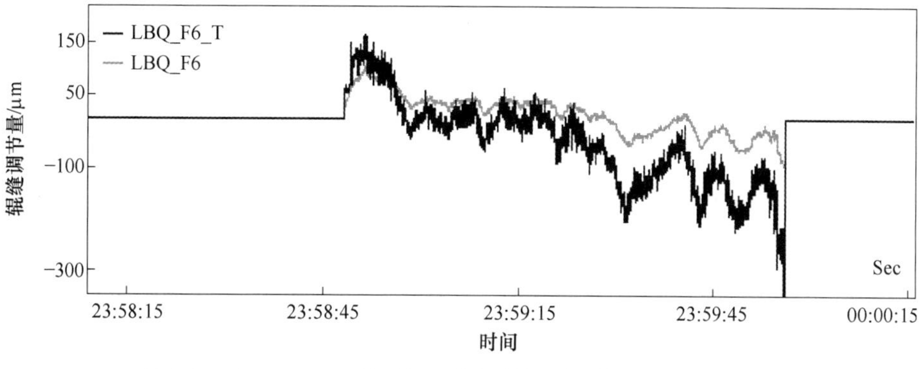

图 4-35 基于 Smith 预估的 F6 机架辊缝调节量（LBQ _ F6 _ T）

4.5.6 热带头部拯救功能的研究与实现

穿带后头部是否命中要求的精度，主要决定于设定模型的精度。设定模型精度：一方面决定于机理模型对各种影响因素定性规律反映的正确程度，另一方面又决定于建模时对模型系数定量确定的正确程度。

由于建模采用大批数据进行统计回归，实测数据数量大必然包含了各种环境条件，因而必然使模型先天性具有平均性，用此平均模型预报每一块处在特定条件下的带钢必然会存在一定的误差。

模型自学习是为了克服模型的这一先天性不足而设的功能，通过引入当前的环境信息，使模型“浮动”以适应当前环境。但模型自学习亦具有局限性：（1）只能修改模型

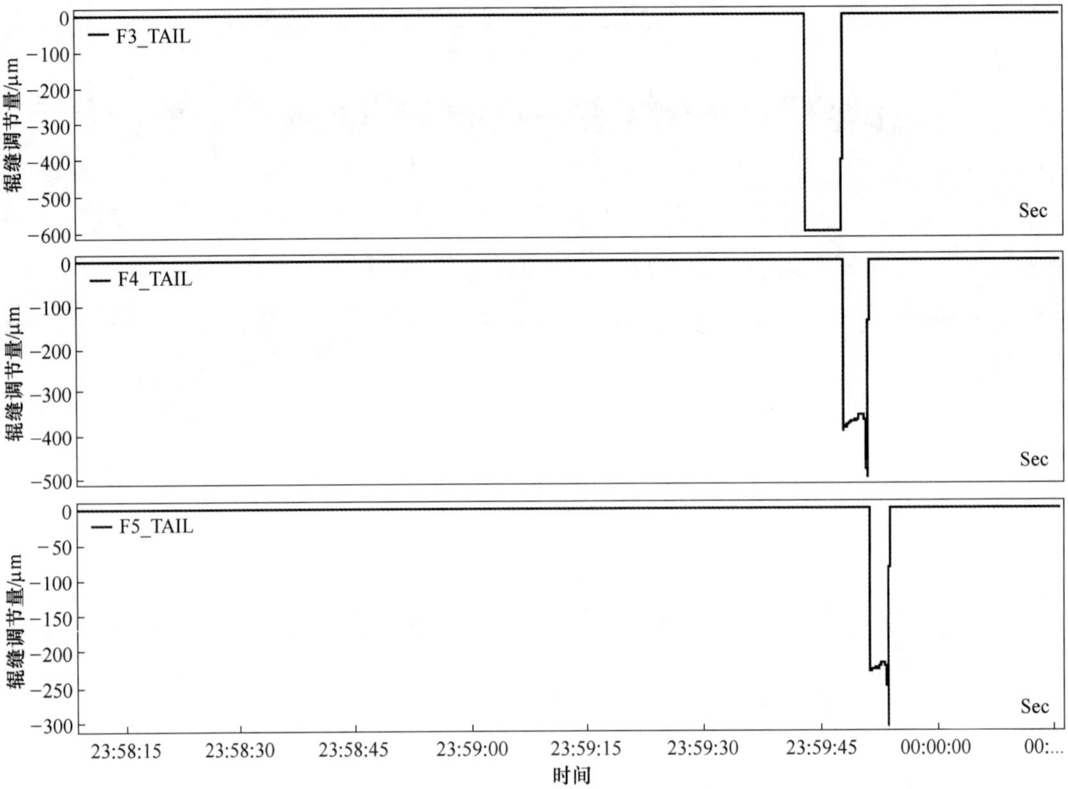

图 4-36　F3~F5 实施前馈压尾控制的辊缝调节量

中的一个系数；(2) 学习需要有一个过程；(3) 换规格后头一块钢坯学习效果较差。为了提高头部命中率，补充上述不足，需要设置头部拯救功能，包括穿带估计（EST）、动态设定（DSU）及快速监控（FMN）功能。

4.5.6.1　穿带估计

穿带估计的基本思想为：充分利用同一批规格的上一块带钢穿带后的实测信息（主要是成品厚度、凸度、温度等），并考虑上一块与本块带钢之间的差异（主要是粗轧出口温度 RTC，从粗轧运送至精轧的时间 τ 以及经自学习后辊缝的变动 δS_i），通过影响系数来估计本块钢坯穿带后将可能产生的成品厚度差、凸度差、温度差等，由此决定对已设定的辊缝、弯辊力、速度需要进行的修正，使成品精度得以提高。穿带估计计算出的修正量在本块钢坯尚未进入精轧前对设定量在空载下进行修正，相当于再次设定，因此不会影响自学习功能的执行。

本块钢坯穿带后可能产生的成品厚度差、凸度差，温度差等可用下列公式估算

$$\delta\hat{h}_{xry(k+1)} = \delta h^*_{xry(k)} + K^{h_n}_{FTO}\Delta FTO + K^{h_n}_{v_n}\Delta V_n + \sum_{i=1}^{n} K^{h_n}_{S_i}\Delta S_i + \sum_{i=1}^{n} K^{h_n}_{F_i}\Delta F_i \tag{4-111}$$

$$\delta\hat{CR}_{n(k+1)} = \delta CR^*_{n(k)} + K^{CR_n}_{FTO}\Delta FTO + K^{CR_n}_{v_n}\Delta V_n + \sum_{i=1}^{n} K^{CR_n}_{Si}\Delta S_i + \sum_{i=1}^{n} K^{CR_n}_{Fi}\Delta F_i \tag{4-112}$$

$$\delta F\hat{T}C_{(k+1)} = \delta FTC^*_{(k)} + K^{FTC}_{FTO}\Delta FTO + K^{FTC}_{v_n}\Delta V_n + \sum_{i=1}^{n} K^{FTC}_{Si}\Delta S_i \tag{4-113}$$

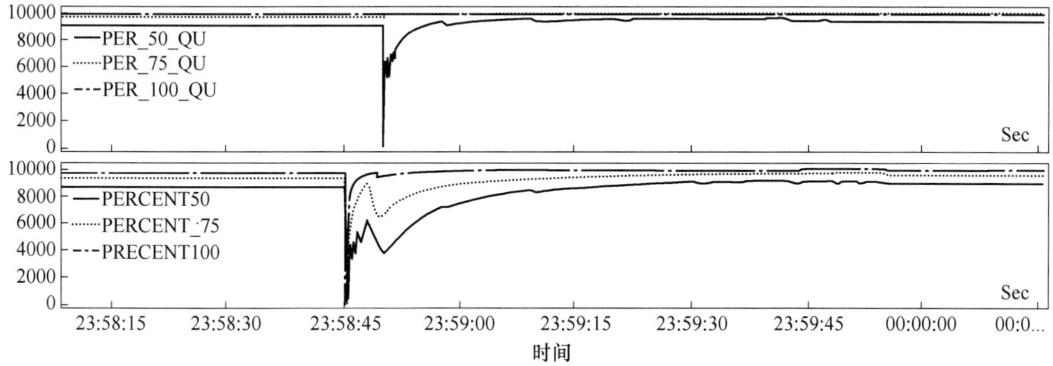

	SignalName	X1	X2	X2-X1	Y1	Y2
1	PER_50_QU	00:00:08:90	00:00:08:90	0.00	9457.00	9457.00
2	PER_75_QU	00:00:08:90	00:00:08:90	0.00	9971.00	9971.00
3	PER_100_QU	00:00:08:90	00:00:08:90	0.00	10000.00	10000.00
4	PERCENT50	00:00:08:90	00:00:08:90	0.00	8891.00	8891.00
5	PERCENT_75	00:00:08:90	00:00:08:90	0.00	9556.00	9556.00
6	PERCENT100	00:00:08:90	00:00:08:90	0.00	9916.00	9916.00

图 4-37　厚度精度百分比统计

为了静态地分析任何一个扰动量及控制量对一个目标量的影响，引入了“影响系数” K_a^c（下角标 a 为控制量，上角标 c 为目标量）。例如，$K_{FTO}^{h_n}$ 是精轧入口温度 FTO 变化对末机架出口厚度 $h_n(n=6)$ 的影响量，各影响系数的值可离线计算后存表查用。$\delta h_{xry(k)}^*$、$\delta CR_{n(k)}^*$、$\delta FTC_{(k)}^*$ 为上一块钢（第 K 块）实测的厚差，凸度差及终轧温度差，$\delta\hat{h}_{xry(k+1)}$、$\delta\hat{CR}_{n(k+1)}$、$\delta F\hat{T}C_{(k+1)}$ 为本块钢坯（第 k+1 块）将有的厚差、凸度差、温度差的估计值。

ΔFTO 为上块钢坯与本块钢坯精轧入口温度之差（ FTO 可由 RTC 及 τ 计算出）。

同样，ΔV_6、ΔS_i、ΔF_i 为上块钢坯与本块钢坯的末架速度、第 i 机架辊缝、第 i 机架弯辊力值之差。

估计出 $\delta\hat{h}_{xry(k+1)}$、$\delta\hat{CR}_{n(k+1)}$、$\delta F\hat{T}C_{(k+1)}$ 后应通过修正设定值 δS_i、δF_i 及 δV_n 以使穿带后厚度差、凸度差、温度差为 0，即达到要求的目标值。

为了求出后四个机架的 δS_i、δF_i，以及一个 δV_n，共需解出 9 个控制量，为此需列出 9 个线性（增量）方程。为了既保证成品厚差、凸度差及温度差为 0，同时又应保持成品平坦度不被破坏，为此还应使除末机架（n 机架）外 $n-3$、$n-2$、$n-1$ 机架出口厚差 δh_i，出口凸度差 δCR_i 为 0。为此可写出

$$\delta h_j = K_{v_n}^{h_j}\delta V_n + \sum_{i=3}^{j} K_{Si}^{h_j}\delta S_i + \sum_{i=3}^{j} K_{F_i}^{h_j}\delta F_i \quad (i=3\sim6,\ j=3\sim6) \tag{4-114}$$

$$\delta CR_j = K_{v_n}^{CR_j}\delta V_n + \sum_{i=3}^{j} K_{S_i}^{CR_j}\delta S_i + \sum_{i=3}^{j} K_{F_i}^{CR_j}\delta F_i \tag{4-115}$$

其中，δh_j（$j=n$ 时）即为 δh_{xry}，δCR_j（$j=n$ 时）即为 δCR_n 。

上述 9 个线性方程都应为 0，联解此 9 个方程可求出 4 个 δS 、4 个 δF 及一个 δV_n 。在带钢进入精轧机组（穿带）前对设定值进行修正，以使本块钢坯穿带后能得到更好的成品质量（成品厚度、凸度、终轧温度及平坦度）。后四个机架辊缝调整量与 $\delta\hat{h}_{xry(k+1)}$ 的比例关系与下面所述的热带精轧机组快速监控 FMN 功能相同。针对鞍钢 1700 mm 热轧现场进行试验研究，图 4-38 为采用穿带估计前后各收集同一层别厚度 2.73 mm 的轧制数据，共计 50 块带钢。该轧制计划中凸度的目标值为 $(50\pm18)\mu m$，穿带估计前的头部凸度精度为 86%，命中 43 块；穿带估计后的头部凸度精度为 92%，命中 46 块。

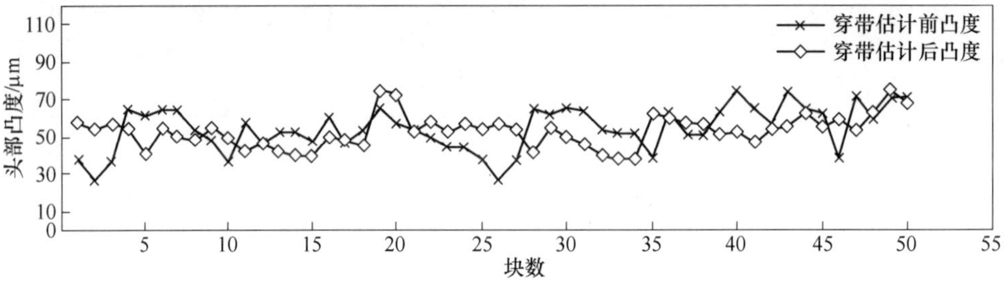

图 4-38　穿带估计投入前后的头部凸度对比

4.5.6.2　动态设定新控制策略的设想

带钢热连轧精轧机组目前采用多次设定计算策略，包括：

（1）带坯从粗轧出口获得实测带坯头部厚度、温度和宽度后，采用有关计划数据进行第一次设定计算。

（2）带坯到达粗精轧之间的中间辊道指定 HMD 后，根据从第一次设定开始到带坯头部到达 HMD54 实际时间进行第二次设定计算（如果实际时间与原始计算时间差别不大，则第二次设定将不进行）。第二次设定主要用于带坯不能正常进入精轧而需要进行游荡，当游荡时带坯在空气中停留时间将加长而需重新计算温降及各设定值。因此当带坯头部在 HMD54/HMD55 间游荡时，每次使 HMD54 重新“OFF/ON”时都需要重新启动“第一次、第二次”设定计算。

（3）带钢咬入 F1、F2 后，根据实测轧制力判断其硬度是否由于带坯方向温降不均匀而使第一次设定所采集的粗轧出口（表面）温度不能反映真实平均温度，以及是否由于真实成分与计划成分不同，使带钢真实变形阻力与所计算的变形阻力有差别，为此进行动态设定，根据实际变形阻力（硬度）提前修正后四个机架的辊缝，以便确保穿带后的带钢头部精度。

下面设想“动态设定新控制策略”的目的也是更精确地保证头部精度，但与现有动态设定不同之处在于：

（1）不仅利用带钢咬入 F1、F2 后的实测信息进行后续机架修正，还进一步利用咬入 F3、F4 等机架后的实测信息逐架对后续机架设定值进行动态修正；

（2）不仅利用实测信息对辊缝设定值修正以保证穿带后头部厚度精度（命中率），还为了更充分利用实测信息对辊缝、弯辊力、机架间喷水、速度等设定值进行动态修正，从而保证穿带后带钢头部厚度、凸度、温度多目标精度（命中率）。

实施新控制策略的第一步，是根据负荷分配所定的 h_i 以及其他目标值确定各机架应有的出口参数值，包括：

（1）根据目标成品厚度 h_n、凸度 CR_n $\left[\text{由此可得目标相对凸度}\left(\frac{CR}{h}\right)_n\right]$ 确定各机架应用的出口相对凸度 $\left(\frac{CR}{h}\right)_i$（其允许范围 ΔC，将根据分配的 h_i 及实测带宽 B 计算），以及由此确定的各机架出口应有的出口凸度 CR_i；

（2）根据目标成品终轧温度，以负荷分配厚度 h_i 为基础，在已确定喷水模式下通过温降模型确定各机架应有的轧制温度（同时，在此轧制温度下的变形阻力、轧制力等值）；

（3）各机架间活套应有的活套角，归纳起来是确定各机架应有的 h_i、CR_i、FT_i 以及活套角 α_i 值。

逐机架动态设定的目的是逐机架保证下一机架出口参数达到应有的 h_i、CR_i、FT_i 等，以使最终能达到末机架出口（成品）的厚度、凸度、平坦度及终轧温度（保证各机架间活套角以减少活套摆动，避免活套张力波动而影响带钢宽度）。

多目标动态修正设定值的关键是如何充分利用实测信息，即从实测各机架轧制力 P_i^*、辊缝 S_i^*、速度 v_i^* 值的信息中提取能用于修正下一机架辊缝、速度、弯辊力、机架间喷水的有关参数，其中核心参数是带钢的实际变形阻力（硬度）。由于同一块带钢（头部）进入各机架时其变形阻力的变化趋势可通过温降模型算出，因此当带钢咬入第 i 机架实测 P_i^*、S_i^* 等后，首先要计算出本块带钢头部的实际变形阻力 K_i^* 值及实际轧出厚度 h_i^*。

$$h_i^* = S_i^* + \frac{P_i^* - P_0}{C} + O^* + G \tag{4-116}$$

式中 P_0——预压靠力；

O——油膜厚度，根据实测 P^* 及轧辊转速 n^* 后可得 O^*；

G——辊缝零位，包括轧辊热膨胀 G_H、轧辊磨损 G_W 及由上一批带钢自学习所得的 G_0 值，由此可得 $\delta h = h_i^* - h_{is}$（$h_{is}$ 为设定所用值）。

第 i 机架入口厚度 H_i^* 为上一机架的 h_{i-1}^*。根据 H_i^* 及 h_i^* 可计算出实际的应力状态系数 Q_{pi}^* 及接触弧长 l_{ci}^*，由此可得

$$\begin{cases} K_i^* = \dfrac{P_i^*}{B_i^* l_{ci}^* Q_{pi}^*} \\ \delta K_i = K_i^* - K_{is} \end{cases} \tag{4-117}$$

式中 K_{is}——设定计算值。

首先从终轧温度（也是下一机架带头轧制温度）控制入手，粗轧出口温度距离过远（中间涉及一批降温环节），精轧入口温度由于二次氧化而不易正确测量，为此需利用所测的 δK_i 来估算第 i 机架轧制温度 δFT_i，在其他条件（R'、H、h、V 等）已确定时，可由 δK 来估算 δFT

$$K = 1.15\sigma = 1.15\sigma_0 K_\varepsilon K_u K_T = (1.15\sigma_0 K_\varepsilon K_T)K_u \tag{4-118}$$

$$\begin{aligned}\delta K &= (1.15\sigma_0 K_\varepsilon K_T)\delta K_\mathrm{u} + K_\mathrm{u}\delta[(1.15\sigma_0 K_\varepsilon)K_T] \\ &= 1.15\sigma_0 K_\varepsilon K_T \delta K_\mathrm{u} + K_\mathrm{u}(1.15\sigma_0 K_\varepsilon)\delta K_T + K_\mathrm{u} K_T \delta(1.15\sigma_0 K_\varepsilon) \\ &= 1.15\sigma_0 K_\varepsilon K_T \delta K_\mathrm{u} + 1.15\sigma_0 K_\varepsilon K_\mathrm{u} \delta K_T \end{aligned} \tag{4-119}$$

$$\begin{aligned}\delta K_T &= \delta(e^{a_1+a_2 FT}) \\ &= (a_1 + a_2 \cdot FT)\mathrm{e}^{a_1+a_2 FT} \cdot a_2 \cdot \delta FT \\ &= (a_1 + a_2 \cdot FT)K_T \cdot a_2 \cdot \delta FT \end{aligned} \tag{4-120}$$

$$\begin{aligned}\delta K_\mathrm{u} &= \delta\left[\left(\frac{u}{10}\right)^{a_3+a_4\cdot FT}\right] \\ &= (a_3 + a_4 \cdot FT)\left(\frac{u}{10}\right)^{a_3+a_4 FT}\ln\left(\frac{u}{10}\right) \cdot a_4 \cdot \delta FT \\ &= (a_3 + a_4 \cdot FT)\ln\left(\frac{u}{10}\right)K_u a_4 \cdot \delta FT \end{aligned} \tag{4-121}$$

代入后得第一项

$$1.15\sigma_0 K_\varepsilon K_T K_\mathrm{u} \cdot (a_3 + a_4 \cdot FT)\ln\left(\frac{u}{10}\right) \cdot a_4 \cdot \delta FT = K(a_3 + a_4 \cdot FT)\ln\left(\frac{u}{10}\right)a_4 \cdot \delta FT \tag{4-122}$$

第二项为

$$1.15\sigma_0 K_\varepsilon K_\mathrm{u} K_T \cdot (a_1 + a_2 \cdot FT)a_2 \cdot \delta FT = K \cdot (a_1 + a_2 \cdot FT)a_2 \cdot \delta FT \tag{4-123}$$

$$\delta K = K\left[(a_3 + a_4 \cdot FT)\left(\frac{u}{10}\right)a_4 + (a_1 + a_2 \cdot FT)a_2\right]\delta FT \tag{4-124}$$

代入已知钢种的 $a_1 \sim a_4$ 系数，以及 K 及 FT 等工艺参数后，即可由 δK 求出 δFT，$\delta FT = \dfrac{\delta K}{\psi}$，其中，$\psi = (a_3 + a_4 \cdot FT)\left(\dfrac{u}{10}\right)a_4 + (a_1 + a_2 \cdot FT)a_2$。根据温降模型，可由第 i 机架轧制温度 δFT_i 求得第 $i+1$ 机架轧制温度 δFT_{i+1}

$$\delta FT_{i+1} = \delta FT_i - \delta MT_{i,i+1} \tag{4-125}$$

式中　$\delta MT_{i,i+1}$ ——第 i 机架/第 $i+1$ 机架间喷水冷却变动量造成的温降。

当 $\delta MT_{i,i+1} = \delta FT_i$ 时将使第 $i+1$ 机架带头轧制温度回归目标值（$\delta FT_{i+1} = 0$）。由于机架间喷水的调节精度较粗，因此，调节喷水量后可能还存在 δFT_{i+1}，由此 δFT_{i+1} 可反复算出第 $i+1$ 机架带头部还存在的 δK_{i+1}，此 δK_{i+1} 将使第 $i+1$ 机架出口处的厚度和凸度偏离目标值。

目前有一些轧机在机架间喷水系统中除采用分组开/关方式调控水量外，还在该机架间各组喷头的总供水管处设有调节流量的阀门，因而可通过调节该机架间喷水系统的总流量以及分组喷头的开/关，可较为精细地调节水量以更精细地控制机架间带钢的温降。

由 δK 计算 δFT 或由 δFT 计算 δK 都涉及较复杂的算式，但这些算式中的大部分内容都可以离线计算后列表，实际控制时仅需查表并作一些简单计算即可，不影响实际应用计算时间的限制。

存在的 δK_{i+1} 将使第 $i+1$ 机架出口处的厚度和凸度偏离目标值。为保证下一机架出口厚度 h_{i+1}^* 达到目标值 h_{i+1}，应使 $\delta h_{i+1} = 0$。由厚度增量公式可知

$$\delta h_{i+1} = A_{Hi+1}\delta H_{i+1} + A_{Ki+1}\delta K_{i+1} + A_{Si+1}\delta S_{i+1} + A_{Fi+1}\delta F_{i+1} \tag{4-126}$$

为使 $\delta h_{i+1}=0$，应修正第 $i+1$ 机架棍缝 δS_{i+1}，公式如下：

$$\delta S_{i+1}=\left(\frac{A_{Hi-1}\delta H+A_{Hi+1}\delta K_{i+1}+A_{Fi+1}\delta F_{i+1}}{A_{Si+1}}\right) \tag{4-127}$$

其中，δH_{i+1} 为 i 机架出口厚差 δh_i；确定 δS_{i+1} 后可估算第 $i+1$ 机架轧制力将变动 δP_{i+1}。

$$\delta P_{i+1}=B_{Hi+1}\delta H_{i+1}+B_{Ki+1}\delta K_{i+1}+B_{Si+1}\delta S_{i+1} \tag{4-128}$$

为使出口凸度不变，应使 $\delta CR_{i+1}=0$。

$$\delta CR_{i+1}=G_{Hi+1}\delta H_{i+1}+G_{Ki+1}\delta K_{i+1}+G_{Si+1}\delta S_{i+1}+G_{Fi+1}\delta F_{i+1} \tag{4-129}$$

为此，应修正弯辊力 δF_{i+1}。由于 δS 方程中存在 δF，δF 方程中存在 δS 项，因此或者对这两个方程联解，或者通过多次迭代来逼近最终结果，以便同时确定 δS_{i+1} 及 δF_{i+1}，达到既保证第 $i+1$ 机架的出口厚度，又保证其出口凸度达到目标值（也保证了其出口相对凸度达到目标值）。

考虑到 δS 将造成出口前滑变化，为使活套稳定应调节轧辊转速（线速度），以保证套量达到目标值，使活套以目标角度工作，避免活套摆动。活套长度 l 的计算公式为

$$l=\int(v'_{i+1}-v_i)\,\mathrm{d}t \tag{4-130}$$

$$\delta l=\int(\delta v'_{i+1}-\delta v_i)\,\mathrm{d}t \tag{4-131}$$

设第 $i+1$ 机架入口速度 $\delta v'_{i+1}$ 不变（$\delta v'_{i+1}=0$），由于

$$v_i=v_{0i}(1+f_i) \tag{4-132}$$

$$\delta v_i=v_{0i}\delta f+(1+f_i)\delta v_{0i} \tag{4-133}$$

为了使 $\delta l=0$，应使 $\delta v_i=0$，为此应调节轧辊线速度 δv_{0i} 使 $\delta v_i=0$，即

$$\delta v_{0i}=-\frac{v_{0i}\delta f_i}{1+f_i} \tag{4-134}$$

$$\delta f_i=D_H\delta H_i+D_K\delta K_i+D_S\delta S_i+D_F\delta F_i \tag{4-135}$$

通过逐机架利用实测信息，由上述各增量方程的计算确定本机架与下一机架间的喷水变动，确定下一机架的 δS、δF，本机架的 δv_0 来使下一机架带头轧制温度（精度决定于喷水系统的调节精度），以及出口厚度、凸度、本机架与下一机架间活套高度达到目标值，最终使带头的成品厚度、凸度以及温度、宽度（精度）的命中率得到提高，这就是新的动态设定方案。

4.5.6.3 FMN 的控制算法

快速监控功能的基本思想是：当带钢头部到达 X 射线测厚仪处如果存在较大厚差时，为了便于绝对 AGC 的投入（能按照绝对目标厚度轧制），考虑有利于出口板形的负荷分配，对 F3～F6 进行一次性上抬或下压来减少头部厚差。在执行 FMN（Fast Monitor）之后，不仅减轻了单纯依靠 F5～F6 监控的负担，而且对各机架压力 AGC 的平滑投入及系统的稳定性都有着重要意义。例如，$K_{S_1}^{h_6}$ 表示第一机架压下 δS_1 对成品（第六机架）出口厚度的影响。当仅研究 δS_i 的影响时

$$K_{S_1}^{h_1}=\frac{\partial h_1}{\partial S_1}=\left(\frac{C_{\mathrm{P}}}{C_{\mathrm{P}}-\partial P/\partial h}\right)_1 \tag{4-136}$$

$$K_{S_1}^{h_6} = \frac{\partial h_6}{\partial S_1} = \frac{\partial h_1}{\partial S_1} \cdot \frac{\partial h_2}{\partial h_1} \cdot \frac{\partial h_3}{\partial h_2} \cdot \frac{\partial h_4}{\partial h_3} \cdot \frac{\partial h_5}{\partial h_4} \cdot \frac{\partial h_6}{\partial h_5}$$
$$= \left(\frac{C_P}{C_P - \partial P/\partial h}\right)_1 \cdot \left(\frac{\partial P/\partial h_0}{C_P - \partial P/\partial h}\right)_2 \cdot \left(\frac{\partial P/\partial h_0}{C_P - \partial P/\partial h}\right)_3 \cdot$$
$$\left(\frac{\partial P/\partial h_0}{C_P - \partial P/\partial h}\right)_4 \cdot \left(\frac{\partial P/\partial h_0}{C_P - \partial P/\partial h}\right)_5 \cdot \left(\frac{\partial P/\partial h_0}{C_P - \partial P/\partial h}\right)_6 \tag{4-137}$$

下角标 1~6 代表机架号，h_0、h 代表各机架的入口、出口厚度。

当实际带坯头部大于 50 μm 时，执行快速监控 FMN。将此监控量 δh_{FMN} 分配到 F3~F6 作一次性下压或上抬来加以消除，F3~F6 分配的主要目的是为了调节辊缝后不破坏板形，保持后四个机架相对凸度比例不变以利于板形，即要求下压或上抬 S_3 ~ S_6 后仍能保持。列出以下四个关系式

$$\delta h_{XRY} = K_{S_3}^{h_6}\delta S_3 + K_{S_4}^{h_6}\delta S_4 + K_{S_5}^{h_6}\delta S_5 + K_{S_6}^{h_6}\delta S_6 \tag{4-138}$$

$$\delta\left(\frac{CR}{h}\right)_3 = \delta\left(\frac{CR}{h}\right)_4 \tag{4-139}$$

$$\delta\left(\frac{CR}{h}\right)_3 = \delta\left(\frac{CR}{h}\right)_5 \tag{4-140}$$

$$\delta\left(\frac{CR}{h}\right)_3 = \delta\left(\frac{CR}{h}\right)_6 \tag{4-141}$$

其中，$\delta\left(\frac{CR}{h}\right)_i$ 为由 δS_i 以及 $\delta S_{i-1}\cdots\delta S_3$，使第 i 机架相对凸度变化的量。从厚度增量方程、轧制力增量方程及凸度增量方程出发可计算出上述各值。

根据弹跳方程，并忽视缓慢变化量油膜厚度、辊缝零位 O、G，有

$$h = S + \frac{P - P_0}{C_P} + O + G \tag{4-142}$$

$$\delta h = \delta S + \frac{\delta P}{C_P} \tag{4-143}$$

由 $P = f(h_0, h, K, \tau_f, \tau_b)$，变量依次代表带坯的入口厚度、出口厚度、变形阻力、前张应力、后张应力，忽略缓慢变化量 τ_f，τ_b，则轧制力的增量方程

$$\delta P = \frac{\partial P}{\partial h_0}\delta h_0 + \frac{\partial P}{\partial h}\delta h + \frac{\partial P}{\partial K}\delta K \tag{4-144}$$

将 δP 方程式（4-144）代入 δh 方程式（4-143）得

$$\delta h = \delta S + \frac{1}{C_P}\left[\frac{\partial P}{\partial h_0}\delta h_0 + \frac{\partial P}{\partial h}\delta h + \frac{\partial P}{\partial K}\delta K\right] \tag{4-145}$$

$$C_P\delta h - \frac{\partial P}{\partial h}\delta h = \left(C_P - \frac{\partial P}{\partial h}\right)\delta h = C_P\delta S + \frac{\partial P}{\partial h_0}\delta h_0 + \frac{\partial P}{\partial K}\delta K \tag{4-146}$$

$$\delta h = \frac{1}{C_P - \frac{\partial P}{\partial h}}\left[\frac{\partial P}{\partial h_0}\delta h_0 + \frac{\partial P}{\partial K}\delta K + C_P\delta S\right] = A_H\delta h_0 + A_K\delta K + A_S\delta S \tag{4-147}$$

将式（4-147）代入 δP 方程式（4-144）得

$$\delta P = \frac{\partial P}{\partial h_0}\delta h_0 + \frac{\partial P}{\partial K}\delta K + \frac{\partial P}{\partial h}\left(\frac{1}{C_{\mathrm{P}} - \frac{\partial P}{\partial h}}\right) \cdot \left[\frac{\partial P}{\partial h_0}\delta h_0 + \frac{\partial P}{\partial K}\delta K + C_{\mathrm{P}}\delta S\right] \tag{4-148}$$

$$\left(C_{\mathrm{P}} - \frac{\partial P}{\partial h}\right)\delta P = C_{\mathrm{P}}\frac{\partial P}{\partial h_0}\delta h_0 + C_{\mathrm{P}}\frac{\partial P}{\partial K}\delta K + C_{\mathrm{P}}\frac{\partial P}{\partial h}\delta S \tag{4-149}$$

$$\delta P = \frac{C_{\mathrm{P}}}{C_{\mathrm{P}} - \frac{\partial P}{\partial h}}\left[\frac{\partial P}{\partial h_0}\delta h_0 + \frac{\partial P}{\partial K}\delta K + \frac{\partial P}{\partial h}C_{\mathrm{P}}\delta S\right] = B_H\delta h_0 + B_K\delta K + B_S\delta S \tag{4-150}$$

$$\begin{cases} A_H = \dfrac{\dfrac{\partial P}{\partial h_0}}{C_{\mathrm{P}} - \dfrac{\partial P}{\partial h}} \\ A_K = \dfrac{\dfrac{\partial P}{\partial K}}{C_{\mathrm{P}} - \dfrac{\partial P}{\partial h}} \\ A_S = \dfrac{C_{\mathrm{P}}}{C_{\mathrm{P}} - \dfrac{\partial P}{\partial h}} \\ B_H = \dfrac{C_{\mathrm{P}}\dfrac{\partial P}{\partial h_0}}{C_{\mathrm{P}} - \dfrac{\partial P}{\partial h}} \\ B_K = \dfrac{C_{\mathrm{P}}\dfrac{\partial P}{\partial K}}{C_{\mathrm{P}} - \dfrac{\partial P}{\partial h}} \\ B_S = \dfrac{C_{\mathrm{P}}\dfrac{\partial P}{\partial h}}{C_{\mathrm{P}} - \dfrac{\partial P}{\partial h}} \end{cases} \tag{4-151}$$

$$\begin{cases} K_{S_3}^{h_6} = A_S(3) \cdot A_H(4) \cdot A_H(5) \cdot A_H(6) \\ K_{S_4}^{h_6} = A_S(4) \cdot A_H(5) \cdot A_H(6) \\ K_{S_5}^{h_6} = A_S(5) \cdot A_H(6) \\ K_{S_6}^{h_6} = A_S(6) \end{cases} \tag{4-152}$$

$$\begin{cases} P = Bl'_{c} Q_{P} K \\ l'_{c} = \sqrt{R' \Delta h} \\ R' = R\left(1 + 2.2 \times 10^{-1} \dfrac{P}{B \Delta h}\right) \end{cases} \tag{4-153}$$

$$\begin{cases} \dfrac{\partial P}{\partial K} = Bl'_{c} \cdot Q_{P} \\ \Delta h = H - h \end{cases} \tag{4-154}$$

其中，B、Q_P、l'_c、R 分别为带宽、接触弧上摩擦力造成应力状态的影响系数、压扁后接触弧的水平投影长度、轧辊半径。

此时，再按照负荷分配的 H_i 及 h_i 计算 P_{Si} 后设 $H'_i = 0.99H_i$，用 H'_i 及 h_i 再计算 P'_i，公式如下

$$\frac{\partial P}{\partial H} = \frac{P'_i - P_{Si}}{H'_i - H_i} \tag{4-155}$$

同理，再设 $h'_i = 0.99h_i$ 用 H_i 及 h'_i 计算轧制力 P''_i

$$\frac{\partial P}{\partial h} = \frac{P''_i - P_{Si}}{h'_i - h_i} \tag{4-156}$$

求得 $\dfrac{\partial P}{\partial K}$、$\dfrac{\partial P}{\partial H}$、$\dfrac{\partial P}{\partial h}$ 后，即可算出 A_K、A_H、A_S 及 B_K、B_H、B_S。凸度 CR 方程为

$$CR_i = 0.7\left(\frac{P_i}{K_P} + \frac{F_i}{K_F} + E_B \omega_{Bi} + E_W \omega_{Wi}\right) + 0.3\left[\frac{h}{H}\right]_i CR_{Hi} \tag{4-157}$$

其中，P_i、F_i 为 i 机架的轧制力、弯辊力。对第 i 机架 δS_i 进行微分得

$$\delta CR_i = 0.7\frac{\delta P_i}{K_P} + 0.3\frac{\delta h_i}{H_i} CR_{Hi} = 0.7B_S(i) \cdot \delta S_i / K_P + 0.3A_S(i)\delta S_i \cdot \left[\frac{CR_H}{H}\right]_i \tag{4-158}$$

上游机架第 $(i-1)$ 的 δS_{i-1} 将通过 CR_{Hi} 及 H_i 对 CR_i 有影响

$$\begin{aligned} \delta CR_i &= -0.3\left[\frac{h_i}{H_i}\right] \cdot \frac{\delta H_i}{H_i} \cdot CR_{Hi} + 0.3\left[\frac{h_i}{H_i}\right]\delta CR_{i-1} \\ &= -0.3\left[\frac{h_i}{H_i}\right] \cdot \frac{\delta h_{i-1}}{h_{i-1}} \cdot CR_{i-1} + 0.3\left[\frac{h_i}{H_i}\right]\delta CR_{i-1} \\ &= -0.3\left[\frac{h_i}{H_i}\right] \cdot A_S(i-1) \cdot \delta S_{i-1} \cdot \frac{CR_{i-1}}{h_{i-1}} + 0.3\left[\frac{h_i}{H_i}\right]\delta CR_{i-1} \end{aligned} \tag{4-159}$$

δS_{i-1} 还将通过 δCR_i 对 δCR_{i+1} 有影响，以及对 δCR_{i+2} 有影响等。但计算结果表明，δS_{i-1} 对 δCR_i 的影响非常小，比 δCR_{i-1} 的影响小得多，因此可忽略不计。

$$\begin{aligned} \delta\left(\frac{CR}{h}\right)_i &= \frac{h_i \delta CR_i - CR_i \delta h_i}{h_i^2} \\ &= \frac{0.7B_S(i)\delta S_i / K_P + 0.3A_S(i)\delta S_i \cdot \left[\dfrac{CR_H}{H}\right]_i + 0.3\left[\dfrac{h_i}{H_i}\right]\delta CR_{i-1}}{h_i} - \frac{A_S(i)\delta S_i}{h_i} \cdot \left[\frac{CR}{h}\right]_i \end{aligned}$$

$$= 0.7\frac{\left(B_S(i)/K_P - A_S(i)\cdot\left[\frac{CR}{h}\right]_n\right)\delta S_i}{h_i} + \frac{0.3\left[\frac{h_i}{H_i}\right]\delta CR_{i-1}}{h_i} \tag{4-160}$$

其中，$\left[\frac{CR_H}{H}\right]_i$ 及 $\left[\frac{CR}{h}\right]_i$ 可以认为等于成品凸度 $\left[\frac{CR}{h}\right]_n$。

代入以上方程可解出 $\delta S_3 \sim \delta S_6$。以鞍钢 1700 mm ASP 的负荷分配对各项有用系数进行了计算，计算结果见表 4-5。为节约篇幅，表 4-5 中只列出轧制成品厚度 2.0 mm、3.0 mm 的影响系数值。h_6、KS 为成品轧制目标厚度及第 i 机架辊缝变动 δS_i 对厚度 δh_i 的影响系数。

表 4-5 1700 mm ASP 影响系数

参数	h_6/mm	F1	F2	F3	F4	F5	F6
$\partial P/\partial H$	2.0	133.4	320.3	664.4	1140	1852	2477
	3.0	131.9	277.5	498.5	788.7	1158	1472
$\partial P/\partial h$	2.0	-273.7	-577.5	-1058	-1751	-2541	-3000
	3.0	-250.1	-448.6	-727.6	-1120	-1494	-1739
$\partial P/\partial K$	2.0	148.6	113.8	87.8	77.8	58.5	36.8
	3.0	128.5	101.6	78.5	69.8	51.6	35.8
KS	2.0	0.0153	0.0408	0.0711	0.102	0.129	0.162
	3.0	0.0118	0.0354	0.073	0.121	0.178	0.25
FT_0 对 h_n	2.0	0.196	0.161	0.129	0.099	0.078	0.064
	3.0	0.175	0.158	0.129	0.102	0.081	0.067
S_i 对 CR_n	2.0	0.33	1.09	2.19	3.5	4.91	6.5
	3.0	0.24	0.81	1.90	3.5	5.62	8.24
v_n 对 h_n	2.0						0.0217
	3.0						0.0234
v_n 对 CR_n	2.0						0.0018
	3.0						0.0018

表 4-6 为以鞍钢 1700 mm ASP 现有负荷分配为基础计算的各种规格当有 -100 μm 头部厚差时 $\delta S_3 \sim \delta S_6$ 应上抬的辊缝值，当 $\delta h_{xry} \neq -100$ μm 时可用表 4-6 所列值按比例折算。

上述计算还表明，当工艺条件有变动时［主要是粗轧出口温度、宽度以及成品要求的 $(CR/h)_n$ 值］对 $\delta S_3 \sim \delta S_6$ 的影响极小（小于 2%），因此表 4-6 所列的数值可以保证控制后仍能保持成品平坦度不被破坏。

表 4-6 快速监控动作表

厚度/mm	F3	F4	F5	F6
2.00	388.9	246.2	181.8	159.2

续表 4-6

厚度/mm	F3	F4	F5	F6
2.50	324.4	210.2	157.6	139.3
3.00	290.7	190.9	144.1	127.3
3.50	267.7	176.9	133.3	119.8
4.00	260.6	171.6	128.8	112.4
5.00	224.7	163.5	123.5	105.1
6.00	234.7	158.6	119.4	101.6
7.00	218.5	152.4	115.8	98.6

实际工程做法是：在带头进入 X 射线测厚仪处过 2 m 连续采样 10 点得到 δh_{xry}，考虑工艺要求头部厚度目标误差范围 ±50 μm（为了投入绝对 AGC），可取应调整厚度 $\delta h = \delta h_{xry} \pm 30$ μm，则应调整的辊缝值为 $\delta S_i' = (\delta h/100) \cdot \delta S_i (i = 3 \sim 6)$。由于不同厚度规格 F6 出口速度有差异，因此在执行 FMN 之后所延长的时间也有不同，一般需要 1.5~2.5 s 之间。

轧制规程：5472M01070，1290＊＊0273 AUTO，Q235B，宽度：1290 mm，厚度设定：2.73 mm，钢种：Q235B，其厚差曲线及 X 射线测厚仪处偏差（X_RAY_HEAD_VALUE）如图 4-39 所示，X_RAY_HEAD_VALUE = 126 μm。执行 FMN 后，F3~F4、F5~F6 的辊缝调节量如图 4-40 和图 4-41 所示。F5~F6 监控 AGC 的增益系数分别为 0.65、1.0。

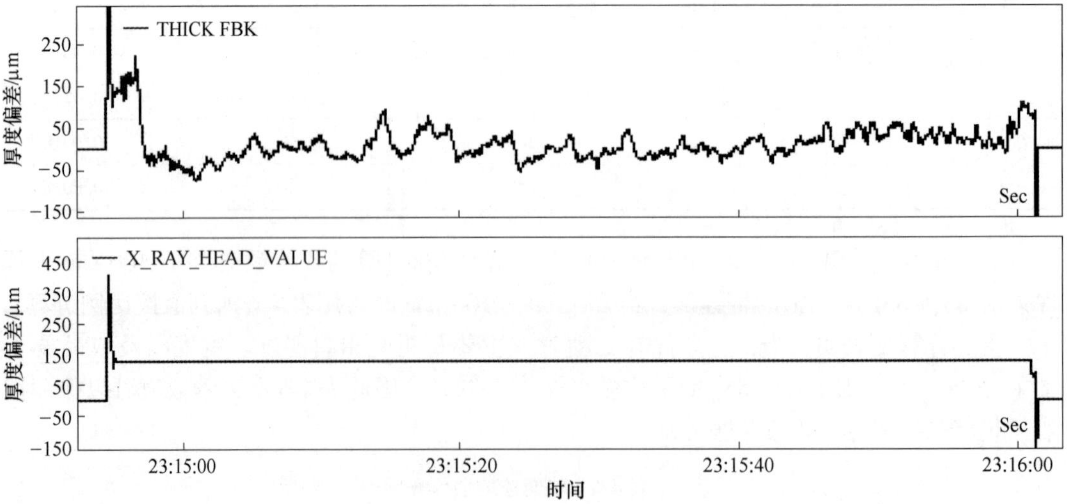

图 4-39　厚差曲线及 X 射线测厚仪处头部偏差

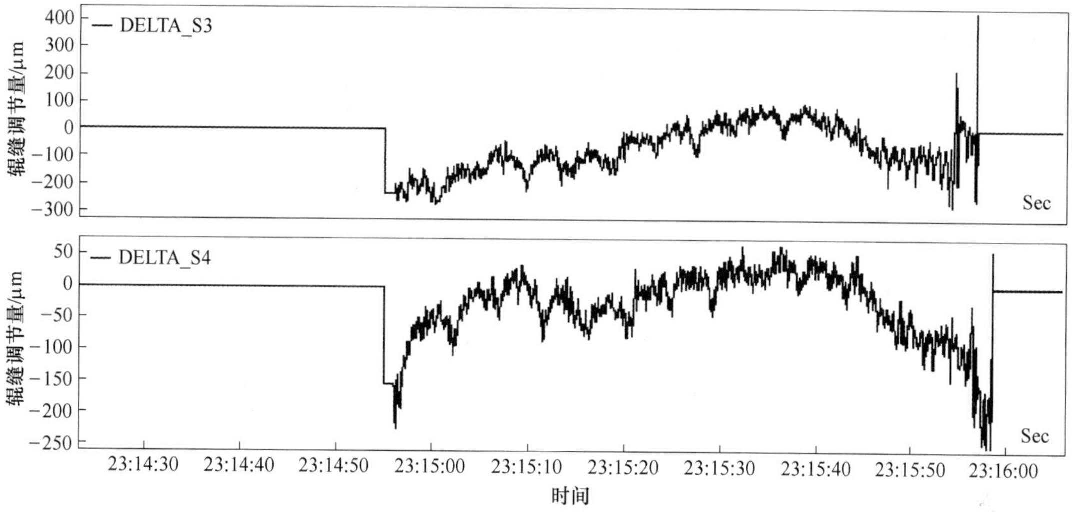

图 4-40 F3~F4 的辊缝调节量

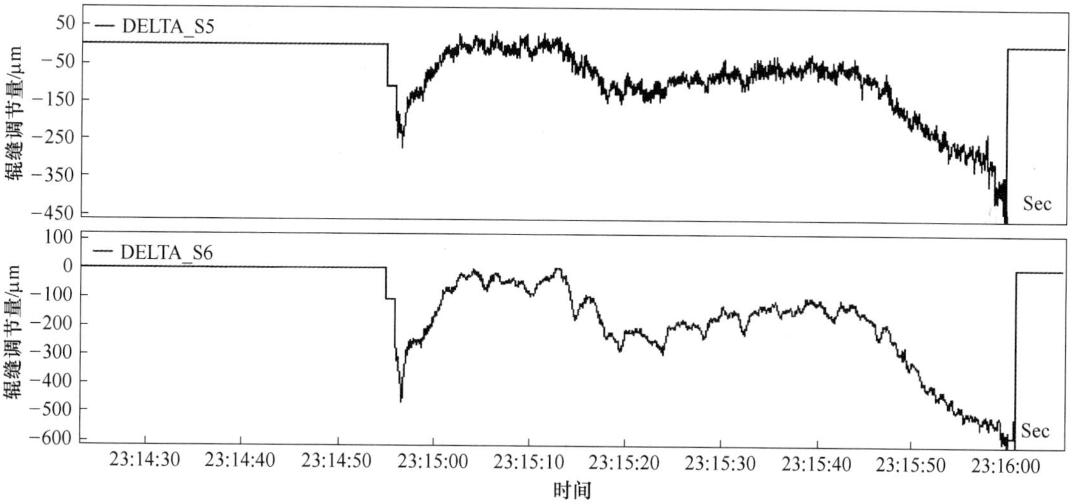

图 4-41 F5~F6 的辊缝调节量

从实测的曲线可看出，在执行快速监控以后，系统是在新的辊缝设定下开始工作的，减轻了单纯依靠最后两个机架监控 AGC 的负担，同时也提高了系统的响应速度及稳定性。对目标厚度而言，F3~F6 都对成品厚度控制有贡献，在新的辊缝基准值下，F6 监控 AGC 的调节量相应地减少，这有利于出口板形。对于厚成品规格（轧制成品厚度在7.0 mm以上），为了调节厚度偏差而对板形的影响可不考虑，又由于厚规格塑性系数 Q 小，相应的压下效率高，因此其末机架出口速度低。为了加快头部命中时间，当带头到达 X 射线测厚仪时，可按照表 4-6，适当地加大末机架下压或上抬的增益系数，而相应地减小 F3~F5 的控制增益系数。

穿带后的带钢头部命中率将直接影响 AGC、ASC、FTC 等质量控制效果，影响全长质量精度。带钢头部命中率主要决定于二级过程计算机的设定模型精度以及模型系数的自学习，模型自学习可使模型实现必要的浮动以更好适应当前环境，但自学习需要有一个“过程”，不可能一下子学到位（过快地学习反过来有可能使学习过程产生振荡）。因此，为了进一步提高头部命中率，提出了穿带估计和逐架动态设定两项“拯救头部”的功能。一次性兼顾板形与板厚的快速监控 FMN，是以实测 X 射线仪的厚度偏差、对二级模型计算辊缝量的一次修正，不仅加快了头部命中的速度，同时也是一种有利于板形的控制方式。

4.5.7　轧辊偏心控制

随着各行各业对板带材质量要求的不断提高，轧辊偏心成为影响产品质量不容忽视的重要因素。厚度控制过程中轧辊偏心控制技术的开发和研究仍然是板带材轧制所面临的共同课题。我国对轧辊偏心控制问题的研究还不深入，本节的工作就是试图在这方面做些努力。

在轧制力信号中存在轧辊偏心的影响，由于偏心的控制方向正好与纠正温差造成厚差的控制方向相反，因此偏心成分的存在将使 F2 不能正确检测硬度的变化。为了能有效地实施硬度前馈自动厚度控制，在轧制的过程中应将由于轧辊偏心所造成的轧制力波动成分尽可能消除。为此，在深入了解轧辊偏心的过程后，通过在压靠状态下建立的原始偏心模型，给出了基于相位补偿的轧辊偏心控制策略，以改善 AGC 的控制品质，进而提高产品质量。

4.5.7.1　轧辊偏心控制技术的研究情况

由于轧辊偏心的干扰，辊缝偏差一般可达 0.025～0.05 mm。轧辊转一周，其干扰变化一次，故轧辊偏心的干扰发生高频周期变化，从而造成成品带钢厚度的波动。轧辊偏心，主要是指支撑辊偏心。因为工作辊直径小，其偏心量只有几个微米；支撑辊直径一般为 1500 mm 左右，轧辊磨床加工精度能保证轧辊椭圆度为±10 μm，上下辊叠加±20 μm。随着用户对产品质量要求日益严格，这种轧辊偏心的干扰越来越不能忽视。为了有效抑制偏心干扰，对系统各个部分的快速性和准确性都要求很高，任何部分的误差和时滞都会影响补偿效果，甚至可能使偏心的不良影响加剧，计算机在液压压下（推上）装置在轧机上的应用为解决这个问题提供了硬件上的可能性。电动机压下装置惯性大、传输效率低（一般 $v=0.5$ mm/s，$a=175$ mm/s^2），对周期性高频变化无能为力，一般只能在控制系统中设置“死区”，以避免压下螺丝周期性频繁动作。由于液压压下系统惯性小，压下速度和加速度都得到显著地提高（一般 $v=2\sim3.5$ mm/s，$a=30\sim100$ mm/s^2），同时具有设备质量轻、有过负荷保护能力等优点，对于消除由轧辊偏心所造成的这种高频变化的周期波动，必须采用这种液压压下（推上）系统。目前对轧辊偏心控制策略的实施可归纳为两种：

(1) 按信号检测和模型辨识的在线和离线方式，可分为开环控制和闭环控制。按信号处理手段可分为简单处理法、各种滤波器法和傅里叶级数法。早期的简单处理方法包括用千分尺直接测定支撑辊的移动或间接测定轧辊轴承座的移动，并根据这个测定值调整安装在轧辊上的自整角机输出正弦波的相位和振幅，按照与支撑辊移动相反的方向实施补偿。滤波器方法是一种常用的偏心信号检测方法。各种滤波器方法都程度不同地存在些问题，不可避免地混进偏心以外的频率成分，而又毫无办法地漏掉了偏心信号中的谐波分量。除了滤波器以外，还有解决偏心控制问题的傅里叶分析法，这种方法一般来说要比滤波器方法的信号处理精度高、补偿效果显著。

（2）在消除轧辊偏心影响的同时，也抑制了其他干扰因素对带钢厚度均匀性的影响。例如，澳大利亚的 Tech 等人提出的用于冷轧机改进的带钢厚度控制器和我国冶金部自动化院陈振宇教授等人提出的冷轧机轧辊偏心自校正调节器。Tech 方案是根据轧制原理，建立一套包括支持轧辊偏心效应、轧机部件的塑性变形过程和弹性变形形变在内的控制设计模型并估计偏心信号周期，反馈控制器对轧制力、滞回、与轧机有关参数和轧制力调整机构的非线形响应进行补偿。此方法在把偏心分量从厚度计法厚度误差估计中分离出来，通过前馈方法补偿偏心干扰效应的同时，也实现了准确的厚度估计，通过反馈回路完成了综合厚度控制。这一方法在澳大利亚公司冷轧机的初步现场实现表明，它可使轧辊偏心对轧制力和带钢出口厚度的影响减少 30%，使总的厚度精度提高 40%。但此方法要求对轧机系统各部分的机理和参数都了解得很清楚，而且对测厚仪的安装位置等也有限制，这对有些轧机而言是难以实现的。

除此之外，欧美日各大公司的工程专家也提出了多种轧辊偏心的补偿方法，下面介绍这些方法。

（1）被动轧辊偏心控制方法。这类方法不是试图补偿轧辊偏心对轧件厚度的影响，其主要目的是使辊缝控制系统对轧辊偏心引起的厚度干扰影响不敏感，而不需要辊缝按照辊缝偏心函数进行校正，这就排除了厚度变化增大的可能。

（2）主动轧辊偏心补偿法。这类方法一般包括轧辊偏心分量检测和随后得出的补偿信号送到辊缝调节器中以补偿轧辊偏心，轧辊偏心分量是从反映主要轧制参数（如轧制力、辊缝、轧件出口厚度以及带钢张力等）的信号中测得的，根据检测信号的不同处理方法，这类方法可分为下面两种。

1）分析法：轧辊偏心分量是通过应用数学分析法（例如，傅里叶分析法），从检测信号中提取出来；

2）综合法：轧辊偏心分量是通过复制轧辊偏心分量得到，信号复制可采用机械法和电量法；

（3）预防轧辊偏心控制法。这类方法是在轧制前创造一些条件以便能减小偏心对厚度的影响，而在轧制中不采用任何校正措施。

国外公司典型的偏心补偿方法有：

1）死区法。死区法是一种被动偏心控制法，此法通常可消除控制信号中的周期分量。

2）轧制力法。轧制力法是一种主动式轧辊偏心方法，把出口厚度的误差信号 Δh 转换成附加轧制力基准信号 Δp；

3）辊缝厚度控制法：辊缝厚度控制法是利用安装在轧机工作辊之间的传感器测出轧制过程中的辊缝偏差，由德国 Krupp 提出的辊缝控制（IGC）系统就由辊缝传感器组成的，它们被安装在机架每侧的工作辊辊颈之间，这样它们不会受到带钢的损坏。

（4）前馈控制法。已经在轧机辊缝控制中得到广泛的应用，它包括以下三个步骤：

1）在上游机架的前几机架的轧制道次中，分段测出带钢厚度波动；

2）当带钢每一段即将进入末尾，即机架轧制辊缝中时，确定所需的厚度修正量；

3）在末尾几个机架中对带钢每一段实施厚度修正。

应用这种方法能够补偿包括轧辊偏心在内各种因素的厚度偏差，一般在中间使用的张力控制系统主要有两种。第一种是通过调节上游机架的速度进行带钢张力控制，第二种是调节下游机架的辊缝进行带钢张力控制。成功采用前馈控制系统控制轧辊偏心的关键在于轧机电机能否使速度调节器获得适当的速度响应特性，日本住友公司对这一课题进行了深入研究，已经开发并在五机架冷连轧机组中成功应用了前馈控制系统。

（5）Newmann 法。这种方法是由德国穆勒-纽曼公司的 Newmann 等人提出的，它是利用随支承辊同时旋转的凸轮模拟轧辊偏心、位移传感器测出凸轮偏心，然后发出电子信号传送给辊缝调节器。这种方法虽然简单，但没有得到广泛应用，原因是：

1）在机架中安装支承辊之前，显然要仔细测定每一个支承辊的偏心幅度和相移。

2）在轧辊偏心测定结束后，每个凸轮和支承辊偏心相移必须一致。由于支承辊偏心是明显的非正弦变化，所以要把它和凸轮正弦变化对应起来相当困难。

3）支承辊与凸轮外形的不协调性，也是造成轧辊偏心不能得到补偿重要原因。

4）不能补偿工作辊椭圆度造成的辊缝变化。

（6）阿索普（Alsop）法。以测厚仪原理为基础进行辊缝控制。假设带钢厚度发生波动，使轧制载荷产生低频波动，而轧辊偏心使载荷产生相当高的频率波动，载荷信号的低频分量在任何通道都不会衰减，它将产生正反馈。正反馈大小为

$$-k_1+k_2=\frac{1}{C_P} \tag{4-161}$$

其中，C_P 为轧机纵向刚度。另外，载荷信号的高频分量仅能通过一个通道，对于这部分来说，载荷回路中产生负反馈信号，增益大小为 k_2，这样回路会产生信号 P/C_P，它被送到辊缝调节器以补偿轧辊偏心。

（7）Smith 法。英国戴维联合仪器公司的 Smith 提出以测厚仪原理为基础的辊缝控制系统中轧辊偏心补偿法，它的缺点是使用了金属构件类型的整流器，会产生与控制信号的波幅差不多的噪声信号。

（8）Howard 法。英国戴维联合工程公司的 Howard 提出利用在轧制过程中两个测定的参数来测定轧辊偏心，第一个参数是安装在轧机每侧的载荷传感器测出轧制力的波动量，第二个参数是即将进入轧机的轧件厚度波动量。

（9）Shiozaki（盐崎）、Takahashi（高桥）法：也称为轧辊偏心傅里叶分析法（FARE），它是日本石川岛播磨公司（IHI）Shiozaki、Takahashi 提出的，该方法应用了轧辊偏心量 ec 和轧制力变化量 Δp 之间的关系

$$\Delta p=ec\frac{QC_P}{Q+C_P} \tag{4-162}$$

式中　Q——轧件塑性系数；

C_P——轧机纵向刚度。

因为轧辊波动量 ΔC_c 与支承辊旋转一周周期一致，于是可得

$$\Delta C_c=A\cos(\omega t+\beta) \tag{4-163}$$

式中　A——偏心量幅值；

β——支承辊角位置与轧辊零偏心位置之间的相位角。

由于轧制力波动包含许多不同频率的分量，对于一级谐波来说，根据简单傅里叶级数，其变化量表达式为

$$\Delta p = B\cos\omega t + C\sin\omega t \tag{4-164}$$

式中 B，C——常数。

在支承辊旋转一周的时间内，通过测量轧制力的变化量就可以获得 A、B、C 和 β。按照预设定的时间间隔 $\frac{T}{n}$ 对测定的轧制力进行采样，其中 T 是支承辊旋转一周所需时间，n 为旋转一周的采样个数，可得

$$\begin{cases} A = \left(\frac{1}{M} + \frac{1}{C}\right)\sqrt{B^2 + C^2} \\ B = \frac{2}{n}\sum_{k=1}^{n} \Delta p\cos\frac{2\pi k}{n} \\ C = \frac{2}{n}\sum_{k=1}^{n} \Delta p\sin\frac{2\pi k}{n} \\ \beta = \tan^{-1}\frac{C}{B} \end{cases} \tag{4-165}$$

通过 FARE 法测出偏心信号通过压力控制回路可以调节辊缝，以便减小或增大偏心补偿载荷，偏心补偿载荷信号将持续累积到轧辊偏心载荷分量在轧制载荷信号中完全消失为止。然后，当再也测不出偏心载荷分量时，FARE 输出信号就被存储在存储器中。随着轧制持续运行，FARE 信号不断存储于存储器中，并且持续计算。

（10）Cook 法。西屋电气公司 Cook 提出的方法是建立在假设轧辊偏心所引起的轧制力变化为正弦变化，变化周期等于支承辊旋转周期基础上。假设轧制力为

$$p = p_m + A\sin(\theta + \alpha) \tag{4-166}$$

式中 p_m——支承辊旋转一周对应的平均轧制力；
A——轧制力变化的振幅；
θ——支承辊选定零位与平均轧制力对应的支承辊位置之间的夹角；
α——轧辊角位置。

于是得

$$\begin{cases} p_m = \frac{p_1 + p_2}{2} \\ \tan\theta = \frac{p_1 - p_m}{p_2 - p_0} \\ A = \frac{p_1 - p_3}{2\sin\theta} \\ ec_u = E_u\sin(\theta_u + \alpha_u) \\ ec_d = E_d\sin(\theta_d + \alpha_d) \end{cases} \tag{4-167}$$

式中 E_u，E_d——上下支承辊对应的补偿信号波幅。

$$\begin{cases} E_u = A_u/C_P \\ E_d = A_d/C_P \end{cases} \tag{4-168}$$

式中 C_P——轧机纵向刚度。

(11) Fox 法。Cook 法的应用局限于双驱动布置的电机，而检测轧辊偏心需花费大量的时间，西屋电气公司的 Fox 利用上下支承辊之间的差异产生的摇摆现象控制偏心。根据 Fox 法，在压靠时将轧辊转动但不咬入轧件时测定轧制力，假定轧辊偏心变化量呈正弦变化，此时在一个偏摆周期内，两个轧辊轧制力信号分别等于

$$p_1 = A_u \sin\alpha_u + A_d \sin\alpha_d \tag{4-169}$$

$$p_2 = A_u \sin\alpha_u - A_d \sin\alpha_d \tag{4-170}$$

式中 α_u，α_d——上下支承辊角位置；

A_u，A_d——上下支承辊偏心引起的轧制力波动幅度。

(12) Ichiryu 等人的方法。日本日立公司的 Ichiryu 等人提出连续测定入口带钢厚度和轧制力，然后使用这些测量值获得出口厚度；根据相关函数，利用统计方法就可以测出轧辊偏心造成的干扰量，然后从控制系统中消除。

(13) Hayama（叶山）方法。该方法已应用在三菱重工研制的自动轧辊偏心控制系统中，这种方法的原理是使用在线和离线方法检测轧辊偏心，然后加权求和。离线法是在压靠条件下利用摇摆现象测定轧辊偏心；在线法是在轧制条件下，通过使一个支承辊相连的脉冲发生器信号和所测的轧制力信号联系起来，进行轧辊偏心检测。

(14) Yamagui（山口）法。日本日立和新日铁公司的山口提出的轧辊偏心方法，是通过出口厚度偏差采样测得的从前 k 转期间的数据计算出轧辊偏心补偿信号。

(15) Weihrich 和 Wohld 法。德国西门子公司 Weihrich 和 Wohld 提出的轧辊偏心方法是基于测厚仪原理，通过求和放大器用辊缝的输出信号和载荷传感器输出信号来计算板带出口厚度，而求和放大器的输出信号也包含轧辊偏心成分。利用辊缝值 S 和 $p(1/C_P + 1/Q)$ 成正比的信号就可以通过信号混合器产生轧辊偏心总的信号，同时也改变入口处板带厚度变化成分和入口处板带稳定成分，利用高通滤波器，从混合器输出信号中去掉稳定成分。

(16) Gerber 法。伯里斯（bliss）公司的 Gerber 开发了一套自适应数字化偏心补偿（ADEC）系统，该系统利用了声学技术的最新成果，即具有复制信号中的任意选定交变成分的技术。

(17) Ooi（大井）法。日本住友公司的 Ooi 利用支承辊平衡液压缸的这些机构来控制偏心。这种方法是使带有电动压下结构的轧机无须进行任何显著的改进就可以实现系统高精度的快速效应。支承辊偏心通过傅里叶分析就可以确定出上下辊操作及驱动侧位置相关的轧辊偏心成分。

(18) Ginzburg 法。国际轧钢咨询公司及联合工程公司的 Ginzburg 提出两种轧辊偏心补偿方法，第一种方法是利用差拍现象，尤其是利用上下支承辊向同一方向发生偏心时轧辊偏心最小的事实；第二种方法是在轧制过程中对轧辊偏心进行连续补偿。

总之，随着对高质量板带材需求的日益提高，轧辊偏心控制问题得到各国轧钢控制界的普遍重视，各种检测和控制方法相继出现。国外大公司一般在这个领域获得专利，我国在这个领域尚有差距，需要促进对轧辊偏心控制技术问题的理论分析和研究，不断使其走向深入和完善。

4.5.7.2 轧辊偏心问题的理论分析

轧辊偏心可归纳为两种基本类型，第一种是由辊身和辊径的不同轴度引起的，第二种是轧辊本身所具有的椭圆度产生的。当然，实际情况可能是两者共同作用的结果。在带钢生产中，以轧机弹跳方程为基础数学模型的压力厚度自动控制系统（简称 AGC 系统）已得到广泛的应用。影响带钢厚度的扰动因素可分为两大类，即轧件和轧机的扰动。

（1）轧机方面的原因：属于这类的有轧辊偏心（使轧辊发生周期变动）和轧辊膨胀。前者为一变化频率高的外部干扰量，后者则变化缓慢，但产生的现象都是在辊缝指示值 S_0 不变的情况下，实际辊缝有所变动。

（2）轧件方面的原因：属于这类的有入口厚度波动和轧件硬度波动。由于轧辊偏心是一种高频干扰，不仅用一般的补偿法难以奏效，而且它使 AGC 系统产生相反的调节。理论分析和实验结果表明，轧辊的偏心反映在辊缝、轧制力和带钢厚度上，是一种频率随着轧制速度变化的高频周期波。轧制力信号中如偏心成分较为明显（5%~15%）时，如不加以滤波或者补偿将影响 GM-AGC 的增益值（一般常选为 0.75~0.85）。增益过大，由于偏心成分的正反馈特性将使控制过程发生振荡反而使厚度精度变差，而增益受限将影响 GM-AGC 的控制效果。

轧辊的偏心对带钢厚度的影响可归纳为两个方面：1）辊缝的周期性变化造成带钢厚度的周期性波动；2）使常规压力厚度控制系统的调节质量恶化。近代热连轧机组由于全部采用液压压下，为了进一步提高精度，已开始大力研究热连轧偏心控制。

A 轧辊偏心的定义及起因

从广义说，由于轧辊和轧辊轴承形状的不规则而造成的轧辊偏心会导致轧件厚度周期变化。这些不规则形状包括以下几个方面：

（1）辊身或轴承与轴承之间，支撑辊轴承偏心；

（2）工作辊和支撑辊辊身最大直径和最小直径之间的差值而引起的轧辊椭圆度；

（3）相对于轧辊轴承和辊身，支撑辊轴承旋转套筒的偏心；

（4）辊身圆周的不均匀性；

（5）轴承圆周的不均匀性；

（6）支撑辊轴承旋转套筒圆周的不均匀性；

（7）轧辊轴承中轴颈的不均匀性。

由于这些不规则变化而引起的周期性辊缝变化通常称为轧辊偏心。其起因可归纳为以下五类：

（1）设计不当。这主要是指轴承设计性能，例如油膜轴承中的键会造成支撑辊轴承旋转套筒圆周上的局部不均匀。

（2）修磨不当。修磨设备的缺陷及操作和维护方法不当而造成修磨误差。

（3）装配不当。当拆卸和装配轴承以及在轧辊和轴承座之间安装轴承时，常会产生划伤和异物介入等造成的误差。

（4）轧辊和轴承变形。当载荷超过轧辊和轴承的设计能力后，轧辊和轴承就会发生塑性变形和金属破坏。镶套式支撑辊过载后，支撑辊发生几何变形就会引起辊套相对心轴产生移动。此外，轧辊和轴承圆周上发生不均匀磨损也会造成轧辊偏心。

（5）辊缝控制不当。根据辊缝控制类型的不同，轧辊偏心的影响可能被抑制、放大或不发生变化。

B　辊身和辊径不同轴的情况

如图 4-42 所示，O' 为辊径的轴心，O 为辊身的轴心，R 为辊身的半径，X 为 O' 与 O 之间的距离。偏心运动轨迹相当于辊身表面可移动点 A 绕辊径轴线 O' 转动，即偏心波形为 $e = O'A - R$ 的轨迹。设支承辊转动的角速度为 ω，$\angle\varphi = \omega t$，在三角形 AOO' 中，由余弦定理可知

$$O'A = \sqrt{X^2 + R^2 - 2XR\cos\theta} \tag{4-171}$$

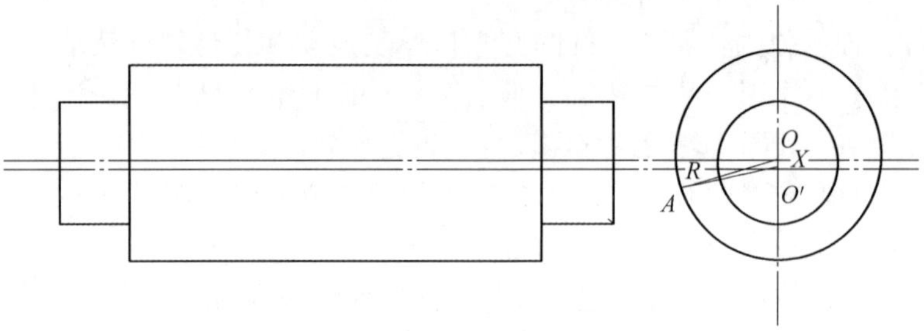

图 4-42　辊身和辊径不同轴的情况

当 $t = 0$ 时，$\angle\varphi = 0°$，$\angle\theta = 180°$，$O'A = R + X$。由正弦定理得

$$\frac{\sin\omega t}{R} = \frac{\sin(180° - \theta - \omega t)}{X} = \frac{-\sin(\omega t + \theta)}{X} \tag{4-172}$$

$$-\sin(\omega t + \theta) = \frac{X}{R}\sin\omega t \tag{4-173}$$

$$\theta = \sin^{-1}\left(-\frac{X}{R}\sin\omega t\right) - \omega t = -\sin^{-1}\left(\frac{X}{R}\sin\omega t\right) - \omega t \tag{4-174}$$

轧辊偏心运动轨迹的参数方程为

$$\begin{cases} \theta = -\sin^{-1}\left(\dfrac{X}{R}\sin\omega t\right) - \omega t \\ e = \sqrt{X^2 + R^2 - 2XR\cos\theta} - R \end{cases} \tag{4-175}$$

根据以上参数方程，得到轧辊偏心波形如图 4-43 所示。

C　轧辊具有椭圆度的情况

如图 4-44 所示，O 是轧辊的轴心，R 是理想辊身的半径，a 和 b 分别是实际椭圆截面的长轴和短轴，实际情况可能不是椭圆。

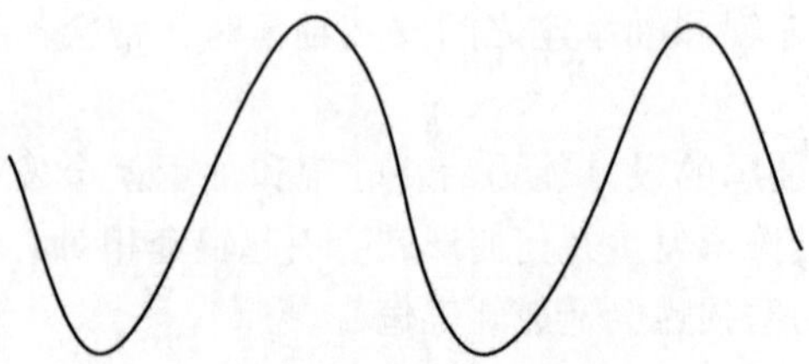

图 4-43　轧辊偏心波形

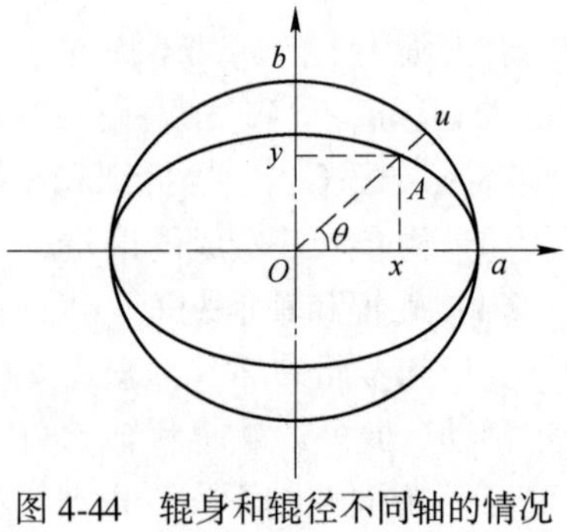

图 4-44　辊身和辊径不同轴的情况

偏心波形为椭圆周上可移动点 A 与理想圆周的径向距离 $e=R-r$ 的轨迹，r 为 A 到轧辊轴心线的距离。设辊身转动的角速度为 ω ，$t=0$ 时，$\theta=0°$ ，则有

$$\begin{cases} x = r\cos\theta \\ y = r\sin\theta \end{cases} \tag{4-176}$$

又由椭圆方程 $\frac{x^2}{a^2}+\frac{y^2}{b^2}=1$，得

$$\frac{r^2\cos^2\theta}{a^2}+\frac{r^2\sin^2\theta}{b^2}=1 \tag{4-177}$$

$$\left(\frac{1}{b^2}-\frac{1}{a^2}\right)\sin^2\theta=\frac{1}{r^2}-\frac{1}{a^2} \tag{4-178}$$

$$r^2=\frac{1}{\frac{1}{a^2}+\left(\frac{1}{b^2}-\frac{1}{a^2}\right)\sin^2\theta} \tag{4-179}$$

$$r=\frac{1}{\sqrt{\frac{a^2}{b^2}\sin^2\theta+\cos^2\theta}} \tag{4-180}$$

因而得到轧辊偏心曲线方程为

$$e=R-r=R-\frac{ab}{\sqrt{a^2\sin^2\theta+b^2\cos^2\theta}} \tag{4-181}$$

得到的偏心波形类似于图 4-43。

如果两个辊的角速度相同，那么合成的偏心信号仍然是同频率的周波。这是因为周期信号可以分解为一系列的正弦波之和，而且两个同频率的正弦波之和仍是正弦波。设 x_1 和 x_2 为两个角频率为 ω 的正弦波，其中

$$\begin{cases} x_1 = A_1\sin(\omega t+\phi_1) \\ x_2 = A_2\sin(\omega t+\phi_2) \end{cases} \tag{4-182}$$

则合成的波形为

$$x=x_1+x_2=A\sin(\omega t+\theta) \tag{4-183}$$

其中

$$A=\sqrt{A_1^2+A_2^2+2A_1A_2\cos(\varphi_2-\varphi_1)}\quad \theta=\tan^{-1}\frac{A_1\sin\varphi_1+A_2\sin\varphi_2}{A_1\cos\varphi_1+A_2\cos\varphi_2} \tag{4-184}$$

合成波形的振幅发生变化，相位发生偏移，频率保持不变。轧辊偏心波形一般不是纯粹的正弦曲线，而是包括多次谐波的复杂的周期波。它有以下特点：

（1）周期性。轧辊每转动一周，偏心信号重复出现一次。

（2）频率和幅值不是固定不变的。当轧制速度变化时，其频率也随之成比例变化。在轧制过程中，由于轧辊的热膨胀和磨损，偏心信号的幅值也会发生缓慢变化。

（3）偏心信号不仅含有多次谐波，而且还含有各种各样的随机干扰。

要想选择正确的控制方法，达到满意的补偿效果，必须很好地了解和掌握这些特性，同时兼顾这些特性，这是设计出合理、有效的控制系统的必要条件。轧辊偏心控制方法的

开发与应用既是一个颇有研究价值的理论课题，也是一个严密复杂的技术问题。

4.5.7.3　基于相位补偿的轧辊偏心控制

物理量的测量常受到噪声的影响，通常的抗干扰措施可以抑制系统外部的噪声，但对系统内部噪声无能为力。如果噪声的频谱高于或低于信号的频谱，可以用一般滤波技术把有用信号从噪声中分离出来。如果信号的频谱与噪声的频谱相互重叠，一般滤波技术就不再适用，这时用相干时间平均（CTA）的方法可以有效地改善信噪比。

A　CTA 轧制力偏心滤波

相干时间平均（CTA）方法适用于周期信号或重复信号，它将各个周期的信号与噪声同时叠加，再加以平均。如果噪声是随机的，则叠加过程中会相互抵消。信号是有规律的，叠加平均后幅值不变，从而提高了信噪比。显然，必要条件是噪声应具有随机性，信号则应具有重复性，且两者互不相关。轧辊偏心信号具有一定的周期性，其频率与轧辊转速成正比；现场的干扰信号是随机的，没有一定的规律和重复性。针对这些信号和干扰的特点，可采用相干时间平均方法对轧辊偏心信号进行检测和补偿。

在实际偏心控制中，采用定点补偿，即在轧辊工作中采用基于相位补偿的控制策略。设在压靠过程中每周的采样点数为 m 个，共记录 n 转，则采样存储的数据为

$$\boldsymbol{P}_0 = \begin{bmatrix} p_{11} & p_{12} & \cdots & p_{1m} \\ p_{21} & p_{22} & \cdots & p_{2m} \\ \vdots & \vdots & \vdots & \vdots \\ p_{n1} & p_{n2} & \cdots & p_{nm} \end{bmatrix} \tag{4-185}$$

消除轧制力信号中的恒定分量值，得到 $n \times m$ 个包含变动分量的数据 $\widetilde{P}_{ij}$。

$$\tilde{P}_{ij} = p_{ij} - \frac{1}{m}\sum_{l=1}^{m} p_{il} \quad (i = 1, 2, \cdots, n;\ j = 1, 2, \cdots, m) \tag{4-186}$$

计算相应于轧辊圆周上每一个中断信号点的平均值，以抑制和削弱随机干扰的影响，从而得到

$$p_{ej} = \frac{1}{n}\sum_{i=1}^{n} \tilde{P}_{ij} \qquad (j = 1, 2, \cdots, m) \tag{4-187}$$

这 m 个点是表征轧辊偏心信号在轧制压力上的反映。

偏心控制器根据轧制压力与辊缝的关系，得到实际的控制调节量为

$$\Delta S_j' = \frac{C_{\mathrm{P}} + Q}{C_{\mathrm{P}}^2} p_{ej} \qquad (j = 1, 2, \cdots, m) \tag{4-188}$$

这 m 个离散数据就是相应的控制信号量，以调节液压 APC，补偿轧辊偏心影响。在计算好偏心成分后，反相通过 APC 送回去以补偿轧制力信号中的偏心信号。补偿公式为

$$\Delta S = a \cdot \frac{C_{\mathrm{P}} + Q}{C_{\mathrm{P}}^2} \cdot \Delta p = a\Delta S_j \tag{4-189}$$

式中　ΔS ——辊缝调节量；

Δp ——轧制力压力差；

Q ——塑性刚度；

C_{P} ——刚度系数；

a ——可变系数。

B 控制算法与试验

本节针对鞍钢 1700 mm 热轧现场，采用了基于相位补偿的控制策略完成偏心控制。其特点在于所补偿的点数能与模型的点数相对应，并且平滑程度高，减少实际补偏或补反的可能性。

首先，将两辊子预压靠运行，对测出的轧制压力信号进行采样，然后对采样信号处理后再通过轧制压力与辊缝的关系得出偏心信号的原始模型，此模型即为以后控制的基础。在预压靠时获取原始模型可以减少带材的浪费，保证在正常轧制开始的同时，偏心控制已投入运行。此外，由于预压靠时不存在来料厚度、硬度波动、张力变化等一系列干扰因素，有利于提高精度。在正常轧制开始后，应用预压靠时测得的原始模型，通过控制器来调节液压系统。对于 F3 机架，工作辊直径 $D = 0.665$ m，支撑辊直径约为工作辊的 2 倍（1.45 m）。首先在压靠时，从子网上读取轧制力实时反馈值，生产实际标定为 1200 t，工作辊的线速度为 1.336 m/s，考虑上下波动范围，在压靠大于 1180 t，线速度大于 1.2 m/s 时，每隔 20 ms 采样一次，消除冗余点，尽可能地保留有用信号。考虑到支撑辊的直径以及在轧制过程中速度的变化，在接近开关来时读取线速度，采样四周作均值化处理，可得到轧辊在工作时不同相位点处的偏心信号。设采样点数为 M，为尽可能补偿掉偏心成分，需按相位补偿，由于 APC 响应速度很快，程序执行周期定为 3 ms，考虑到 F3~F6 机架速度增加及基于相位补偿策略，一周可补偿的点数也在 M 点的范围之内，因此完全可满足实际控制精度上的需要。由于实际轧制过程中速度的波动，为提高控制精度，在每次接近开关来时读取轧辊线速度，并保持一周。在下次接近开关到来时，刷新一次轧辊的线速度。程序每执行一次计算出相应的相位角，在下一执行周期到来之前反相通过 APC 送回去以补偿轧制力信号中的偏心信号。在下一周期到来之后，θ 作累加处理。设每隔 20 ms 采样一次的相位为 θ_0，累加相位为 θ，则控制算法有以下两种。

如果 $(j-1) \cdot \theta_0 < \theta < j \cdot \theta_0$，则 $\Delta S = \alpha \cdot \{\Delta S_{j+1} + \Delta S_j\}/2$，$j = 1, 2, \cdots, (M-1)$。

如果 $j \cdot \theta_0 = \theta$，则 $\Delta S = \alpha \cdot \Delta S_{j+1}$，$\alpha$ 为可调系数且 $0 < \alpha \leqslant 1$。

图 4-45 和图 4-46 分别是同一块钢坯偏心控制器投入前后 F3 机架实测轧制力曲线，从图可看出，轧辊偏心得到一定的消除。

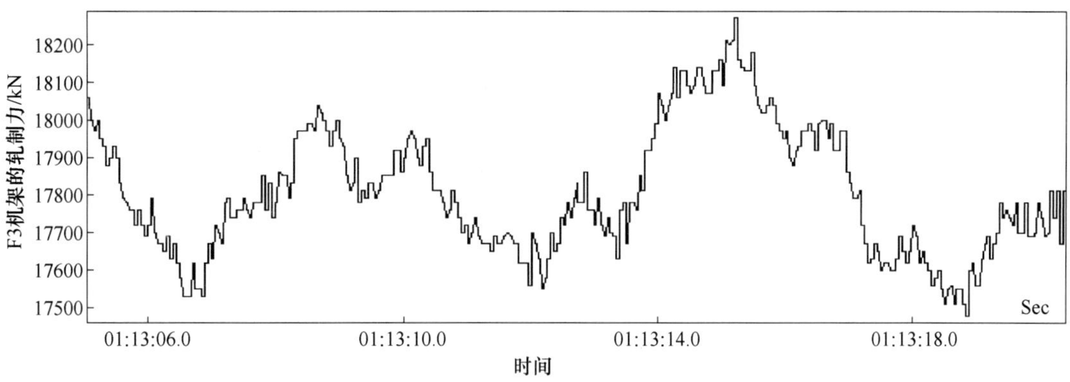

图 4-45 未投用偏心控制

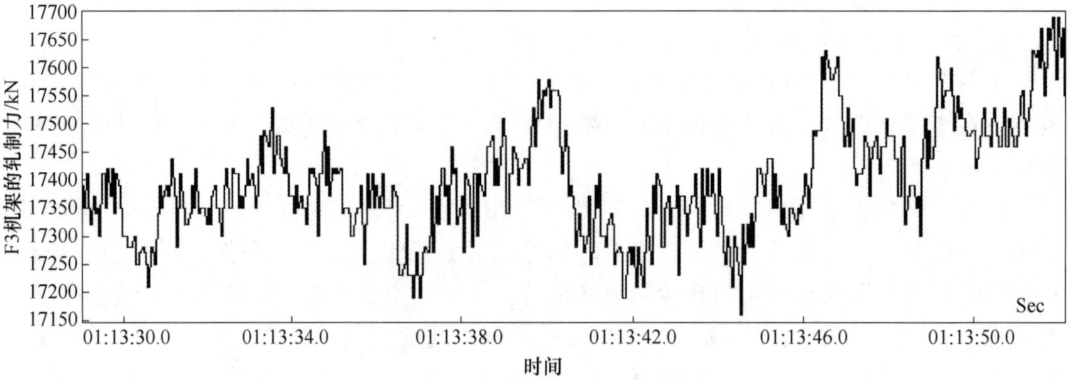

图 4-46　已投用偏心控制

在实际应用中，一般都以压靠时建立的模型控制偏心。事实上对于热连轧生产过程，偏心成分由于在 F1～F6 都会出现，而各个机架的轧制速度又不相同，它们共同引起的作用至末机架必然呈现抵消减弱的趋势；偏心带来的正反馈现象也是由于采用弹跳方程，基于检测到的轧制力计算出口厚度去实施控制的结果，至 X 射线测厚仪时检测的厚差信号去反馈控制后，辊缝的调节将向目标厚度逼近，这样也就消除了偏心的影响。一般来说，尤其是对薄规格成品的轧制，末机架只投用监控 AGC，而不叠加 GM-AGC 或 KFF-AGC 作用。这里研究的偏心补偿问题，主要是为了提高前馈模型 δK_2 的精度设想的。事实上，偏心成分所需要的辊缝调节量与 AGC 的动作相比是微弱的，这说明偏心信号具有微弱性，与有用信号及其他干扰信号相比，通常偏心信号所占的比重很小，从而使得在实际轧制过程中寻找偏心成分变得相当困难。

5　板形模型与板形控制

目前，板形控制技术已成为热轧带钢生产的核心技术之一，也是当前轧制技术研究开发的前沿和热点。实际上板形包括了成品带钢断面形状（凸度、楔形）和成品带钢平直度等多项指标。热轧成品带钢平直度一般指边部有浪和中部有浪，并以两次浪为主要控制指标。

成品带钢凸度根据下步工序要求及产品用途的不同而有不同的要求，以定尺热轧板交货的产品希望带钢断面形状接近矩形，以热轧卷交货的产品则根据用户的下步工序往往要求具有一定的凸度。

送冷轧的热轧卷，凸度应根据冷轧成品要求的凸度来定，这是因为冷轧带钢厚度较薄，任何道次都应严格保持入口和出口相对凸度恒等的原则才能获得良好的平直度。

近几十年来，热连轧机在结构上的主要变化是由于采用不同的板形控制技术而造成，从 20 世纪 80 年代各公司相继推出了 CVC 辊、PC 辊、HC 辊系等技术。

板形理论是板形设定模型创建、参数优化以及控制技术优化的基础，对于后续研究工作具有重要意义。本章首先介绍了板形理论的基本概念，然后阐述了板形理论研究的发展历程，随后对目前比较先进的六种板形控制技术进行了概述，最后介绍了热轧板形的控制策略。

5.1　板形理论的基本概念

板形包括成品带钢断面形状和平直度等多项指标，可用板带的横纵两个指标表示，如图 5-1 所示。从横向而言，它指的是板带的断面形状，包括凸度、楔形、边部减薄、局部高点等。从纵向而言，指的是平直度，它是指带钢是否存在局部翘曲，热轧带钢一般用中部边浪和边部浪来定义翘曲。平直度主要研究带材轧制后的波浪度、弯曲度和横向厚差，板凸度主要研究轧制后带材厚度沿横断面的分布变化。

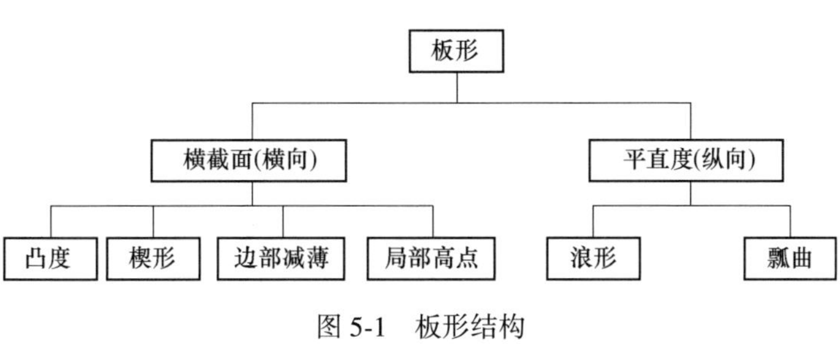

图 5-1　板形结构

5.1.1　凸度和楔形

为了保持板形良好（不起浪），必须使轧件沿宽度方向上各点的伸长率相等，亦即沿宽度方向各点的压缩率相同。实际上轧件的横断面边部和中间存在着一定的厚差（凸度）。如果来料已有凸度，则轧出的成品亦应有一定的凸度才能保证其板形良好，如图5-2所示。

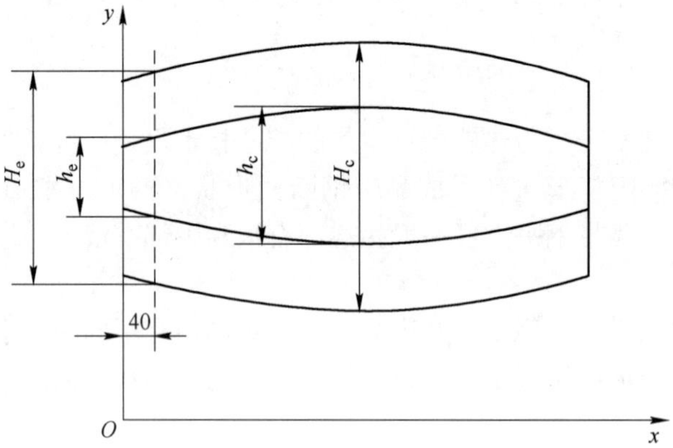

图 5-2　入口和出口的断面形状

热轧钢的某一点（h_1，h_r）的厚度变化是一个抛物线的趋势，所以断面形状的特征都用凸度来体现，如图 5-3 所示。

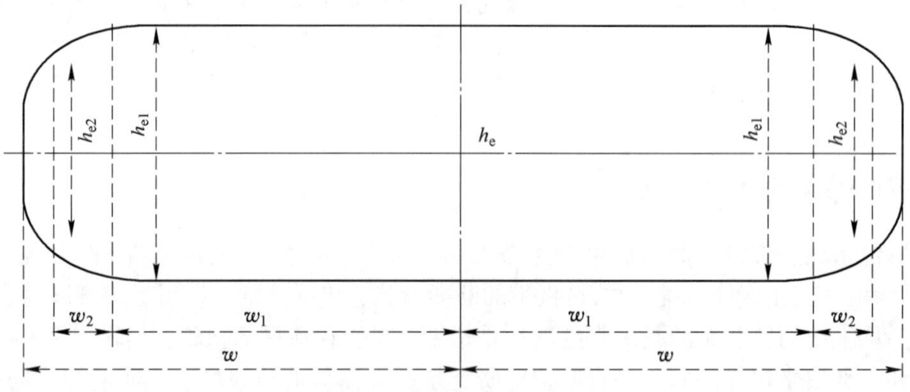

图 5-3　板形的断面厚度变化

凸度除了绝对凸度还有相对凸度，中心点的厚度与边部点的厚度差为绝对凸度，表达式如下

$$CR = h_c - \frac{h_r + h_1}{2} \tag{5-1}$$

式中　CR——带钢中心凸度，mm；

h_c——带钢中心厚度，mm；

h_r，h_1——带钢边部的左右点厚度，mm。

代表点的取值是不固定的，根据不同生产线取相应的值，有 h_r、h_1 均为 40 mm，或者 h_r、h_1 均为 25 mm。

绝对凸度和取点的厚度比是相对凸度，相对凸度还与平直度相关，凸度是平直度的最

基础的保证，此外相对凸度又叫做比例凸度。表达式如下

$$C_P = \frac{CR}{\bar{h}} \times 100\% \tag{5-2}$$

式中 CR——中心凸度，mm；

C_P——相对凸度，mm；

$\bar{h}$——取点的平均厚度，mm。

楔形代表左右取点得厚度差距

$$w_h = |h_l - h_r| \tag{5-3}$$

一般来说，边部基准取点在距钢材边部的 h_r、h_l = 20 mm，或 h_r、h_l = 45 mm 位置。

5.1.2 边部减薄和局部高点

边部减薄大小是直接影响断面质量优劣的一个很关键的衡量指标，边部切损的大小很重要，边部减薄指的是钢材和轧辊产生的压力变形在带钢边上的过渡，影响钢材的成材高低。其表达式

$$c_e = h_{e1} - h_{e2} \tag{5-4}$$

式中 c_e——带钢边部减薄，mm；

h_{e1}——边部减薄区厚度，mm；

h_{e2}——带钢边缘处的厚度，mm。

标志处取点的边距，取 5 mm 或者 2~3 mm。

钢材横截面上的局部范围内厚度与取点厚度差距叫做局部高点，通常取矩形。在局部上下凹凸不平达到并超过了定义的矩形时，就是存在了局部上的凸起现象，局部最高点的值其实就是上凸的最大值与下凹的最大值之间的差值。

5.1.3 平直度

钢材存在的局部翘曲度称为平直度，可以将钢材想象成是由许许多多的纵条排列成的一个整块，每个纵条相互影响、相互依赖。当轧机沿着横向的厚度上向下压时，不同的地方产生不同的力度，那么每个纵条就会产生相应的变形，纵条之间就会存在不同的作用相互力。当相互作用力达到一定程度时就会产生钢材翘曲现象。翘曲程度的不同产生中浪和边浪，实际中有很多种方法可以表示平直度：波形表示法、残余应力表示法、相对长度差表示法和张应力差表示法。

根据图 5-4 所示的六种平坦度缺陷模式给出控制，分段冷却主要用于消除其他断面形状的平坦度缺陷，由于图 5-4（c）和（d）的板形缺陷在整个板形缺陷中所占比例较小，因而可以采用轧辊分段冷却的控制。

5.1.3.1 直观波形图法

带钢的波浪度公式如下

$$\lambda = \frac{R_w}{L_w} \times 100\% \tag{5-5}$$

式中 λ——波浪度；

R_w ——波高；

L_w ——波长。

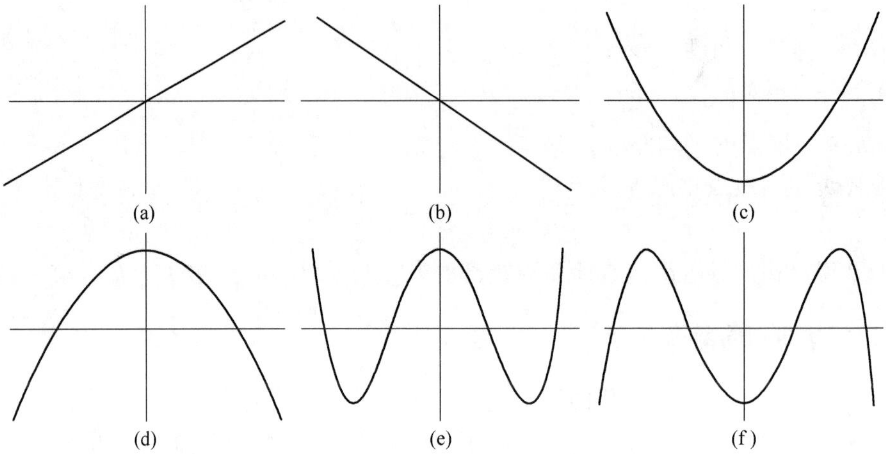

图 5-4　六种常见的平坦度缺陷

（a）（b）单侧边浪；（c）中浪；（d）双侧边浪；（e）四分之一浪；（f）边中复合浪

图 5-5 示出了与直线部分长度 L_w 相对的 $L_w + \Delta L_w$ 的曲线部分，曲线遵循正弦规律变化，可利用线积分的方法求出曲线部分和直线部分相对的长度差距。

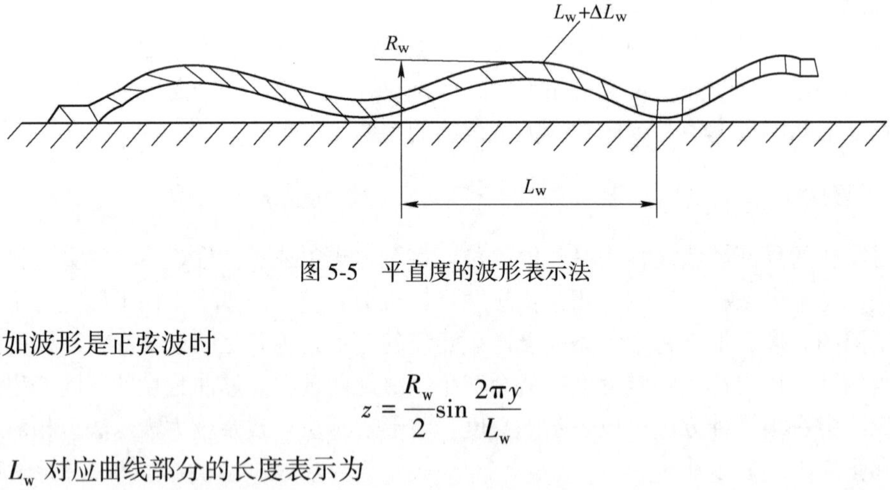

图 5-5　平直度的波形表示法

假如波形是正弦波时

$$z = \frac{R_w}{2}\sin\frac{2\pi y}{L_w} \tag{5-6}$$

与 L_w 对应曲线部分的长度表示为

$$L_w + \Delta L_w = \int_0^{L_w}\sqrt{1 + \left(\frac{dz}{dy}\right)^2}\,dy = \frac{L_w}{2\pi}\int_0^{2\pi}\sqrt{1 + \left(\frac{\pi R_w}{2L_w}\right)^2\cos^2\theta}\,d\theta \approx L_w\left[1 + \left(\frac{\pi R_w}{2L_w}\right)^2\right] \tag{5-7}$$

其中，$\theta = \dfrac{2\pi y}{L_w}$。

5.1.3.2　相对长度差计算方法

轧后钢材边部在较大延伸的同时产生非常严重翘曲，可以把钢板裁切成许多的纵条然后铺平，就可以容易地看到横向各处的延伸都不相同。一个比较便捷的表示方式是选择板形横向上各个不同的点，然后取相对长度差距表示钢材的板形。相对长度差法是波浪处的曲线长度与平直处长度的增长量之比，公式如下

$$\rho_{\mathrm{w}} = \frac{\Delta L_{\mathrm{w}}}{L_{\mathrm{w}}} = \left(\frac{\pi R_{\mathrm{w}}}{2L_{\mathrm{w}}}\right)^2 = \frac{\pi^2}{4}\lambda^2 \times 10^5 \tag{5-8}$$

式中，ρ_{w} 代表了板形指数即平直度，单位为 I，$1I$ 就是 1 m 长度带材的相对长度差距，I 为负值时是边浪，正值时是中浪。

5.1.3.3　残余应力表达法

纵向小条只是带钢方向上的一种假设，实际钢材是一个完整的整体，也就是小条是要受左右小条的限制。当纵条有较大延伸时产生压应力，旁边的纵条产生张应力，张应力和压应力都叫作内应力，轧钢结束后的内应力就是残余应力。

理论上残余内应力将使带钢产生翘曲，实际上由于带钢自身的刚性，只有当内部残余应力大于某一临界值后，才会失去稳定性，使带钢产生翘曲。此时临界值与带钢厚度及宽度有关。

5.1.4　断面形状表达式

出口带钢断面形状即是有载状态下的辊缝形状，可用四次方曲线表示。

$$y = a_0 + a_1x + a_2x^2 + a_4x^4 \tag{5-9}$$

其中，一次项实际上为楔形的反映，二次项（抛物线）为左右标志点间形状。对于宽而薄的带钢也可能存在四次项，边部减薄一般可用正弦或余弦函数表示。有载辊缝形状决定于：

（1）轧制力造成的辊系弯曲变形及压扁变形；

（2）弯辊力造成的辊系弯曲变形；

（3）轧辊热辊型对辊缝形状的影响；

（4）轧辊磨损辊型对辊缝形状的影响；

（5）原始轧辊辊型对辊缝形状的影响；

（6）在线可调辊型（CVC、PC 技术）对辊缝形状的影响。

但是，采用断面形状特征系数 a_i 描述带钢断面形状时，物理意义不明显，对式（5-9）进行变形为

$$y = a_0 + a_1x + (a_2 + a_4)x^2 - a_4(x^2 - x^4) \tag{5-10}$$

可以得到各断面形状特征系数的物理意义，见表 5-1。

表 5-1　特征系数的物理意义

分量	形状	中心厚度	调节手段
a_0	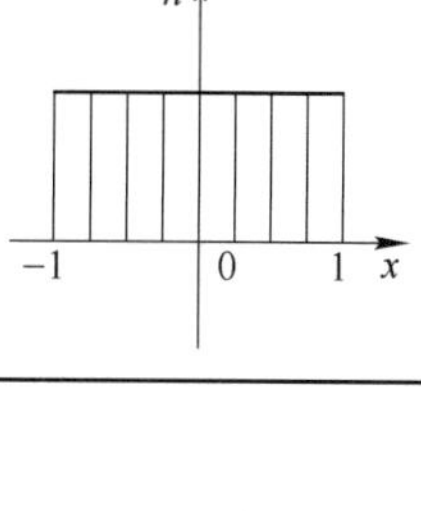	中心厚度	轧制力

续表 5-1

分量	形状	中心厚度	调节手段
a_1x	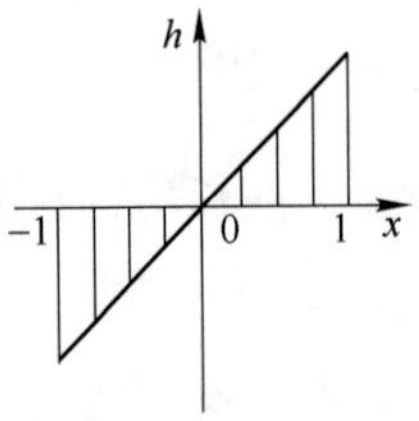	楔形	轧辊倾斜
$(a_2+a_4)x^2$	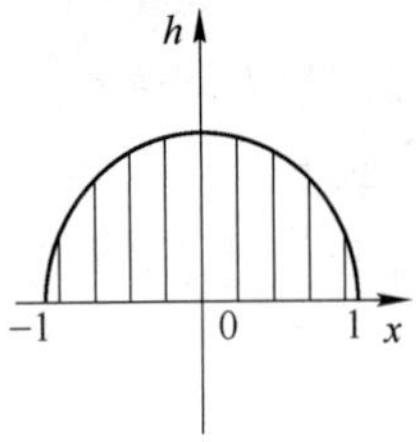	二次凸度	弯辊，轧辊横移，轧辊交叉
$-a_4(x^2-x^4)$	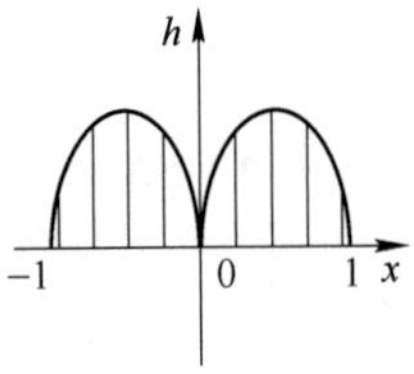	四次凸度	轧辊分段冷却

5.1.5　平直度和凸度的关系

在轧制过程中，带钢凸度的变化会转化为平直度的改变。当带钢较宽而厚度较薄时将不会存在横向金属流动，因此可认为精轧机组轧制时宽度不变，即 $b_H = b_h$，这样 $h_0L = hl$。

保持板形良好的凸度和平直度的定量关系，可推导如下：

$$\frac{L(x)}{l(x)} = \frac{h(x)}{h_0(x)} \tag{5-11}$$

式中　$L(x)$，$h_0(x)$ ——入口侧 x 处窄条的长度和厚度；

$l(x)$，$h(x)$ ——出口侧 x 处窄条的长度和厚度。

只有入口和出口断面形状相匹配，使宽度方向产生等压下率才能保证平直度。如果在轧制过程中塑性伸长率沿横向处处相同，则板形平坦度是良好的。由此可得出，对于平坦的来料带钢，保证板形平直度良好的基本条件是入口和出口的相对凸度相等。

实际的轧制过程中，如果轧制前后带钢凸度变化满足板形良好的条件，即带钢在各机架出口的相对凸度保持恒定，则带钢将保持平直；如果轧制前后带钢凸度的变化不满足板形良好的条件，即带钢在某一机架的出口相对凸度与上一机架的出口相对凸度不相等，那么该机架出口带钢的平直度就会发生变化，并可能产生带钢的不平直。为了精确描述当板形良好条件不满足时由带钢相对凸度变化所引起的平直度变化，必须定量地确定相对凸度与平直度的关系。为此，Shohet 等人曾进行许多实验，并得出 Shohet 和 Townsend 临界曲线图，此图是允许的“凸度恒定”临界偏差值，亦即在临界曲线范围内各机架的相对凸度变动仍能保持带钢的平直度。由图5-6可知，允许偏差在精轧头几个机架处（F1、F2）较大，往后迅速变小，这为同时达到成品断面形状和平直度提供了条件。通过 Shohet 判别式可以判断在一定的轧制压力、弯辊力下，轧后的带钢是否会出现可见浪形。此曲线的横坐标为 b/h，纵坐标则为变形区出口和入口的相对凸度差 ΔC。

$$\Delta CR = \frac{C_h}{h} - \frac{C_H}{H} \tag{5-12}$$

临界曲线的公式为

$$-80\left(\frac{h}{b}\right)^{1.86} < \Delta CR < 40\left(\frac{h}{b}\right)^{1.86} \tag{5-13}$$

式中 C_H，C_h ——机架入口、出口带钢凸度；

H，h ——机架入口、出口带钢厚度；

b ——带钢宽度。

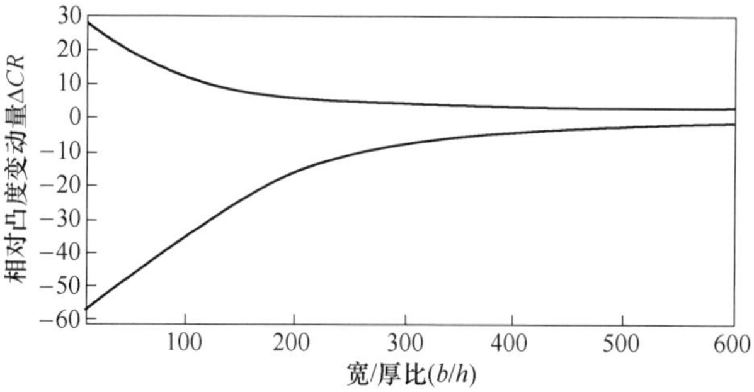

图5-6 Shohet 及 Townsend 的 ΔC 允许变化范围曲线

图5-6中，上部曲线是产生中浪的临界曲线，当 ΔC 处在曲线的上部时将产生中浪；下部曲线为产生边浪的临界值，此曲线限制了每个道次能对凸度改变的量，超过此量将产生翘曲。

当 $\Delta CR < 40\left(\frac{h}{b}\right)^{1.86}$，将出现中浪；$\Delta CR > -80\left(\frac{h}{b}\right)^{1.86}$ 时，将出现边浪。

5.2 板形理论研究

板形理论的研究大体经历了三个阶段，第一个阶段是轧辊变形基础理论，第二个阶段是轧件变形动态遗传学理论，第三阶段是轧件轧辊复合变形理论。

5.2.1 轧辊弹性变形理论

轧辊弹性变形理论是以轧辊挠度的计算为基础的，生产上采用配置轧辊挠度的方法，即在1个换辊周期内考虑轧辊热凸度和磨损，合理安排轧制计划，使板凸度变化量小。随着轧钢技术的发展，用户对产品质量要求提高，轧制中出现折叠、轧裂等现象破坏了正常生产，对板形理论提出了新要求。生产中为了减少波浪、翘曲等缺陷，出现了弯辊装置控制板形技术，弯辊力合理使用推进了板形理论的发展。自20世纪60年代开始，轧辊弹性变形的研究发展很快，其方法主要是以 M. D. Stone 为代表的弹性基础梁理论和以 K. N. Shohet 为代表的影响函数法。此外，北美、欧洲和日本在这方面都做了大量的研究。我国轧钢界从 20 世纪 70 年代起对轧制理论与技术的研究大都集中在轧辊弹性变形的理论方面。在板形理论中，轧辊热变形理论和弹性变形理论应该居于同等重要的地位。板形的最终计算精度既依赖于轧辊弹性变形的计算精度，也依赖于轧辊热变形的计算精度。但是，从研究的深度和广度来看，轧辊热变形的研究还处于相对落后的状态。究其原因：首先，轧辊热变形变化的时间常数很大，轧辊热变形是一个缓慢变化的因素，在很多情况下，用人工手动补偿也可以获得较好的效果，因此轧辊热变形的研究不是很迫切；其次，热凸度的变化受到许多因素影响，很难找到一个通用的统计规律，热变形研究往往受到各种条件的限制，许多物理常数难以精确测定。

5.2.2　轧件变形动态遗传学理论

在 20 世纪 70 年代，日本在 HC 和 PC 板形控制技术的开发中，提出在大量实验的基础上进行板形控制技术分析的理论，又通过大量实验得到板形控制基本模型，其中板形干扰系数 ξ 和遗传系数 η 是控制模型的基本参数，之后简化了结构模型并实现了在线控制。板凸度可以用模型表示

$$CR = (1-\eta)C + \eta \times \left(\frac{h}{H}\right) \times C_{\mathrm{H}} \tag{5-14}$$

式中　CR——出口的板凸度；

C——机械中板凸度；

C_{H}——入口的板凸度。

由于遗传系数有良好的相似性，可得到出入口侧的带钢凸度与厚度的比值，η 是带钢刚度与抵抗凸度的轧机刚度函数，与轧辊基本形状、轧辊直径大小相关，与轧辊的凸度、轧辊的弯曲度没有关联。ξ（$\xi = 1-\eta$）是带钢的凸度值（C）与出口板凸度（CR）值之间的影响参数，又叫作压形比，代表 C 值转变成 CR 数值，了解了每道的 η 和 ξ 就可利用上述表达式追踪从上游的道次到下游的道次中实际带钢产生的凸度变化，利用矩阵法或者合理的表达式就能够得出 C 值大小。

日本新日铁公司研究的理论可以适用多种复杂的实时控制，但是 η 的取值在实际中是比较困难的。因为 η 代表的是板形的宽度与板形的厚度两者的复杂函数，其中包含轧机和轧件两方面的影响因素，不同钢种规格轧机的凸度遗传参数是不一样的，遗传系数需要用图册来加以描述，从而给模型推广的投入生产带来很多不便。

美国的一些钢铁企业后来又提出了一种叫影响矩阵的方法，指出前面的机架在改变了弯辊力或轧辊的凸度时，不但影响了本机架的板形，还导致了后面机架的板形变形，于是采用有限元的分析方法做了许多逻辑计算，在轧制工艺系数研究上取得了不错效果。板形遗传理论可以直接应用于生产，而且符合现代科学进步的方向。

5.2.3　轧件轧辊统一理论

在日、美国家分析研究的基础上发现传统板形的缺点，再得出新的板形理论，遗传系数只是包括轧机和轧件的特性，新的板形理论通过对比轧件的横向厚度和纵向厚度的相似

特点，即遗传系数包括轧机板形刚度 m 和轧件板形刚度 q，通过两个刚度系数可以建立新的板形控制技术数学模型，公式如下：

$$C_{h,i} = q_i \times h_i \times \frac{C_{h,i-1}}{q_i + m \times H_i} - \frac{q_i \times h_i \times \Delta\varepsilon_{i-1}}{q_i + m} \times m \times \frac{C_i}{q_i + m} \tag{5-15}$$

$$\Delta\varepsilon_i = \xi_i \times \left(\frac{C_{h,i}}{h_i} - \frac{C_{h,i-1}}{h_{i-1}} + \Delta\varepsilon_{i-1} \right) \tag{5-16}$$

式中 h ——板的平均厚度；
m ——板形刚度；
$\Delta\varepsilon$ ——板平直度；
i ——机架序号；
q ——轧板的形刚度；
ξ ——板形的干扰系数。

5.3 板形控制技术

板形控制主要是根据需要对轧制过程中的轧辊挠度、热凸度和磨损导致的轧辊断面变化进行补偿的技术，20 世纪 50 年代以前带钢板形控制主要用磨削轧辊原始凸度的方法来加以控制。由于原始凸度磨削完成后是一个固定不变的值，很难适应千变万化的轧制情况，因此人们又采用人工控制压下制度、控制轧辊热凸度及合理编制生产计划来弥补其不足。此后，欧洲、日本以及美国等积极开展板形控制技术与装备的研究，先后发展了多项板形控制技术并应用于生产实际，取得了很好的效果。

经过多年的生产实践，目前比较有效的板形控制方式有 CVC、PC、WRB/WRS 技术，可变凸度支撑辊（VC）技术应用很少，DANIELI 的板形控制全面系统（DUGS）在不断完善，现将这几种板形控制技术进行介绍。

5.3.1 CVC 控制技术

CVC（Continuously Variable Crown）即轧辊凸度是连续可变的轧机，将上下辊磨成“S”形，工作辊轴在向前移动过程中，空载辊缝在正负凸度方向上的不断改变，从而实现带钢板材的凸度控制。凸度控制的能力与工作辊轴的移动量之间是线性的关系，板形凸度的控制能力能够达到 1.0 μm。自该技术开发完成后，宝钢 2050 mm、武钢 2250 mm 以及本钢 1700 mm 热连轧机都应用了 CVC 轧机。

板形零凸度就是上下工作辊之间形成了矩形断面形状，负的辊缝形状是上工作辊向右移动、下辊向左移动产生的。上辊向左移动、下辊向右移动，这样的工作方式是正辊缝，测试工作辊的位置是负凸度处；在如此的辊型中，工作辊左右移动，从而增加了轧机控制板形的调节力，如图 5-7 所示。

5.3.2 PC 控制技术

PC（Pair Cross）辊是由日本三菱公司研究的板形控制技术，1984 年开始投入新日铁热连轧生产线。如图 5-8 是 PC 轧机成对交叉的一种轧制技术示意图，上下工作辊之间的轴线处有一个交叉的角度，这样形成了一个有辊型的辊缝模型。改变交叉的角度可以控制

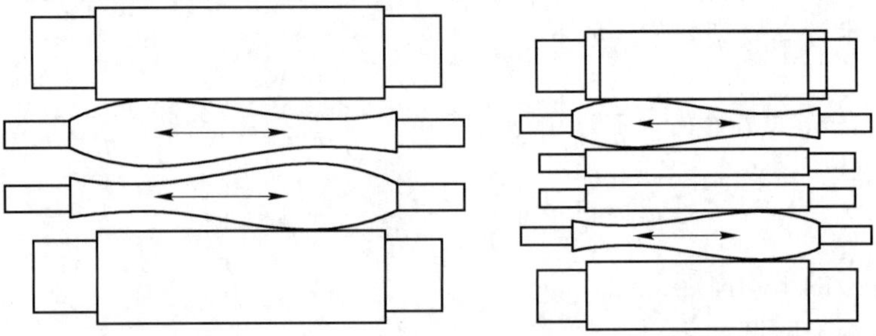

(a)　　(b)

图 5-7　CVC 轧机
（a）四辊 CVC；（b）六辊 CVC

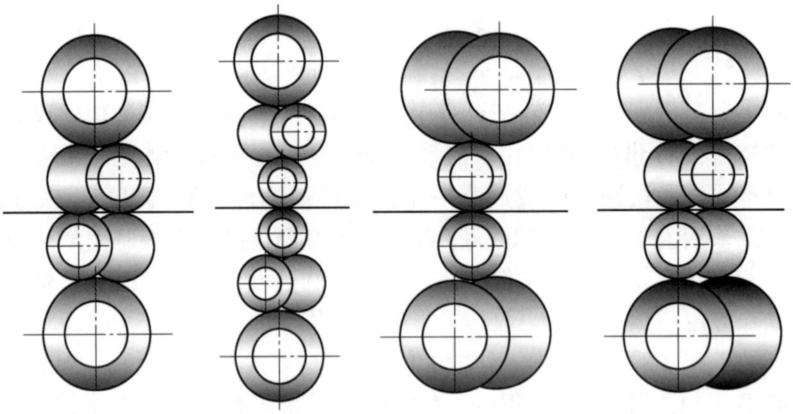

(a)　　(b)　　(c)　　(d)

图 5-8　PC 轧机
（a）工作辊交错；（b）中间辊交错；（c）支撑辊交错；（d）成对辊交错

轧辊变化凸度，从而控制带钢的板形凸度。

交叉处有很大的凸度控制力，工作原理在于改变辊缝的几何形状，作用于上下轧辊之间的交叉角度用于改变辊缝之间的板形凸度。空载辊缝之间形成的凸度表示如下

$$C_W = S_C - S_e \approx -\frac{B^2\theta^2}{2D_W} \tag{5-17}$$

式中　C_W——轧辊交叉处的空载辊缝凸度；
S_e——边缘辊缝，mm；
S_C——中间辊缝，mm；
θ——交叉角度；
B——带钢的宽度；
D_W——轧辊的直径量。

可以看出，在 PC 轧机控制技术中，工作辊缝的凸度大小与带钢板材的宽度有关系，还与工作辊交叉角的平方值有关。当交叉角度是 0°～1.5°时，凸度控制量是 0～1400 μm。PC 轧机有单交叉和双交叉 2 种方式，单交叉的交叉移动量是双交叉的 2 倍，目前宽带钢一般采用双交叉方式、窄带钢采用单交叉方式。宝钢 1580 mm、鞍钢 1780 mm、唐钢 1810 mm、通钢、本钢等热轧机组都引进了 PC 轧机。PC 轧机在后部机架采用在线磨辊装置消除轧辊磨损，实现了自由轧制。

5.3.3　HC 控制技术

HC（High Crown Control Mill）辊型凸度控制技术是日本日立和新日公司一起开发的控制技术，特点是结合了辊轴的移动方向和弯辊力大小。当辊身长度相同时，通过改变轧辊轴向，然后在自动控制轧制程序中改变带钢的板凸度和平直度的数值，减小工作辊间的不良接触面，从而改善工作辊横向上的钢材刚度，并且可以提高系统弯辊力的调控能力，如图 5-9 和图 5-10 所示。

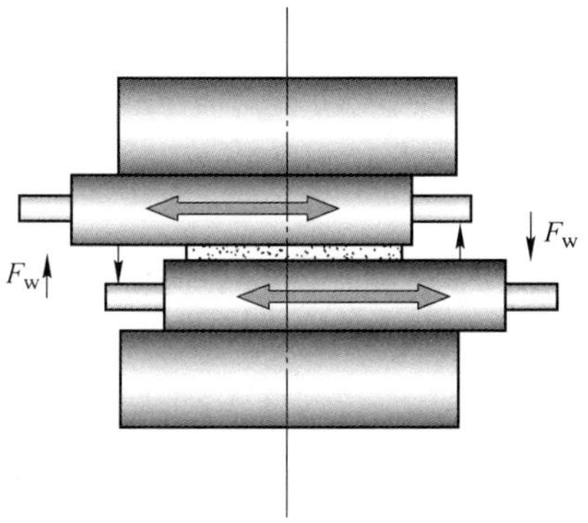

图 5-9　HCW 轧机图

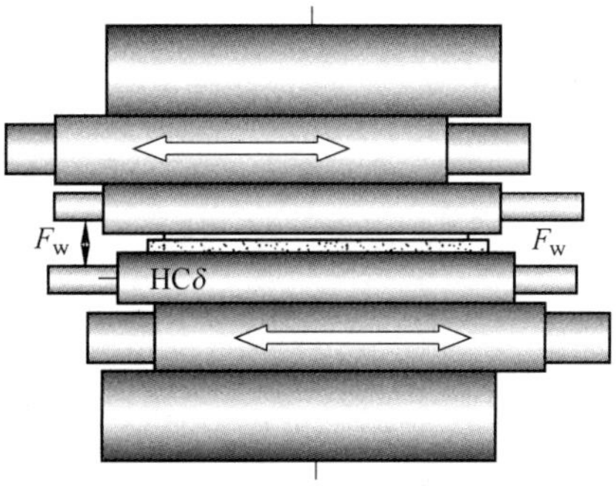

图 5-10　HCM 轧机图

HC 轧机技术特点是：

（1）通过辊轴之间的横向移动抵消板形外辊身之间的不利接触区域，从而改善辊缝的刚度。

（2）工作辊的一端是悬空方式，通过改变轧制系统中弯辊力，工作辊的边部区域变形比较大。假如弯辊控制力要求不改变，那么 HC 轧机可以选择施加较小弯辊力，不仅提升工作辊之间的轴承寿命，还可以降低轧机控制作用载荷大小。

（3）通过调节弯辊力与辊轴之间移动量大小的方法，再利用比较小的辊直径，采用大的压下使轧机获得有利的板形能力。

（4）采用较小的工作辊直径，实现大压下轧制。

（5）工作辊与支撑辊之间可以加入圆柱形工作辊，既能降低磨辊前后工序，也能节约生产能耗。

5.3.4　UC 轧机控制

UC（Universal Crown Control Mill）轧机控制即万能凸度轧机技术，这是在 HC 轧机控制基础上研发的一种新型轧制控制技术，特点是增加中间部分的弯辊系统。UC 轧机系统分为中间辊轧制系统和工作辊系统，两者都能转动，设备如图 5-11 和图 5-12 所示。UC 轧机系统比 HC 轧机系统有更强的压下力和更大的板形控制力，能够轧制更宽和更硬的板带钢材，而且能控制复合浪形，适用于薄而宽且有一些极高要求的板材轧制。

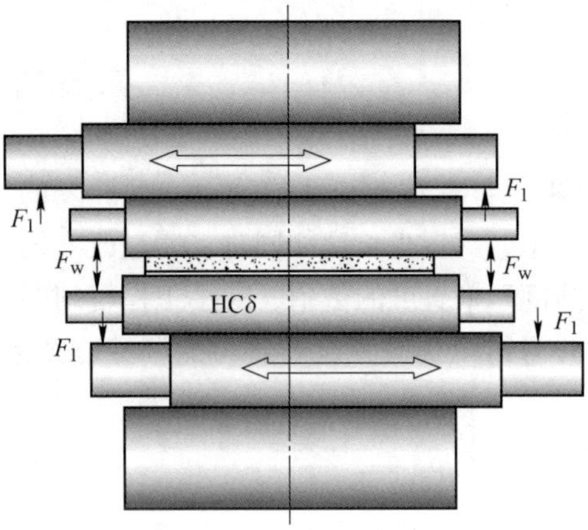

图 5-11　UCM 轧机

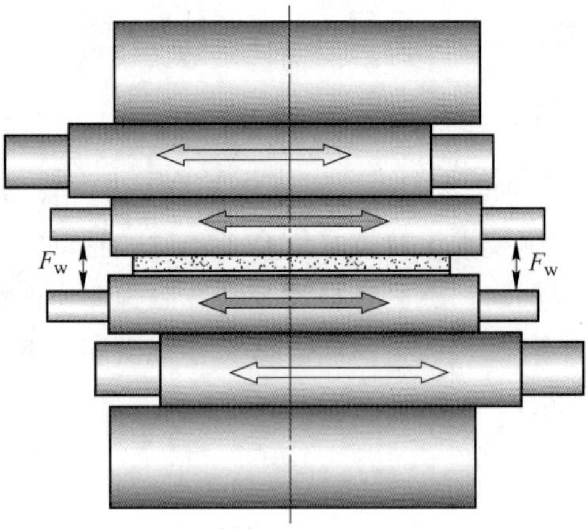

图 5-12　HCMW 轧机

5.3.5　VCR 轧机系统

VCR 轧机通过轧制力使辊间的接触长度值与带钢宽度更近似，这样不利接触区域也就被减小，提高了板形控制系统性能。大量的生产数据表明，运用 VCR 轧机系统后，不同规格的带钢板形成材率都有不同程度的改善，而且 VCR 轧机系统支持提高辊间接触状态，减少辊身的自然剥落，降低辊耗成本。如此有利于保持辊形，延长了工作辊寿命，更换辊的周期也大大增加。目前，VCR 轧机技术在热冷轧、平整中厚板，还有铝带箔等领域得到很好的应用，采用 VCR 轧机技术的生产线有很多，这也是通用性非常高的控制技术。通常支撑辊的辊间接触区域长度要大于带钢宽度值，从而使接触区加剧了工作辊的变形程度，减少轧辊在横向上的刚度，也就是提高轧机系统对轧制力的调节能力，制约了弯辊力的影响，通常又将其称为减小有害接触区域的调控方式。

5.3.6　HVC 技术

液压弯辊技术通常与 CVC 技术和 PC 技术一起使用，调节板形能力与钢材宽度是正相关的，随着宽度的减小，CVC 技术与 PC 技术的调节力呈现曲线递减。实际中还存在一种不好的现象，带钢很窄时，两种技术的调节能力达到极限，从而失去调节控制力。为此，开发了更加完善的凸度工作辊控制技术，使得空载凸度调节与带材的宽度大小呈近似线性变化，从而在保证板形控制能力的同时，也增加了轧机控制系统的能力范围。HVC 控制技术与 CVC 控制技术都是通过改变轧辊系统的横向移动大小改变工作辊缝的形状，与板形控制的原理是相同的。当利用 HVC 技术与弯辊力控制两者相互配合时，采取恰当的解耦方法，充分利用辊型对板形的调节能力，省去了弯辊力，完成带钢不断地调节工作。HVC 技术中的窜辊与常规的 WRS 窜辊不同，其窜辊的设置是根据板形控制系统的需要决定的，在轧辊磨损系统中就没有多大效果。所以，在热连轧过程中，HVC 控制技术多用在精轧机组系统的上游机架设备中，从而实现对带钢板材横截面形状的改善。在多条生产线的应用表明，HVC 控制技术能够提高轧机系统的板形控制能力，无论是在强度高的管线钢材料上，还是在偏软一些的冷轧材料上，HVC 控制技术都能够改善板形控制系统中的板材命中率；对于板形凸度指标，与常规的工作辊型作对比，命中率能提高 25%~45%。

5.4 板形控制技术与设定模型参数优化

本节以鞍钢 1780 mm 热轧精轧机组为背景，阐述板形控制技术与模型参数优化。板形设定是指对轧机压下辊、弯辊、上下辊交叉角的设定，板形设定模型主要由轧辊热凸度模型、轧辊磨损凸度模型、带钢凸度分配计算模型、弯辊力模型等组成。其中，热凸度模型是板形设定的基础，弯辊力模型是板形设定的关键。保证成品要求凸度及带钢平直度，是 PC 轧机板形设定模型要解决的问题。

首先介绍了 1780 mm ASP 板形控制技术与板凸度计算模型，并明确了凸度计算时的影响因素；然后阐述了热凸度模型优化的过程，通过对比热凸度的计算值与实际测量值，并进行参数回归，使热凸度优化达到了良好的效果。随后，基于指数平滑法理论，对凸度自学习功能与平直度自学习功能进行改进，使弯辊力模型得到优化。

5.4.1 鞍钢 1780 mm 热连轧机板形控制技术

鞍钢 1780 mm 热连轧机组的板形控制主要在精轧机组实现，具体的控制技术有：

（1）弯辊。1780 mm 生产线在 F1~F7 轧机上均安装了工作辊弯辊装置，其中 F2~F4 采用正弯辊（弯辊力为 120 t/轴承座），F1、F5~F7 机架采用正、负弯辊（±120 t/轴承座），工作辊正弯反弯力施加在两工作辊瓦座之间，使上下工作辊轴承座受到与轧制压力方向相同的弯辊力，减少了轧制时工作辊的挠度；工作辊负弯反弯力施加在两工作辊与支撑辊的瓦座之间，使工作辊轴承座受到一个与轧制压力方向相反的作用力，增大了轧制时工作辊的挠度；弯辊力在轧制过程中要不断调整。工作辊弯辊是一项常规技术，它对保证带钢的板形起着重要的作用。但是它的控制能力有限，常常与其他板形控制装置结合在一起使用。

（2）PC 交叉轧机。1780 mm 生产线在 F2~F4 轧机上采用的是 PC 交叉轧机，通过对轧辊交叉角度的调整控制带钢的凸度；PC 轧机板凸度控制能力可达到 1000 μm 以上，PC 交叉轧机可通过轧辊交叉角度的调整有效控制带钢边部减薄，减少带钢的薄边和裂边；PC 轧机对轧辊的辊型曲线要求简单，备辊量的要求减少，使轧辊管理变得简单。

（3）ORG 在线磨辊装置。1780 mm 生产线在 F4~F7 轧机上安装了 ORG（On Line Roll Grinder）在线磨辊装置，可在线对工作辊进行全面和段差研磨，消除轧辊辊面不均匀磨损，改善轧辊磨损和轧辊辊面粗糙问题。通过改变轧辊的表面状态来改善带钢板形，在线磨辊（ORG）作为一种有效的轧辊轮廓和辊面质量的控制手段，可改善板带质量，提高同宽轧制千米数和延长换辊周期，实现自由轧制。

（4）精轧出口的板形检测装置。精轧出口设置的板形检测装置有凸度仪、平直度仪，利用板形检测装置的实际检测结果对带钢进行反馈控制，使带钢获得良好的板形。

5.4.2　鞍钢 1780 mm 机组板形设定数学模型

由于 1780 mm 生产线采用了 PC 交叉轧机和 ORG 在线研磨技术，通过改变轧辊交叉角度控制板凸度。与此同时，采用以工作辊弯辊装置为执行机构的动态控制技术，通过弯辊力的变化控制带钢的平直度。PC 轧机板形设定是指通过对轧机压下辊、弯辊及轧辊交叉角的设定，使带钢轧出后能获得要求的成品断面形状和平直度。如何同时保证成品要求凸度及带钢平直度，是 PC 轧机板形设定模型要解决的问题。

1780 mm 生产线板形控制包括头部模型设定和全长动态控制两部分。头部设定模型 PCSU 计算出为实现目标凸度和平直度所需的 PC 角和弯辊力，把计算结果送给 DDC，由 DDC 执行机构完成计算值的设定。全长动态控制由板形控制系统 ASC 执行。鞍钢 1780 mm机组板形设定模型主要由 PCSU、ORG 和 ASC 三个模型构成，它们与其他功能模块一起构成一个板形控制系统。图 5-13 为 1780 mm 机组板形控制模型的功能框图。

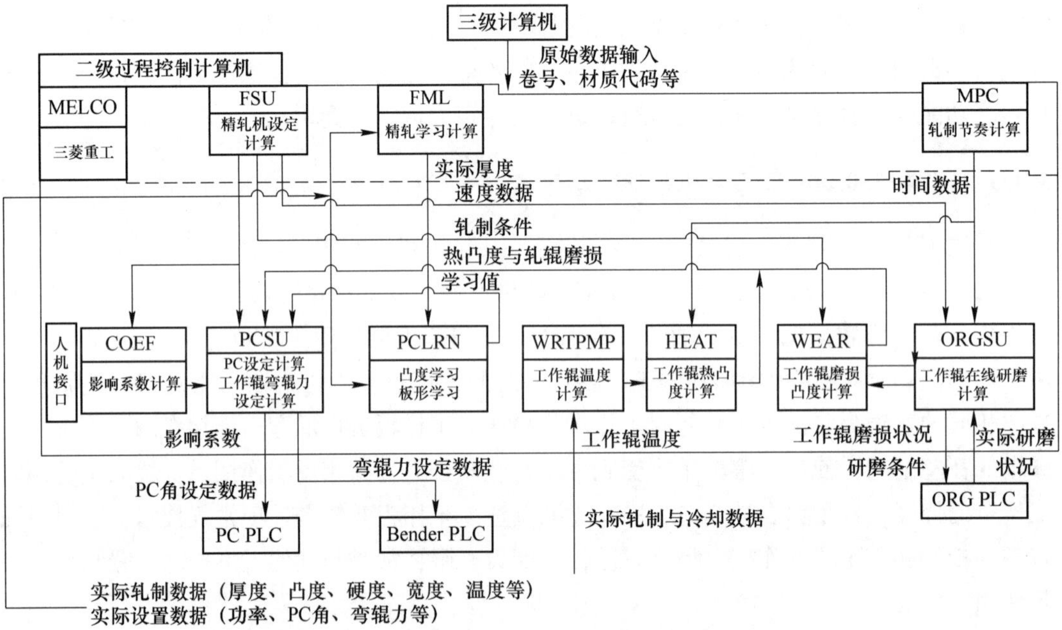

图 5-13　鞍钢 1780 mm 机组板形控制模型的功能框图

5.4.2.1　板凸度计算模型

轧制过程中，影响带钢凸度因素很多，来料板形、PC 角、轧机负荷、轧辊热膨胀、弯辊力、轧辊磨损、轧辊的初始辊型都对带钢凸度有影响，在计算板凸度时要充分考虑各个因素的影响。1780 mm ASP 板凸度的数学公式（与本书第 2 章描述其实是一致的，这里将其细化以便于模型优化）。

$$CR = P/K_P - F/K_F - \xi_\theta \times \chi \times C_\theta - \xi_W \times (\chi \times C_R + C_W + C_H + C_{LRN}) + \eta \times C_h^{-1} + C_0 \tag{5-18}$$

式中　CR——有载时辊缝中部开口与板边处辊缝开度之差（轧件凸度），mm 或 μm；

P——轧制力，kN；

F ——弯辊力，kN；

K_P ——辊系在轧制力作用下弯曲变形的刚度，又称为轧机横向刚度，kN/mm；

K_F ——辊系在弯辊力作用下弯曲变形的刚度，又称为弯辊力横向刚度，kN/mm；

C_θ ——可控辊型，根据采用 CVC、LVC 或 PC 技术来确定其公式，mm 或 μm。

上面的板凸度计算公式，考虑了轧制力引起的凸度 $C_P = P/K_P$ ，弯辊力引起的凸度 $C_F = F/K_F$，轧辊原始凸度 C_R、磨损凸度 C_W 、热凸度 C_H 、工作辊凸度预测误差补偿量 C_{LRN}、来料凸度 C_h^{-1} 等。ξ_θ、χ、ξ_W、η 分别为可控辊型影响系数、与带钢宽度有关的系数、工作辊影响系数、板凸度遗传系数；C_0 为带钢凸度常数。板凸度数学模型的组成如图 5-14 所示。

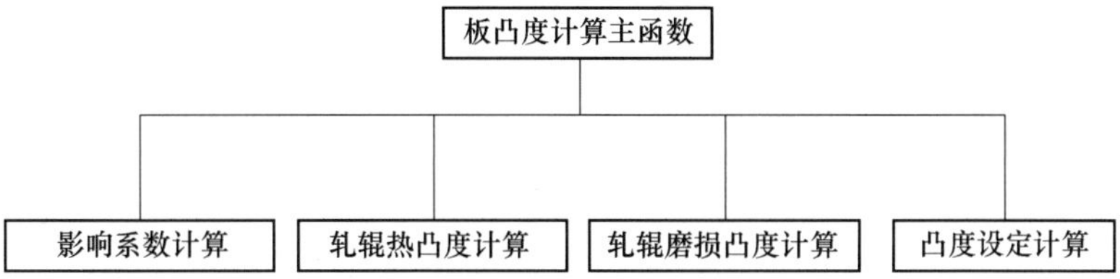

图 5-14　板凸度计算模块组成

5.4.2.2　影响系数计算模块

影响系数模块主要计算带钢凸度影响系数和带钢板形影响系数，如图 5-15 所示。

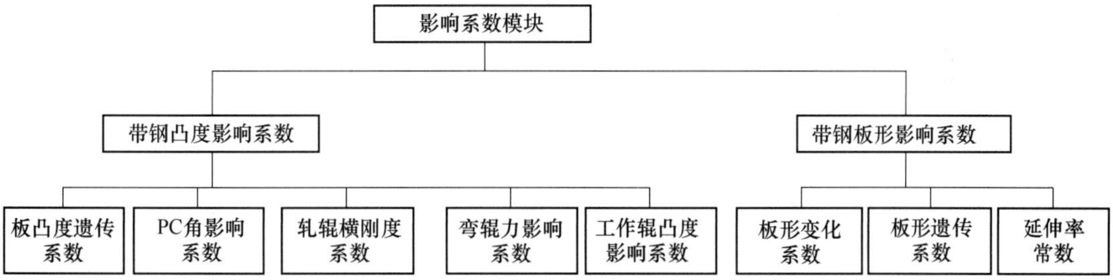

图 5-15　影响系数计算模块

A　带钢凸度影响系数

带钢凸度影响系数是在计算板凸度时要使用的系数，包括板凸度遗传系数、PC 角影响系数、轧辊横刚度系数和工作辊凸度影响系数组成。

a　板凸度遗传系数数学模型

一般定义 η 为凸度遗传系数。也就是说，以入口板凸度 $C_{R,0}=0$ 时的出口板凸度为基准，求出入口板凸度变化 $\Delta C_{R,0}$ 时的出口板凸度的变化量 ΔC_R ，以两者的比值作为板凸度遗传系数 η 。通过研究发现，热带轧机的板凸度遗传系数与板厚、板宽有关系，板越薄、越宽，板凸度遗传系数越大。

板凸度遗传系数计算公式

$$R_k = \sqrt{D_w} \times \frac{h_{out}^{1.5}}{w^2} \tag{5-19}$$

$$\eta = \frac{h_{out}}{h_{in}} \times \left[\frac{1}{\pi} \times \arctan\left(\frac{-7.174 - \ln R_k}{-0.5476}\right) + 0.5\right] \tag{5-20}$$

式中　h_{out}，h_{in}——出、入口厚度；

D_w——工作辊直径；

w——带钢宽度。

b　PC 角影响系数数学模型

PC 角影响系数反映的是 PC 角发生变化对带钢凸度的影响，计算公式

$$\xi_\theta = 0.5 - \frac{1}{\pi} \cdot \arctan\left(\frac{-7.174 - \ln R_k}{-0.5476}\right) \tag{5-21}$$

c　轧辊横刚度系数影响系数数学模型

轧辊横刚性影响系数是指在一定板宽时板中心和板边部发生单位变形差所需要的轧制力，它的单位是 kN/mm，这里用 RF 表示，它反映的是轧辊变形引起的工作辊凸度变化情况。轧辊横刚度影响系数的计算公式

$$K_c = \frac{RF}{2 \times \left[0.5 - \frac{1}{\pi} \times \arctan\left(\frac{-7.174 - \ln R_k}{-0.5476}\right) \cdot Crown_0\right]} \tag{5-22}$$

其中，$Crown_0$ 为在不施加弯辊力只有轧制力情况下，支撑辊与工作辊、工作辊与轧件接触所引起的轧辊变形、轧辊压扁产生的凸度。

d　弯辊力影响系数数学模型

弯辊力影响系数反映的是施加弯辊力对带钢凸度的影响，计算公式如下

$$E_f = -2 \times \left[0.5 - \frac{1}{\pi} \times \arctan\left(\frac{-7.174 - \ln R_k}{-0.5476}\right)\right] \times \frac{Crown_1 - Crown_0}{WRB_{max}} \tag{5-23}$$

其中，$Crown_1$ 为在施加最大弯辊力和轧制力情况下，支撑辊与工作辊、工作辊与轧件接触压力所引起的轧辊变形、轧辊压扁产生的凸度。

e　工作辊凸度影响系数数学模型

工作辊凸度影响系数反映的是工作辊凸度对带钢凸度的影响，计算公式

$$\xi_w = \left[0.5 - \frac{1}{\pi} \times \arctan\left(\frac{-7.174 - \ln R_k}{-0.5476}\right)\right] \cdot \left(1 + \frac{Crown_0 - Crown_1}{k \cdot Cwr_{min}}\right) \tag{5-24}$$

其中，$k = \left(\frac{w - 2a}{L_w}\right)^2$，$a$ 为定义凸度时的边部宽度（鞍钢为 25 mm），L_w 为工作辊辊身长，Cwr_{min} 为最小工作辊凸度（鞍钢为-100 μm）。

B　带钢板形影响系数

在热轧生产中，随着轧制过程进行，带钢越来越薄，不仅带钢尺寸发生变化，带钢纵向延伸变形也相应发生变化，即带钢板形发生变化。带钢板形影响系数就是计算与板形有关的一些参数，包括板形变化系数、板形遗传系数和延伸变形常数。在计算板形时使用回归分析方法，计算板形的延伸率公式如下

$$\varepsilon(i) = \xi(i) \cdot \left\{\frac{ch(i)}{h(i)} - \frac{ch(i-1)}{h(i-1)}\right\} + \eta_\varepsilon(i) \cdot \varepsilon(i-1) + \varepsilon_c(i) \tag{5-25}$$

式中　$\xi(i)$——第 i 机架板形变化系数；

$ch(i-1)$，$ch(i)$ ——第 $i-1$、第 i 机架出口板凸度；
$\eta_{\varepsilon}(i)$ ——第 i 机架板形遗传系数；
$\varepsilon_{c}(i)$ ——第 i 机架延伸率常数；
$h(i-1)$，$h(i)$——第 $i-1$、第 i 机架出口厚度。

（1）板形变化系数数学模型，公式为

$$\omega(i) = D_{W}(i)^{1.5} \cdot \frac{H(i)^{1.5}}{D_0 \cdot W^{*2}} \tag{5-26}$$

$$\xi(i) = \alpha \cdot [a_{\xi} \cdot \ln \omega(i)^2 + b_{\xi} \cdot \ln\omega(i) + c_{\xi}] \tag{5-27}$$

式中 α ——板形变化系数的修正系数；
a_{ξ} ——板形变化系数回归公式的二次项系数；
b_{ξ} ——板形变化系数回归公式的一次项系数；
c_{ξ} ——板形变化系数回归公式的常数项系数；
$\omega(i)$ ——第 i 机架轧制几何因子；
$D_{W}(i)$ ——第 i 机架轧辊直径；
$H(i)$ ——第 i 机架出口厚度；
W^* ——目标宽度；
D_0 ——工作辊直径基准值。

（2）板形遗传系数数学模型，公式为

$$\eta_{\varepsilon}(i) = a_{\eta\varepsilon} \cdot \ln \omega(i)^2 + b_{\eta\varepsilon} \cdot \ln\omega(i) + c_{\eta\varepsilon} \tag{5-28}$$

其中 $a_{\eta\varepsilon}$ ——板形遗传系数回归公式的二次项系数；
$b_{\eta\varepsilon}$ ——板形遗传系数回归公式的一次项系数；
$c_{\eta\varepsilon}$ ——板形遗传系数回归公式的常数项系数。

（3）延伸率常数数学模型，公式为

$$\varepsilon_{c}(i) = a_{\varepsilon c} \cdot \ln \omega(i)^2 + b_{\varepsilon c} \cdot \ln\omega(i) + c_{\varepsilon c} \tag{5-29}$$

其中 $a_{\varepsilon c}$ ——板形延伸率系数回归公式的二次项系数；
$b_{\varepsilon c}$ ——板形延伸率系数回归公式的一次项系数；
$c_{\varepsilon c}$ ——板形延伸率系数回归公式的常数项系数。

5.4.3 板形缺陷及板形精度提高研究

5.4.3.1 鞍钢 1780 mm 热连轧机组产品板形缺陷的种类和原因简析

首先要明确研究对象存在的问题，板形缺陷存在问题调查是进行板形分析的前提和基础。板形缺陷产生的实质是带材内部残余应力的分布不均匀，直观地表现为带钢产生浪形、飘曲、压折、翘曲及侧弯等。板形缺陷分为以下几种主要类型，单边浪、双边浪、中浪、1/4 浪等。除了这几种主要的板形缺陷，实际板形缺陷中还包括大量无规律的残余板形缺陷。

板形缺陷是带钢在轧制过程中受到许多因素影响而产生的，这些因素对形成最终产品的板形起着很大作用。在板形自动控制系统中，这些因素并不参与板形自动控制，但是考虑这些因素的影响，并在此基础上进行板形自动控制，将显著增加控制效果，能更好地发挥板形自动控制系统的作用。总括起来，这些因素可以分为内因（金属本性）和外因

（轧制条件）两个方面。

金属本身的物理性能（例如，硬化特性、变形抗力）直接影响轧制力的大小，因而与板形密切相关。金属的几何特性，特别是带材的宽厚比、原料板凸度是影响板形的另一个重要因素；轧制条件的影响更为复杂，包括更为广泛的内容。凡是能影响轧制压力及轧辊凸度的因素（例如，摩擦条件、轧辊直径、张力、轧制速度、弯辊力、磨损等）和能改变轧辊间接触压力分布的因素（例如，轧辊外形、初始轧辊凸度）都可以影响板形。

在实际生产中，轧辊的受力变形、热膨胀与磨损这三个因素是综合起作用的，它们一方面是引起板形缺陷与横向厚差不合格的根源；另一方面如能进行适当调整和控制，却又可使这三大因素成为改善板形和提高横向厚度均匀性的有效手段。

1780 mm 生产线采用的是 PC 交叉轧机和液压弯辊装置，通过轧辊的交叉角和弯辊力来改变轧辊凸度，进而改变带钢凸度。1780 mm 生产线产品分布薄材较多，板形缺陷的主要问题集中在薄材双边浪、厚材中浪导致的板卷封锁、板卷封锁量大，给企业带来了巨大的经济损失。鞍钢 1780 mm 热连轧机组产品常见的板形缺陷为浪形和瓢曲，热轧板带产生浪形、瓢曲主要是由于带钢在轧制过程中沿着带钢宽度方向的不均匀延伸所致。图 5-16 和图 5-17 是因为客户提出板形异议的带卷。

图 5-16　板形边浪缺陷

图 5-17　板形瓢曲缺陷

通过前面对板形控制理论和 1780 mm 生产线采用的板形控制系统研究，对影响板形的因素进行了剖析，发现主要有如下几方面制约着 1780 mm 生产线的板形质量：

（1）模型参数未充分优化。在调试期间，有国外生产厂的数模、工艺专家的配合，可以用其经验，生产出高精度的功能验收考核品种、规格的板卷。投产后，扩大规格的板卷，其模型控制参数就要由数模人员自己来解决，模型参数尚需进一步调优。

(2) 生产计划的安排缺乏科学性。目前，1780 mm 生产线的轧制计划受市场的制约，按合同组织生产，在轧制薄、宽规格的板材时，没有安排合理、科学的过渡材。

(3) 没有统筹的组织生产，板材轧制未与轧辊使用周期有机地进行结合。

(4) 工作辊的初始凸度与支撑辊的初始凸度匹配不合理。

(5) 轧线冷却设备缺陷造成的轧件内部残余应力不均，导致产生板形缺陷。

5.4.3.2 初始辊凸度优化

设计初始辊型时，只考虑正常生产中相对稳定的工艺条件，但实际上由于产品规格和轧制条件的不断变化，且辊型又不断磨损，用一种辊型的轧辊满足各种轧制的需要是根本不可能的，这就需要在轧制过程中根据不同情况对辊型和板形不断地进行灵活调整和控制。控制辊型的目的就是控制板形，故辊型控制技术实际上就是板形控制技术。对板形控制来说，初始轧辊凸度的选择是一个十分重要的问题，合理地选择初始凸度，可使板形变化始终被限制在轧机控制能力之内，这无疑是获得良好板形的重要保证。

一种常见的改善板形方法是对工作辊进行凸度补偿，如下的两个因素使工作辊凸度起到了改善板形的作用。首先，工作辊凸度能有效地改善空载辊缝的形状；其次，它能改善工作辊和支撑辊之间的接触状况。

另一种是支撑辊凸度，支撑辊凸度远没有工作辊凸度用得多，支撑辊凸度不能直接作用于轧件，其原始辊凸度对轧件凸度的影响要远远小于工作辊凸度所起的作用。因此，对于具有一定凸度的支撑辊与具有相同凸度的工作辊相比，它对带钢凸度的影响就要小得多。

操纵员和模型工程师在轧制时第一位考虑的是轧制的稳定性，因此真正在生产中具有现实意义的就是原始配辊方式的调优。

对于原始辊型的配置，我们所做的工作并没有上升到理论高度，而是通过生产过程积累经验，根据轧制过程的稳定程度来不断改变初始轧辊凸度。

支撑辊的初始凸度变化过程见表 5-2。

表 5-2 支撑辊的初始凸度变化过程

机架	F1	F2	F3	F4	F5	F6	F7
初期	0	0	0	0	0	0	0
过渡期	0.15	0.15	0.15	0.1	0.1	0	0
最终	0.2	0.2	0.2	0.1	0.1	0	0

工作辊的初始凸度也经过了多次调整，见表 5-3。

表 5-3 工作辊的初始凸度调整

机架	F1	F2	F3	F4	F5	F6	F7
初期	−0.35	−0.35	−0.35	−0.22	−0.12	−0.1	−0.03
过渡期	−0.1	−0.08	−0.08	0	0	0	0
最终	−0.28	−0.26	−0.23	−0.20	−0.15	−0.1	−0.03

5.4.3.3　热凸度模型优化

工作辊热凸度的产生是带钢在轧制过程中，工作辊受力变形轧制变形功产生热量、工作辊与带钢接触产生的摩擦热量、高温轧件所传递的热量都会使工作辊受热，而轧辊冷却水、周围空气及其与轧辊接触的部件又会使工作辊散热。前者是因为工作辊工作时辊身中部常与带钢接触，接受带钢传来的变形热和高温热量，使工作辊温度升高；后者是因为工作辊两端向四周散热，使工作辊温度降低。加热和冷却的条件沿辊身长度是不均等的，因此，工作辊形成中部温度高、两端温度低的辊温分布。工作辊各处温度不同，造成热膨胀也不一样，一般工作辊中部比边部的热膨胀大，使工作辊产生热凸度。所以，不均匀的温度分布是产生轧辊热凸度的来源。

在带钢轧制过程中，轧辊的热膨胀量随轧辊温度的变化而发生变化，而影响轧辊温度的直接因素由空冷和水冷两部分组成，但是无论哪部分最终都体现在温度的变化对轧辊膨胀量的影响。由于影响轧辊热凸度的因素繁多、边界条件复杂，所以工作辊的热辊型一直是板形研究和控制领域里的薄弱环节。实现工作辊热辊型的在线预测更是板形控制的主要难题之一。

轧辊热变形的求解分两步进行，首先确定轧辊内的温度场，然后根据温度场的计算结果确定轧辊的热变形。根据工作辊温度分布模型和热凸度模型，求解轧辊的温度场和热变形。

A　轧辊温度场在线计算模型

a　划分网格

建立工作辊温度场的划分模型，经过大量的研究和实验表明，工作辊与带钢接触部位及轧辊表层温度变化较大，故将辊身部分划分密一些、辊颈部分划分疏一些。把轧辊按辊身长度方向分成 m 份，按辊径方向分成 n 份，这样就把轧辊分成了二维网格，通过对网格各节点温度的分析确定轧辊的温度分布，进而确定轧辊的热膨胀、热凸度。为了方便，假设工作辊完全对称，这里仅研究半个辊身、半个辊径，如图 5-18 所示为工作辊的网格划分图。

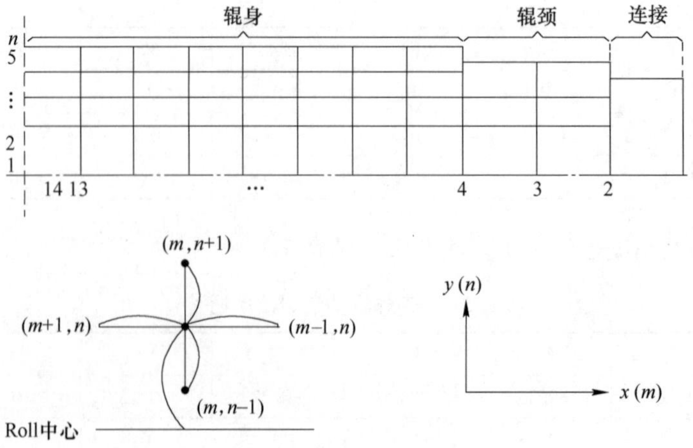

图 5-18　1780 mm ASP 工作辊网格划分图

b 温度场数学模型

按照上面的网格划分，轧辊辊身方向定义为 x 轴、辊径方向定义为 y 轴，在此定义的坐标系下，在任一时刻 t，轧辊表面温度为 $T(y, x, t)$。由数理方程理论，可列出以下具有第三边界条件的动态二维热传导方程

$$\frac{\partial T}{\partial t} = \frac{\lambda}{C_\rho \cdot \rho} \cdot \left(\frac{\partial^2 T}{\partial y^2} + \frac{1}{y} \cdot \frac{\partial T}{\partial y} + \frac{\partial^2 T}{\partial x^2}\right) \tag{5-30}$$

式中 C_ρ——比热容；

ρ——密度；

λ——导热系数。

c 有限差分方程

上面的动态二维热传导方程，通常采用差分法由计算机求数值解。1780 mm 生产线采用的有限差分方程为

$$\begin{aligned} T_r(m, n) = T_r^{(-1)}(m, n) + [\{T_r^{(-1)}(m-1, n) - T_r^{(-1)}(m, n)\} \cdot C_x(m-1, n) + \\ \{T_r^{(-1)}(m+1, n) - T_r^{(-1)}(m, n)\} \cdot C_x(m, n) + \\ \{T_r^{(-1)}(m, n+1) - T_r^{(-1)}(m, n)\} \cdot C_y(m, n) + \\ \{T_r^{(-1)}(m, n-1) - T_r^{(-1)}(m, n)\} \cdot C_y(m, n-1) + \\ C_{ctc}(k) \cdot C_{tc}(m) \cdot \{T_c(m) - T_r^{(-1)}(m, n)\} + \\ C_{cta}(k) \cdot C_{ta}(m) \cdot \{T_A(m) - T_r^{(-1)}(m, n)\} + \\ C_Q(k) \cdot Q(m, n)] \cdot \frac{\Delta\tau}{C_{ap}(m, n)} \end{aligned} \tag{5-31}$$

式中 $T_r(m, n)$——经过 $\Delta\tau$ 时间后节点的温度；

$T_r^{(-1)}(m, n)$——上次计算时节点的温度；

$C_x(m, n)$——工作辊轴线方向节点间热传导；

$C_y(m, n)$——工作辊半径方向节点间的热传导；

$C_{ta}(m)$——工厂环境温度与接点 m 的热传导；

$C_{ctc}(k), C_{cta}(k), C_Q(k)$——修正系数；

$\Delta\tau$——时间；

$C_{ap}(m, n)$——节点 (m, n) 的热容。

(1) $C_{tc}(m)$ 为 WR 冷却水与节点 m 的热传导，它由工作辊冷却水和切水板与工作辊接触部分形成的水池两部分组成。

$$C_{tc}(m) = \{\alpha_{ep}(m) + \alpha_{ec}(m)\} \cdot 2\pi \cdot r(m, n) \cdot \{\Delta x(m-1)/2 + \Delta x(m)/2\} \tag{5-32}$$

式中 $r(m,n)$——工作辊半径；

$\Delta x(m)$——轴线方向节点间距离；

$\alpha_{ep}(m)$——切水板与工作辊形成的水池对工作辊的热传导率（工作辊每转一圈）；

$\alpha_{ec}(m)$——工作辊冷却水对工作辊的热传导率（工作辊每转一圈）；

$$\alpha_{ec}(m) = \alpha_c \cdot \frac{l_s}{2\pi r} \tag{5-33}$$

当工作辊表面温度小于 100 ℃时

$$\alpha_c = 6870w^{0.19} \cdot p_{sp}^{0.27} \tag{5-34}$$

当工作辊表面温度高于 100 ℃时

$$\alpha_c = \frac{T_r - 100}{100} \times 2.9 \times 10^6 \times w^{0.08} \cdot p_{sp}^{0.05} \times \frac{1}{T_r - T_c} \times \left(\frac{T_c}{16}\right)^{-0.17} + \frac{200 - T_r}{100} \times 6870 \cdot w^{0.19} \cdot p_{sp}^{0.27} \tag{5-35}$$

式中 w ——水密度；

l_s ——带钢长；

T_r ——工作辊表面温度；

T_c ——冷却水温度；

p_{sp} ——喷嘴压力。

$$\alpha_{ep} = 0.023R_e^{0.8} \cdot p_{rcw}^{0.4} \cdot \frac{\lambda_{cw}}{2\pi r} \tag{5-36}$$

$$R_e = \frac{\nu_r \cdot l_c}{v_{cw}} \tag{5-37}$$

式中 ν_r ——工作辊的泊松比；

l_c ——切水板与工作辊形成的水池深度；

v_{cw} ——喷嘴喷出水的动黏度；

λ_{cw} ——喷嘴喷出水的热传导。

（2）$C_{ta}(m)$ 为工厂环境温度与节点 m 的热传导。

$$C_{ta}(m) = \alpha_{en}(m) \cdot 2\pi \cdot r(m, n) \cdot [\Delta x(m-1)/2 + \Delta x(m)/2] \tag{5-38}$$

（3）$Q(m, n)$ 为进入节点（m, n）的热量。

$$Q(m, n) = q_r(m) \cdot 2\pi \cdot r(m, n) \cdot [\Delta x(m-1)/2 + \Delta x(m)/2] \tag{5-39}$$

$q_r(m)$ 为从带钢来的热流量，它由与带钢接触、带钢摩擦产生的热流量两部分构成。

$$q_r(m) = q_{cr} + q_{fr} \tag{5-40}$$

接触热流量 q_{cr} 为

$$q_{cr} = (T_m - T_r) \cdot \frac{\delta_r}{2} \cdot c_{rl} \cdot \rho_r \cdot v_r \tag{5-41}$$

摩擦热流量 q_{fr} 为

$$q_{fr} = \Delta T_m \cdot \frac{\delta_r}{2} \cdot c_{rl} \cdot \rho_r \cdot v_r \tag{5-42}$$

式中 δ_r ——工作辊侧渗入深度；

c_{rl} ——工作辊比热；

ρ_r ——工作辊密度；

v_r ——工作辊速度；

T_m ——平衡温度；

ΔT_m ——摩擦引起的温度升。

每次根据相邻节点的温度及时间，按照上面的公式就可计算出节点（m, n）的温度。

B 工作辊表面的热辊型模型

由于轧辊内部存在的不均匀温度场而产生辊身方向的不均匀热膨胀，形成工作辊热辊型。工作辊表面 k 点膨胀量计算公式

$$\delta_r(k) = \sum_{m=1}^{M}\sum_{n=1}^{N}\Delta\delta_r(k, m, n)\cdot T(m, n) \tag{5-43}$$

$\Delta\delta_r(k, m, n)$ 这个变量为节点 (m, n) 温度每增加时工作辊表面 k 点在半径方向的热凸度叠加影响膨胀量。对于 k 点的膨胀量不仅是由 (m, n) 点形成的，周围各点 $(m-1, n)$、$(m+1, n)$ 等各点对其也有影响，只不过影响程度不同，故需累加。M、N 是轧辊内温度场计算使用的网格点数，M 为按轧辊长度轴向方向划分的总份数，N 为按辊径方向划分的总份数，在本模型中 $M=14$，$N=5$，k 为轴向轧辊表面划分的点数，$k=4\sim14$。

C 热凸度计算

热凸度计算公式如下

$$C_T = 2\left\{\delta_r(1) - \left[\delta_r(k) + \frac{\delta_r(k+1)-\delta_r(k)}{\Delta x}\cdot\left(\frac{B^*}{2} - a - (k-1)\cdot\Delta x\right)\right]\right\} \tag{5-44}$$

其中，$k = \mathrm{int}\left(\dfrac{B^*/2 - a}{\Delta x}\right) + 1$，$\Delta x = \dfrac{L_w}{M-1}$，$B^*$ 为板宽，L_w 为工作辊辊身长度，a 为带钢凸度的定义距离。

在上面的几个模型中，需不断调整、优化的轧辊热凸度模型参数是 C_Q，它反映的是对流换热及进入轧辊热量的修正系数。

D 进入轧辊热量系数 C_Q 参数优化

以任意一套轧辊为单位，对其各个使用周期进行连续跟踪，收集轧辊下机架及轧辊充分冷却后的曲线数据，对收集的两组轧辊曲线数据进行数学处理，提取轧辊热凸度数据作为实际轧辊热凸度，同时收集轧辊与模型计算的轧辊热凸度，把计算的轧辊热凸度与实际轧辊热凸度进行比较分析，采用线性回归计算出轧辊热量系数 C_Q，使模型计算的轧辊热凸度尽量与实际轧辊热凸度一致。

E 轧辊实际曲线数据收集

(1) 带钢从轧机轧出后立即停止轧辊冷却水，并记录带钢从轧机轧出到停止冷却水的时间，利用轧辊水冷模型，计算轧辊在这段时间的水冷温降，如图 5-19 所示。

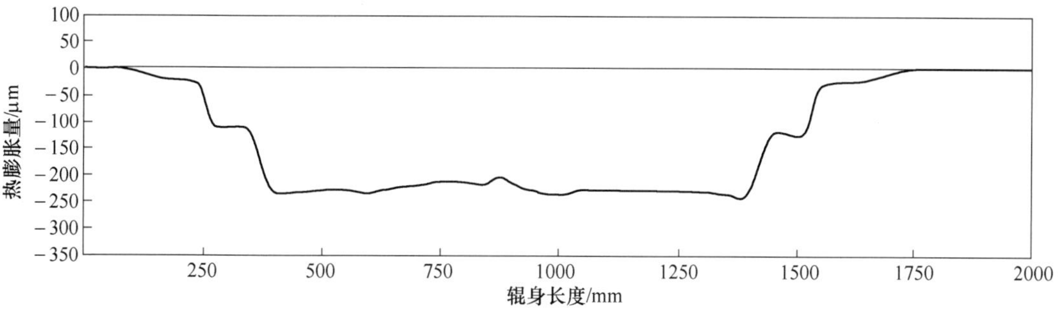

图 5-19 轧辊下轧机 14 h 冷却后轧辊曲线

(2) 轧辊从轧机抽出后，使用轧辊曲线测量仪和接触式温度计测量轧辊曲线和轧辊

表面温度，并记录从停止冷却水到测量时刻的时间，利用空冷模型计算轧辊在这段时间的温降，如图 5-20 所示。

（3）利用磨辊间的磨床设备，测量轧辊充分冷却后的轧辊曲线和轧辊温度。

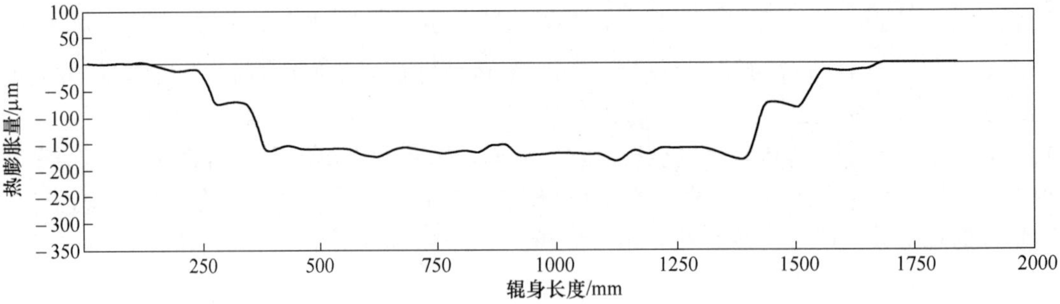

图 5-20　轧辊下轧机轧辊曲线

F　轧辊热膨胀量的提取

利用热凸度、磨损凸度膨胀、磨损提取工具，提取轧辊热膨胀量（见图 5-21），计算公式如下：

轧辊热膨胀量曲线 = 轧辊下轧机充分冷却后轧辊曲线-轧辊下轧机轧辊曲线

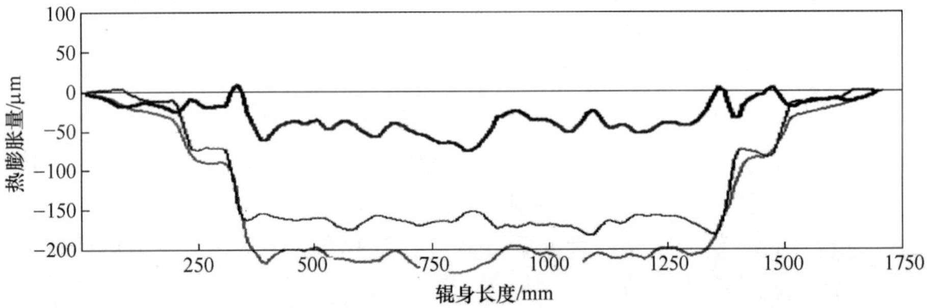

图 5-21　轧辊热膨胀量曲线

G　相对膨胀量

轧辊热膨胀量与实际测量轧辊热膨胀量的比较及参数回归。

工作辊热凸度参数优化，针对每个工作辊共收集 7 次使用周期的数据，见表 5-4 和表 5-5。

表 5-4　相对膨胀量计算值与实际值比较

周期	相对膨胀量实测值×2（直径）							相对膨胀量计算值×2（直径）C_Q = 1.0						
	F1	F2	F3	F4	F5	F6	F7	F1	F2	F3	F4	F5	F6	F7
1	109.6	69.1	145	66.2	54.7	49.8	36.8	57.8	44.9	106.5	48.8	41.9	32.6	24.4
2	51.8	45.5	52.7	63.6	34.5	42.7	36.4	35.7	36.5	36.8	39.6	33.2	27.1	20.9
3	74.5	31.8	60.6	72.7	69.1	34.5	35.5	53.3	51.3	44.5	43.1	35.6	29.2	22.1

续表 5-4

周期	相对膨胀量实测值×2（直径）							相对膨胀量计算值×2（直径）C_Q = 1.0						
	F1	F2	F3	F4	F5	F6	F7	F1	F2	F3	F4	F5	F6	F7
4	66.4	59.1	77.3	58.2	61.8	32.6	27.3	59.4	60.2	56.4	55.3	47.9	39.6	30.1
5	92.8	94.5	80.6	63.6	52.7	70.8	61.8	68.6	69.6	60.4	57.4	49.3	40.3	19.7
6	105.6	80.4	109.2	80.6	44.6	47.2	45.2	69.3	62.7	56.1	54.7	39.7	33.5	26.3
7	92.6	76.4	78.7	63.6	62.7	45.5	36.4	62.0	61.7	53.5	43.9	35.9	28.6	20.9

表 5-5 使用回归参数后重新计算的轧辊热膨胀量

数据	相对膨胀量计算值×2（直径）C_Q = 调整值						
	F1	F2	F3	F4	F5	F6	F7
1	94.6	56.8	132	58.2	48.9	41.2	30.6
2	58.8	50.6	42.6	52.2	45.6	33.9	29.2
3	64.8	46.9	69.3	62.6	61.2	37.4	40.2
4	72.3	63.7	85.9	68.5	66.3	45.6	38.6
5	81.6	75.2	94.8	74.7	64.2	56.7	51.6
6	94.8	69.6	92.6	70.4	51.8	39.5	36.2
7	78.1	66.2	80.6	55.9	50.8	37.6	32.1

从上面两个表对比可以看出，使用重新计算后的参数得到的热膨胀量与实际测量的热膨胀量差值均在 20 μm 以内，认为调整结果可用。

5.4.3.4 轧辊磨损模型参数优化

轧制时轧辊与轧件之间以及轧辊之间的相互接触摩擦，导致了轧辊的磨损，轧辊磨损不仅增加了辊耗，而且改变了原始辊型，影响轧件板形、板凸度的精确控制。在热轧生产中是按轧制单位来组织生产的，即每轧完一定数量的轧件后更换轧辊。在整个轧制单位内，累计产生了较大的磨损量，轧辊的辊型发生很大变化。轧辊磨损量是指以轧后辊径最大值为基准，其他位置直径与基准值之差。通常采用轧辊在一个轧制周期后的径向尺寸变化量来表示，轧辊磨损变化的时间常数很大，是一个缓慢积累的过程。它的计算精度对板凸度设定、板平直度控制、带钢表面质量改善产生影响，轧辊磨损直接影响辊缝形状。

轧辊磨损是影响轧辊辊缝的重要因素，由于在轧制时无法测量轧辊的磨损量，因此无法对轧辊模型进行在线自适应修正，磨损模型的参数一般是在轧机调试时确定的。但是，磨损与轧制工况密切相关，调试时建立的磨损模型不一定适合当前的轧制工况，尤其是轧辊材质发生变化时，磨损模型参数很难适应目前的生产条件。因此，在大量现有实际生产数据的基础上，为了使轧辊磨损模型计算准确，如实反映实际轧制过程中的轧辊磨损情况，就要对轧辊磨损模型参数不断优化。

轧辊磨损凸度计算流程是计算出每轧制一卷钢轧辊产生的磨损量，根据轧辊一个轧制周期轧制带钢的块数计算出轧辊的累计磨损量，再根据凸度的定义方法即可计算出磨损凸度。研究轧辊磨损模型的目的就是研究轧制过程中轧辊磨损量沿辊身横向的分布规律，即轧辊磨损轮廓曲线，为辊缝控制系统提供精确的轧辊磨损模型。轧辊磨损从理论上推导磨损量的计算公式极为困难，主要受轧制力、轧制长度、轧辊材质、接触弧长等多种因素影响，通常采用统计回归模型。

1780 mm 生产线轧辊磨损模型采用的是半理论半经验公式，这种模型是通过大量实测数据的分析摸索出轧辊磨损规律，该设定模型综合考虑了各种影响因素，将轧辊磨损分中间定常部磨损区和边部集中磨损区两部分。形成边部磨损加剧的主要原因，是负荷在边部区域的作用增强及边部温度降低。为确切描述定常部和边部磨损，提高计算精度，沿工作辊辊身方向进行单元划分，对每个单元分别计算。下面给出磨损计算公式。

A　1780 mm 生产线采用的轧辊磨损模型

$$\Delta w(i,\ j) = \{a_{\mathrm{w}}(i) \cdot D_{\mathrm{w}}(i) + b_{\mathrm{w}}(i)\} \cdot A(i,\ j)^{\alpha(i)} \cdot B(i)^{\beta(i)} \cdot C(i) \tag{5-45}$$

其中，$\Delta w(i,\ j)$ 反映的是轧制一卷带钢对工作辊造成的磨损量。

$$A(i,\ j) = \frac{p(i,\ j) \times 10^3}{B^* \cdot l_{\mathrm{d}}(i) \cdot H_{\mathrm{R}}(i)} \tag{5-46}$$

$$p(i,\ j) = p(i) \qquad x_{\mathrm{w}}(j) \in \left(0,\ \frac{B^*}{2} - D_{\mathrm{w}}(i)\right) \tag{5-47}$$

$$p(i,\ j) = \left[1 + \{k \cdot w(i) - 1\} \cdot \left\{1 + \frac{x_{\mathrm{w}}(j) - \frac{B^*}{2}}{D_{\mathrm{w}}(i)}\right\}\right] \cdot p(i) \quad x_{\mathrm{w}}(j) \in \left(\frac{B^*}{2} - D_{\mathrm{w}}(i),\ \frac{B^*}{2}\right)$$

$$p(i,\ j) = 0 \qquad x_{\mathrm{w}}(j) > \frac{B^*}{2} \tag{5-48}$$

$$x_{\mathrm{w}}(j) = \Delta x \cdot (j - 1) \tag{5-49}$$

$$B(i) = \left[\frac{h_{\mathrm{in}}}{h_{\mathrm{out}}} - 1\right] \cdot l_{\mathrm{d}}(i) \tag{5-50}$$

其中，$x_{\mathrm{w}}(j) = \Delta x \cdot (j - 1)$ 为工作辊辊身方向的计算位置；其变形区形状因子影响项为 $B(i) = \left(\frac{h_{\mathrm{in}}}{h_{\mathrm{out}}} - 1\right) \cdot l_{\mathrm{d}}(i)$，$h_{\mathrm{in}}$、$h_{\mathrm{out}}$ 为入、出口厚度，$l_{\mathrm{d}}(i)$ 为带钢与轧辊的接触弧长；轧制长度影响项 $C(i) = \frac{L(i)}{\pi \cdot D_{\mathrm{w}}(i) \cdot [1 + f(i)]}$ 为轧制一卷带钢轧辊转的圈数，其中，$L(i)$ 代表第 i 架轧机带钢轧制长度，$f(i)$ 为第 i 机架前滑，$D_{\mathrm{w}}(i)$ 为轧辊直径；B^* 为板坯宽，$a_{\mathrm{w}}(i)$、$b_{\mathrm{w}}(i)$ 为工作辊磨损模型的转换系数，$\alpha(i)$、$\beta(i)$、k 分别为轧制力、摩擦长度的索引系数、边部非定长段轧制力影响因子，$H_{\mathrm{R}}(i)$ 为轧辊制造商提供的工作辊硬度。

B　工作辊磨损曲线模型

工作辊磨损曲线模型公式为

$$w(i,\ j) = w(i,\ j) + \Delta w(i,\ j) \tag{5-51}$$

C　工作辊磨损凸度模型

一般情况下，轧辊的磨损量沿辊身长度方向的横向分布是不均匀的，按照上述公式计算出了轧辊磨损轮廓形状。轧辊磨损凸度模型

$$C_{w}(i) = \left\{ W(i,\ k) + \Delta W_{D} \cdot \frac{\Delta x_{w}}{\Delta x} \right\} - W(i,\ 1) \tag{5-52}$$

式中 $W(i,\ k)$——第 i 机架对应 k 点处的磨损量；

ΔW_{D}——相邻两点的工作辊磨损曲线差，$\Delta W_{D} = W(i,\ k+1) - w(i,\ k)$；

Δx_{w}——工作辊磨损后相邻两点的距离，$\Delta x_{w} = \frac{B^{*}}{2} - a - \Delta x \cdot (k-1)$；

k——轧辊的某个位置，$k = \text{int}\left\{\frac{B^{*}/2 - a}{\Delta x}\right\} + 1$；

a——带钢凸度的定义距离；

Δx——工作辊相邻两点间距离。

D 轧辊实际曲线数据收集

（1）使用轧辊曲线测量仪和接触式温度计测量轧辊上轧机前的轧辊曲线，如图 5-22 所示。

（2）使用轧辊曲线测量仪和接触式温度计测量轧辊充分冷却后的轧辊曲线，如图5-23 所示。

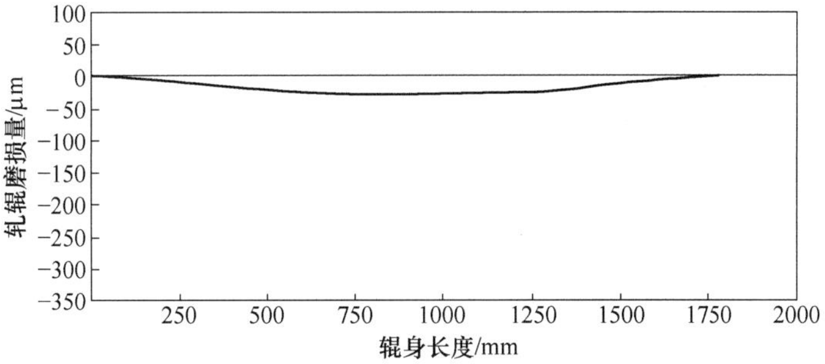

图 5-22 上轧机前的轧辊曲线

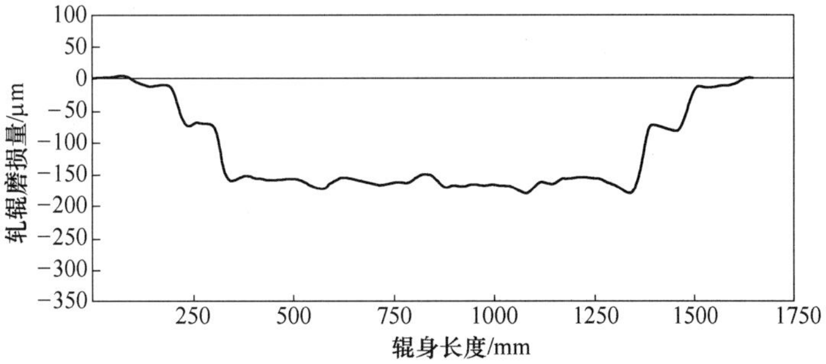

图 5-23 下轧机充分冷却后的轧辊曲线

E 轧辊磨损量的提取

轧辊磨损量的提取公式如下：

轧辊磨损量曲线 = 轧辊上轧机轧辊曲线-轧辊下轧机充分冷却后轧辊曲线

这里模型优化只调整工作辊磨损模型的常数项转换系数 b_{w}，具体做法是以任意一套轧辊为单位，对其各个使用周期进行连续跟踪，收集轧辊上轧机及轧制冷却后的轧辊曲线数据，对收集的两组轧辊曲线数据进行数学处理，提取轧辊磨损量曲线数据作为实际轧辊磨损量（见图 5-24）；同时，收集轧辊磨损模型计算的轧辊磨损量，把计算的轧辊磨损量与实际轧辊磨损量进行比较分析，用数学方法回归出转换系数，使模型计算的轧辊磨损凸度尽量与实际轧辊的磨损凸度一致。

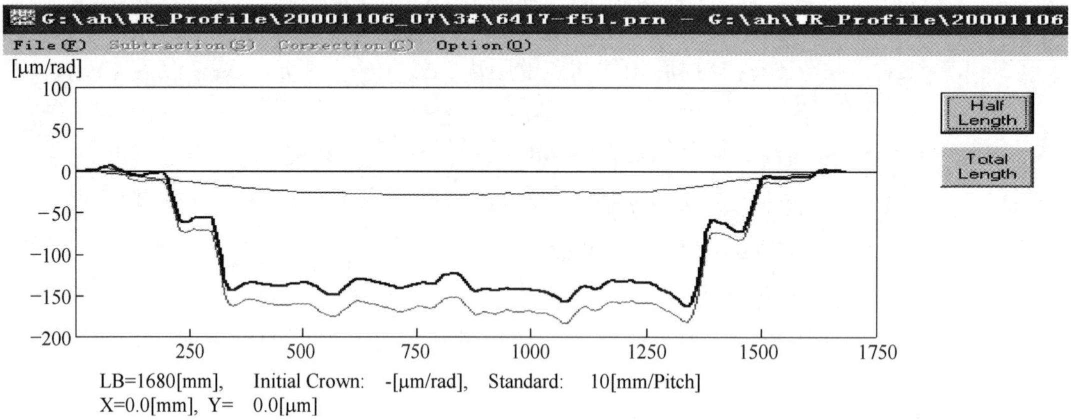

图 5-24　轧辊磨损量曲线

F　计算的轧辊磨损量与实际测量的轧辊磨损量比较及参数回归

这里仅调整工作辊磨损模型的常数项转换系数，具体方法如下：

（1）对每个轧辊的使用周期，收集实际的磨损量 w^{m} 和计算的磨损量 w^{c} 。

（2）根据测量和计算的磨损量，使用数学回归方法，求出 b_{w} 参数的值。

$$\varepsilon = \sum (\Delta w^{\mathrm{m}} - cb \cdot \Delta w^{\mathrm{c}})^2 \tag{5-53}$$

为了使 ε 最小，求出修正系数 cb

$$cb = \frac{\sum (\Delta w^{\mathrm{m}} \cdot \Delta w^{\mathrm{c}})}{\sum (\Delta w^{\mathrm{c}})^2} \tag{5-54}$$

优化前的转换系统是 $b_{\text{w-initial}}$ ，优化后的转换系统 $b_{\text{w-adjust}}$ ，有以下公式

$$b_{\text{w-adjust}} = cb \cdot b_{\text{w-initial}} \tag{5-55}$$

$$\begin{cases} \Delta w^{\mathrm{m}} = \dfrac{w^{\mathrm{m}}}{n} \\ \Delta w^{\mathrm{c}} = \dfrac{w^{\mathrm{c}}}{n} \end{cases} \tag{5-56}$$

式中　w^{m} ——实测磨损量；

w^{c} ——模型计算磨损量；

n ——一个轧辊单位的轧制带钢块数。

以 F2 为例，轧辊磨损数据见表 5-6。

表 5-6　F2 机架轧辊磨损数据

序号	n	X_0/μm	X_1/μm	$X_1 - X_0$/μm	w^{m}/μm	w^{c}/μm	Δw^{m}/μm	Δw^{c}/μm
1	109	60	77	17.0	74.0	28.8	0.68	0.26
2	178	60	83	23.0	46.0	36.8	0.26	0.21

续表 5-6

序号	n	X_0 /μm	X_1 /μm	$X_1 - X_0$/μm	w^m/μm	w^c/μm	Δw^m/μm	Δw^c/μm
3	153	40	87	47.0	117.0	36.2	0.76	0.24
4	215	40	74	34.0	102.0	43.7	0.47	0.20
5	200	40	82	42.0	122.0	39.2	0.61	0.19
6	268	40	86	46.0	92.0	29.3	0.34	0.11
7	150	40	66	26.0	72.0	21.1	0.48	0.14
8	184	40	57	17.0	65.0	24.6	0.35	0.13
9	176	40	49	9.0	28.0	26.6	0.16	0.15
10	227	40	58	18.0	64.0	29.3	0.28	0.13
11	207	40	44	4.0	26.0	30.1	0.13	0.15
12	229	40	74	34.0	68.0	31.6	0.30	0.14
13	175	40	48	8.0	37.0	22.5	0.21	0.13

注：X_0 为轧制前工作辊初始凸度（边部-中央），X_1 为轧制冷却后工作辊凸度（边部-中央），$X_1 - X_0$ 为工作辊中央磨损量实际值，w^m 为工作辊磨损量实际值，w^c 为工作辊磨损量计算值，Δw^m 为一卷钢工作辊磨损量实际平均值，Δw^c 为一卷钢工作辊磨损量计算平均值。

对各个轧辊磨损数据进行统计，F1～F7 工作辊磨损模型参数回归结果见表 5-7。

表 5-7 F1～F7 工作辊磨损模型参数回归结果

机架	工作辊材质	初期值 $b_{w\text{-initial}}$	修正系数 cb	调整结果 $b_{w\text{-adjust}}$
F1	Adamite	4.708×10^{-7}	1.0708	5.041×10^{-7}
F2		1.075×10^{-6}	0.9542	1.026×10^{-6}
F3		4.594×10^{-6}	0.6694	3.0752×10^{-6}
F4	Ni-Grain	1.410×10^{-5}	1.1264	1.5882×10^{-5}
F5		1.573×10^{-5}	1.0298	1.6199×10^{-5}
F6		1.723×10^{-5}	1.0507	1.8104×10^{-5}
F7		2.373×10^{-5}	0.9105	2.1606×10^{-5}

5.4.3.5 弯辊力模型优化

热轧精轧机组板形控制有两个目标，一是保证末机架出口带钢具有目标凸度，二是保证末机架出口带钢的平直度。为此，可将精轧机组分为凸度调节、平坦度保持和平坦度控制三个区段，1780 mm 生产线 F1～F3 为凸度调节区段、F4～F6 为平直度保持区段、(F6) F7 为平直度控制区段。

目前常用的自学习方法为：当末机架板形反馈控制投入使用使成品板形得到改善后，将反馈控制的弯辊力储存下来用于自学习，以使下一卷钢得到改善。

A 指数平滑法

为了减轻模型自学习的计算工作量，数学模型可用下式表示

$$y = a_1x_1 + a_2x_2 + \cdots + a_mx_m + \beta \tag{5-57}$$

其中，x_1，x_2，…，x_m 表示对模型有直接影响的因素；系数 a_1，a_2，…，a_m 表示这些因素

对 y 的作用程度。由于是线性化了的模型，因此各因素的影响是可以叠加的。在模型自学习计算中，为了简化问题，可以把由许多数据做出的模型参数 a_1，a_2，…，a_m 看作系统特性的固有量而取定值；系统状态的变化则用式中的常数项 β 来反映，即系统的状态变化时，可对模型中系数 β 作相应的修正计算以适应系统特性的变化。

$$\hat{\beta}_{i(n+1)} = \hat{\beta}_{in} + \alpha_i(\beta_{in}^* - \hat{\beta}_{in}) \tag{5-58}$$

式中　$\hat{\beta}_{in}$ ——第 i 机架第 n 次设定时 β 的预报值；

β_{in}^* ——第 i 机架第 n 次控制后 β 的实测值；

$\hat{\beta}_{i(n+1)}$ ——第 i 机架第 $n+1$ 次设定时 β 参数的预报值；

α_i ——第 i 机架增益系数 $0 \leqslant \alpha_i \leqslant 1$，$i = 1 \sim 7$。

B　凸度自学习功能改进

通过 F1～F3 凸度调节段，使 F3 出口带钢具有 CR_3，其大小应为

$$CR_3 = \frac{h_3}{h_7} CR_{\text{obj}} \tag{5-59}$$

式中　CR_{obj} ——成品凸度控制目标。

F4～F6 则严格保持相对凸度恒定，即

$$\frac{CR_3}{h_3} = \frac{CR_4}{h_4} = \frac{CR_5}{h_5} = \frac{CR_6}{h_6} = \rho_{\text{obj}} \tag{5-60}$$

其改进模型自学习算法为

$$\hat{F}_{i(n+1)} = \overset{\text{M}}{F}_{i(n+1)} + \hat{\beta}_{i(n+1)} + \beta_i \cdot h_{in} \cdot \Delta CR_{\text{obj-}n} \Big/ \left(h_7 \cdot \frac{\partial CR_i}{\partial F_i} \right) \tag{5-61}$$

式中　ρ_{obj} ——要求成品应有的目标相对凸度，$i = 4 \sim 6$ 为机架号；

$\hat{F}_{i(n+1)}$ ——第 i 机架 $n+1$ 块钢的弯辊力预报值；

$\overset{\text{M}}{F}_{i(n+1)}$ ——第 i 机架 $n+1$ 块钢的板形模型计算的弯辊力值；

β_i ——第 i 机架控制增益系数；

$h_{in}, \dfrac{\partial CR_i}{\partial F_i}, \Delta CR_{\text{obj-}n}, h_7$ ——第 i 机架 n 块钢出口厚度、弯辊力对凸度变化的影响系数、第 n 块钢的目标凸度差、末机架出口厚度。

C　平直度自学习功能改进

（F6）F7 为平直度控制区段，其改进模型自学习算法为

$$\hat{F}_{i(n+1)} = \overset{\text{M}}{F}_{i(n+1)} + \hat{\beta}_{i(n+1)} + \gamma_i \cdot \Delta\lambda_{\text{obj-}n} \Big/ \frac{\partial \lambda_i}{\partial F_i} \tag{5-62}$$

式中　i ——机架号，i=6～7；

$\dfrac{\partial \lambda_i}{\partial F_i}$ ——第 i 机架弯辊力对平直度变化的影响系数；

$\Delta\lambda_{\text{obj-}n}$ ——第 i 机架 n 块钢的目标平直度差；

γ_i ——第 i 机架控制增益系数。

F7 用于平坦度反馈控制 $\left(\dfrac{CR_7}{h_7} = \rho_{\text{obj}} \right)$，以最终保证平坦度。如果平坦度反馈控制调

节量过大，进而会影响到成品凸度，则可以将平坦度控制区段扩大到 F6。

上述的方法是将本块钢带坯凸度、平直度的头部测量值适量地引入下一块钢弯辊力设定中，以提高板带头部板形控制精度，其相应的控制增益系数视轧制的不同层别及工艺要求给出。经过对板形设定模型参数的进一步优化和实施模型自学习改进功能，有效地提高了板带板形的头部控制精度。模型调整按如下规则：

（1）F4～F6 的弯辊力调整。根据实际测量的带钢凸度调整 F4～F6 的弯辊力，如果实际测量的凸度大于 $(C_{object}+\lambda_1)\mu m$，则按等比例凸度原则加大 F4～F6 的弯辊力；如果实际测量的凸度小于 $(C_{object}-\lambda_1)\mu m$，则按等比例凸度原则减小 F4～F6 的弯辊力。目标凸度值及控制精度要求 C_{object}、λ_1 由工艺给出。

（2）F6（F7）的弯辊力调整。根据实际测量的带钢平直度调整 F6～F7 的弯辊力，如果实际测量的平直度偏差 $\Delta\lambda_{obj-n} > \lambda_2 I$，则认为此块带钢边浪较大，应适当加大 F6～F7 的弯辊力；如果实际测量的平直度偏差 $\Delta\lambda_{obj-n} < -\lambda_2 I$，则认为此块带钢中浪较大，应适当减小 F6～F7 的弯辊力，λ_2 由工艺给出。

图 5-25 示出了优化前后各收集同一层别厚度 2.73 mm 带钢一个月的轧制数据，共计 260 块钢的平直度与凸度。

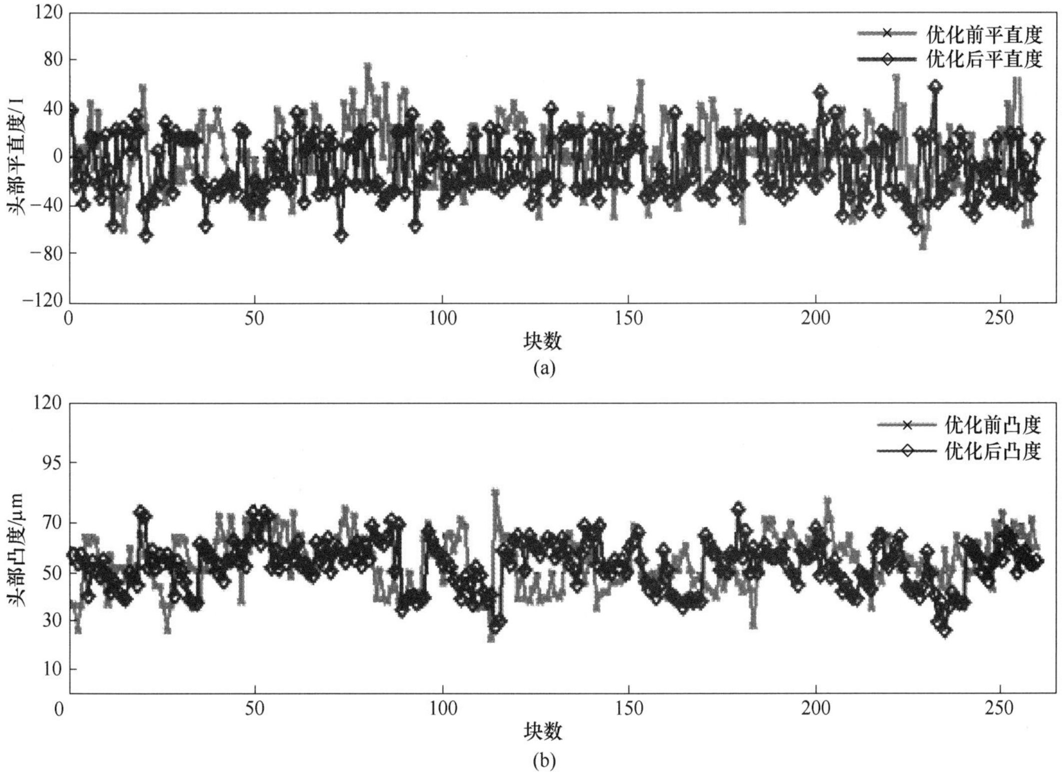

图 5-25　模型优化投入前后的平直度（a）与凸度（b）对比

该轧制计划中凸度的目标值为（50±18）μm，平直度的目标（0±40）I。优化前的凸度精度为 85.23%，优化后的凸度精度为 91.85%；优化前的平直度精度为 87.15%，优化后的平直度精度为 92.25%。通过对大量生产数据的统计，对比投入板形设定控制与不投入时带钢头部凸度和平坦度的命中率可以发现，投入板形设定控制后，带钢头部凸度和平坦度的命中率分别可提高 6%和 5%以上。

5.4.3.6　自动板形控制系统

弯辊力控制分为四部分，这四部分的计算结果最终混合到一起输出以改善板形。

第一部分为 F1～F7 的固定弯辊力控制，由二级计算机设定，一级计算机执行，二级计算机根据带钢不同的板形要求对每架轧机设定相应的弯辊力；

第二部分为 RF-ASC（轧制力板形控制），这部分就是一般意义上所说的轧制力对弯辊力的耦合与解耦；

第三部分为 FBK-ASC（反馈板形控制）；

第四部分是操作人员的手动干预部分，每个机架都设有弯辊力手动调整扳把，当操作人员对弯辊力手动干预时，自动部分处于保持状态，手动干预量也是直接输出到弯辊力混合给定。

A　FBK-ASC（反馈 ASC）

当实际平直度和目标平直度有差异时，弯辊力的压力是最基础的控制，弯辊力的调节量 ΔF 由下式决定：

$$\Delta F = (K_P \Delta\lambda + K_I \sum \Delta\lambda) \Big/ \frac{\partial\lambda}{\partial F} \tag{5-63}$$

$$\Delta\lambda = \lambda_0 - \lambda \tag{5-64}$$

式中　ΔF——弯辊力的修正值，Pa；

λ_0——目标平直度，I；

K_P——比例常数，无量纲；

K_I——积分常数，无量纲；

$\frac{\partial\lambda}{\partial F}$——由弯辊力所造成的板形影响系数，I/Pa。

由于实际轧制过程的非线性、时变性，因此传统 PI 的控制已接近极限。为进一步提高控制品质，这里在 PI 控制基础上采用非线性 PID 控制策略，其参数整定范围较宽，易于工程实现。非线性整定的基本原理参见本书第 4 章中的 AGC 应用，这里简述如下内容。

a　比例增益参数 K_P

简要来说，为保证系统有较快的响应速度，比例增益参数 K_P 在偏差大时应较大；为了减少超调量，希望偏差 $\Delta\lambda$ 逐渐减小时，比例增益也随之减小。基于此可构造如下非线性函数：

$$\begin{cases} K_P(\Delta\lambda(t)) = a_p + b_p[1 - \mathrm{sech}(c_p \Delta\lambda(t))] \\ \mathrm{sech}(x) = \dfrac{2}{e^x + e^{-x}} \end{cases} \tag{5-65}$$

其中，a_p、b_p、c_p 为正实常数。当误差 $\Delta\lambda(t) \to \pm\infty$时，$K_P$ 取最大值 $a_p + b_p$；当 $\Delta\lambda(t) = 0$ 时，K_P 取最小值 a_p；b_p 为 K_P 的变化区间，调整 c_p 的大小可调整 K_P 的变化速率。

b　积分增益参数 K_I

当误差信号较大时，希望积分增益不要太大，以防止响应产生振荡，有利于减小超调量；当误差较小时，希望积分增益增大，以消除系统的稳态误差。根据积分增益的希望变化特性，可构造如下非线性函数：

$$K_{\mathrm{I}}(\Delta\lambda(t)) = a_{\mathrm{i}}\mathrm{sech}[c_{\mathrm{i}}\Delta\lambda(t)] \tag{5-66}$$

其中，a_{i} 为正实常数；K_{I} 的取值范围为（0，a_{i}）。当 $\Delta\lambda(t)=0$ 时，K_{I} 取得最大值；c_{i} 的取值决定了 K_{I} 的变化快慢程度。

非线性 PID 调节器的控制输入为

$$u(t) = K_{\mathrm{P}}(\Delta\lambda(t))\Delta\lambda(t) + K_{\mathrm{I}}(\Delta\lambda(t))\int_0^t \Delta\lambda(t)\mathrm{d}t \tag{5-67}$$

由上述分析可知，如果非线性函数中的各项参数选择合适，能够使控制系统既达到响应快，又无超调现象。另外，由于非线性 PID 调节器的增益参数能够随控制误差而变化，因而其抗干扰能力较常规线性 PID 控制强。基于上述的控制算法，在常规 PID 控制参数整定好的基础上，可考虑给予 ±(10 ~ 15)% 的控制量变化，以确定比例、积分的 a、b 值，进而再确定相应的变化速率。

B RF-ASC（前馈 ASC）

前馈 ASC 主要考虑板带出口平直度，其因 AGC 等调节造成轧制力的变化而影响板形，为此需通过控制模型公式计算得出弯辊力的补偿量。

（1）当带钢头部抵达每架机架不久时，弯辊力和轧制力被记住；

（2）从带钢咬入（除了末机架反馈 ASC）直到带钢抛钢，弯辊力纠正值被计算并输出控制结果。

弯辊力的调节量 ΔPs_i 由下式决定：

$$\Delta Ps_i = (A \cdot \Delta F_i - B \cdot \Delta FB_i) \cdot \frac{1}{a} \cdot Ks_i \tag{5-68}$$

$$\Delta F_i = F_{ACT,i} - F_{0,i} \tag{5-69}$$

$$\Delta FB_i = (P_{ACT,i} - P_{0,i}) \cdot a \tag{5-70}$$

式中 ΔPs_i ——第 i 机架的弯辊力调节量，Pa；

$F_{ACT,i}$ ——第 i 机架的实际轧制力，N；

$F_{0,i}$ ——第 i 机架的轧制力锁定值，N；

$P_{ACT,i}$ ——第 i 机架的实际弯辊力，Pa；

$P_{0,i}$ ——第 i 机架的弯辊力锁定值，Pa；

a ——弯辊力到轧制力的转换系数，N/Pa；

Ks_i ——第 i 机架的可调增益系数，无量纲；

A，B ——板形控制系数，无量纲。

5.4.3.7 轧辊凸度补偿

在实际生产过程中，可能会遇到甩尾、折叠等各种生产事故，导致轧辊受损使轧辊不能继续使用。每个热轧带钢生产厂都可能遇到轧辊不够使用的情况，为了不影响生产，未充分冷却的轧辊就需要上磨床磨削；每个生产厂为了稳定生产又都有自己的初始辊型配置，磨床磨多少量才能保证轧辊上轧机时为要求的辊型，就要进行轧辊凸度补偿工作。

轧辊凸度补偿工作流程：

（1）轧辊从轧机抽出后，使用轧辊曲线测量仪和接触式温度计测量轧辊曲线和轧辊表面温度；

（2）每隔一段时间，重复（1）的工作；

（3）使用轧辊曲线提取工具，确定轧辊膨胀量；

（4）使用数学方法，拟合一条能反映随时间变化的轧辊辊型变化的曲线；

（5）根据拟合的轧辊随时间变化的辊型曲线，按照轧辊下轧机的时间，确定磨床研磨量。

以 F2、F5 轧辊为例，轧辊的辊型曲线及拟合结果如图 5-26～图 5-29 所示。

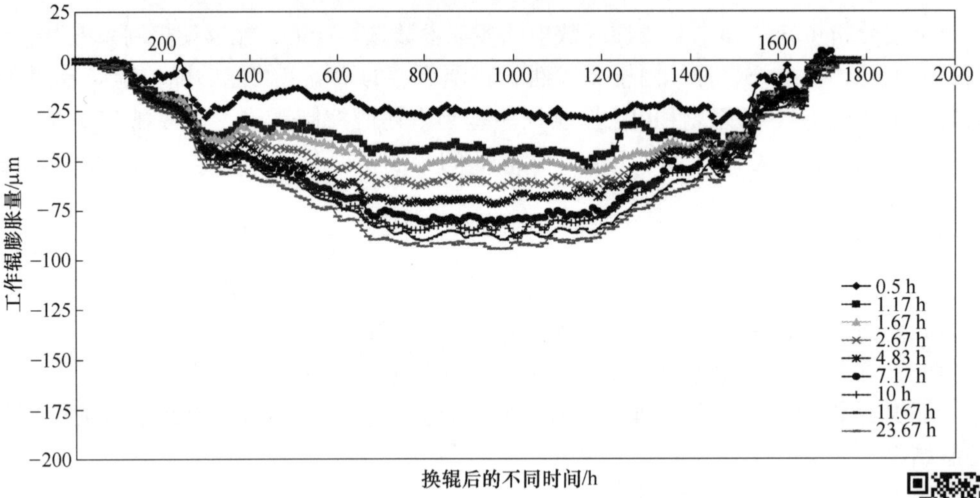

图 5-26　F2 随时间变化的工作辊膨胀量曲线

图 5-26 彩图

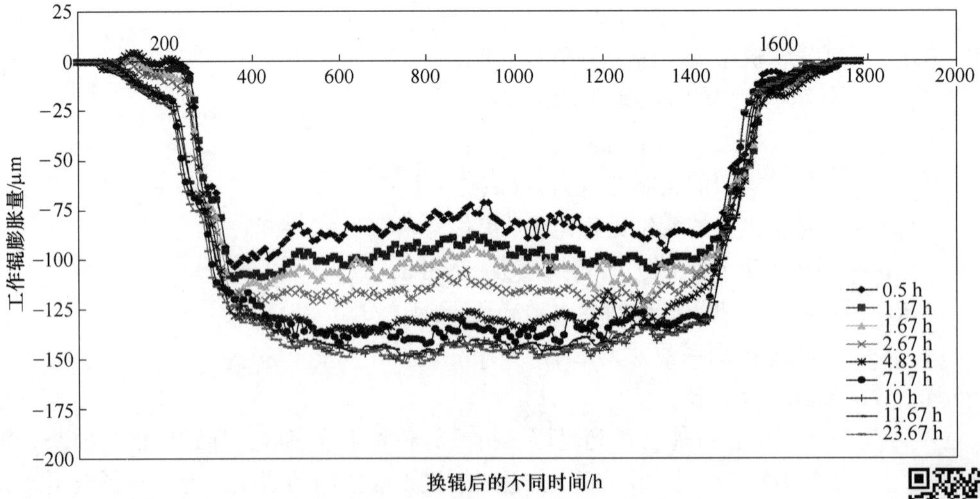

图 5-27　F5 随时间变化的工作辊膨胀量曲线

图 5-27 彩图

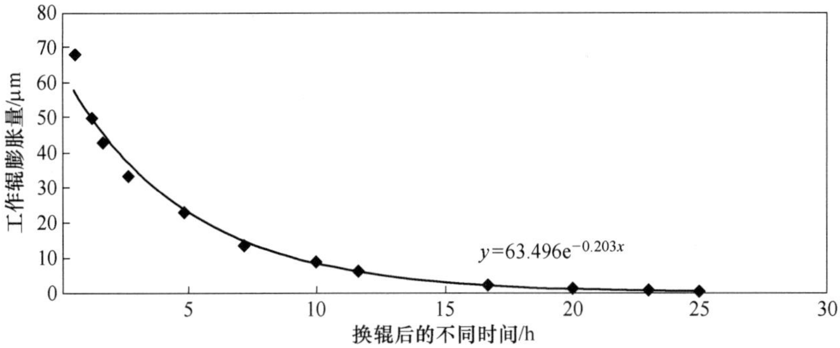

图 5-28 F2 轧辊下轧机后随时间变化的轧辊膨胀量拟合曲线

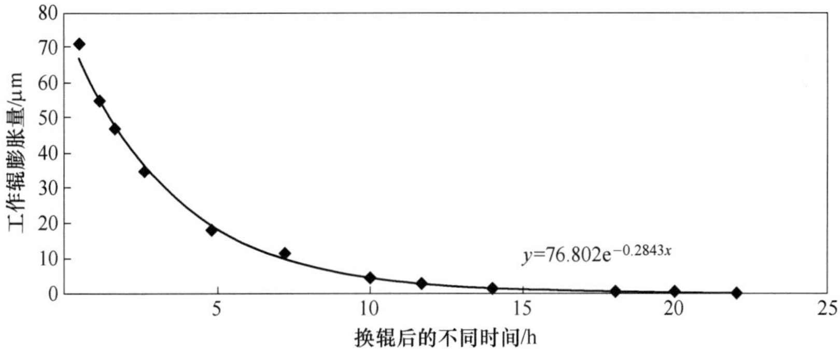

图 5-29 F5 轧辊下轧机后随时间变化的轧辊膨胀量拟合曲线

图 5-26 和图 5-27 中，这几条曲线是轧辊下轧机 0.5 h、1.17 h、1.67 h、2.67 h、4.83 h、7.17 h、10 h、11.17 h、23.67 h 后轧辊的膨胀量曲线。

F2 拟合公式为

$$y = 63.496e^{-0.203x} \tag{5-71}$$

F5 拟合公式为

$$y = 76.802e^{-0.2843x} \tag{5-72}$$

根据拟合公式，对任意时刻都可求出轧辊的膨胀量变化，再根据轧辊下轧机时的轧辊曲线和目标轧辊曲线，就可确定磨床的研磨量，从而使轧辊初始辊型可控。随着上述板形优化措施的逐渐实施，1780 mm 生产线的板形精度也随着逐渐提高，因卷形问题出现的废品率逐渐降低。

6 终轧与卷取运输链区控制

温度是热轧板带生产过程中最重要的工艺参数之一，由于温度将直接影响到热轧轧制力，因此精确预报轧机各机架的轧制温度是保证产品厚度、凸度命中的关键。

依据钢的内部组织，对不同的钢种、不同的性能要求有不同的轧制温度范围，其中最重要的是保证终轧温度及轧后冷却速度。

终轧温度对带钢质量有直接影响，其温度的高低在很大程度上决定轧后钢材内部的金相组织和力学性能。终轧温度过高可以使带钢表面产生氧化铁皮，影响成品带钢的表面质量。因此，将带钢终轧温度控制在钢的内部金相组织所需的范围内，是带钢质量控制的关键之一。精轧机组的终轧温度控制（FDT），包括带钢头部终轧温度设定和带钢全长终轧温度控制两个部分。

卷取运输链区控制最重要的是卷取温度控制（CTC），卷取温度控制和终轧温度控制一样，对带钢的金相组织影响很大，是决定成品带钢加工性能、力学性能、物理性能的重要工艺参数之一。卷取温度控制本质上是热轧带钢生产中的轧后控制冷却，轧后控制冷却影响产品质量的主要因素是冷却开始和终了的温度（冷却开始温度基本上就是终轧温度）、冷却速度以及冷却的均匀程度。

卷取温度应为 600~650 ℃。在此温度之内，带钢的金相组织已定型，可以缓慢冷却，而缓慢冷却对减小带钢的内应力也是有利的。过高的卷取温度，将会因卷取后带钢的再结晶和缓慢冷却而产生粗晶组织及碳化物的积聚，导致力学性能变坏，以及产生坚硬的氧化铁皮，使酸洗困难。如果卷取温度过低，一方面使卷取困难，且有残余应力存在，容易松卷，影响成品带卷的质量；另一方面，卷取后也没有足够的温度使过饱和的碳氮化合物析出，影响轧材性能。

不同品种、规格的带钢，在精轧机组中的终轧温度一般为 800~900 ℃，而取向硅钢的终轧温度为 980 ℃，带钢在 100 多米长的输出辊道上的运行时间仅为 5~15 s。为了在这么短的时间内使带钢温度降低 200~350 ℃，仅靠带钢在输出辊道上的辐射散热和向辊道传热等自然冷却是不可能的，必须在输出辊道的很长一段距离（70~80 m）上，设置高冷却效率的喷水装置，对带钢上下表面喷水，进行强制冷却，并对喷水量进行准确控制，以满足卷取温度的要求。

喷水强制冷却是一个很复杂的物理过程。冷却水和炽热的带钢接触时，带钢和水之间的巨大温差引起迅速的热传导，由于在带钢表面迅速形成隔热的蒸汽层，即“膜状沸腾”，结果出现一段低导热期，待到蒸汽层不再稳定地附着在钢板表面时，带钢和水重新接触，进入“泡核沸腾”期，此时产生很强烈的热传导。之后带钢逐渐变冷，热传导也相应地逐渐降低。任何强制冷却的效果，取决于蒸汽层膜的破坏及达到“泡核沸腾”的程度。冷却时生成的蒸汽膜对传热系数影响比较大，使传热系数在 1000~16000 $W/(m^2 \cdot K)$ 之间波动。

为了提高冷却效果，曾提出各种冷却方式。试验证明，低压大水量冷却系统的冷却效果比较好。20 世纪 60 年代以来，所建的热轧带钢轧机绝大部分都采用低压大水量的层流冷却。在输出辊道的上部为分组封闭式冷却水箱，装有一定数量的虹吸管，下部则为带压力的喷嘴式冷却系统。层流冷却几乎使钢板泡在水中，并且通过辊道两侧装置的侧喷嘴不断地吹动带钢表面的水按一定方向流动，破坏带钢表面的蒸汽层，并使表面的水不断更新，大大提高了冷却效率（比喷水式提高 30%~40%）。侧喷嘴的数量及安装角度将直接影响卷取温度的控制结果。

卷取温度控制的目的，就是通过层流冷却水段长度的动态调节，将不同情况（温度、厚度、速度）的带钢从比较高的终轧温度迅速冷却到所要求的卷取温度，使带钢获得良好的金相组织和力学性能。

6.1 终轧温度控制

终轧温度控制（FDT）是精轧出口温度控制，它是通过控制机架间的冷却水及主轧机的增减速来实现对精轧出口温度的控制。根据二级数模的设定打开机架间冷却水阀及水的压力，一级数模根据精轧出口高温计的反馈值对水的压力、二级数模设定未开的冷却水阀及主轧机的速度进行控制，以达到控制精轧出口温度的目的。

主要控制过程如下：首先二级数模设定四个偏差极限值分别为 LOWER LIMIT1、LOWER LIMIT2、UPPER LIMIT1、UPPER LIMIT2。当精轧出口温度高于目标温度并且温度偏差大于设定 UPPER LIMIT1 时，开始增加冷却水的压力；当温度偏差大于 UPPER LIMIT2 时，需增加冷却水的压力，保持主轧机的速度以达到控制精轧出口温度的目的。如果出口温度仍未降下来，将二级数模设定未开的冷却水阀依次打开，同时依次增加水压控制出口温度。当精轧出口温度低于目标温度并且温度偏差在 LOWER LIMIT1 和 LOWER LIMIT2 之间时，控制主轧机的速度为低加速；当温度偏差小于 LOWER LIMIT2 时，控制主机的速度为高加速，同时依次减小水的压力直至关闭冷却水阀。

6.2 精轧机换辊

精轧机的快速更换工作辊装置由设在操作侧的固定轨道、可升降托架、横移列车及换辊拖车组成。换辊时间小于 10 min（换辊时间在自动程序范围内设定，从活套导板及挡水板后退开始，至工作换辊后的活套、导板以及挡水板前进结束为止）。

在换工作辊前，换辊拖车将磨辊间磨好的新工作辊推到横移列车桥架新辊摆放位置上。当换辊时，拖车先将旧辊拉入横移列车上，横移列车由液压缸带动将新辊对准机架，然后拖车将横移列车上的新辊推入机架，最后再将横移列车上的旧辊拉入磨辊间。

支承辊换辊机由滑座、轨道、液压缸组成，设置在操作侧的地下。滑座是通过其上面的阶梯垫承载下支承辊及轧制力和调整轧线标高，并且在换辊时沿轨道滑动，轨道是一个焊接的整体构件，前端与操作侧机架把合连接后端与推拉液压缸的前端轴承座把合。推拉缸前端支座把在轨道后端承受推拉力，后端支座坐到地基上。当换辊时（此时工作辊已换出），推拉缸先将滑座、阶梯垫、下支承辊一同拉出，同时工作辊换辊装置的可升降托架跟随下降。拉出后在下支承辊轴承座上安装换辊托架，推拉缸再将下支承辊等推入机架，上支承辊落在换辊托架上，然后推拉缸将一对支承辊拉出，吊走旧辊换上新辊。换辊过程中，工作辊换辊装置的可升降托架始终跟随推拉缸动作升降。

6.3　精轧侧导板位置控制

精轧侧导板均采用液压系统进行实时控制，导板位置控制分为自动、半自动和手动方式。自动方式按二级计算机设定或由操作工预设定摆好导板开口度，导板开口度标定由操作工手动完成。

精轧侧导板有短行程控制，控制时序：剪前导尺在“HMD ON”后延时剪前导尺短行程关闭控制，F_i 导尺在 F_i 咬钢后延时 F_i 导尺短行程关闭控制。

6.4　卷取运输链区控制功能

6.4.1　输出辊道控制

6.4.1.1　总体描述

输出辊道控制的目的是使从精轧机高速轧出的带钢平稳地进入卷取机，同时对带钢头尾在输出辊道上的位置进行正确跟踪，为其他卷取区域控制功能的实现提供保证。

6.4.1.2　控制内容

（1）超前速度控制。当带钢头部离开精轧机末机架而未进入卷取机时，带钢头部在输出辊道上，输出辊道速度要比精轧机末架的速度稍快，称之为输出辊道的超前率。

（2）精轧同步速度。在带钢头部已经到达卷取机卷筒上并且尾部还没有离开精轧机时，输出辊道的速度和精轧机末机架同步。

（3）滞后速度控制。正在卷取的带钢，当带钢尾部离开精轧机末机架后，输出辊道的速度滞后于精轧机末机架而产生一个向后的拉力，称之为输出辊道的滞后率。

（4）带钢头部跟踪。带钢头部出精轧机末机架开始，对输出辊道上的带钢头部就开始跟踪，直到卷取机卷上带钢为止。跟踪距离通过带钢速度计算出来后，就能知道带钢在辊道上的位置。卷取部分的热金属检测器，激光传感器，卷取宽度计，卷取高温计对带钢头部跟踪有修正作用。

控制功能包括：卷取机侧导板短行程控制、卷取机选择手动介入位置限制、卷取负荷信号检出条件、卷取机助卷辊自动跳步控制及其起动限制条件等，这些都需要使用带钢头部跟踪数据。

（5）带钢尾部跟踪。带钢尾部离开精轧机末机架开始，对输出辊道上的带钢尾部就开始跟踪，跟踪距离通过带钢速度计算出来后，就能知道带钢尾部在辊道上的位置。相应的辊道在带钢尾部离开后就完成了本块带钢的运输过程，为下一块带钢的运输做准备。卷取部分的热金属检测器，激光传感器，卷取宽度计，卷取高温计对带钢尾部跟踪有修正作用。

卷取机的自动减速和停车、卷取机侧导板的开口度控制、卷取机夹送辊辊缝控制、输出辊道和卷取机的冷却水控制等功能需要使用带钢尾部跟踪数据。

（6）尾部自动减速控制。为保证卷取结束时卷取机的准确停车，在辊道上高速传送的带钢尾部要在进入卷取机前自动减速，要根据带钢初始速度在带钢到达卷取机前低速点时把速度减到爬行速度。

6.4.1.3 输出辊道和卷取机速度图

输出辊道和卷取机速度如图 6-1 所示。

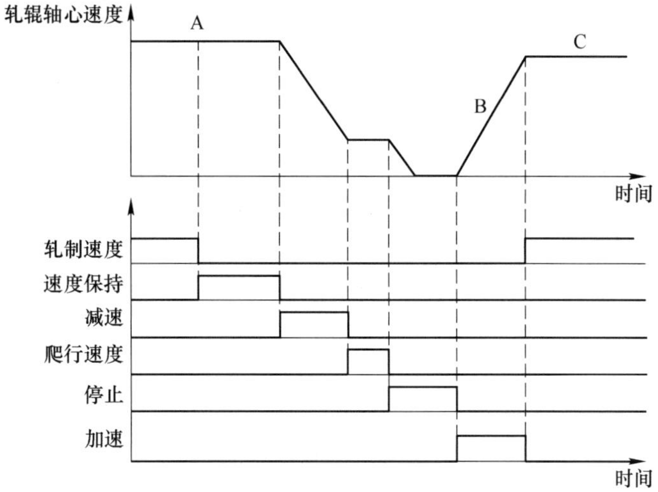

图 6-1 输出辊道和卷取机速度图

A—带钢尾部离开精轧机时；B—卷取机为准备卷取升速时；C—卷取机准备下一块带钢的等待速度

6.4.2 卷取温度控制

6.4.2.1 功能构成

(1) 卷取温度控制（CTC）由以下功能构成：

1) 初始方式控制；

2) 动态方式设定；

3) 反馈控制；

4) 学习计算；

5) 层流阀方式设定；

6) 层流阀“ON/OFF”控制。

其中，1）和 6）的功能由二级计算机完成，其余由一级计算机完成。

(2) 卷取系统温度控制框图，如图 6-2 所示。

6.4.2.2 卷取温度控制计算流程

图 6-3 中，v 表示带钢速度，CT 表示卷取温度，FDT 表示精轧机出口温度。

(1) 精轧机 F2 咬钢开始传送初始计算数据；

(2) 精轧出口温度计稳定检测到带钢开始改变设定计算（动态设定）；

(3) 卷取温度计稳定检测到带钢经过固定时间开始反馈计算；

(4) 根据卷取温度计的时序在每一个学习点进行学习计算。

6.4.2.3 功能概述

A 初始方式设定（二级计算机）

在带钢头部到精轧机之前执行计算。在这次计算中，如控制参数，在控制方式和冷却方式等控制信息已经确定的情况下进行初始阀方式计算。初始阀方式计算的目的是保证带

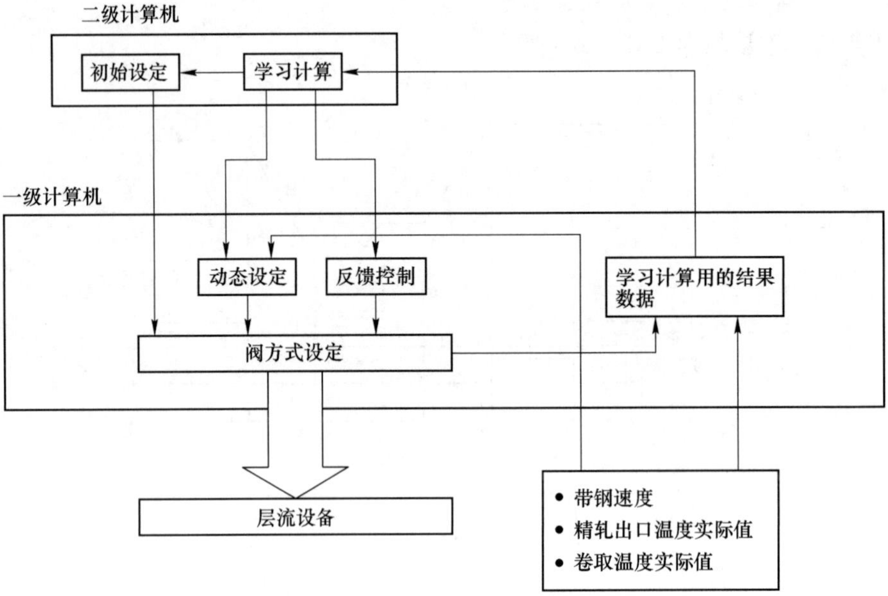

图 6-2　卷取系统温度控制框图

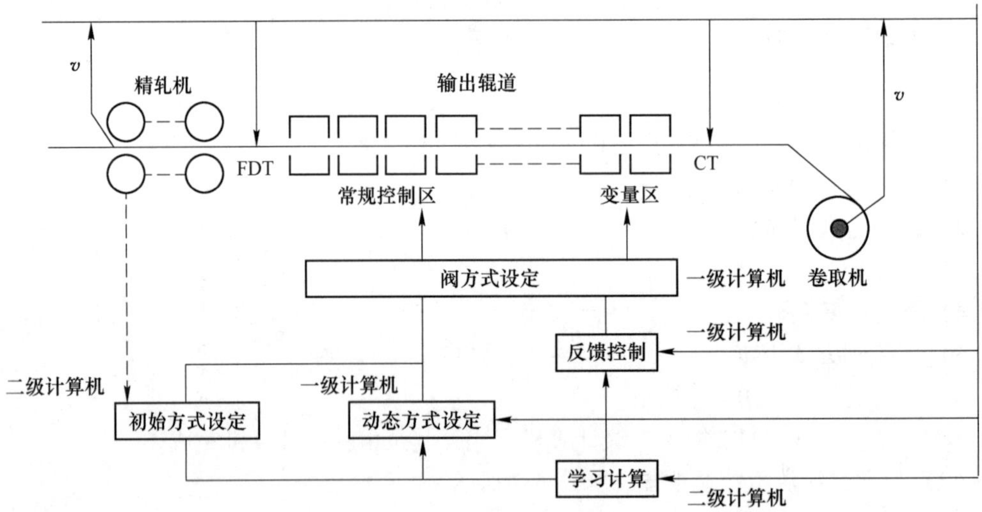

图 6-3　卷取温度控制计算流程

钢头部的目标卷取温度，初始计算依赖于预测的精轧出口温度和目标卷取温度进行预设定。阀方式保持初始设定到动态设定开始前，动态设定开始后的控制信息由动态设定确定。

冷却阀方式：在前段冷却区急冷，在后段冷却区急冷，缓冷（均匀冷却）。

冷却方式示意图如图 6-4 所示。

B　动态方式设定

动态设定是一级计算机根据跟踪信号，按照原始固定长度的控制点计算。根据预期的精轧温度变化，卷取速度变化和目标水流传导率变化，并且收集固定长度控制点的结果数

项目	输出辊道阀方式	备注
在前段冷却区急冷	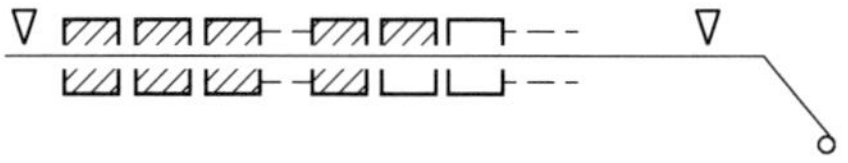	
在后段冷却区急冷	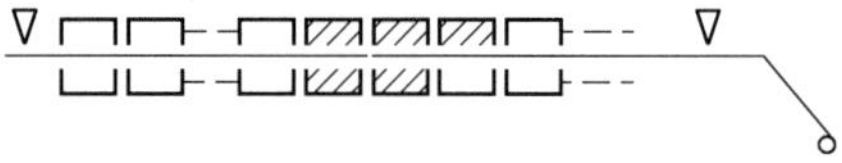	冷却点靠近卷取高温计
缓冷	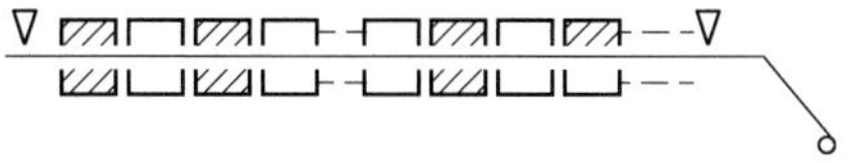	控制冷却速率

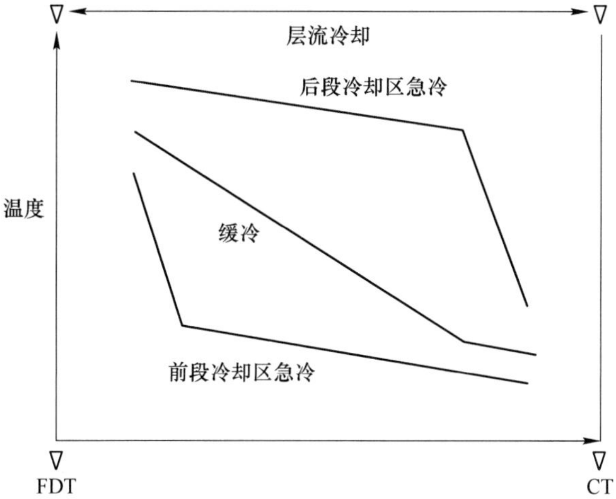

图 6-4　冷却方式示意图

据进行计算。阀的开关控制冷却量在卷取过程中是动态进行的，根据初始冷却方式中确定的顺序进行阀状态的编辑。

（1）一般冷却控制计算。通常计算方法与初始计算相同，阀方式根据精轧出口温度测定结果和每个控制点的速度计算。

（2）冷却率计算。计算方法与初始计算相同，阀方式根据精轧出口温度测定结果和每个控制点的速度计算。

C　反馈控制（一级计算机）

在带钢头部到达卷取入口高温计是反馈控制起动时序，按固定循环执行。根据目标卷取温度和实测卷取温度的误差，按比例积分的控制方式计算变量区的阀方式，变量区能够根据初始设定随带钢厚度和钢种变化。

D　学习计算（二级计算机）

为提高温度模型的精度，在模型中有根据预期卷取温度和测量卷取温度的学习系数。

学习系数对每块带钢都进行学习，根据带钢的厚度、温度、冷却方式和钢种分层别。

6.4.3　卷取机顺序控制

6.4.3.1　卷取条件

（1）辊道和卷取机自动运转必须满足以下条件：

1）辊道上和卷取机之间（不包含卷取结束的带钢）最多允许有两块带钢；

2）辊道上最多允许有一块浮动带钢。

（2）只有以下六种情况是合法的卷取状态，如图 6-5 所示。

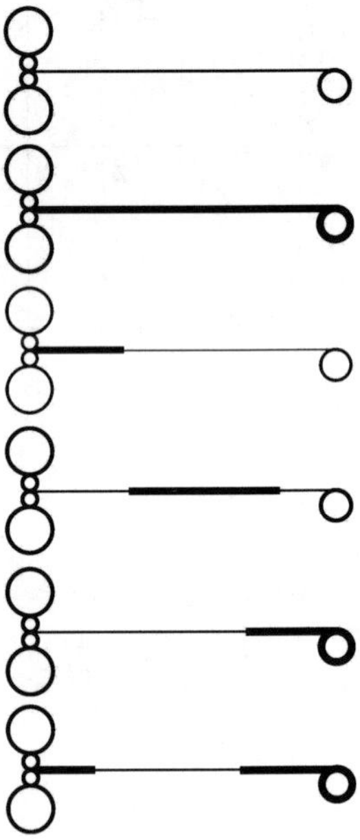

图 6-5　卷取状态示意图

6.4.3.2　卷取机卷钢条件

（1）任意一台卷取机满足以下条件时就具备卷取条件：

1）输出辊道和本台卷取机的所有电机传动设备（卷筒、夹送辊、助卷辊、压力辊）以与精轧机匹配的速度运转（隐含具备相关电机连锁条件：电机冷却风机工作、减速机润滑压力正常、电机抱闸打开、夹送辊锁紧、电气传动系统无重故障等）；

2）卷筒减速机选择已完成；

3）活动支撑关闭；

4）卷筒在预胀位置；

5）助卷辊抱上位置；

6）门导板下降位置；

7）卸卷小车不干涉；

8）卷取机夹送辊、助卷辊、侧导板标定完成；

9）PLC 及液压控制器工作正常；

10）液压伺服系统无重故障；

11）上游卷取机条件满足。

（2）精轧机进钢卷取连锁条件：至少一台卷取机具备上述卷取条件且卷取区域具备卷取条件时，精轧机进钢卷取连锁条件满足。

6.4.3.3　卷取机切换逻辑

当一台以上卷取机具备前述的卷钢条件时，要确定来钢时用哪一台卷取机卷钢，这就是卷取机选择（切换）逻辑。

（1）卷取机自动切换逻辑：

1）三台卷取机都具备条件时按 1→2→3→1 的顺序依次卷取，计算机初始化默认使用 1 号卷取机；

2）当有一台卷取机不具备条件时，另两台卷取机轮流使用。例如，2 号卷取机不具备条件，按 1→3→1 的顺序依次卷取。

（2）卷取机手动切换逻辑：

1）允许操作员通过 OPS（Operator Station）选择使用或不使用任意卷取机，选择不使用的卷取机卷筒和助卷辊主传动停机状态，当然也不具备卷钢条件；

2）在生产过程中操作员临时不想用自动切换逻辑选中的卷取机卷钢时，满足手动切换条件时允许通过 OPU（操作员）切换到其他具备条件的卷取机卷钢。

6.4.3.4 卷取机卷钢准备

卷取机切换逻辑选中准备卷钢的卷取机进行以下准备动作：

（1）活门上升；

（2）夹送辊摇臂下降；

（3）助卷辊初始辊缝设定；

（4）侧导板初始宽度设定；

（5）夹送辊初始辊缝设定。

6.4.3.5 卷取机冷却水控制

（1）自动功能：

1）夹送辊冷却水，标定辊缝和本台卷取机卷钢或模拟卷钢时使用，下夹送辊冷却水在下游卷取机卷钢或模拟卷钢时也使用；

2）助卷辊冷却水，标定辊缝和本台卷取机卷钢或模拟卷钢时使用，卸卷时助卷辊抱时固定时间冷却卷筒；

3）跟踪冷却水，二级设定，卸卷时助卷辊抱时固定时间冷却卷筒；

4）夹送辊前交叉喷射水，本台卷取机卷钢或模拟卷钢时使用。

（2）手动功能：非急停状态下任何时间允许通过 OPS 手动操作。

6.4.4 卷取机主令控制

6.4.4.1 手动方式

手动操作允许正转、反转和停止，手动操作分为点动和同步操作两种。点动分为通过一级计算机的正常点动和硬件回路的紧急点动，正常点动的最大速度限制为 5 m/s。同步操作主要用于处理废钢，可以使一台卷取机的传动设备和输出辊道以相同的速度同步运转。

6.4.4.2 自动方式

自动方式包括以下情况：

（1）在精轧机抛钢前卷取机以与精轧机匹配的速度运转；

（2）精轧机抛钢到减速前，卷取机速度以精轧机抛钢时的速度为基准；

（3）减速和停车在前面输出辊道控制和尾部停止功能的部分有叙述；

（4）卸卷完成后为下一块带钢卷取做准备，速度按与精轧机匹配的速度运转。

6.4.4.3 辊缝标定时的速度控制

卷取机夹送辊辊缝标定时，上下夹送辊以相同的固定速度运转；卷取机夹助卷辊缝标定时，助卷辊和卷筒以不同的固定速度运转。

6.4.5 卷取张力控制

卷取机的张力控制是最大输出转矩控制，就是采取控制卷筒电机变频器的输出转矩（通过控制电机力矩电流实现）的方式。

6.4.5.1　基本关系式

卷取机工作示意图如图 6-6 所示。图 6-6 中，T 为带钢张力，kg；v 为线速度，m/s；D 为卷径，m。

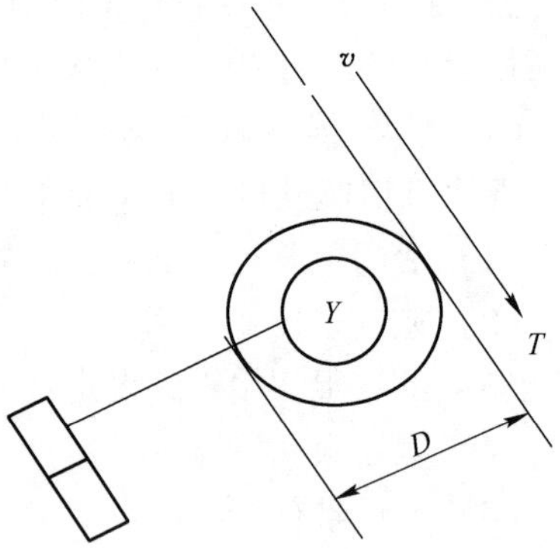

图 6-6　卷取机工作示意图

当带钢以固定的速度 v 和张力 T 运行时，电机的功率 P 可以由电机转子的角速度以及电机输出转矩得到

$$P = \omega M \times 10^{-3} \tag{6-1}$$

式中　P——电机的功率，kW；

ω——电机转子角速度，$\omega = 2\pi \times (N/60)$，rad/s；

M——电机输出转矩，$M = (D/2) \times T \times GR \times 9.8$，kN · m。

$$P = (2\pi N/60) \times (D/2) \times T \times GR \times 9.8 \times 10^{-3} \tag{6-2}$$

令 $v = \pi \times D \times N \times GR$ 。

$$P = T \times v \times 9.8/(60 \times 10^{-3}) \tag{6-3}$$

电机输出功率为

$$PM = T \times v \div (60 \times 102 \times \eta) \tag{6-4}$$

电机功率可表示为电机电流 I 的如下函数

$$PM = Kc\varphi NI \tag{6-5}$$

可以推导出张力 T

$$T = 60 \times 102 \times \eta \times Kc \times \varphi \times I \div (\pi \times D \times GR) = KF \times \varphi \times I/D \tag{6-6}$$

式中　N——电机转速，r/min；

GR——减速比；

P——机械功率，kW；

η——传动效率；

Kc——常数；

φ——电机磁通量。

6.4.5.2　卷取张力控制

A　总体描述

卷取张力控制包含功能为：在卷取过程中根据卷径的变化实时计算带钢张力力矩、弯曲力矩、机械损耗等，从而控制卷筒电机的输出力矩，保证卷取张力在卷取过程的可靠控制。

它的主要功能：张力力矩计算、弯曲力矩补偿、惯性力矩补偿、机械损耗补偿。

B　电机力矩计算公式

(1) 张力力矩计算公式为

$$T_F = F_T \times (D/2) \times \gamma \tag{6-7}$$

$$F_T = Ut \times W \times h \tag{6-8}$$

式中　Ut——单位张力，kg/mm^2；

T_F——张力力矩；

D——钢卷直径，m；

W——带钢宽度；

h——带钢厚度；

γ——齿轮减速比。

（2）弯曲力矩。带钢弯曲变形所需的屈服力矩在电机总输出力矩中占有较大比重，弯曲力矩随材料性能及其尺寸有很大变化，所以这部分力矩的计算很重要。

$$T_B = W \times h^2 \times \sigma \times \gamma \tag{6-9}$$

式中 T_B——弯曲力矩；

σ——屈服应力。

（3）惯性力矩。卷取机卷钢时卷筒速度在变化，为保持带钢张力控制准确，需根据卷筒转动惯量计算加减速力矩，而卷筒转动惯量也随卷取直径进行变化。

$$T_i = (GD^2/375) \times (\mathrm{d}N/\mathrm{d}t) = (GD^2/375) \div (\pi \times D) \times (\mathrm{d}v/\mathrm{d}t) \tag{6-10}$$

$$GD^2 = C + \gamma^2 \times [C_1 + C_2 \times W \times (D^4 - D_0^4)] = GD_0^2 + (\pi \div 8) \times \rho \times W \times (D^4 - D_0^4) \tag{6-11}$$

式中 GD^2——电机轴上全部转动惯量之和；

GD_0^2——固定部分的转动惯量（含电机和卷筒）；

ρ——带钢密度，$7.8 \times 10^3\ \mathrm{kg/m^3}$；

T_i——惯性力矩。

（4）机械损失力矩。速度一定时，机械损失力矩 T_M 等于固定值。

C 卷取直径计算

（1）速度比方式（A 方式），采用速度比的方式计算卷径的基本公式为

$$D = v_L/(\pi N) \tag{6-12}$$

式中 D——卷径；

v_L——带材线速度；

N——卷筒转速。

（2）卷取圈数计数方式（B 方式），采用卷取圈数计数方式计算卷径的基本公式为

$$D = \sqrt{\frac{D_W^2 + 2D_0D_W}{\sigma} + D_0^2} \tag{6-13}$$

$$D_W = c \times 2 \times h \tag{6-14}$$

式中 D_0——切换到 B 方式时的初始卷径；

c——切换到 B 方式后卷筒的旋转圈数计数值；

h——板厚（设定值）；

σ——占积率（≤1.0），考虑带钢层与层之间间隙的校正系数。

（3）B 方式通常不单独使用，仅当精轧机末架抛钢时，才从 A 方式切换到 B 方式。

图 6-7 为卷取张力控制框图。

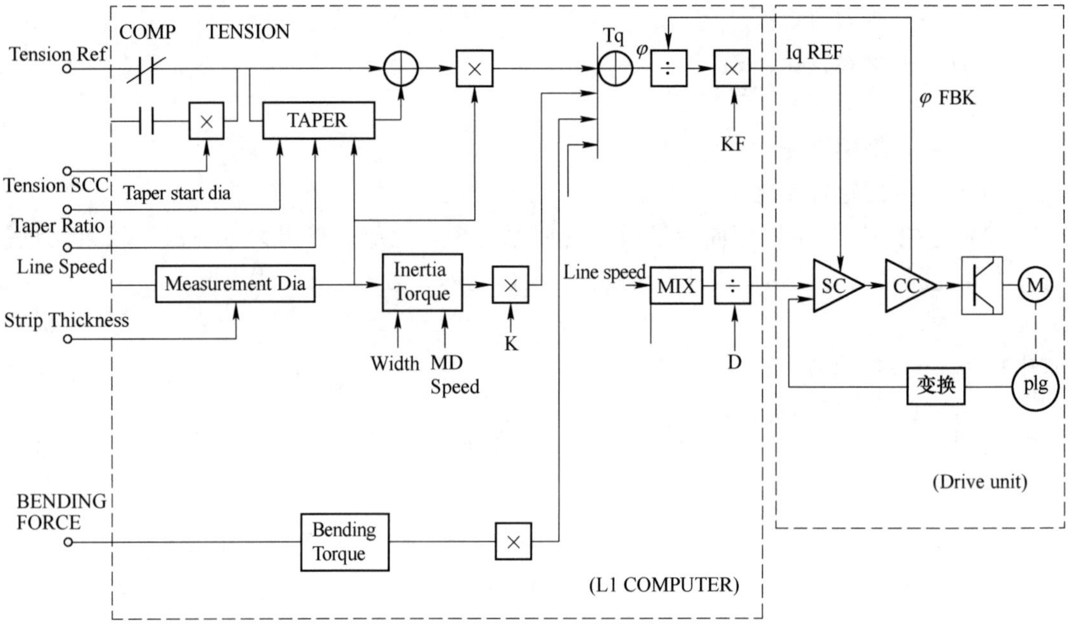

图 6-7　卷取张力控制框图

6.5　卷取机入口侧导板开口度

6.5.1　总体描述

卷取机入口侧导板传动侧和操作侧分别由两个伺服阀控制，由机械保证侧导板的平行度。液压缸内置位置传感器，液压缸中两个腔的液压回路中接压力传感器 PT。

6.5.2　侧导板开口度液压传动系统控制模式

卷取机入口侧导板开口度液压传动系统有两种控制模式：一种是 APC（自动位置控制）模式；另一种是 AFC（自动力控制）模式。

（1）APC 模式：自动位置控制。侧导板位置控制是通过比较设定值和实际反馈值来控制侧导板开口度，实际位置通过安装在液压缸内的位置传感器检测出来，设定值和反馈值的偏差通过 PI（比例积分）环节给到伺服阀的输出，如图 6-8 所示。

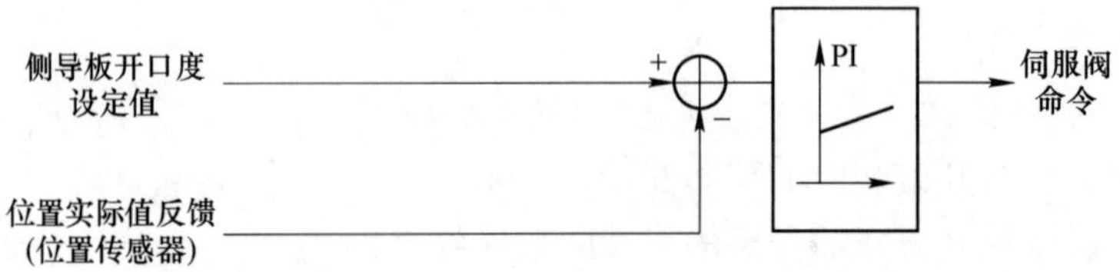

图 6-8　侧导板开口度液压传动系统的自动位置控制模式

（2）AFC 模式：自动力控制模式。侧导板力控制是通过比较压力设定值和实际反馈值来控制侧导板压力，实际压力通过安装在侧导板液压缸有杆腔和无杆腔内的压力传感器检测出液压缸的压力，液压缸的压力在机架控制器中变换成侧导板力的实际值。机架控制器计算侧导板力设定值和实际值的偏差，偏差通过 PI（比例积分）环节给到伺服阀的输出，如图 6-9 所示。

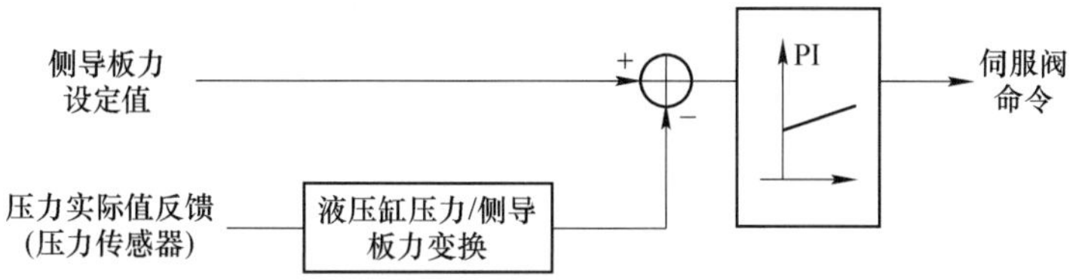

图 6-9 侧导板开口度液压传动系统的自动力控制模式

6.5.3 卷取机入口侧导板控制系统

卷取机侧导板控制系统有位置和力两种闭环控制方式。机架控制器把基准值和命令输出给位置环和压力环，在不同工作状态下可以选择其中一种闭环控制方式，如图 6-10 所示。

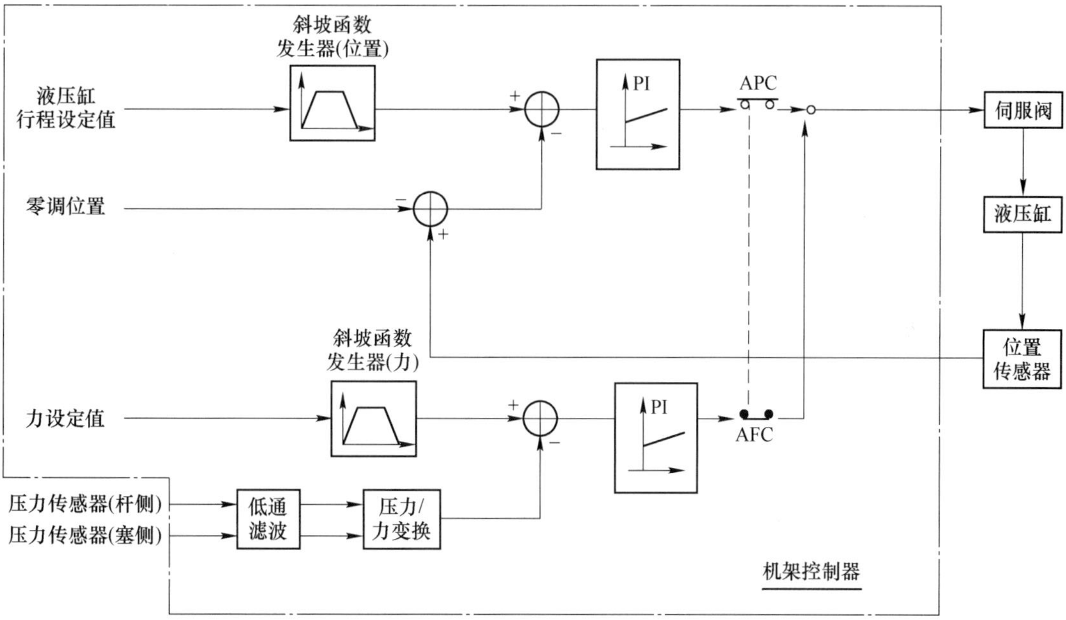

图 6-10 侧导板开口度控制系统框图

6.5.4 卷取机侧导板标定

选择卷取机侧导板标定辊缝，使计算机控制的辊缝和实际辊缝一致，如图 6-11 所示。

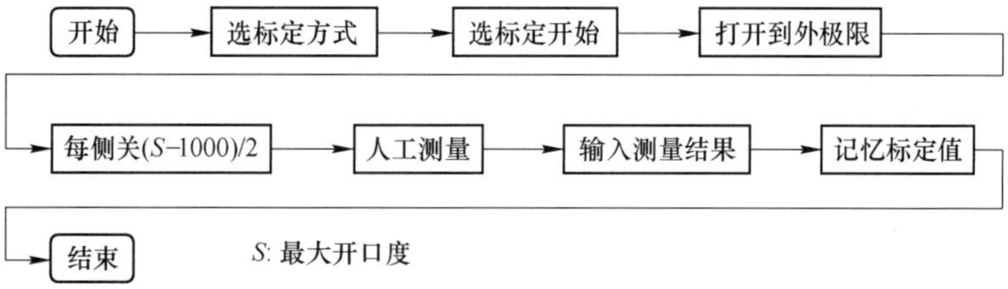

图 6-11 卷取机侧导板标定流程框图

6.6　卷筒胀缩控制

（1）总体描述。卷筒胀缩由伺服控制，用位置传感器检测胀缩量。

（2）控制方式。卷筒胀缩采用位置闭环控制（APC），通过比较卷筒直径设定值和实际反馈值来控制卷筒胀缩。实际位置通过安装在卷筒后面的外置位置传感器检测出液压缸位移，在计算机中把液压缸位移变换成卷筒得到的。

（3）功能描述。卷筒胀缩正常工作位置有缩位置、预胀位置、胀位置三个。手动操作时可以在上述三个位置间转换。自动方式下在卷取机不卷钢时，卷筒胀缩在预胀位置；正在卷取带钢时，卷筒胀缩在胀位置；卷取机卸卷时，卷筒胀缩在缩位置。

6.7　夹送辊辊缝控制

6.7.1　总体描述

卷取机夹送辊操作侧和传动侧各有一个辊缝调节液压缸，每个液压缸分别内置位置传感器，每个液压缸在两个腔的液压回路中接压力传感器 PT。

6.7.2　夹送辊辊缝液压传动系统控制模式

夹送辊辊缝液压传动系统有两种控制模式：一种是 APC（自动位置控制）模式，另一种是 AFC（自动力控制）模式。

（1）夹送辊辊缝位置控制是通过比较辊缝设定值和实际反馈值控制夹送辊辊缝。实际位置通过安装在夹送辊辊缝液压缸内的位置传感器检测出来，设定值和反馈值的偏差通过 PI（比例积分）环节给到伺服阀的输出，如图 6-12 所示。

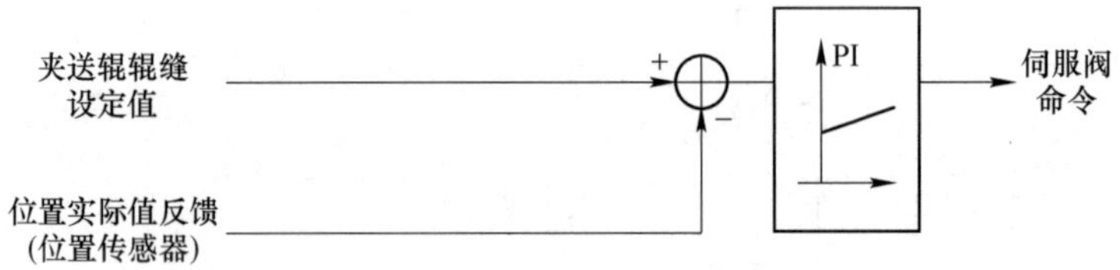

图 6-12　夹送辊辊缝液压传动系统的自动位置控制模式

（2）AFC 模式：自动力控制

夹送辊辊缝压力控制是通过比较压力设定值和实际反馈值来控制夹送辊压力。实际压力通过安装在夹送辊辊缝液压缸有杆腔和无杆腔内的压力传感器检测出液压缸的压力，液压缸的压力在 POWER PC 中变换成夹送辊力实际值。POWER PC 计算助卷辊力设定值和实际值的偏差，偏差通过 PI（比例积分）环节给到伺服阀的输出，如图 6-13 所示。

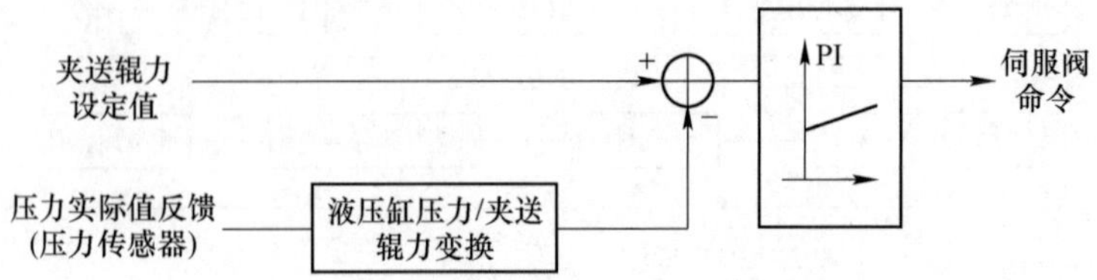

图 6-13　夹送辊辊缝液压传动系统的自动力控制模式

6.7.3　夹送辊辊缝控制系统

夹送辊辊缝控制系统由机架控制器和 POWER PC 单元组成。机架控制器输出基准值和命令给 POWER PC 单元，POWER PC 单元有位置和力两种闭环控制方式。在不同工作状态下可以选择其中一种闭环控制方式，如图 6-14 所示。

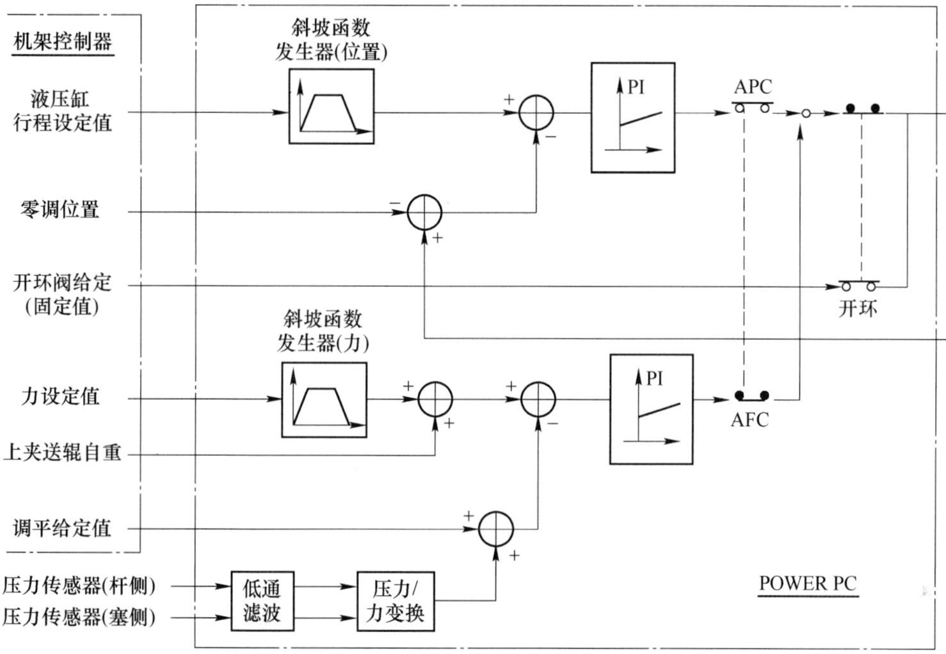

图 6-14　夹送辊辊缝控制系统框图

6.7.4　夹送辊辊缝标定

选择夹送辊标定辊缝，使计算机控制的辊缝和实际辊缝一致，如图 6-15 所示。

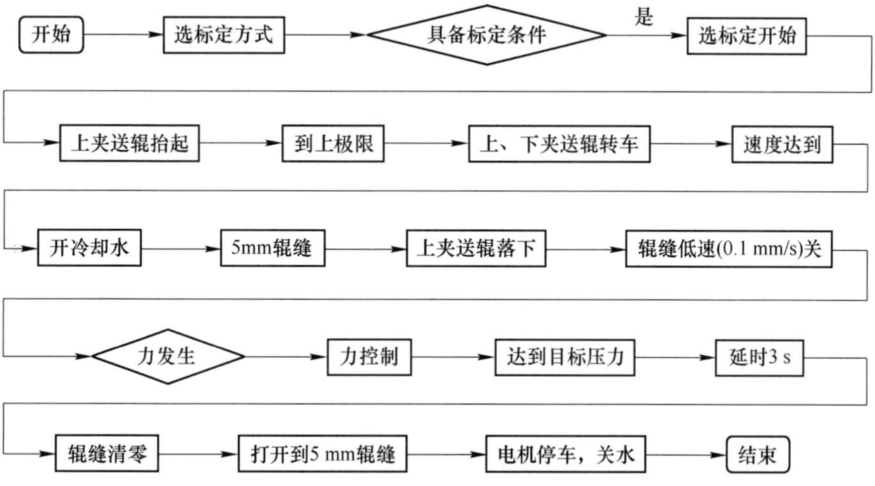

图 6-15　夹送辊辊缝标定流程图

6.8 自动跳步控制

6.8.1 总体描述

一台卷取机有三个助卷辊，每个助卷辊辊缝由一个伺服阀控制，由机械保证辊的水平，控制系统不控制辊的调平。液压缸内置位置传感器，液压缸内两个腔的液压回路中接压力传感器 PT。

6.8.2 助卷辊辊缝液压传动系统控制模式

助卷辊辊缝液压传动系统有两种控制模式：一种是 APC（自动位置控制）模式，另一种是 AFC（自动力控制）模式。

（1）APC 模式：自动位置控制。助卷辊辊缝位置控制是通过比较辊缝设定值和实际反馈值控制助卷辊辊缝。实际位置通过安装在助卷辊辊缝液压缸内的位置传感器检测出液压缸位移，在 POWER PC 中把液压缸位移变换成助卷辊辊缝得到的。设定值和反馈值的偏差通过 PI（比例积分）环节给到伺服阀的输出，如图 6-16 所示。

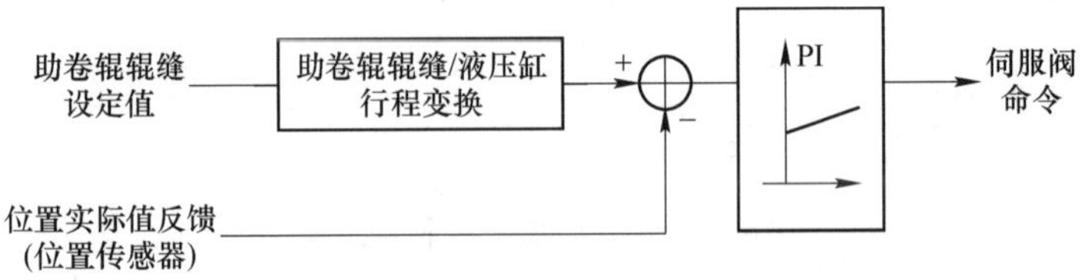

图 6-16 助卷辊辊缝自动位置控制图

（2）AFC 模式：自动力控制。助卷辊辊缝压力控制是通过比较压力设定值和实际反馈值控制助卷辊压力。实际压力通过安装在助卷辊辊缝液压缸有杆腔和无杆腔内的压力传感器检测出液压缸的压力，液压缸的压力考虑助卷辊摇臂自重的情况下在 POWER PC 中变换成助卷辊力实际值。它计算助卷辊力设定值和实际值的偏差，偏差通过 PI（比例积分）环节给到伺服阀的输出。

助卷辊辊缝控制系统框图如图 6-17 所示。助卷辊辊缝控制系统由机架控制器和 POWER PC 单元组成。机架控制器输出基准值和命令给 POWER PC 单元；POWER PC 单元有位置和力两种闭环控制方式，在不同工作状态下可以选择其中一种闭环控制方式。

6.8.3 跳步控制

执行自动跳步控制可以减小卷取时带钢头部的压痕，头部压痕是由于带头和助卷辊相撞产生的，这种压痕在厚规格带钢中比较明显。

跳步控制是指助卷辊在带钢头部到达助卷辊之前跳起（位置控制），在带钢头部通过助卷辊以后助卷辊向卷筒方向压下（压力控制）。图 6-18 是跳步的示意图。

6.8.4　助卷辊辊缝标定

选择助卷辊标定辊缝，使计算机控制的辊缝和实际辊缝一致，如图 6-19 所示。

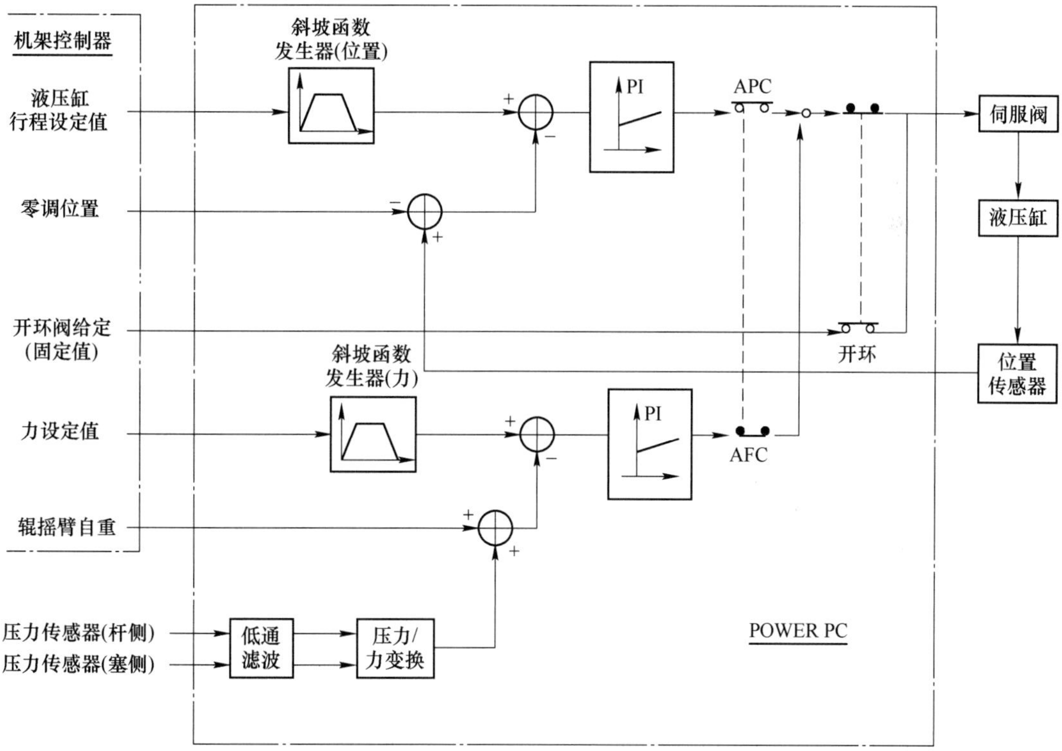

图 6-17　助卷辊辊缝控制系统框图

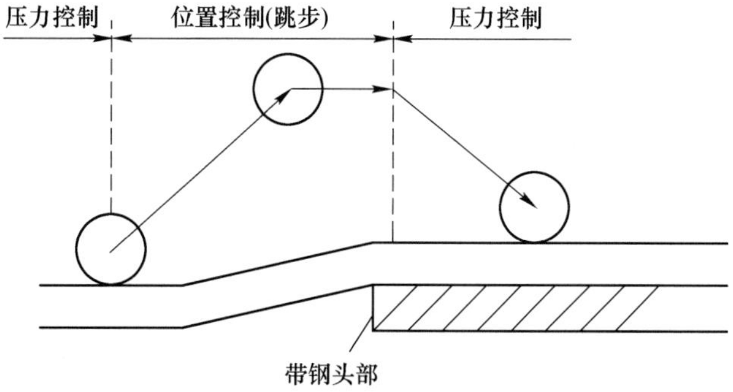

图 6-18　跳步控制示意图

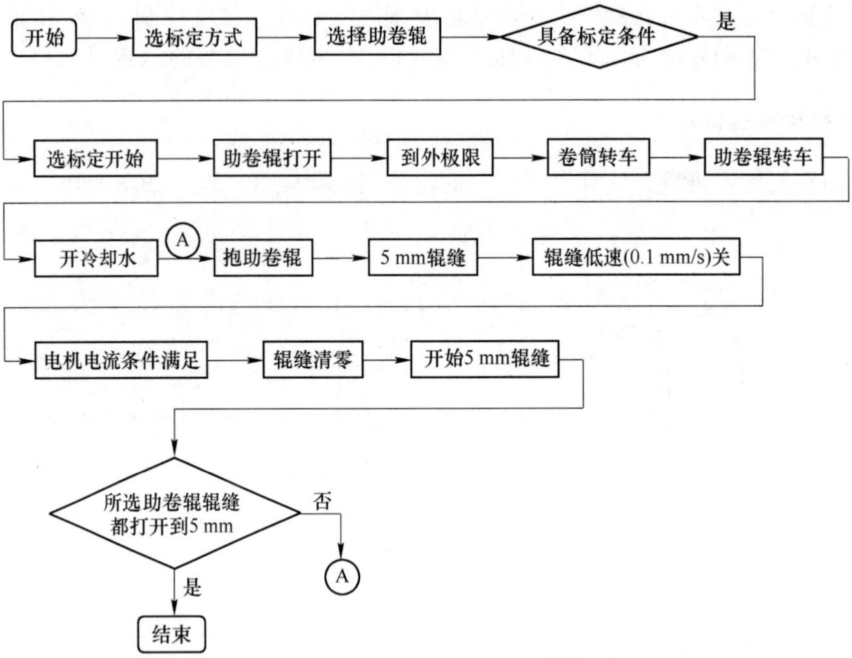

图 6-19　助卷辊辊缝标定流程图

6.9　尾部自动停车控制

当带钢尾部出精轧机就开始尾部的自动跟踪，尾部自动停车控制示意图如图 6-20 所示。当带钢到达在 K 道上的减速点时（通过带钢速度、目标减速速度（即爬行速度）、减速时的加速度计算出来），按照要求的加速度减速到爬行速度。带钢以爬行速度通过夹送辊前的 HMD 然后继续减速，最终停在卷筒的目标角度上。

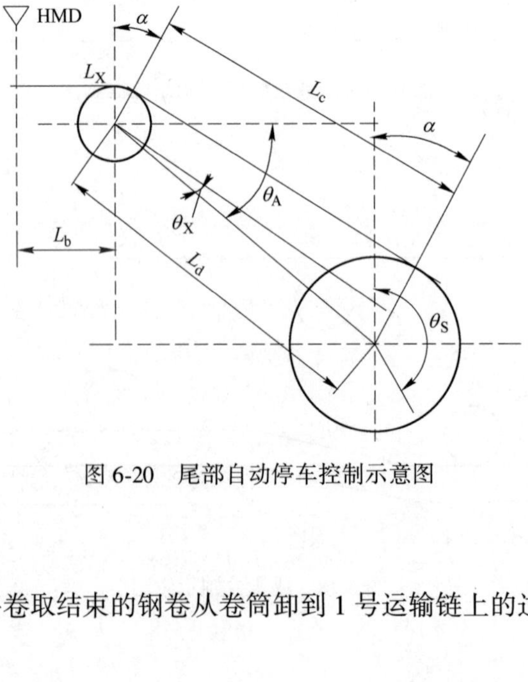

图 6-20　尾部自动停车控制示意图

6.10　卸卷控制

卷取机卸卷是指将卷取结束的钢卷从卷筒卸到 1 号运输链上的过程，涉及的设备包括卸卷小车、卷取机步进梁、打捆机、卷筒胀缩等。

所有卸卷设备除打捆机外可以在操作台手动操作（主要通过 OPS），自动卸卷分为三段自动程序：

(1) 从卸卷小车预升准备接卷到卸卷小车向打捆机送卷之前，包括卸卷小车两次预升并接卷、手动对尾、活动支撑打开、卷筒缩径等过程；

(2) 从卸卷小车送卷到打捆机，再到回到卷取机内原始位置及活动支撑，卷筒胀缩归位，助卷辊抱上等过程；

(3) 运卷小车将打捆站上的卷送到 1 号运输链上，并回到原始位置的过程。

打捆可以包含在以上 (2) 或 (3) 程序中。

7 板带热连轧轧制规程优化

7.1 多目标优化

7.1.1 问题描述

在科学研究以及工程应用上，多目标优化问题都是非常重要的研究课题。因为现实世界许许多多的优化问题都同时涉及多个目标的优化，不同于单目标优化，通常多目标优化有多个最优解。在解决多目标优化问题时，随着目标空间的扩大，寻找普遍适用各种多目标优化问题的解决方案变得更加困难。然而，这些最优解有哪个是实际问题中我们最想要的，这些解又是怎样形成一个多目标问题的最优解集，如何去评价不同的优化算法所得到的不同最优解集的优劣，这些相关的多目标问题都是很难回答的。

许多传统的优化方法不适合求解多目标问题，主要是因为传统优化算法很难对在多目标空间中的解进行独立评估。由于获得的解缺乏了多样性，只能近似于 Pareto 前沿分布的某些部分。一旦目标数量增加，算法就会越来越难以集中在目标函数上，更难逼近 Pareto 真实前沿；由于不同目标间存在相互制约关系且在进化过程中是不平衡的，导致设计的方案存在对某些目标有利但对另外的目标不利的情况。在这种情况下，由于不可能对这些解决方案进行一一区分，因此大多数被留存下来的解决方案往往是占主导地位的。

为了解释以上问题，给出了有关多目标优化问题的一般描述。多目标优化问题由多个目标函数组成，此外还需要有一些约束条件，可以是等式或者不等式。以最小化目标为例，具体问题可由下式表示

$$\min F(x) = (f_1(x), f_2(x), \cdots, f_M(x))$$
$$\text{s. t.} \begin{cases} g_j(x) \leqslant 0, (j = 1, 2, \cdots, J) \\ h_k(x) = 0 (k = 1, 2, \cdots, K, x \in \Omega) \end{cases} \tag{7-1}$$

式中 J, K——不等式和等式约束数目；

$\Omega = \prod_{i=1}^{n} [a_i, b_i] \subseteq \mathbb{R}^n$——决策变量空间；

$x = (x_1, \cdots, x_n) \in \Omega$——候选解；

$F: \Omega \to \mathbb{R}^m$——$m$ 个相互冲突的目标；

$\mathbb{R}^m$——目标空间。

7.1.2 多目标进化个体之间的关系

定义 1：已知两个决策变量 x，y，称 x Pareto 支配 y，记作 $x \prec y$，当且仅当 $\forall i = 1, 2, \cdots, m$，$f_i(x) \leqslant f_i(y) \land \exists j = 1, 2, \cdots, m$ 时，$f_j(x) \leqslant f_j(y)$。

定义 2：一个解 x^* 被称为 Pareto 最优解，当且仅当 $\nexists x \in \Omega \subseteq \mathbf{R}^n$：$x \prec x^*$。

定义 3：所有 Pareto 最优解组成的集合称为 Pareto 最优解集 PS。

定义 4：所有 Pareto 最优解的目标函数值形成的区域称为 Pareto 前沿 PF。

定义 5：理想点 $Z^* = (z_1^*, z_2^*, \cdots, z_m^*)$，其中 $z_i^* = \min\limits_{x \in \Omega} f_i(x)$，$i = 1, 2, \cdots, m$。

定义 6：上界点 $Z^{nad} = (z_1^{nad}, z_2^{nad}, \cdots, z_m^{nad})$，其中 $z_i^{nad} = \min\limits_{x \in PS} f_i(x)$，$i = 1, 2, \cdots, m$。

7.1.3 多目标优化问题的解

在多目标优化中，由于是对多个子目标的同时优化，而这些被同时优化的子目标之间往往又是相互冲突的，因此照顾了一个子目标的“利益”，同时必然导致其他至少一个子目标的“利益”受到损失。可以想象，针对一个多目标优化问题，没有绝对的或者说唯一的最好解。

在求解单目标问题的时候，大多数情况下只需要利用简单的数学方法便可以求得最优解，且该解有且只有一个。但在求解多目标优化问题时，如果求解不当，可能会导致一个目标得到了最优，但是其他目标可能会得到一个特别糟糕的解，可以说几乎不可能存在一个令所有目标函数都能取得最优解的方法。所以，常用一个非劣解的集合表示多目标问题的解。

因为很难确定哪些解最有效，所以任何的 Pareto 最优预测解都可能被看作是同样有效的。由此可知，针对越来越多的优化问题，最关键的工作就是找出尽量多的针对该优化问题的 Pareto 最优预测解。所以，在设计解决多目标问题的方法时需要达到两种目标：一是找出一个尽量相似 Pareto 最优域的解，二是找出一个尽量不同、具有丰富多样性的解。

这些任务是所有的多目标优化研究中都需要完成的，如果一个求解方法求得的解收敛不到近似真实 Pareto，那么该解表达的性能一般。一个有效的求解方法不仅要求得的解近似逼近 Pareto 真实前沿，还需要这组解最好具有能够均匀稀疏的分布。

7.1.4 求解多目标优化问题的方法

解决多目标优化问题无法得到唯一的一个最优解，而是会生成一组解。但是得到太多的非劣解是无法直接使用的，需要找到一个最终解。

（1）三类方法：

一是生成法，首先需要得到一个数量众多的非劣解子集，之后根据操作人员的实际想法，找出所需的最终解；

二是交互法，需要分析和决策这两者不断地交流，这一过程并不需要借助特别多的非劣解，循序渐进得到最终解；

三是将多目标问题变换为单目标问题，利用操作人员已有经验对各个目标进行权中赋值，进而求解得到最终解。

（2）传统优化算法和智能优化算法。传统优化算法就是将多个目标函数通过加权法、约束法、线性规划法等方法，转变为单目标函数，之后再对单目标函数进行求解，从而实现对多目标问题的求解。其中，线性加权法使用最为广泛。

智能优化算法是通过对各个目标进行求解，得到一个最优解集，即 Pareto 最优解集，它是一组解，常使用的算法有 EA、PSO 等。

7.1.5　多目标测试函数

众所周知，没有什么算法在一开始便表现得十分优秀，都有进步的空间，因此对其进行改进是十分有必要的。一个改进的算法性能好坏、表现是否优秀，除了直接应用于具体实践场所直观看到结果之外，通过测试函数对算法的性能进行测试是十分常见的方式。这就需要测试函数可以在某些方面充分表现问题的一些普遍的基础性质，例如该问题是否是连续的、是否是可导的、是凹的还是凸的、单峰还是多峰、是否具有欺骗性等。目前，常见且大范围使用的测试函数包括 SCH、ZDT、MOP、DTLZ 等。

以下简单介绍几个较为常用的测试函数。为便于分析，表 7-1 给出了各种测试函数的表达式以及目标个数。

表 7-1　测试函数的特性

测试函数名称	表　达　式	目标个数
ZDT1	$f_1 = x_1$ $g = 1 + 9\left[\left(\sum_{i=2}^{n} x_i\right)/(n-1)\right],\ x_i \in [0,\ 1]$ $f_2 = g(1 - (f_1/g)^{0.5})$	2
ZDT2	$f_1 = x_1$ $g = 1 + 9\left[\left(\sum_{i=2}^{n} x_i\right)/(n-1)\right],\ x_i \in [0,\ 1]$ $f_2 = g(1 - (f_1/g)^2)$	2
ZDT3	$f_1 = x_1$ $g = 1 + 9\left[\left(\sum_{i=2}^{n} x_i\right)/(n-1)\right],\ x_i \in [0,\ 1]$ $f_2 = g(1 - (f_1/g)^2 - (f_1/g)\sin(10\pi f_1))$	2
ZDT4	$f_1 = x_1$ $f_2 = g(x)(1 - \sqrt{x_1/g(x)})$ $g(x) = 1 + 10(n-1) + \sum_{i=2}^{n}[x_i^2 - 10 \cdot \cos(4\pi x_i)],\ x_i \in [0,\ 1]$	2
ZDT6	$f_1 = 1 - e^{-4x_1}\sin(6\pi x_1)^6$ $g = 1 + 9\left[\left(\sum_{i=2}^{n} x_i\right)/(n-1)\right]^{0.25},\ x_i \in [0,\ 1]$ $f_2 = g(1 - (f_1/g)^2)$	2
DTLZ1	$sum = \sum_{i=3}^{n}\{(x_i - 0.5)^2 - \cos[20\pi \cdot (x_i - 0.5)]\}$ $g = 100 \cdot (n-2) + 100 \cdot sum$ $f_1 = (1+g) \cdot x_1 \cdot x_2$ $f_2 = (1+g) \cdot x_1 \cdot [1 - (x_2)]$ $f_3 = (1+g) \cdot [1 - (x_1)]$	3

续表 7-1

测试函数名称	表达式	目标个数
DTLZ2	$sum = \sum_{i=3}^{n}(x_i)^2, \ g = sum$ $f_1 = (1+g)\cdot\cos(x_1\cdot\pi\cdot 0.5)\cdot\cos(x_2\cdot\pi\cdot 0.5)$ $f_2 = (1+g)\cdot\cos(x_1\cdot\pi\cdot 0.5)\cdot\sin(x_2\cdot\pi\cdot 0.5)$ $f_3 = (1+g)\cdot\sin(x_1\cdot\pi\cdot 0.5)$	3

7.1.6 评价指标

多目标优化问题的一个重点是挑选合适的个体进入下一代。这是因为，给定多个目标函数有可能会获得好几个具有良好性能的个体解，但是这些拥有良好性能的个体解之间由于针对的目标不同且也不能针对单一的目标函数对这些解进行主观评价，所以它们之间又不能相互比较。此外，针对同一个问题利用不同的算法求解，通常会得到不同的解集，这使得评估多目标优化算法的优劣变得更加困难。通过对多目标优化问题研究的不断深入，学者们发现多目标优化算法可以在收敛性和多样性方面进行评估。

7.1.6.1 评价指标的常见分类方法

（1）考虑指标同时能评估求解的集合个数，可将指标分为一元评价和二元评价指标。

一元指标：只考虑一个解的集合作为参数进行评估。

二元指标：考虑两个解的集合作为参数，通过比较两个解的集合之间的哪一个更占主体支配地位或者其他方面，给出哪个解集更好的判断。

（2）多目标优化算法的性能评价指标：

1）解集的收敛性评价，反映的是解集与真实前沿间的距离，通常都期盼所求得的解集距离与最优前沿无限接近。

2）解集的均匀性评价，体现的是解集中个体是否可以均匀分布，不存在这一部分个体多、另一部分个体少的情况，通常期盼所求得的解集在最优前沿上相对均匀。

3）解集的广泛性评价，反映的是整个解集在搜索空间的分布性，通常期盼所求得的解集可以与最优前沿无限接近且在各个位置均有个体。

7.1.6.2 常用的性能评价指标

（1）GD：表示的是解的集合 P 中的每个个体到已知参考集合 P^* 中的平均最小距离。它是一个表现收敛性的指标，倘若 GD 值越小，则收敛性越好。

$$GD(P, P^*) = \frac{\sqrt{\sum_{y\in P}\min_{x\in P^*} dis(x, y)^2}}{|P|} \tag{7-2}$$

式中 P——所求解集；

$|P|$——解集中解的数量；

$dis(x,y)$——解集 P 中的点 y 和参考集 P^* 中的点 x 之间的欧氏距离。

（2）收敛指标（convergence metric）γ：解集 P 中的每个点到参考集 P^* 中的最小距离的平均值。

$$\gamma = \frac{\sum_{y \in P} \min_{x \in P^*} dis(x, y)}{|P|} \tag{7-3}$$

收敛性指标与世代距离具有相似的属性，但它又不像世代距离那样需要计算所有非支配解到 Pareto 前沿的距离，它只需要选择几个解进行计算便足够了。

（3）间距（spacing）：表示的是每个解到其他解的最小距离的标准差。Spacing 值越小，则集合个体分布越均匀。

$$\text{Spacing}(P) = \sqrt{\frac{1}{|P| - 1} \sum_{i=1}^{|P|} (\bar{d} - d_i)^2} \tag{7-4}$$

式中　d_i ——第 i 个解到 P 中其他解的最小距离；

$\bar{d}$ ——所有 d_i 的均值。

（4）多样性指标（diversity metric）Δ：表示的是已得到的集合的广泛程度。

$$\Delta = \frac{d_f + d_\tau + \sum_{i=1}^{N-1} |d_i - \bar{d}|}{d_f + d_\tau + (N - 1)\bar{d}} \tag{7-5}$$

式中　d_f，d_τ ——某些极限解与所获得的解集合的外围解之间的欧氏距离。

（5）超体积指标（HV），是一个综合性的指标，求解得的解集与参考个体解构成的搜索空间中区域的体积。HV 值越大，性能越好。

$$\text{HV} = \delta(\cup_{i=1}^{|S|} V_i) \tag{7-6}$$

式中　δ ——Lebesgue 测度，用来测量体积；

$|S|$ ——非支配解集的数目；

V_i ——参考个体与集合中第 i 个解形成的超体积。

（6）反世代距离（IGD）：表示的是每一个参照个体到最近解的距离的平均值，它也是一个综合性的指标。IGD 值越小，性能越好。

$$\text{IGD}(P, P^*) = \frac{\sum_{x \in P^*} \min_{y \in P} dis(x, y)}{|P^*|} \tag{7-7}$$

7.2　鲸鱼及其改进算法

7.2.1　鲸鱼优化算法

鲸鱼优化算法（Whale Optimization Algorithm，WOA）是 2016 年提出的一种元启发式优化算法，其灵感来自座头鲸的狩猎行为。通过模拟随机或最佳个体捕食猎物的狩猎行为，研究者发现鲸鱼的气泡网捕食法可以分为两种，并将它们命名为“向上螺旋策略”和“双螺旋策略”。向上螺旋策略中，座头鲸会先下潜约12 m，然后开始在螺旋中制造泡泡，并向水面游去。双螺旋策略包括三个不同的环节：珊瑚环节、鲸尾拍打水面环节和捕获环节。在 WOA 算法中只模拟了向上螺旋策略，并使用螺旋模拟座头鲸的气泡网捕食法，如图 7-1 所示。

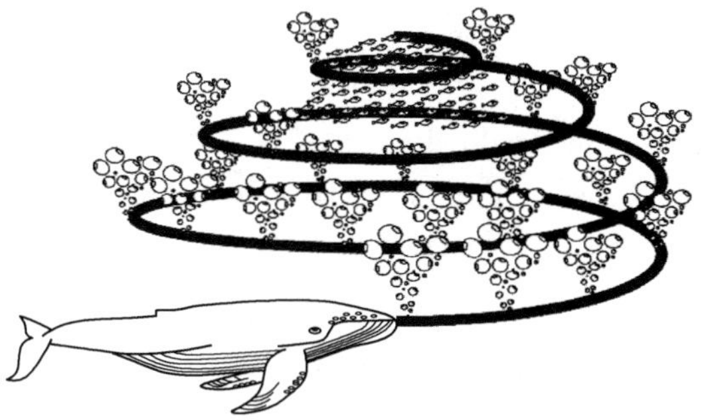

图 7-1 鲸鱼的气泡网捕食法示意图

7.2.2 包围猎物阶段

在现实中座头鲸能够识别猎物的位置并将其围成一圈。但是，由于在搜索空间中的最优位置是未知的，因此，WOA 算法假设当前最佳候选解位置为目标猎物位置。在定义了目标猎物位置后，其他鲸鱼将进行尝试包围到目标猎物的位置。该过程的计算公式如下

$$D = |C \cdot X^t_{\text{gbest}} - X^t| \tag{7-8}$$

$$X(t+1) = X^t_{\text{gbest}} - A \cdot D \tag{7-9}$$

$$A = 2a \cdot rand_1 - a \tag{7-10}$$

$$C = 2 \cdot rand_2 \tag{7-11}$$

式中 t ——当前迭代次数；

A，C ——系数；

X ——当前解的位置；

X^t_{gbest} ——当前最优解的位置；

a ——系数，a 在迭代过程中逐渐从 2 减小至 0。

图 7-2（a）展示了在应对二维问题时，通过调整 A 和 C 可以到达当前最优解周围的不同位置。图 7-2（b）展示了在应对三维问题时，通过随机变量 rand，可以达到当前最优解周围的不同位置，从而模拟了鲸鱼包围猎物。

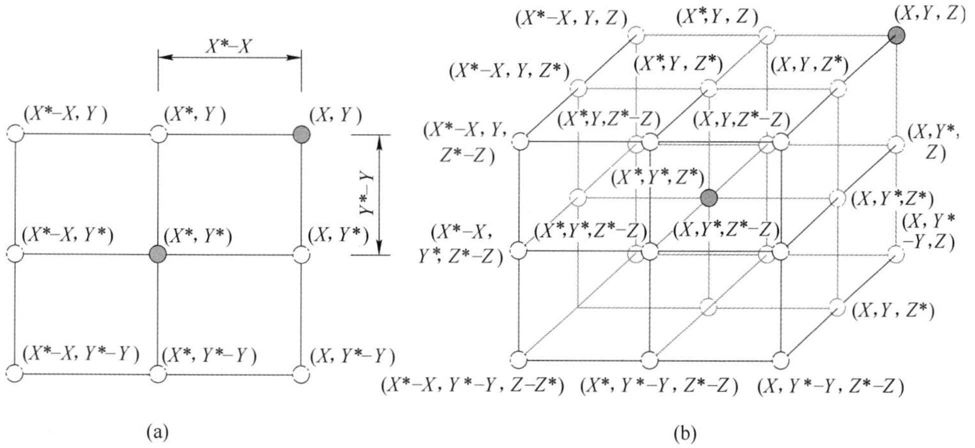

图 7-2 鲸鱼个体位置分析

（a）二维问题；（b）三维问题

7.2.3　气泡网捕食法

（1）收缩包围。A 的范围为 [-1，1]，可通过降低 a 值实现收缩包围，当 a 减小时 A 的波动范围也会缩小。图 7-3 展示了在二维空间中 $0 \leqslant A \leqslant 1$ 时从 (X, Y) 到 (X^*, Y^*) 的所有可能位置，该机制本质上与包围猎物阶段相同。

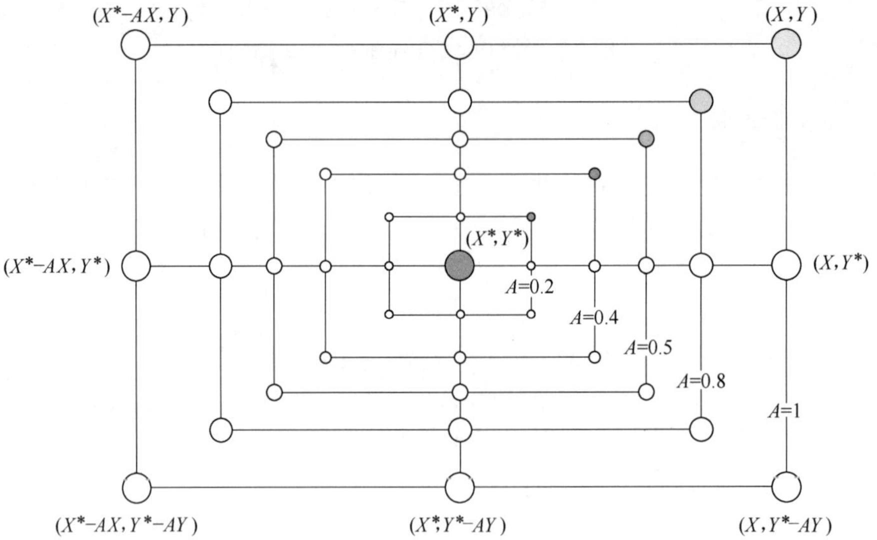

图 7-3　收缩包围策略中鲸鱼位置分析

（2）螺旋更新。如图 7-4 所示，该方法首先计算 (X, Y) 到 (X^*, Y^*) 之间的距离，然后使用螺旋更新公式模拟鲸鱼的螺旋前进。

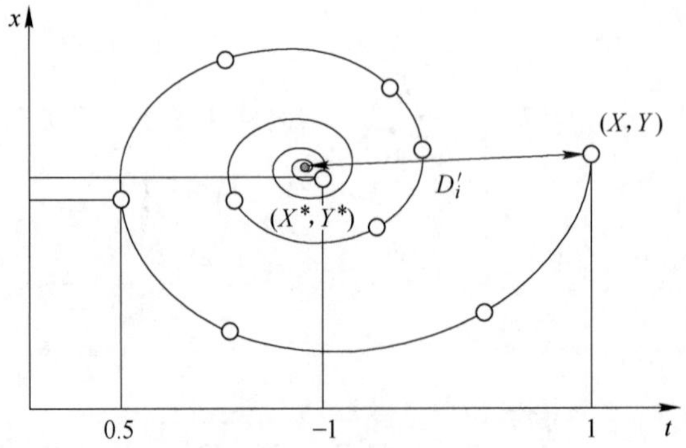

图 7-4　鲸鱼的气泡网捕食法示意图

$$X^{t+1} = X^t_{\mathrm{gbest}} + D \cdot e^{bl} \cdot \cos(2\pi l) \tag{7-12}$$

式中 D——此条鲸鱼与目前得到的最佳解的距离，$D = |X^t_{\mathrm{gbest}} - X^t|$；

b——对数螺旋形状的限定常数；

l——[－1，1]内的随机数。

为了模拟座头鲸收缩围绕猎物同时螺旋形进行游动的行为，在优化过程中假设有50%的概率选择收缩包围机制或者螺旋更新机制。其数学模型如下

$$X^{t+1} = \begin{cases} X^t_{\mathrm{gbest}} - A \cdot |C \cdot X^t_{\mathrm{gbest}} - X^t| & (p < 0.5) \\ X^t_{\mathrm{gbest}} + D \cdot e^{bl} \cdot \cos(2\pi l) & (p \geq 0.5) \end{cases}$$

其中，p 是[0，1]范围内的一个随机数。

7.2.4 搜索猎物

除了气泡网捕食法，座头鲸还会随机寻找猎物，同样通过改变 A 的值来实现。当 A 的绝对值大于 1 时，鲸鱼将会远离目标猎物，如图 7-5 所示。

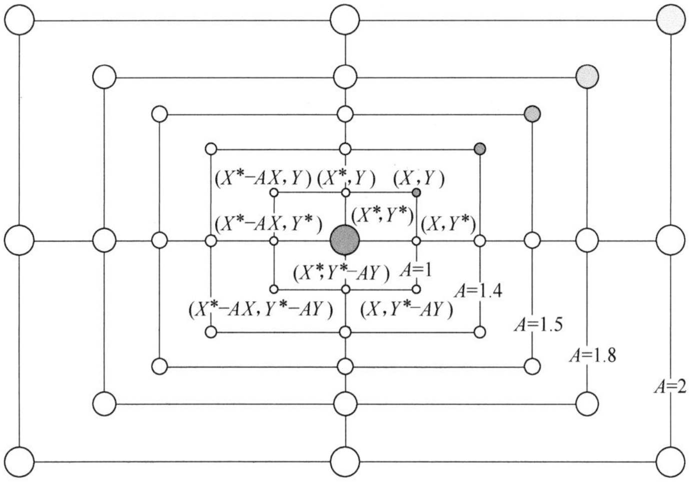

图 7-5 鲸鱼个体下一个可能的位置

与气泡网捕食阶段相反，这里将随机选择一个个体的位置作为参考来更新下一个位置，而不是目前为止最优的个体位置。该阶段相当于探索阶段。数学公式如下

$$X^{t+1} = X^t_{\mathrm{rand}} - A \cdot |C \cdot X^t_{\mathrm{rand}} - X^t| \tag{7-13}$$

其中，X^t_{rand} 是随机选择的鲸鱼个体位置向量。

7.2.5 算法基本流程

图 7-6 为 WOA 算法的基本流程。

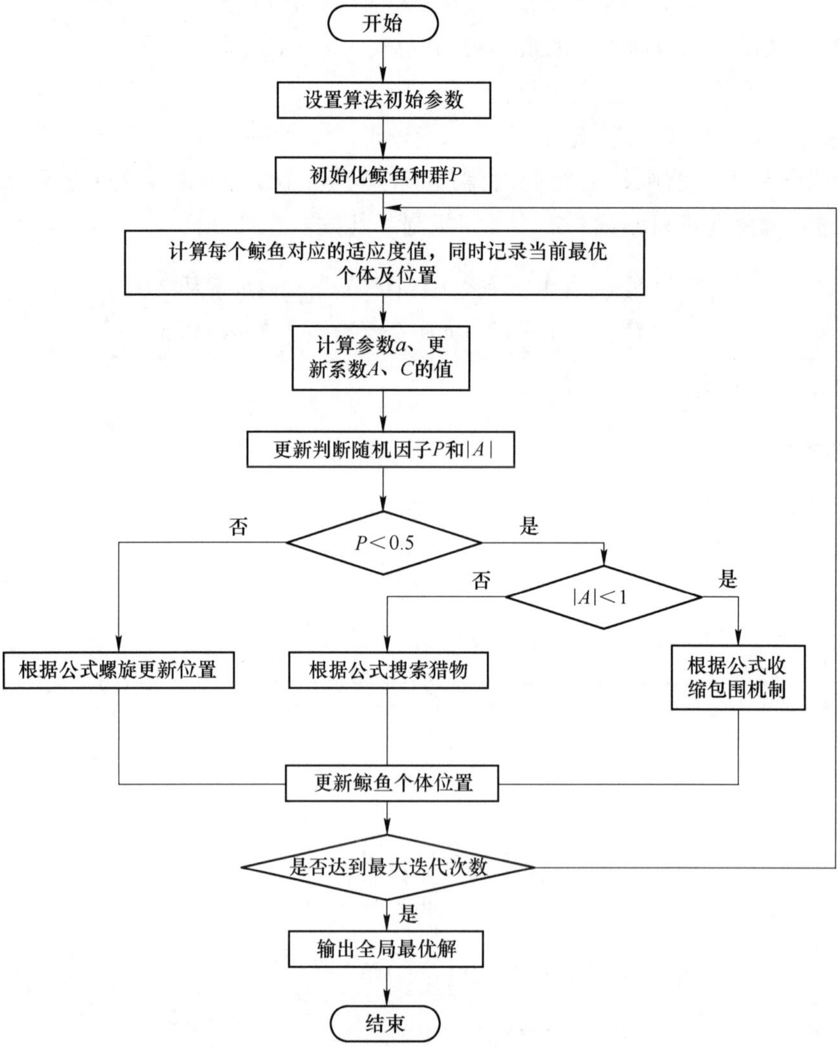

图 7-6　WOA 算法的基本流程

7.3　多目标鲸鱼优化算法（MOWOA）

为实现鲸鱼优化算法的多目标化，这里吸收借鉴 NSGA（非支配排序遗传算法）和 NSGA-Ⅱ（带精英策略的非支配排序遗传算法）等算法，采用基于支配方法求解多目标优化问题。这类算法主要进行以下步骤：首先采用 Pareto 适应度策略对当前种群进行分类或排序，之后利用拥挤距离、网格划分等方法估计个体密度，最后根据个体密度对种群个体排序并选择相对较优个体进入下次迭代。

NSGA 算法的中心思想就是对进化种群分层划分，通过各部分适应度值的大小排序，之后在保持均匀性的前提下根据拥挤度距离对个体重新选择保留。如此可以使得算法收敛性更优，并且求得的解均匀分布。由于该算法未采用精英策略，没有对采用拥挤度策略之后的优秀解保留到下一代，为此计算极为复杂。NSGA-Ⅱ改进了这一明显缺陷，引入了精英解集策略，并且为了提高收敛速度，加速算法运行引入了快速非支配法，计算的复杂程度由 NSGA 算法的 $O(mN^3)$ 降到 $O(mN^2)$，其中 N 代表种群规模、m 代表目标数量。

7.3.1 Pareto 等级

非支配选解是根据 Pareto 占优关系对个体进行分等级排序，以拥挤距离、k-最邻近、ε-占优、网格划分等方法估计个体的密度。

对于 Pareto 支配策略的多目标优化算法，由非支配解进行支配的支配解数量是这一算法的核心指标。在外部档案中，根据可支配的多少对非支配解进行分组，可支配解的数量越多、占比越高则排名就越高，否则排名就会相应降低。如果外部档案还可以继续存储解，那么所有解只进行排序操作不进行删除操作；当外部档案无法继续存储解即达到存储极限时，可支配较少的解或不能支配解的非支配解会优先被删除，一直持续删除到外部档案达到容量范围或者算法完成更新为止。

在非支配评价性决策方法中被广泛使用的是 Pareto 支配策略，它的特点是通过衡量每个非支配解的主导地位、支配程度决定是否将其删除。Pareto 支配策略已经被许多研究人员采用和完善，可以说是现在最常用的粒子评价标准。

这里定义的 Pareto 等级是根据非支配个体数进行划分的，P 个种群中非支配个体数最小的个体定义为非支配解 Pareto 等级 1，将其删除后余下的非支配解定义为 Pareto 等级 2，按照这个思路所有的解都会对应到相应的等级之中。Pareto 等级为 1 的个体就是目标空间中所形成的 Pareto 前沿中最内侧结果，如图 7-7 所示。

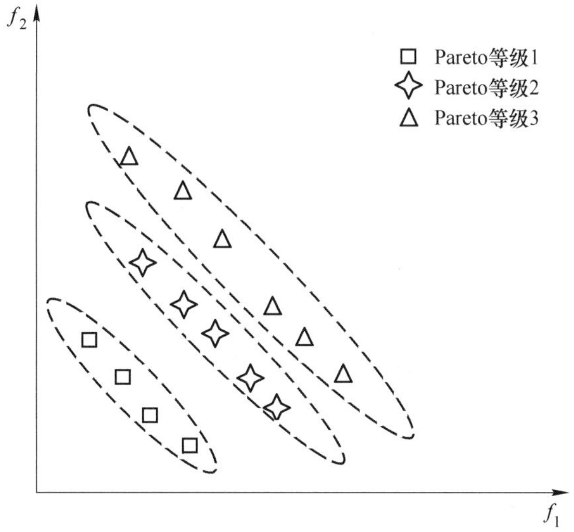

图 7-7 目标空间中的 Pareto 前沿

如图 7-8 为基于 Pareto 基本流程框图。

7.3.2 拥挤度

在产生新种群时如不加以控制，得到的个体可能会出现局部聚集、局部稀疏的现象，这里通过引入拥挤度策略实现个体解集在目标空间中的均匀分布。通常将等级高并且分布

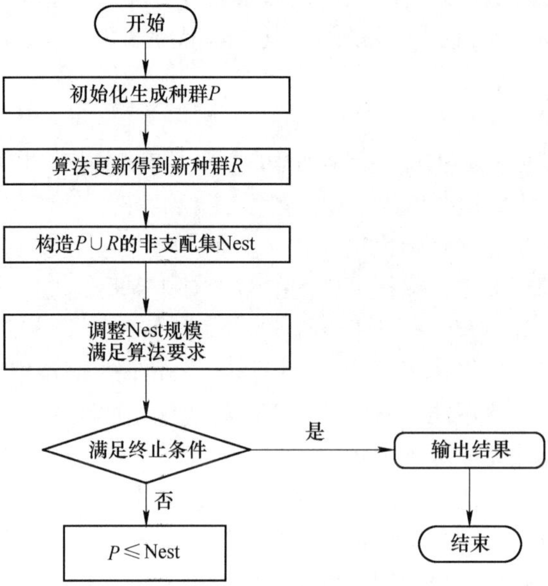

图 7-8　基于 Pareto 基本流程图

相对稀疏的优秀个体保留，参与下一次迭代。拥挤度策略的中心思想就是利用非支配解间的密度，通过考虑非支配解间的距离远近来确定删除该非支配解的概率。非支配解间距离越大，说明该个体解的优越性越好，越有可能被保留下来；相反，若非支配解间的距离越小，说明该个体解的优越性越差，越有可能被删除。通过拥挤度策略更新后，非支配解在多样性方面表现较好。拥挤度距离的计算公式为

$$n_{\mathrm{d}}=\frac{f_{\mathrm{m}}(i+1)-f_{\mathrm{m}}(i-1)}{f_{\mathrm{m}}^{\max}-f_{\mathrm{m}}^{\min}} \tag{7-14}$$

式中　n_{d}——排序后对应个体的拥挤度。

对处于不同等级的个体，按照拥挤度策略对其进行排序，将 $f_{\mathrm{m}}^{\max}$ 定义为个体目标函数值 f_{m} 的最大值，$f_{\mathrm{m}}^{\min}$ 定义为 f_{m} 的最小值，种群拥挤度的初值和终值均设置为无穷。

对于拥挤度距离策略，拥挤度距离作为其评价指标，这一策略会在非支配解的数量超出上限的情况下对具有拥挤度距离小这一特征的个体解进行删除操作，如图 7-9 所示。此外，这一策略会针对拥挤度距离相同的情况，随机挑选其中某一个体进行删除，直至非支

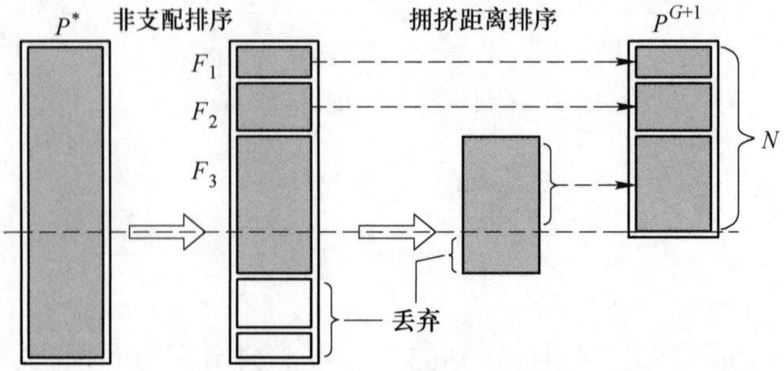

图 7-9　非支配排序过程

配解的个数达到期望要求或该算法运行终止。从本质上来讲，拥挤度策略是从多目标优化算法的多样性这一特征角度切入分析的，分布太过密集的非支配解会对算法的性能产生恶劣影响。

7.3.3　精英保留策略

"精英保留"策略是 De Jong 博士提出的，其目的是为了提高 GA 算法的收敛精度，进而求得较优解。

该策略为了避免目前迭代时的最优个体遗失，不留存到下一代情况，在每一次迭代时都将本次迭代产生的最优个体对比之前的最优个体得到全局最优个体，然后将其保存起来且不做任何修改地复制到下一子代中。当然，精英保留策略同样也可以应用于其他的智能优化算法中，并且也在不断丰富发展。

7.3.4　改进混沌映射初始化鲸鱼种群

通常情况下，智能优化算法的种群初始化都是随机分布的，这种随机初始化的方法虽然简便，却难以保证初始化后的种群能够均匀分布在目标空间中，影响算法的寻优速度和搜索能力，导致算法陷入局部极值。为了提高算法的解的分布性和多样性，将多目标鲸鱼优化算法中的随机初始化改进为混沌映射初始化，利用混沌映射的分布均匀性、不可预测性、遍历性等特点对鲸鱼种群进行初始化，提高了种群的多样性和算法的搜索遍历性，使初始化后的鲸鱼个体均具有良好的质量。

本小节提出了改进的 Logistic 映射产生更为均匀的、多样性的初始化种群，目的是让优化算法具有更快的收敛速度，提高求解效率。规定：种群规模数为 N，采用改进混沌映射在 D 维欧氏空间中生成混沌序列。其混沌映射函数的表达式为

$$y_{i+1,d} = \begin{cases} \left[\dfrac{1}{2}\cdot y_i(1-x_i)+\dfrac{7}{4}\cdot y_i\right] mod_1 & (y_i < 0.5) \\ \left[\dfrac{1}{2}\cdot y_i(1-y_i)+\dfrac{7}{4}\cdot(1-y_i)\right] mod_1 & (y_i \geqslant 0.5) \end{cases} \tag{7-15}$$

改进的混沌映射分布图如图 7-10 所示。

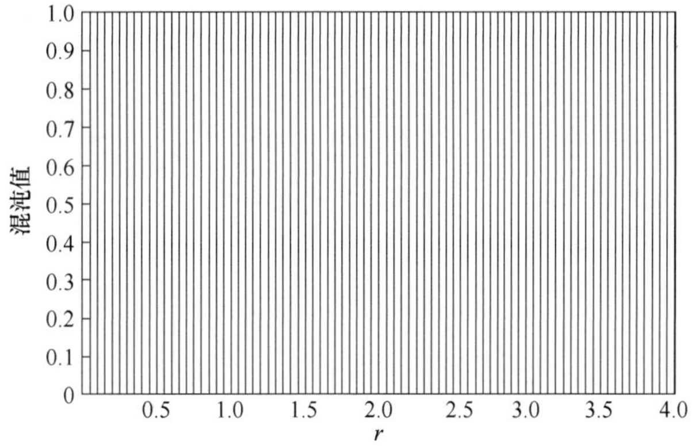

图 7-10　改进的混沌映射分布图

改进的混沌映射直方图如图 7-11 所示。

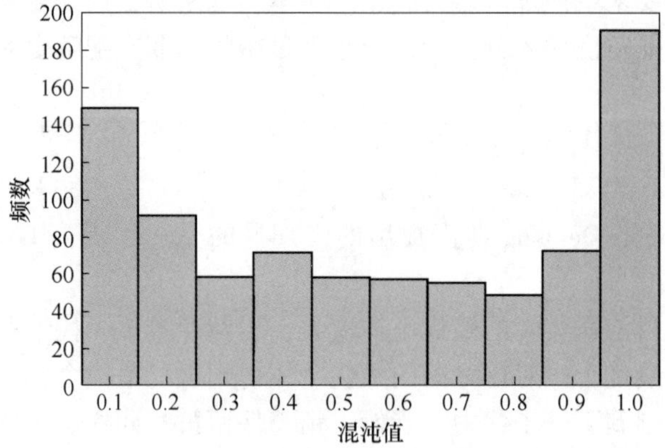

图 7-11　改进的混沌映射直方图

将混沌序列映射到应变量的取值区间中，得到初始种群 $X_i = \{X_{id}, d = 1, 2, \cdots, D\}$，其中种群个体 X_{id} 表示为

$$X_{id} = X_{\min} + (X_{\max} - X_{\min}) \cdot y_{id} \tag{7-16}$$

用改进的 Logistic 混沌映射初始种群代替原算法随机产生种群，大大提高种群分布的均匀性，进而使改进算法不易陷入局部最优极值，提高算法的计算性能。

7.3.5　基于 K-medoids 的辅助进化算法

K-中心点算法也是一种常用的聚类算法，K-中心点聚类的基本思想和 K-means 的思想相同，实质上是对 K-means 算法的优化和改进，是一种基于划分方法的一种聚类。在 K-means 中，异常数据对其算法过程会有较大的影响。在 K-means 算法执行过程中，可以通过随机的方式选择初始质心，也只有初始时通过随机方式产生的质心才是实际需要聚簇集合的中心点，而后面通过不断迭代产生新的质心很可能并不是在聚簇中的点。如果某些异常点距离质心相对较大，很可能导致重新计算得到的质心偏离了聚簇的真实中心。K-中心聚类算法计算的是某点到其他所有点的距离之和最小的点，通过距离之和最短的计算方式可以减少某些孤立数据对聚类过程的影响，从而使得最终效果更接近真实划分。

K-medoids 算法初始设置包含 N 个数据对象的数据集 $X_i = \{x_1, x_2, x_3, \cdots, x_N\}$，每个数据对象含有 M 维特征，现在计划将该数据集划分为 k 个不同的类簇 $C_j = \{c_1, c_2, c_3, \cdots, c_k\}$，$k < n$，第 i 个数据对象的第 j 个特征值为 x_{ij}。对于任一类簇，除了代表数据对象 c_j 外，其他数据样本 $x_i \in C_j$ 与 c_j 之间的距离用 $d(x_i、c_j)$ 来度量，其中 $d(x_i, c_j)$ 实际上就是两个样本点 x_i、c_j 之间的空间真实距离，用误差平方和来度量每一个类簇中心点 c_j 的质量，公式为

$$d(x_i, c_j) = \sqrt{\sum_{a=1}^{m}(x_{ia} - x_{ja})^2} \quad (i = 1, 2, \cdots, n; j = 1, 2, \cdots, n) \tag{7-17}$$

$$E = \sum_{i=1}^{k}\sum_{p \in c_j} d(p, c_j) \tag{7-18}$$

式中　E ——数据集合中所有对象 p 和类簇;

c_j——对象的绝对误差值和。

K-medoids 算法通常采用代价函数［见式（7-19）］，评估聚类质量是否优化。

$$S = E_2 - E_1 \tag{7-19}$$

其中，E_2 表示替换中心点数据集合中所有代表点与其同类簇新中心点之间的绝对误差值总和。E_1 表示替换前数据集合中所有的代表点与其类簇中心点之间的绝对误差值总和。S 表示替换前后总差异值，若 $S < 0$，则使新中心点替换掉旧中心点，替换完成后，把剩下的数据样本重新划分到距离其最近的中心点代表的类簇中；若 $S \geqslant 0$，则无须改变当前中心点。

每次重新分配时，要想得到最佳的聚类效果，就要求误差平方之和必须尽量小，通过比较新旧中心点的误差平方和之间的差异，评估替换后的聚类新中心点是否可以代替前聚类中心点。在反复替换聚类中心点过程中，绝对误差值总和不断地减小，直到新旧聚类中心点的误差平方和之差达到一定的阈值或者不再改变，则输出簇的集合会得到最佳的聚类效果。

K-medoids 算法的基本步骤如下：

（1）设定聚类的数量 k；（2）从数据集中随机抽取 k 个对象作为初始的聚类中心点；（3）计算每个对象与 k 个中心点的距离，并将每个对象划分到距离最近的中心点所代表的类别中；（4）对于每个类别，遍历其中的所有对象，并计算将该对象替换为中心点后的总距离变化量；（5）如果存在一个对象能够使得总距离变化量为负，即总距离减少，则将该对象与当前的中心点交换位置；（6）重复上述步骤，直到没有任何交换发生或达到预设的最大迭代次数。

K-medoids 算法的优缺点：（1）能够对大规模的数据进行聚类，产生高内聚度和高分离度的簇，这与 K-means 算法具有相同的优势。（2）需要预先设定簇的数量和初始中心，这两个参数对聚类效果有重要影响，算法通常在达到局部最优时终止，且不适用于非数值型的数据，只能处理凸形的数据分布。（3）与 K-means 算法相比，K-medoids 算法能够较好地抵抗噪声的干扰，因此对于异常值的存在不会导致聚类结果的偏差过大，不会被少数特别的数据产生显著影响。它的缺点：K-medoids 算法是 K-means 算法的改进，它比 K-means 算法更健壮，但是它也有一定的缺陷就是更耗时。由于采用了基于中心点选择的策略，因此算法的时间复杂度高于 K-means 了 $0_{(n)}$。

图 7-12 是对不同的 k 进行试探性 K-medoids 聚类并可视化。

本小节在基础的多目标鲸鱼优化算法中引入 K-medoids 聚类的小生境技术，有利于邻域内产生新的决策解，进而维持并提高决策空间的多样性。在本次改进算法中，采用 K-medoids 作为小生境技术，将具有相似特征的种群个体结合到相同的小生境环境中，为进化算法提供不同的决策空间。通过引入 K-medoids 辅助鲸鱼个体进化，为每一个鲸鱼个体位置确定一个新的小生境环境。在当前决定的小生境决策空间中，定位更多的 Pareto 解集，再进行非支配排序，选出当前种群内的全局最优个体，再进行之后的进化过程。

7.3.6　自适应权重策略与基于记忆指导改进收缩包围策略

引入惯性权重和收敛因子共同改进策略，并受到粒子群算法的启发，引入个体学习因子以及全局学习因子提出一种新的更新收缩包围策略，以提高算法的寻优能力，公式如下

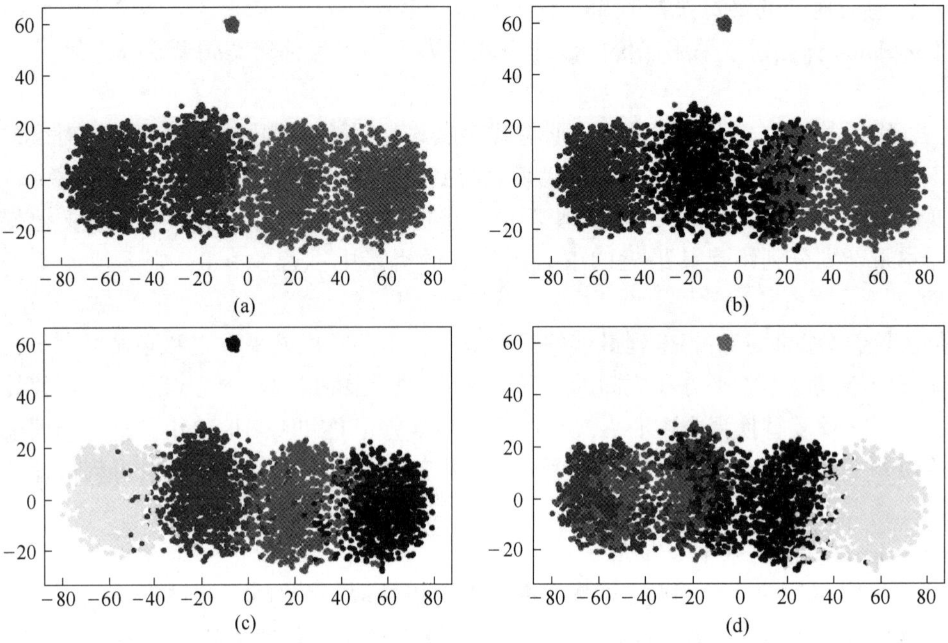

图 7-12　K-medoids 聚类可视化

（a）2 个类；（b）3 个类；（c）4 个类；（d）5 个类

$$w = e^{(-1\times(3.5t/\max\_iter)^2)} \tag{7-20}$$

$$X^{(t+1)} = X_{\text{gbest}}^{t} + w \cdot D \cdot e^{bl} \cdot \cos(2\pi l) \qquad (p \geqslant 0.5) \tag{7-21}$$

$$X^{(t+1)} = w \cdot X_{\text{gbest}}^{t} - (A - c_2 \cdot r_2) \cdot D + (c_1 \cdot r_1) \cdot (X_{s_1,\ s_2} - X^{t}) \quad (p < 0.5) \tag{7-22}$$

$$X^{(t+1)} = w \cdot X_{\text{rand}}^{t} - A \cdot \left| C \cdot X_{\text{rand}}^{t} - X^{t} \right| \tag{7-23}$$

$$c_1 = 1.07 \times w(t)^2 - 0.107 \times w(t) + 0.537 \tag{7-24}$$

$$c_2 = 3 - c_1 \tag{7-25}$$

其中，c_1 与 c_2 是个体学习因子和全局学习因子，反映了种群个体之间的信息交换，所设计的学习因子随着新惯性权重的调整而动态调整。

图 7-13 和图 7-14 示出了惯性权重、学习因子的变化曲线，其中 r_1 与 r_2 是［0，1］内的随机数，s_1、s_2 为［0，N］之间的随机数，$X_{s_1,\ s_2}$ 是在产生种群中随机选中的一个个体。

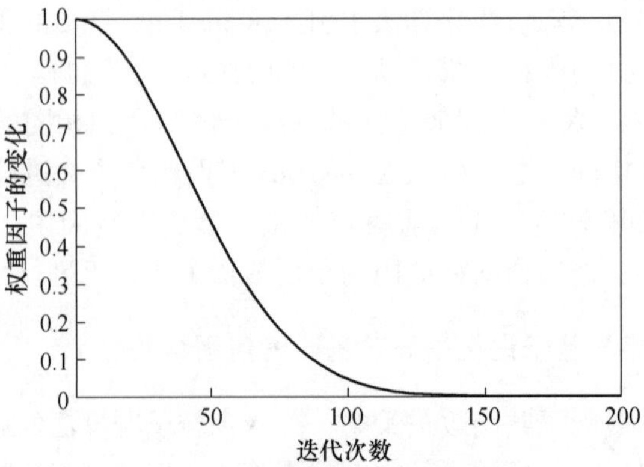

图 7-13　新惯性权重曲线

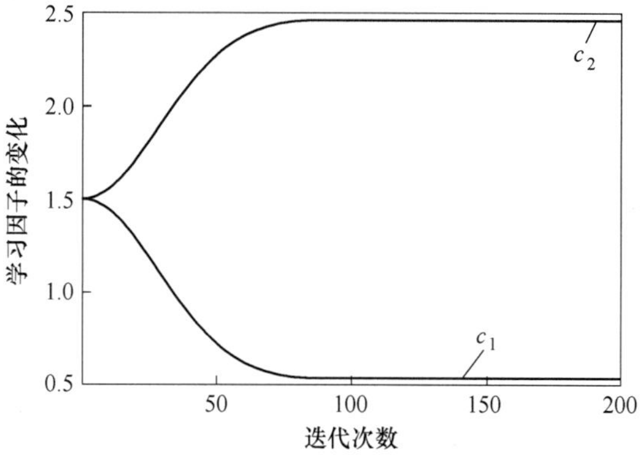

图 7-14　学习因子曲线

7.3.7　趋优反向学习及耦合修正策略

反向学习的思想是在考虑当前决策解的同时考虑一个相反的估计决策解，从而得到近似的当前决策解，进一步提高了局部搜索能力，会增加决策解空间的覆盖率，减少了算法本身迭代寻优的时间。趋优策略进一步充分考虑了历史最优解的位置，从决策解的角度靠近当前种群中的最优解，提高了小生境内的局部搜索能力，防止了小生境内由于本身算法的局限性而陷入局部最优。

这里引入反向学习策略到生成的小生境内更新阶段，首先对当前邻域内的种群个体进行反向学习策略，得到反向个体

$$\hat{x}_{i,j} = (x_j^{\mathrm{l}} + x_j^{\mathrm{u}}) - x_{i,j} \tag{7-26}$$

式中　x_j^{l}，x_j^{u}——决策变量第 j 维分量的下界和上界。

为了防止部分个体在反向学习后的质量下降，导致种群的多样性减弱，将得到的反向个体和当前邻域内最优个体进行凸组合优化，得到趋优反向个体。

$$\hat{x}'_{i,j} = a \cdot \hat{x}_{i,j} + (1-a) \cdot x_{\mathrm{gbest},j} \tag{7-27}$$

式中　a——［0，1］内的随机数；

$x_{\mathrm{gbest},j}$——当前全局种群最优个体的第 j 维分量。

通过在邻域内使用趋优反向学习策略，得到的反向解接受了部分邻域内最优解的特征，避免了反向个体比最初种群个体退化的可能。在提高了算法勘探能力的同时，保证了邻域内个体的质量，有效地增强了种群的多样性。

在算法迭代进化过程中，当遇到越界鲸鱼个体时通常使用决策变量的临界值代替。这种处理方式在处理少数越界鲸鱼时对整个种群影响较小；但如果发现较多越界个体时，仍使用此修正策略会降低种群的多样性和算法优化效率。为此，提出一种边界邻域更新策略，通过在靠近临界值的邻域内生成随机且均匀的点对越界个体位置进行修正，以保持种群的多样性，提高算法的效率。耦合修正公式如下

$$x_{it} = \begin{cases} up \cdot U(0.8,\ 1) & (x_i > \text{up}) \\ down + (up - down) \cdot U(0,\ 0.1) & (x_i < down) \end{cases} \tag{7-28}$$

式中　$U(a,\ b)$——在区间 $(a,\ b)$ 上均匀分布的随机数。

7.3.8　改进多目标鲸鱼算法流程图

图 7-15 为改进多目标鲸鱼算法流程图。

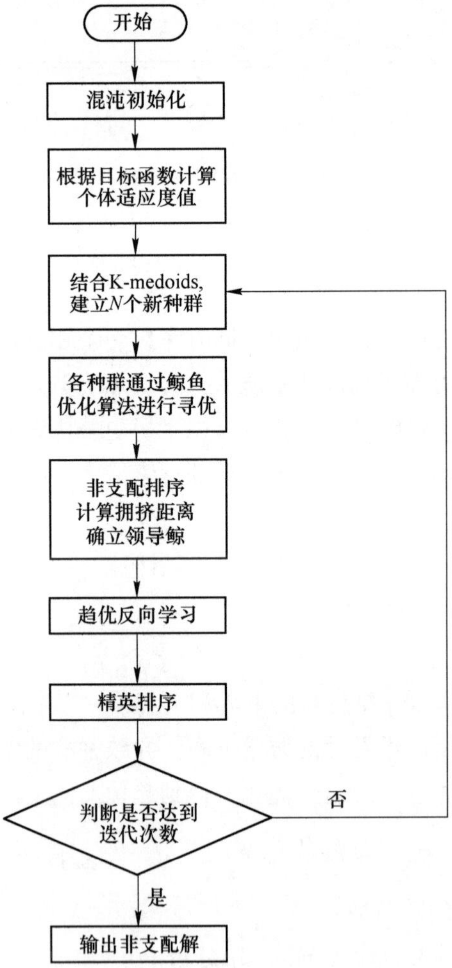

图 7-15　改进多目标鲸鱼算法流程图

7.3.9　性能测试分析

为了验证改进多目标鲸鱼算法的性能，利用测试函数对改进算法进行性能测试。图 7-16 为改进算法在各测试函数下逼近 Pareto 真实前沿情况，其中 ACMOWOA 为本章提出的基于自适应包围策略的多目标鲸鱼优化算法、true PF 为定义给出的真实数据集。

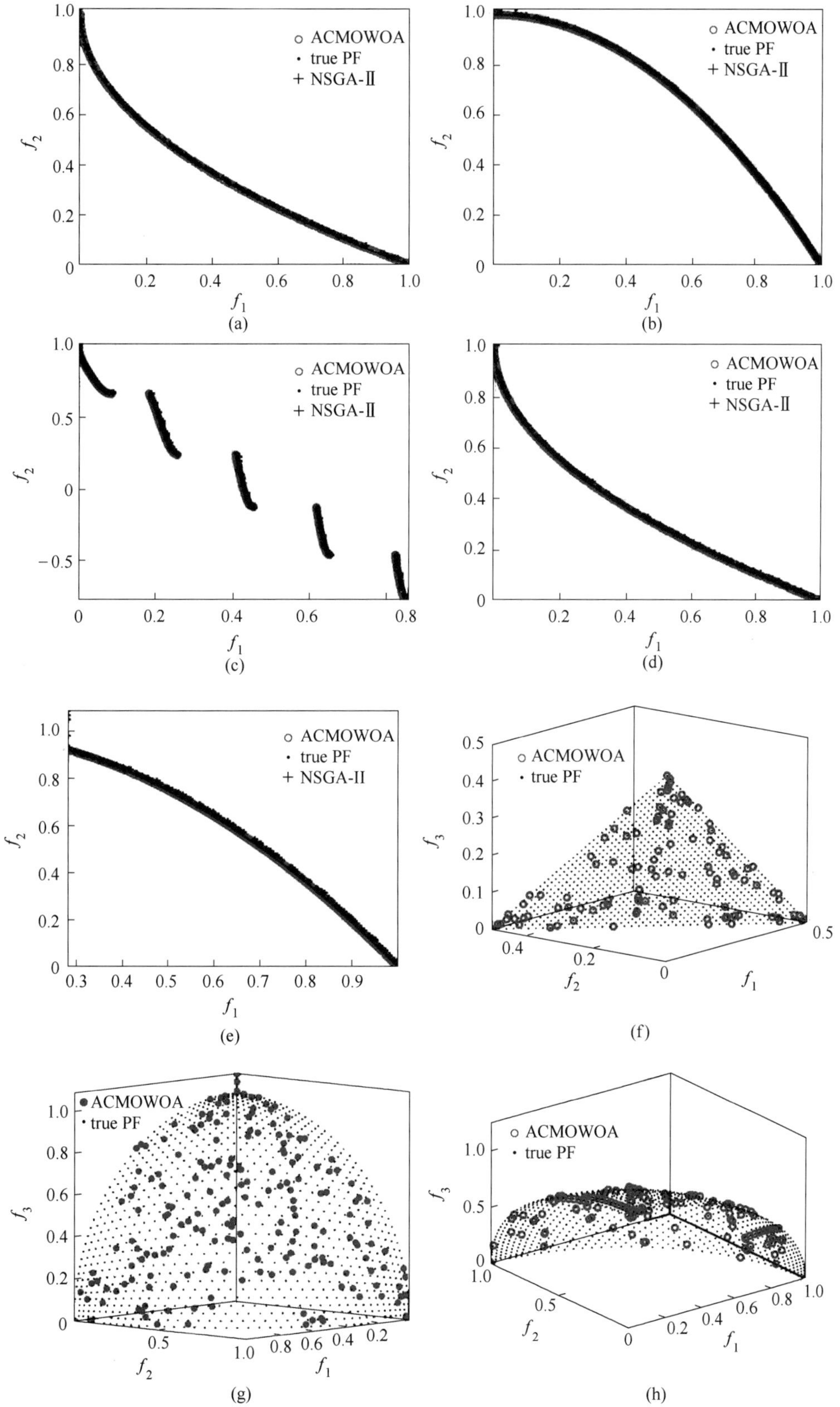

ACMOWOA
true PF
+ NSGA-Ⅱ
f2
f1
(a)
ACMOWOA
true PF
+ NSGA-Ⅱ
f2
f1
(b)
ACMOWOA
true PF
+ NSGA-Ⅱ
f2
f1
(c)
ACMOWOA
true PF
+ NSGA-Ⅱ
f2
f1
(d)
ACMOWOA
true PF
+ NSGA-II
f2
f1
(e)
ACMOWOA
true PF
f3
f2
f1
(f)
ACMOWOA
true PF
f3
f2
f1
(g)
ACMOWOA
true PF
f3
f2
f1
(h)

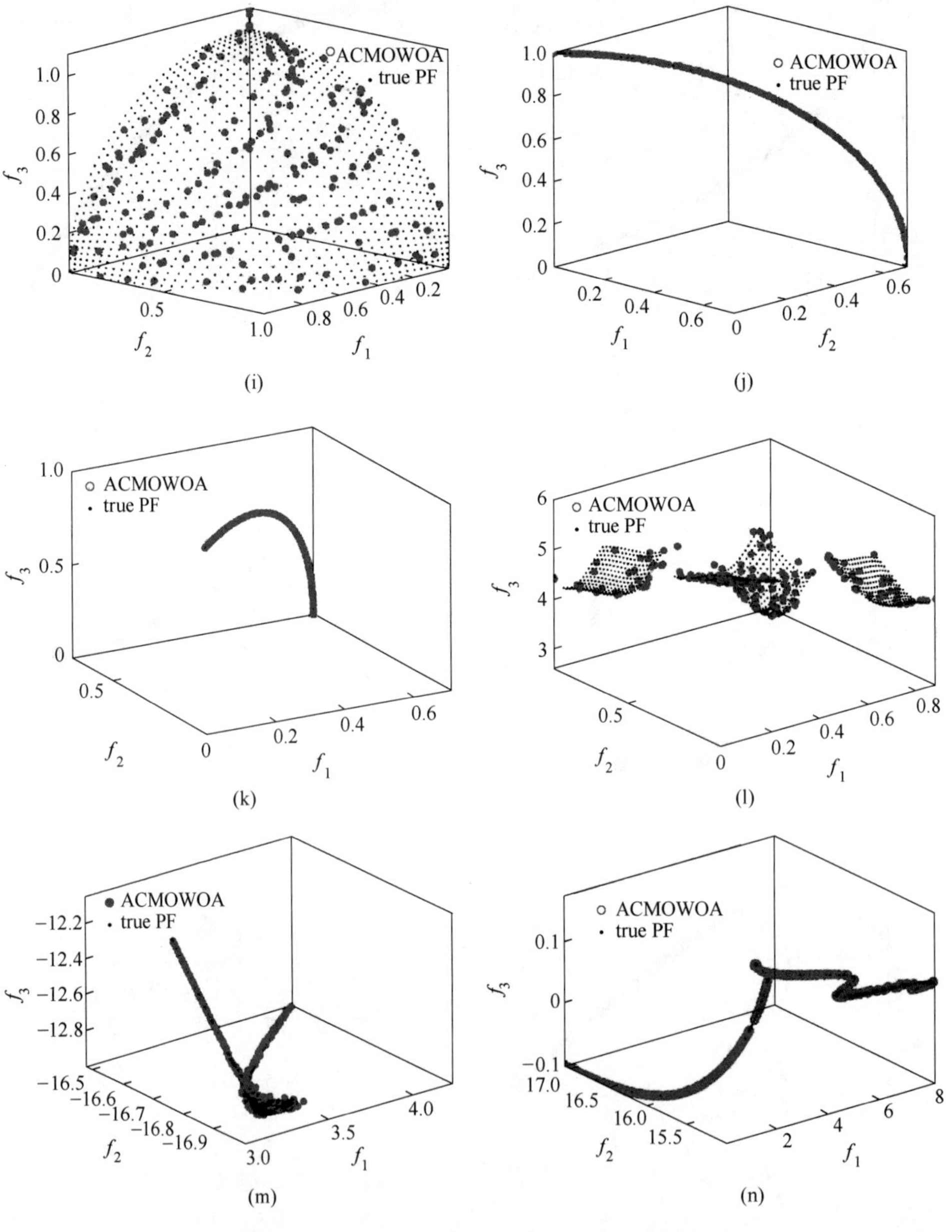

图 7-16　ACMOWOA 算法逼近 Pareto 前沿情况

（a）ZDT1 函数曲线；（b）ZDT2 函数曲线；（c）ZDT3 函数曲线；（d）ZDT4 函数曲线；（e）ZDT6 函数曲线；（f）DTLZ1 函数曲线；（g）DTLZ2 函数曲线；（h）DTLZ3 函数曲线；（i）DTLZ4 函数曲线；（j）DTLZ5 函数曲线；（k）DTLZ6 函数曲线；（l）DTLZ7 函数曲线；（m）Viennet2 函数曲线；（n）Viennet3 函数曲线

图 7-16 彩图

7.3.10　优化算法的参数设置

表 7-2 为 ACMOWOA、MOWOA、NSGA-Ⅱ、MOEA/D（遗传算法）算法的参数值。

表 7-2　优化算法的参数值

算法	参 数 值
ACMOWOA	$k = 5$，$N = 100$
MOWOA	$N = 100$
NSGA-Ⅱ	$p_c = 0.9$，$p_m = 1/n$，$\eta_c = 20$，$\eta_m = 20$
MOEA/D	$F = 0.5$，$CR = 1.0$，$p_m = 1/n$，$\eta_m = 20$，$T = 20$，$\delta = 0.9$，$n_r = 0.2$

通过比较四个对比算法在 14 个测试函数上获得的 IGD 值评估每个算法的独立性能。表 7-3 给出了对比算法在给出的测试问题上获得 IGD 的均值（Mean）和标准差（Std.），其中，均值和方差是基于算法在相同的测试问题上进行 50 次独立运行（每次运行都使用不同的随机数种群作为初始值）的统计结果。

表 7-3　仿真结果统计表

函数	ACMOWOA		MOWOA		NSGA-Ⅱ		MOEA/D	
	均值	标准差	均值	标准差	均值	标准差	均值	标准差
ZDT1	2.36×10^{-4}	3.81×10^{-5}	2.78×10^{-3}	1.26×10^{-4}	5.10×10^{-3}	2.00×10^{-4}	7.54×10^{-3}	8.52×10^{-4}
ZDT2	2.20×10^{-4}	2.49×10^{-5}	2.30×10^{-3}	5.39×10^{-4}	4.55×10^{-3}	2.21×10^{-4}	2.37×10^{-2}	1.02×10^{-1}
ZDT3	2.47×10^{-4}	6.43×10^{-5}	2.65×10^{-3}	5.61×10^{-5}	7.14×10^{-3}	7.50×10^{-3}	1.15×10^{-2}	5.52×10^{-3}
ZDT4	2.27×10^{-4}	4.23×10^{-5}	2.41×10^{-4}	1.63×10^{-4}	8.14×10^{-3}	2.66×10^{-3}	2.32×10^{-1}	1.87×10^{-1}
ZDT6	1.75×10^{-4}	4.73×10^{-5}	1.82×10^{-3}	6.84×10^{-5}	2.39×10^{-3}	4.01×10^{-4}	1.80×10^{-3}	1.18×10^{-5}
DTLZ1	5.18×10^{-2}	4.44×10^{-3}	2.73×10^{-1}	2.15×10^{-2}	2.85×10^{-2}	6.00×10^{-3}	1.76×10^{-2}	4.77×10^{-4}
DTLZ2	5.59×10^{-3}	2.49×10^{-4}	6.45×10^{-2}	2.25×10^{-3}	5.17×10^{-2}	2.42×10^{-3}	4.32×10^{-2}	1.34×10^{-3}
DTLZ3	2.61×10^{-3}	1.08×10^{-4}	1.34×10^{-2}	1.33×10^{-3}	3.23	6.02×10^{-1}	4.21	5.63×10^{-1}
DTLZ4	1.27×10^{-3}	3.66×10^{-4}	2.29×10^{-1}	4.43×10^{-2}	3.68×10^{-3}	2.45×10^{-4}	5.01×10^{-3}	3.62×10^{-4}
DTLZ5	2.82×10^{-4}	2.18×10^{-4}	1.13×10^{-2}	1.51×10^{-3}	3.97×10^{-4}	3.58×10^{-5}	6.23×10^{-4}	5.33×10^{-5}
DTLZ6	1.72×10^{-3}	4.92×10^{-4}	2.51×10^{-3}	7.65×10^{-5}	4.90×10^{-2}	7.85×10^{-4}	5.46×10^{-2}	7.93×10^{-4}
DTLZ7	2.50×10^{-3}	6.98×10^{-5}	5.57×10^{-2}	2.64×10^{-3}	6.12×10^{-2}	5.08×10^{-3}	7.52×10^{-2}	3.61×10^{-3}
Viennet2	5.18×10^{-4}	1.68×10^{-5}	1.21×10^{-2}	7.79×10^{-4}	3.57×10^{-2}	1.96×10^{-2}	9.42×10^{-2}	9.35×10^{-2}
Viennet3	2.71×10^{-4}	1.63×10^{-5}	2.70×10^{-2}	1.29×10^{-3}	4.02×10^{-2}	3.22×10^{-2}	1.96×10^{-1}	6.18×10^{-3}

从表 7-3 中可以看出，改进的多目标鲸鱼优化算法在给出的 14 个测试函数上获得了 13 个最优的 IGD 均值，NSGA-Ⅱ算法在 DTLZ1 测试问题上获得了最优的 IGD 均值，其余两种算法在这 14 个测试函数上没有可以得到最佳的 IGD 均值。其中，在 DTLZ1 这个测试函数上，改进的多目标鲸鱼优化算法获得的 IGD 均值（5.18×10^{-2}）与 NSGA-Ⅱ所获得最佳的 IGD 均值（2.85×10^{-2}）是具有相同的数量级（10^{-2}），表示这两种算法所获得的 IGD 均值差异不大，这表示改进的多目标鲸鱼优化算法在 14 个测试函数上相对于其他的三种算法而言是具有最优的 IGD 性能指标。

由于 IGD 性能指标综合了算法收敛性与多样性的信息，在表 7-3 中可以发现，改进的多目标鲸鱼优化算法相对于其他对比算法，都表现出了较好的平衡性能；表明 K-medoids 辅助进化算法与趋优反向学习等多种策略有机结合，相互协同有效地改善了 MOWOA 算法解决复杂多目标有效搜索解空间的问题，同时稳定性也有显著地提升。

图 7-17 是 ACMOWOA 算法在其他测试函数上的逼近 PF 图。

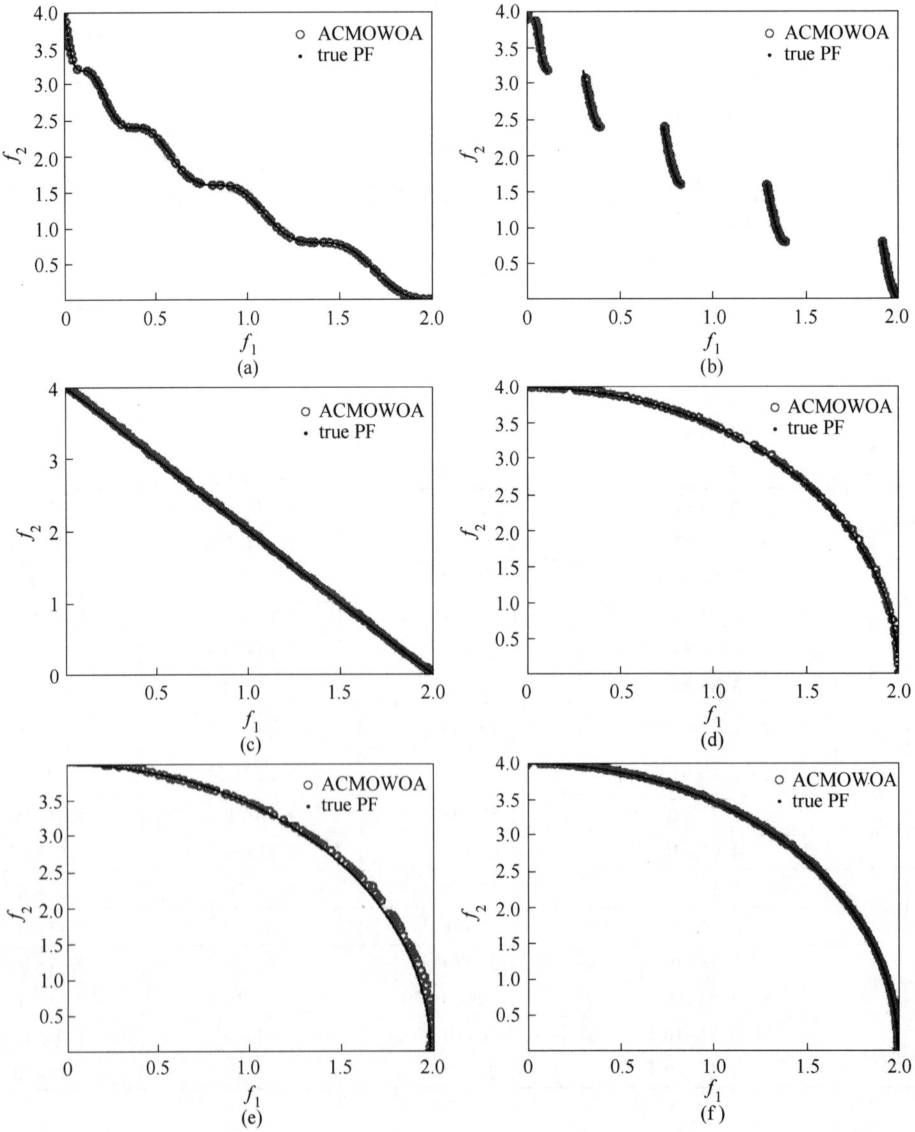

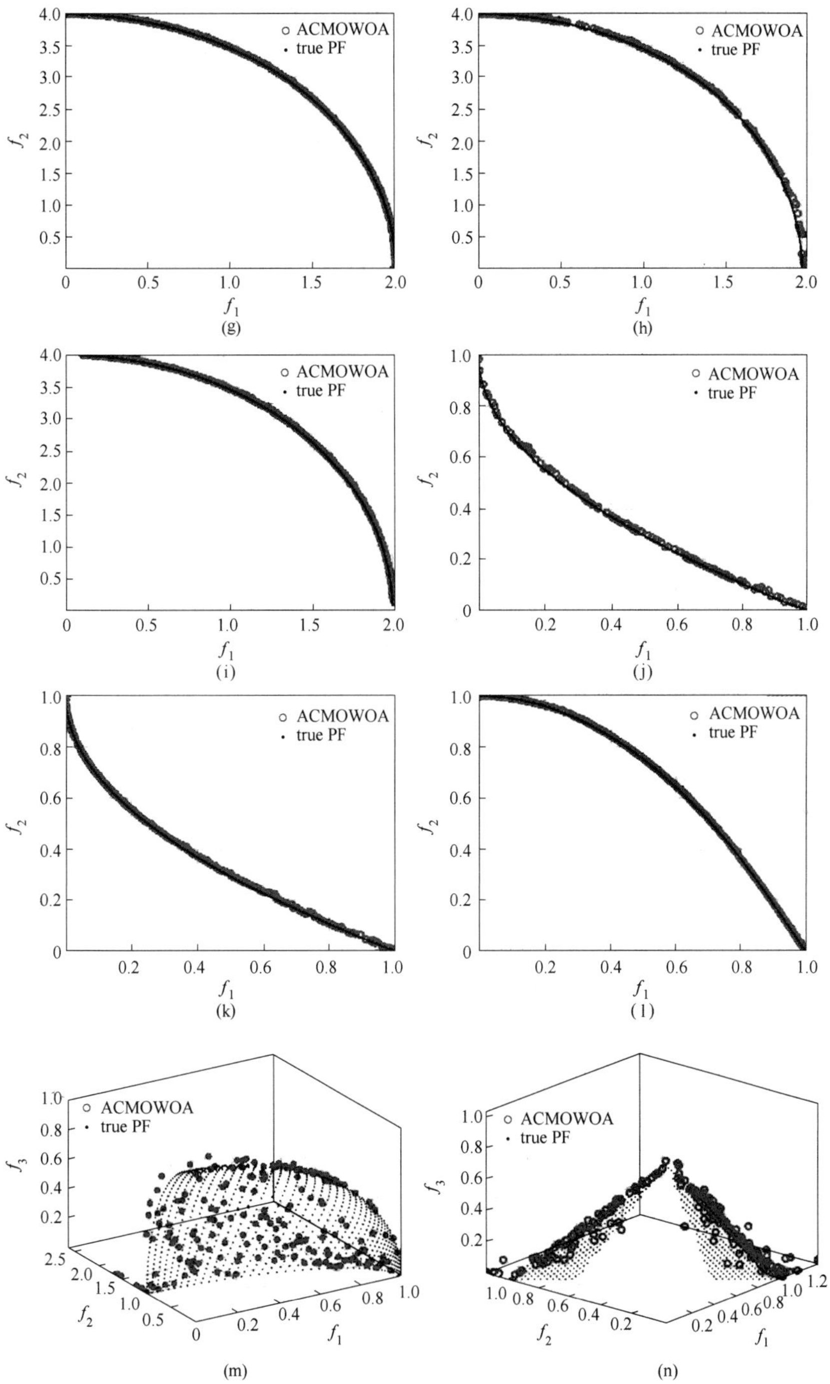

图 7-17 ACMOWOA 算法在其他测试函数上的逼近 PF 图

（a）WFG1 函数曲线；（b）WFG2 函数曲线；（c）WFG3 函数曲线；（d）WFG4 函数曲线；（e）WFG5 函数曲线；（f）WFG6 函数曲线；（g）WFG7 函数曲线；（h）WFG8 函数曲线；（i）WFG9 函数曲线；（j）UF1 函数曲线；（k）UF2 函数曲线；（l）UF4 函数曲线；（m）UF8 函数曲线；（n）UF9 函数曲线

图 7-17 彩图

由图 7-16 和图 7-17 可以看出，改进的多目标鲸鱼优化算法对比 NSGA-Ⅱ算法在分步性以及贴近真实平面上都有更好的表现，结果表明改进算法在优化多目标时是有效的。随着种群智能方法逐步应用于工业生产，将上述改进的多目标鲸鱼算法用于对热连轧负荷分配进行优化求解。

7.4　精轧机组数学模型

热连轧机组中有很多数学模型，例如轧制力模型、温降模型、凸度模型等。每个数学模型都不是独立存在的，而是彼此之间密切相关的。生产者如果想要提高生产效率，实现在线控制，那么为带钢热连轧制定合理的轧制方案，并建立合适的数学模型是十分必要的。

7.4.1　轧制力模型

轧制力是带钢热连轧轧机组一个十分重要的参数，其大小、精度对负荷分配都有直接影响。轧制力模型如下

$$P = Bl'_{c}Q_{P}KK_{T} \tag{7-29}$$

式中　P——轧制力；

B——板带宽度；

l'_{c}——压扁后的轧辊与轧件接触弧的水平投影长度；

Q_{P}——变形区应力状态的影响系数；

K——金属变形阻力，$K = 1.15\sigma$；

K_{T}——前后张应力对轧制力的影响系数。

轧制力 $P = f(R', h_0, h_1, K, K_T)$，又由于 $R' = f(P, R, B, \Delta h)$，因此需通过迭代计算确定轧制力，具体流程如图 7-18 所示。

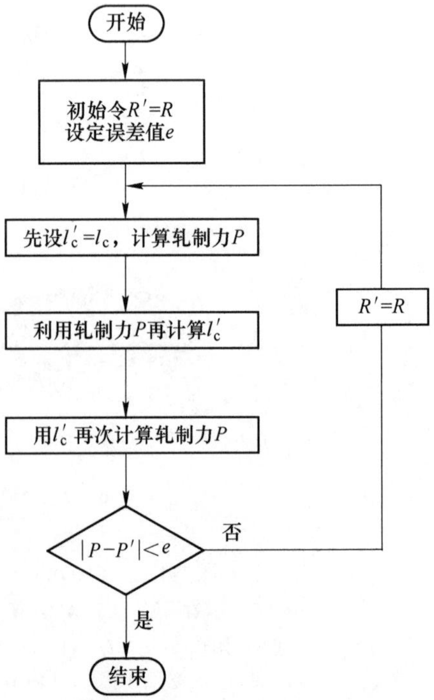

图 7-18　轧制力迭代求解步骤

7.4.2　接触弧的水平投影长度

对轧制机组而言，由于宽展较小时宽度几乎不会改变，为此只要计算出 l_c 和 l'_c 就可以得到接触面积了。接触弧水平投影长度 l_c 为

$$l_c = \sqrt{R\Delta h} = \sqrt{R(h_0 - h_1)} \tag{7-30}$$

根据弹性力学的公式，Hitchikok 推得

$$l'_c = mp_cR + \sqrt{R\Delta h + (mp_cR)^2} \tag{7-31}$$

$$m = \frac{8(1 - \nu^2)}{\pi E} \tag{7-32}$$

式中　p_c——接触弧上的平均单位压力，MPa；

E——杨氏弹性模量，对钢轧辊弹性模量 $E = 2.1 \times 10^5$ MPa；

ν——泊松系数，$\nu = 0.3$，因此可得 $m =$

$1.1\times10^{-5}\ \mathrm{MPa}^{-1}$。

若 $l_c'=\sqrt{R'\Delta h}$，则代入化简后可得

$$R'=R\left(1+2m\frac{p_c l_c}{\Delta h}\right)=R\left(1+2.2\times10^{-5}\frac{P}{B\Delta h}\right) \tag{7-33}$$

7.4.3 变形区应力状态的影响系数

采用 SIMS 方法计算变形区应力状态的影响系数，公式如下

$$Q_P=\sqrt{\frac{1-\varepsilon}{\varepsilon}}\left[\frac{1}{2}\cdot\sqrt{\frac{R}{h}}\cdot\ln\frac{1}{1-\varepsilon}-\sqrt{\frac{R}{h}}\cdot\ln\frac{h_\gamma}{h}+\frac{\pi}{2}\arctan\sqrt{\frac{\varepsilon}{1-\varepsilon}}-\frac{\pi}{4}+\frac{\tau_b}{K}-\sqrt{\frac{R}{\Delta h}}\left(\frac{\tau_b}{K}-\frac{\tau_f}{K}\right)\gamma\right] \tag{7-34}$$

式中 τ_f——轧件轧制前张应力；

τ_b——轧件轧制后张应力；

ε——相对压下量。

中性角 γ 的公式为

$$\gamma=\sqrt{\frac{h}{R}}\cdot\tan\left[\frac{1}{2}\arctan\sqrt{\frac{\varepsilon}{1-\varepsilon}}+\frac{\pi}{8}\ln(1-\varepsilon)\sqrt{\frac{h}{R}}+\frac{1}{2}\sqrt{\frac{h}{R}}\left(\frac{\tau_f}{K}-\frac{\tau_b}{K}\right)\right] \tag{7-35}$$

$$\frac{h_\gamma}{h}=1+\frac{R\gamma^2}{h} \tag{7-36}$$

此外，在热轧中还常用 Ford-Alexander 公式计算，主要借助滑移线理论推导得出。

$$Q_P=0.786+\frac{\sqrt{(1-\varepsilon)\varepsilon}}{2(2-\varepsilon)}\cdot\sqrt{\frac{R}{h_m}} \tag{7-37}$$

由于 $l_c=\sqrt{R\Delta h}$，代入式（7-37）可得

$$Q_P=0.786+\frac{\sqrt{(1-\varepsilon)\varepsilon}}{2\sqrt{2(2-\varepsilon)}}\cdot\frac{l_c}{h_m} \tag{7-38}$$

7.4.4 金属变形阻力

金属变形阻力求解公式如下

$$\sigma=\sigma_0\exp\left[a_1\left(\frac{t+273}{1000}\right)+a_2\right]\left(\frac{u_m}{10}\right)^{\left[a_3\left(\frac{t+273}{1000}\right)+a_4\right]}\cdot\left[a_6\left(\frac{e}{0.4}\right)^{a_5}-(a_6-1)\left(\frac{e}{0.4}\right)\right] \tag{7-39}$$

式中 σ_0——$t=1000$ ℃、$u_m=10\ \mathrm{s}^{-1}$、$e=4$ 时的变形阻力；

$a_1\sim a_6$——回归系数；

e——真正变形程度；

u_m——平均变形速度。

$$e=\ln\left(\frac{h_{i-1}}{h_i}\right) \tag{7-40}$$

$$u_m=\frac{v_i e}{l_c} \tag{7-41}$$

式中　v_i ——第 i 机架的轧制速度。

$$v_i = \frac{v_n h_n}{h_i} \tag{7-42}$$

式中　v_n ——最后一个机架的出口速度；

h_n ——最后一个机架的出口厚度。

7.4.5　前后张应力对轧制力的影响系数

热轧机组通常是在小张力情况下工作，为此在计算时可以简化成单独的张力影响系数。K_T 计算公式如下

$$K_T = 1 - \frac{(1-m)\tau_f + m\tau_b}{K} \tag{7-43}$$

此外，有些学者在研究时采用了更为复杂的公式计算张力带来的影响，例如：

$$K_T = \left(1 - \frac{\tau_b}{K}\right)\left(m_1 + m_2 \frac{\dfrac{K-\tau_f}{K}}{\dfrac{K-\tau_b}{K}}\right) \tag{7-44}$$

其中，$K = 1.15\sigma$。

7.4.6　轧制力矩与功率模型

轧制力矩有两种：一种根据轧制力确定，另一种根据能耗确定。决定轧制功率的因素主要有轧制力矩和轧辊转速等。

7.4.6.1　根据轧制力决定的轧制力矩

当轧件不受其他外力作用时，轧件对两个轧辊作用的法向力 N_1、N_2 和摩擦力 T_1、T_2 的合力 P_1、P_2 一定是大小相等方向相反，且作用在一条直线上的。

如图 7-19 所示为简单轧制时作用在轧辊上的力。

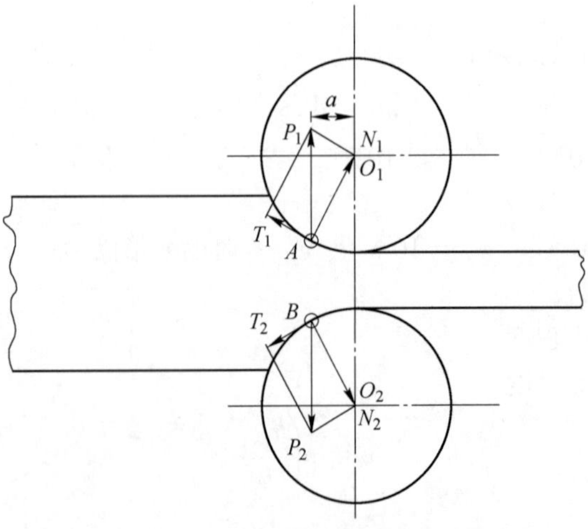

图 7-19　简单轧制时作用在轧辊上的力

此时的轧制力矩为

$$M_1 = M_2 = Pa = Pl_c\psi \tag{7-45}$$

总轧制力为

$$M_P = 2Pa = 2Pl_c\psi \tag{7-46}$$

式中 P——轧制力；

a——力臂；

ψ——力臂系数。

大多数情况下会令 $\psi = 0.5$ 简化计算，轧制时的前张力 T_F 会导致轧制力矩变小，后张力 T_B 会造成轧制力矩变大，因此通常使用下式计算：

$$M_P = Pl_c + (T_B - T_F)R \tag{7-47}$$

由于力臂系数难以准确确定，因此这也是采用该方法计算轧制力矩的一个难点。

7.4.6.2 根据能耗确定的轧制力矩

轧制时能耗 A 与轧制力矩的关系如下：

$$M_P = \frac{A}{\varphi} = \frac{A}{\omega t} = \frac{AR}{tv_0} = AR\frac{1+f}{l_1} \tag{7-48}$$

式中 φ——轧件通过轧辊时轧辊的转角，$\varphi = \omega t = (v_0/R)t$，rad；

ω——角速度，rad/s；

t——时间，s；

v_0——轧辊线速度，mm/s；

R——轧辊半径，mm；

f——轧制时的前滑值，%；

l_1——轧件的轧后长度，mm。

根据能耗的原理，可以计算出轧制过程中消耗的能量，从而推算出轧制力矩的大小。但是，这种方法得到的轧制力矩通常会比实际的轧制力矩大一些，因为它没有考虑到一些损耗和影响因素。不过，从电机的负荷能力来看，这种方法还是有一定的实用价值。因为电机的负荷能力决定了轧制过程中能够提供的最大功率，而这个功率又和轧制力矩有关，所以如果按照能耗计算得到的轧制力矩设计电机，就可以保证电机不会超载或者损坏。

7.4.6.3 轧制功率

轧制过程中，设备需要消耗一定的能量来提供轧制力和轧制速度，这个能量就是轧制功率。轧制功率越大，说明设备的能源消耗越高。企业在进行轧制生产时，当然希望能够节约能源，降低成本，但是又不能影响产品的质量和性能。所以，企业要寻找一种平衡点，既能保证轧制功率不过高，又能保证轧制效果不下降。

轧制功率公式如下：

$$N = Mn/971 \tag{7-49}$$

式中 M——轧制力矩；

n——角速度。

7.4.7 滑动模型

轧制过程中轧件遵守体积不变定律，因此在机架压下后轧件变薄、带坯移动的速度增大。图 7-20 为轧制无展宽、均匀变形时的带坯速度变化。轧辊上入口点到出口点的水平分速度仅从 $v_0\cos\alpha$ 变化到 v_0，但轧件因为

$$v'h_0 = vh \tag{7-50}$$

式中　v'——入口速度；

　　　v——出口速度。

所以，v' 小于 v，在变形区中一定存在轧件的水平速度和该点轧辊水平速度相等的中性面，轧辊上的该点称为中性点。

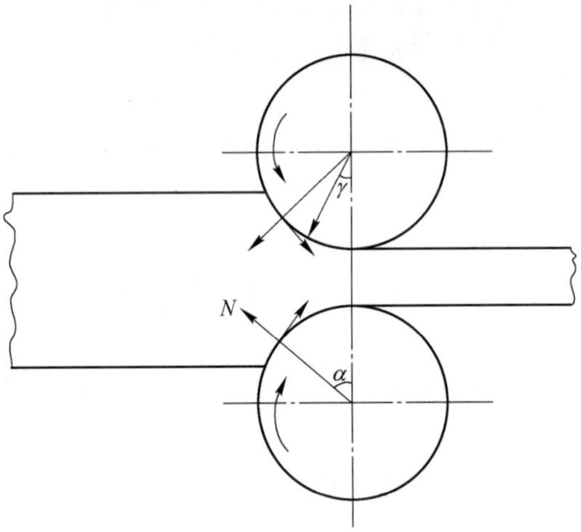

图 7-20　滑动示意图

图 7-20 中，γ 为中性点和轧辊中心的连线与轧辊连心线间的夹角。

变形区中有前滑段和后滑段，各机架的带钢出口速度 v 和入口速度 v' 是连轧机组的重要参数。为此，定义一个前滑值 f：

$$f = \frac{v - v_0}{v_0} \times 100\% \tag{7-51}$$

Fink 前滑公式为

$$f = \frac{(1 - \cos\gamma)(2R\cos\gamma - h)}{h} \tag{7-52}$$

考虑到 γ 角很小，可设

$$\begin{cases} \cos\gamma \approx 1 \\ 1 - \cos\gamma = 2\sin^2\dfrac{\gamma}{2} \approx 2\left(\dfrac{\gamma}{2}\right)^2 = \dfrac{\gamma^2}{2} \end{cases} \tag{7-53}$$

因此可得

$$f = \frac{\gamma^2}{2}\left(\frac{2R}{h} - 1\right) \tag{7-54}$$

当 $\dfrac{2R}{h} \gg 1$ 时，也可进一步简化为

$$f = \frac{R}{h}\gamma^2 \tag{7-55}$$

轧制时后滑为

$$v'h_0 = vh \tag{7-56}$$

$$v_0\cos\alpha(1-\beta)h_0 = v_0(1+f)h \tag{7-57}$$

因此，$1-\beta=\dfrac{h}{h_0\cos\alpha}(1+f)$。考虑到 α 角也很小，可设 $\cos\alpha\approx 1$，即

$$v' = v_0(1-\beta) \tag{7-58}$$

则

$$1-\beta=\frac{h}{h_0}(1+f) \tag{7-59}$$

7.4.8 凸度模型

热连轧带钢最终的轧制目标是使其厚度、平坦度、头部凸度等符合标准成品的要求，此过程需要进行合理的负荷分配。若想实现板形平坦、不起浪，一定要确保轧件朝着宽度方向上每一点的伸长率保持一致，通常现场轧件的横断区域周围与中心部分存在一定的厚度差。如果初始来料已经有 Δ 凸度，为了确保产品的板形良好，那么轧出的产品也相应存在 δ 凸度。

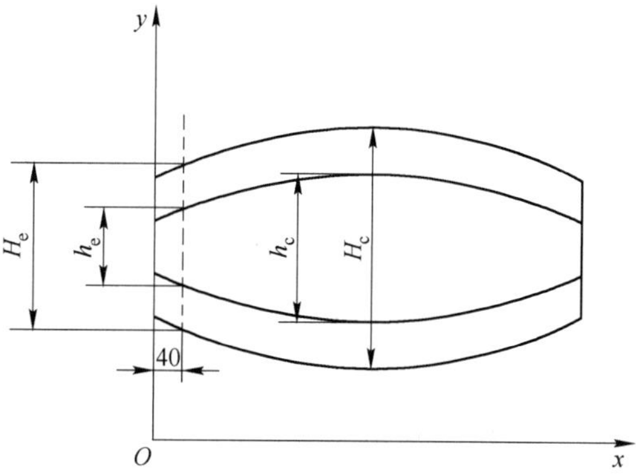

图 7-21 轧件在入口和出口断面形状

成品轧件的平坦度在很大程度上与带钢在每个轧制机架出入口的相对凸度密切相关，如图 7-21 为轧件在入口和出口的断面形状。

计算带钢凸度使用负荷分配逆算法，令末机架入口的相对凸度和成品相对凸度保持一致，利用下式进行逐个机架的逆推运算。

$$\left(\frac{CR}{h}\right)_i=\left(\frac{CR}{h}\right)_n+\sum_{j=i+1}^{n}\Delta C_j-40\left(\frac{h_i}{B}\right)^{1.86}<\Delta C_i<80\left(\frac{h_i}{B}\right)^{1.86} \tag{7-60}$$

式中 $\left(\frac{CR}{h}\right)_i$——第 i 机架入口相对凸度；

$\left(\frac{CR}{h}\right)_n$——成品相对凸度。

或者

$$\Delta C=80\beta\left(\frac{h_i}{B}\right)^{1.86} \tag{7-61}$$

其中，$\beta=-0.5\sim1.0$。

7.4.9 温度模型

在热轧带钢生产过程中，温度控制是一个非常重要的考量指标，这是因为机架的变形

阻力、轧制力的准确预测、轧机参数的精准性都直接影响带钢的尺寸精度和板形。

在计算相对凸度时，首先确定各机架轧制温度，并使用简化的轧制模型计算每个机架的轧制温度，公式如下

$$\frac{T_i - T_\mathrm{p}}{T_0 - T_\mathrm{p}} = \mathrm{e}^{-Ka\frac{\sum L_i}{h_n v_n}} \tag{7-62}$$

式中　T_0——轧件入口温度；

T_i——第 i 机架温度；

T_p——机架间喷水温度；

v_n——最后一个机架的轧辊速度；

L_i——第 i 机架距离末端 X 射线仪的距离。

$$Ka = \frac{T_0 - T_\mathrm{p}}{T_n - T_\mathrm{p}} \cdot \frac{h_n v_n}{L_i} \tag{7-63}$$

式中　T_n——轧件出口温度。

7.4.10　负荷分配模型

带钢热轧机组的负荷分配是轧制生产的关键，根据本章介绍的数学模型可知，各模型之间相互影响、相互联系。合理的负荷分配可以降低生产能耗、设备损耗，并且在很大程度上可以提高产品质量、生产效率等，对于企业而言更能发挥设备潜能、创造更大收益。

在板带轧制过程中，板材从初始厚度 h_0 逐渐被轧制到目标厚度 h_n，机架总的压下量为

$$\Delta h = h_0 - h_n \tag{7-64}$$

首先需要根据进入轧机时带坯的厚度 h_0、希望得到的产品厚度 h_n 和其他有关的工艺参数值等，对每一个机架的空载辊缝和速度等数值进行合理分配。

轧制时，带坯的出口厚度可以看做是负荷分配的决策参数，主要是因为热连轧负荷分配的各个工艺参数间相互联系，一旦机架的出口厚度确定后，轧制力、力矩、功率等参数也就确定了。为此，可以利用带坯出口厚度求得目标函数和约束条件。由于经验负荷分配是由工作人员的经验形成的，具有合理性，因此可以在经验法的参考值周围寻找最佳值，具体公式如下

$$\overline{h_i} = H_0 \exp\left(\frac{K_2 - \sqrt{K_2^2 + 4K_1 E \sum \psi_i}}{2K_1}\right) + \delta h_i \tag{7-65}$$

式中　K_1，K_2——能耗系数；

δh_i——各机架优化范围，$\delta h_i \in [-0.1\overline{h_i} \sim 0.1\overline{h_i}]$；

E——系数。

$$E = K_1 \ln\left(\frac{H_0}{h_n}\right)^2 + K_2 \ln\frac{H_0}{h_n} r \tag{7-66}$$

式中　H_0——轧件来料厚度；

h_n——最后机架出口厚度。

7.4.11　传统热连轧负荷分配模型

最优化技术在轧制规程的设定计算中应用最早始于 20 世纪 70 年代，并于 80 年代得

到快速发展。最优化的基本思想是根据实际情况，将工艺追求的目标转化成目标函数形式，在限制条件的约束下，寻求一组使目标函数值最大或最小的解。负荷分配最优化是将精轧机组各个机架的出口厚度或压下量作为优化的变量，在满足轧制力、功率、咬入角等不超限的约束条件下，寻求既定目标函数最优对应的负荷分配策略。

在轧钢领域中，最优化技术的应用已取得了明显的经济效益。按照优化目标的不同，传统最优化方法可分为等负荷分配法、相对等负荷分配法、能耗最小分配法、综合等负荷分配法。

7.4.11.1 等负荷分配法

等负荷分配法以各个机架轧制负荷相等为目标，就热连轧精轧机组而言，在精轧机组各机架的主电机功率相等的前提下，为使各机架负荷分配均匀，通常将各机架的主电机轧制功率差的平方和作为目标函数。其具体形式为：

$$\min S = \sum_{i=1}^{k} \Delta S_i^2 \tag{7-67}$$

式中 ΔS_i ——各机架轧制功率之差。

当各个机架轧制功率之差最小时，即 S 趋近于零时，各机架轧制功率近似相等，由此实现各个机架的等负荷分配。

7.4.11.2 相对等负荷分配法

当各个机架的主电机功率不相等时，为了充分发挥各机架轧制能力，通常采用相对等负荷分配方法，令各个机架实际分配的负荷裕度相等，使主电机容量较大的机架分配到较多的负荷、主电机容量较小的机架分配较少的负荷。生产实际中，相对等负荷分配法主要包括功率等裕度和轧制力等裕度。以轧制力等裕度为例，目标函数的形式为：

$$\min S = \sum_{i=1}^{n} \left[p_i' - \left(\sum_{j=1}^{n} p_j' \Big/ \sum_{j=1}^{n} p_j \right) \times p_i \right]^2 \tag{7-68}$$

式中 p_i' ——第 i 机架实际轧制力；

p_i ——第 i 机架的最大轧制力；

p_j，p_j' ——机架。

当 S 趋近于零时，各机架的轧制力裕度相等，从而实现相对等负荷分配。

7.4.11.3 能耗最小分配法

由于轧制能耗是生产成本的重要影响因素，所以可以将各个机架的轧制能耗总和最小作为目标制定轧制规程，这种方法称为能耗最小分配法。其具体目标函数形式为

$$\min N = \sum_{i=1}^{n} N_i \tag{7-69}$$

式中 N_i ——第 i 机架的轧制功率。

由于精轧机组的连轧过程可看作是多阶段决策过程，所以通常采用动态规划方法对目标函数进行寻优求解。

7.4.11.4 综合等负荷分配法

综合等负荷分配法是综合考虑轧制力负荷分配、带钢板形等参数，根据实际生产要求，采用综合等负荷的原则对各负荷相对裕量的加权系数进行动态调整，从而达到负荷分配最优化的方法。

综合等负荷分配法较全面地涵盖了带钢生产的相关约束条件，并可简单地通过改变加权系数动态调整各负荷的相对裕量，从而满足更多生产实际要求。其目标公式如下

$$J = (P_1 - KP_2)^2 + (P_2 - P_3)^2 + K_3 \sum_{i=4}^{7} (CR_i/h_i - CR_n/h_n)^2 \tag{7-70}$$

式中　K——比例系数；

K_3——权重系数；

$P_1 \sim P_3$——前三个机架的实际轧制力。

由以上目标函数可知，前两项之和后一项量纲不同，之前的学者考虑优化过程中三部分的影响关系，在后一项中添加了侧重权值，来达到综合评估系统性能的目的。但是，在现场中干扰变量多，不确定因素强，不能确定权重的大小，因此亟待提出对多目标函数处理的方法。

7.4.12　多目标函数建立

前三个机架应在设备可承受的范围提供尽可能大的压下量，主要是出于负载均衡角度考虑，虽然在早期阶段带材温度比较高、发生塑性形变更容易，但是还应该考虑到带材在第一机架的咬入是否顺利、不同厚度的带坯和温度浮动带来的影响因素。为此，第一机架要在保证咬入的前提下使得第二、三机架尽可能最大限度地压下；后四个机架的压下量要适度调整，要保持带材的板形良好和遵循等比例凸度原则。在这个基础上，优化七机架轧机的负荷分配的目标函数定义如下：

$$\begin{cases} f_1 = \left(1 - \dfrac{kP_2}{P_1}\right)^2 + \left(1 - \dfrac{P_3}{P_2}\right)^2 \\ f_2 = \displaystyle\sum_{i=4}^{7} (CR_i/h_i - CR_n/h_n)^2 \\ f_3 = \displaystyle\sum_{i=1}^{7} N_{\mathrm{i}} \end{cases} \tag{7-71}$$

式中　f_1——衡量轧机咬钢负荷均衡以及轧制力分配；

f_2——衡量目标轧件的等相对凸度；

f_3——衡量轧机轧制功率消耗。

在实际现场轧制时，不仅需要考虑轧机的承载能力和工艺要求，还需要考虑到其他制约因素。根据热轧机组的特点，这里考虑以下制约条件：

(1) 每一个机架的轧制力和功率应小于设备可承受的最大值；

(2) 每一个机架压下后，带坯的出口厚度应小于入口厚度。

因此，所建立数学模型的约束条件如下：

$$\begin{cases} 0 < P_i \leqslant P_{\max} \\ 0 < N_i \leqslant N_{\max} \\ 0 \leqslant h_{i+1} < h_i \\ 0 \leqslant M_i \leqslant M_{i,\max} \end{cases} \tag{7-72}$$

式中　$P_{\max}$——轧制力最大值；

N_{max} ——轧制功率最大值；

$M_{i,max}$ ——对应机架最大轧制力矩。

7.5 负荷分配仿真分析

7.5.1 设备参数设置

以某钢厂热轧机组为研究对象，该厂带钢热连轧机组是由一台可逆热粗轧轧机和七台精轧机组合构成的热连轧生产线。表 7-4 为轧机设备的相关参数。

表 7-4 轧机设备的相关参数

机组参数	第 1 机架	第 2 机架	第 3 机架	第 4 机架	第 5 机架	第 6 机架	第 7 机架
电机额定功率/kW	8000	8000	8000	8000	7500	7500	7500
压扁后轧辊半径/mm	390.9	398.6	410.7	425.8	439.5	455.1	468.0
相对压下量/%	40~50	20~30	10~20	10~20	5~10	1~5	1~5

参照钢种为 Q235，带钢宽度 1200 mm，带坯入口厚度 34 mm、出口厚度 3.62 mm，带坯入口温度 1030 ℃、出口温度 875 ℃。表 7-5 为原轧制规程参数。

表 7-5 原轧制规程参数

参数	F1	F2	F3	F4	F5	F6	F7
h_0/mm	34.00	20.21	12.94	8.40	6.20	5.04	4.16
h/mm	20.21	12.94	8.40	6.20	5.04	4.16	3.62
l_c/mm	72.39	52.56	41.54	28.93	21.01	18.27	14.30
h_m/mm	27.11	16.58	10.67	7.30	5.62	4.60	3.89
l_c/h_m	2.67	3.17	3.89	3.96	3.74	3.97	3.68
e	0.52	0.446	0.432	0.304	0.208	0.192	0.139
$e/0.4$	1.3	1.115	1.081	0.760	0.519	0.479	0.346
T/℃	997.9	979.8	962.0	944.5	927.4	910.6	894.1
$(T+273)/1000$	1.271	1.253	1.235	1.218	1.200	1.184	1.167
μ_m/s^{-1}	12.86	22.76	41.67	57.73	67.59	87.11	93.24
K/MPa	173.8	192.5	215.9	218.2	209.9	218.4	206.5
Q_p	1.411	1.553	1.751	1.768	1.709	1.769	1.693
P/kN	21254	18925	18850	13390	9040	8470	6000
R'/mm	390.9	398.6	410.7	425.8	439.5	455.1	468.0
l'_c/mm	73.42	53.83	43.2	30.6	22.6	20.0	15.9
P'/kN	21600	19310	19600	14170	9731	9272	6670
$v/m \cdot s^{-1}$	1.79	2.80	4.31	5.84	7.19	8.71	10.00
f/%	0.087	0.073	0.076	0.063	0.051	0.048	0.039
$v_0/m \cdot s^{-1}$	1.647	2.608	4.005	5.493	6.842	8.306	9.622

7.5.2　仿真分析

根据热轧负荷分配模型，以轧制力负荷均衡、板形最优、轧制功率最小为目标函数，建立多目标热连轧负荷分配优化模型，最终得到负荷分配结果如图 7-22 所示。

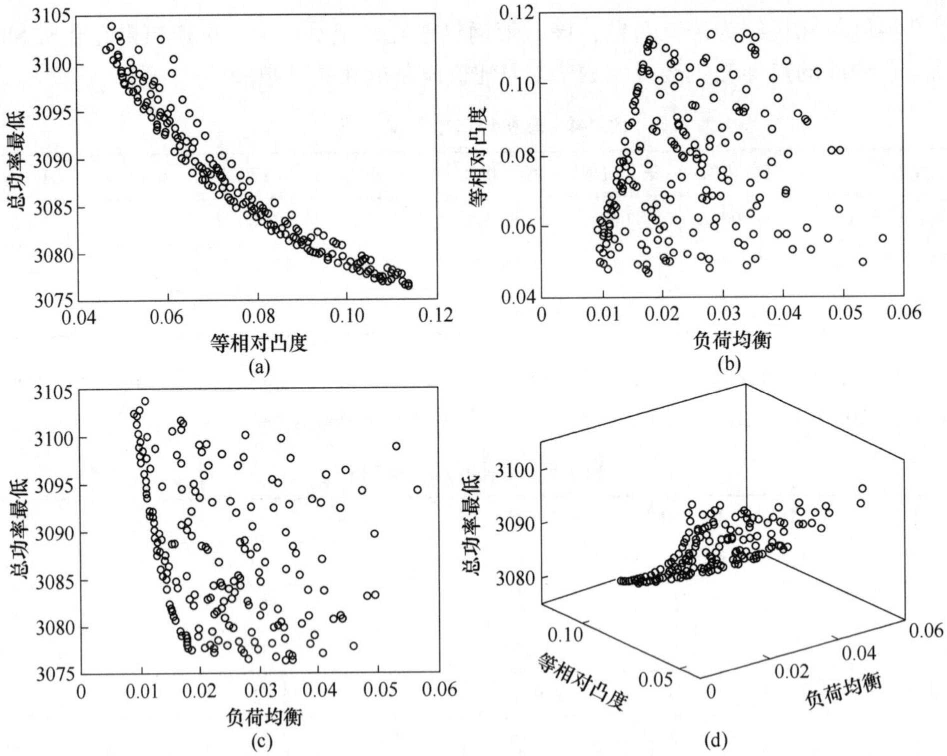

图 7-22　轧制优化前负荷分配结果

（a）总轧制功率最低与等相对凸度 Pareto 前沿；（b）等相对凸度与负荷均衡 Pareto 前沿；（c）总轧制功率最低与负荷均衡 Pareto 前沿；（d）三目标 Pareto 前沿

（1）为了直观地表示优化前后的轧制规程在总功率能耗和相对凸度上的改进，参考图 7-22（a）找出三个新的轧制规程与原规程进行对比，给出表 7-6 智能优化后的负荷分配结果（考虑总功率能耗和相对凸度）。

表 7-6　智能优化后的负荷分配结果

机架号	轧制规程	出口厚度/mm	压下量/%	轧制力/kN	轧制功率/kW	相对凸度
1	原轧制规程	20.21	40.55	21600	666.91	0.0020
	轧制规程 1	19.92	41.41	21856	690.38	0.0020
	轧制规程 2	20.48	39.76	21357	645.28	0.0019
	轧制规程 3	21.22	37.59	20678	589.31	0.0018

续表 7-6

机架号	轧制规程	出口厚度/mm	压下量/%	轧制力/kN	轧制功率/kW	相对凸度
2	原轧制规程	12.94	35.97	19310	683.17	0.0027
	轧制规程 1	12.66	36.45	19398	700.44	0.0028
	轧制规程 2	13.11	35.99	19392	682.24	0.0027
	轧制规程 3	12.77	39.82	20813	797.25	0.0030
3	原轧制规程	8.40	35.08	19600	845.86	0.0042
	轧制规程 1	8.35	33.65	19119	811.07	0.0042
	轧制规程 2	8.82	32.72	18771	753.80	0.0039
	轧制规程 3	8.09	36.65	20110	912.07	0.0045
4	原轧制规程	6.20	26.19	14170	559.37	0.0041
	轧制规程 1	6.37	26.19	13159	481.25	0.0037
	轧制规程 2	6.38	27.66	14892	599.56	0.0042
	轧制规程 3	6.29	22.25	12533	445.88	0.0036
5	原轧制规程	5.04	18.71	9731	349.25	0.0034
	轧制规程 1	5.09	18.71	10335	385.20	0.0036
	轧制规程 2	5.19	18.65	9775	345.12	0.0034
	轧制规程 3	5.05	19.71	10124	373.65	0.0036
6	原轧制规程	4.16	17.46	9272	352.23	0.0040
	轧制规程 1	4.25	17.46	8881	322.28	0.0037
	轧制规程 2	4.28	17.53	9363	351.50	0.0039
	轧制规程 3	4.25	15.84	8631	307.10	0.0036
7	原轧制规程	3.62	12.98	6670	230.56	0.0033
	轧制规程 1	3.62	12.98	7432	277.17	0.0037
	轧制规程 2	3.62	15.42	7630	289.87	0.0038
	轧制规程 3	3.62	14.82	7393	274.72	0.0037

由图 7-23 可见，在主观考虑功率能耗和相对凸度的角度出发，看到轧制规程 1 以及轧制规程 3 在 F4~F7 机架相对凸度较为恒定，效果比较明显，相对凸度控制在 3.3×10^{-3} ~ 3.8×10^{-3}，保证板形良好。轧制规程 2 比原轧制规程在 F4~F7 机架的相对凸度要稍加平缓，也有一定的效果。轧制规程 3 在 F2、F3 机架上的能耗偏大，有所升高是由于前几个机架的轧制力较大，压下量高，充分发挥了轧制温度高的优势，在高温的情况下尽可能完成较大的变形量，为后续机架确保板形质量创造了条件。其余新轧制规程与原轧制规程相比：一是考虑到前期轧制力略大，会比原轧制规程在功率上略大，在轧制后期机架上的功率就会偏小；二是在前期轧制力偏小，所以轧制前期阶段功率与原轧制功率接近，在轧制后期为满足轧制厚度要求，提高了相应的轧制力导致功率增大。

（2）为了直观地表示优化前后的轧制规程在相对凸度和轧制力负荷均匀上的改进，参考图 7-22（b）找出三个新的轧制规程与原规程进行对比，给出表 7-7 智能优化后的负荷分配结果（考虑相对凸度和轧制力负荷均匀）。

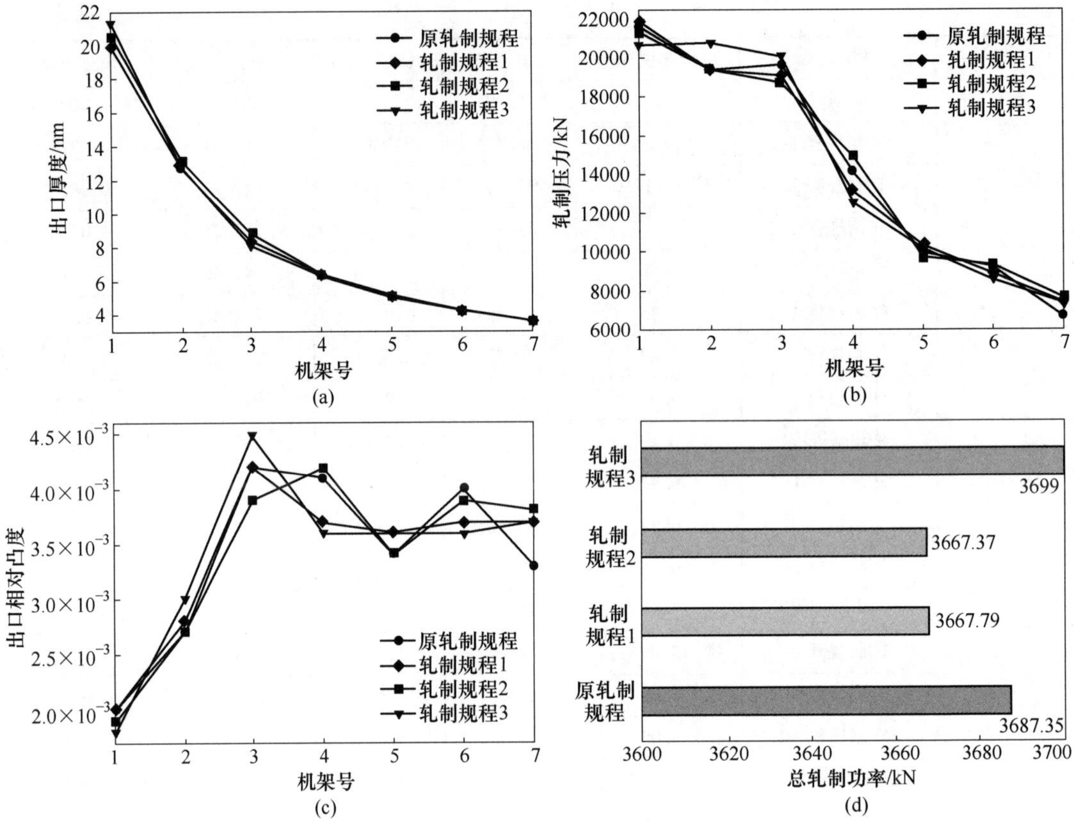

图 7-23　考虑总功率能耗和相对凸度优化方案

（a）各机架出口厚度；（b）各机架轧制压力；（c）各机架出口相对凸度；（d）各轧制规程总功率对比

表 7-7　智能优化后的负荷分配结果

机架号	轧制规程	出口厚度/mm	压下量/%	轧制力/kN	轧制功率/kW	相对凸度
1	原轧制规程	20.21	40.55	21600	666.91	0.0020
	轧制规程 1	21.22	37.59	20678	589.30	0.0018
	轧制规程 2	21.22	37.59	20678	589.30	0.0018
	轧制规程 3	20.48	39.76	21356	645.22	0.0019
2	原轧制规程	12.94	35.97	19310	683.17	0.0027
	轧制规程 1	12.65	40.39	20993	816.63	0.0030
	轧制规程 2	13.12	38.17	20282	742.90	0.0028
	轧制规程 3	12.79	37.55	19909	730.83	0.0028
3	原轧制规程	8.40	35.08	19600	845.86	0.0042
	轧制规程 1	8.02	36.60	20037	911.17	0.0045
	轧制规程 2	8.51	35.14	19705	846.87	0.0042
	轧制规程 3	8.24	35.57	19717	867.22	0.0043

续表 7-7

机架号	轧制规程	出口厚度/mm	压下量/%	轧制力/kN	轧制功率/kW	相对凸度
4	原轧制规程	6.20	26.19	14170	559.37	0.0041
	轧制规程 1	6.24	22.19	12449	442.53	0.0036
	轧制规程 2	6.38	25.03	13750	519.91	0.0039
	轧制规程 3	6.36	22.82	12809	459.76	0.0036
5	原轧制规程	5.04	18.71	9731	349.25	0.0034
	轧制规程 1	5.04	19.23	9939	362.08	0.0035
	轧制规程 2	5.19	18.65	9775	345.12	0.0034
	轧制规程 3	5.04	20.75	10525	400.14	0.0037
6	原轧制规程	4.16	17.46	9272	352.23	0.0040
	轧制规程 1	4.27	15.28	8418	293.17	0.0035
	轧制规程 2	4.28	17.53	9363	351.50	0.0039
	轧制规程 3	4.22	16.27	8813	319.69	0.0037
7	原轧制规程	3.62	12.98	6670	230.56	0.0033
	轧制规程 1	3.62	15.22	7574	286.28	0.0038
	轧制规程 2	3.62	15.42	7630	289.87	0.0038
	轧制规程 3	3.62	14.22	7165	260.43	0.0036

由图 7-24 可见，从主观考虑相对凸度和轧制力负荷均匀来看，三个新的轧制规程虽然没有保证相对凸度完全的恒定（有一定的波动），但相比原轧制规程明显波动变小，并且后四个机架的相对凸度差仍然满足 Shohet-Townsend 临界曲线要求，满足优化目标要求。三个新的轧制规程中前三个机架都能很好满足均衡轧制力的要求，其中 F2 机架的轧制能力得到了很好的发挥，F3 与 F2 的轧制力基本相同，更有利于后四个机架的板形控制。

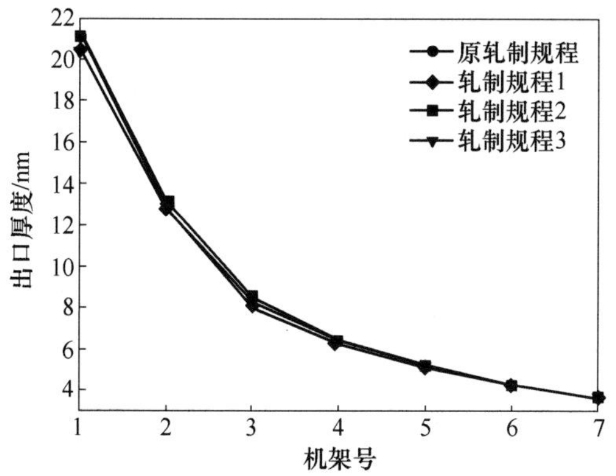

(a)

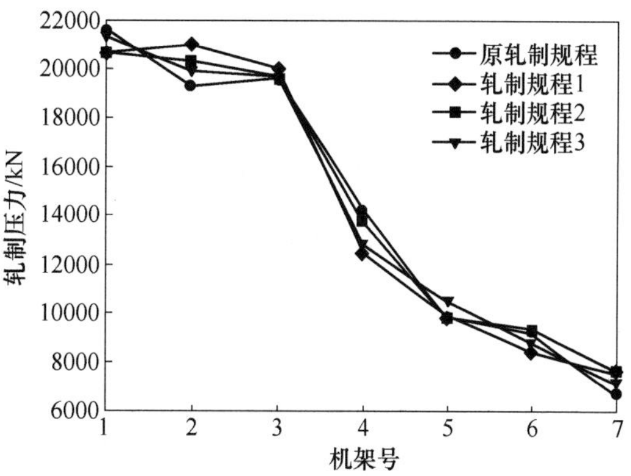

(b)

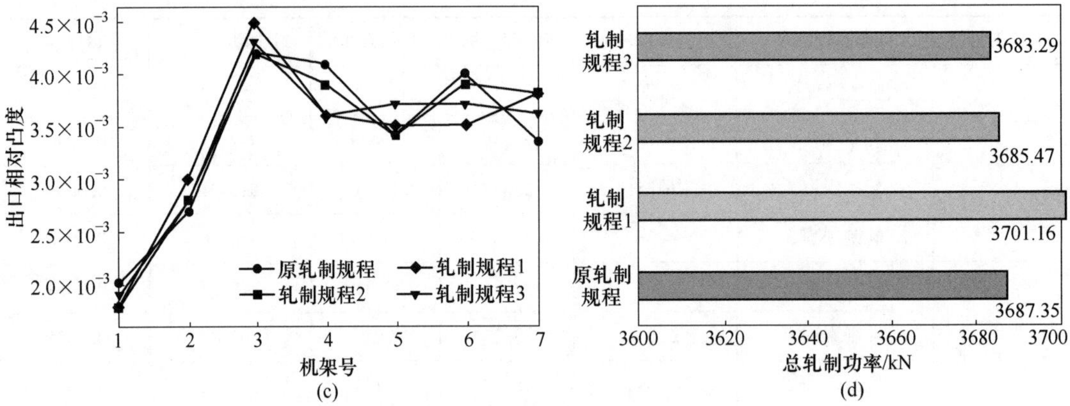

图 7-24　考虑相对凸度和轧制力负荷均匀优化方案

（a）各机架出口厚度；（b）各机架轧制压力；（c）各机架出口相对凸度；（d）各轧制规程总功率对比

（3）为了直观地表示优化前后的轧制规程在总功率能耗和轧制力负荷均匀上的改进，参考图 7-22（c）找出三个新的轧制规程与原规程进行对比，给出表 7-8 智能优化后的负荷分配结果。

表 7-8　智能优化后的负荷分配结果

机架号	轧制规程	出口厚度/mm	压下量/%	轧制力/kN	轧制功率/kW	相对凸度
1	原轧制规程	20. 21	40. 55	21600	666. 91	0. 0020
	轧制规程 1	21. 22	37. 59	20678	589. 30	0. 0018
	轧制规程 2	20. 83	38. 71	21034	617. 99	0. 0019
	轧制规程 3	20. 70	39. 12	21162	628. 69	0. 0019
2	原轧制规程	12. 94	35. 97	19310	683. 17	0. 0027
	轧制规程 1	13. 11	38. 22	20306	745. 29	0. 0028
	轧制规程 2	13. 04	37. 43	19946	722. 84	0. 0028
	轧制规程 3	12. 59	39. 18	20481	781. 17	0. 0030
3	原轧制规程	8. 40	35. 08	19600	845. 86	0. 0042
	轧制规程 1	8. 61	34. 32	19388	814. 73	0. 0041
	轧制规程 2	8. 33	36. 12	19999	883. 55	0. 0044
	轧制规程 3	8. 00	36. 46	19953	905. 48	0. 0045
4	原轧制规程	6. 20	26. 19	14170	559. 37	0. 0041
	轧制规程 1	6. 38	25. 90	14125	545. 44	0. 0040
	轧制规程 2	6. 38	23. 41	13087	476. 39	0. 0037
	轧制规程 3	6. 26	21. 75	12254	429. 37	0. 0035
5	原轧制规程	5. 04	18. 71	9731	349. 25	0. 0034
	轧制规程 1	5. 15	19. 28	9979	359. 37	0. 0035
	轧制规程 2	5. 16	19. 12	9957	357. 83	0. 0034
	轧制规程 3	5. 06	19. 17	9981	464. 09	0. 0035

续表 7-8

机架号	轧制规程	出口厚度/mm	压下量/%	轧制力/kN	轧制功率/kW	相对凸度
6	原轧制规程	4.16	17.46	9272	352.23	0.0040
	轧制规程 1	4.28	16.89	9131	336.64	0.0038
	轧制规程 2	4.28	17.05	9152	337.97	0.0038
	轧制规程 3	4.28	15.42	8451	294.80	0.0035
7	原轧制规程	3.62	12.98	6670	230.56	0.0033
	轧制规程 1	3.62	15.42	7630	289.87	0.0038
	轧制规程 2	3.62	15.42	7630	289.87	0.0038
	轧制规程 3	3.62	15.42	7630	289.87	0.0038

给出的新轧制规程在前三个机架上（见图 7-25），为了达到目标轧制力分配比，通过调整各机架的压下率来补偿条件变化带来的影响，在原轧制规程上增大了轧制力，但同时保持了机架间的轧制比例保持恒定，有利于提高精轧带钢的轧制稳定性和板形指标。在总功率上，对轧制相同规格的带钢来说轧制过程消耗的总功率应该是接近不变的，给出的新轧制规程在总功率方面也会略低于原规程，有利于降低生产能耗。

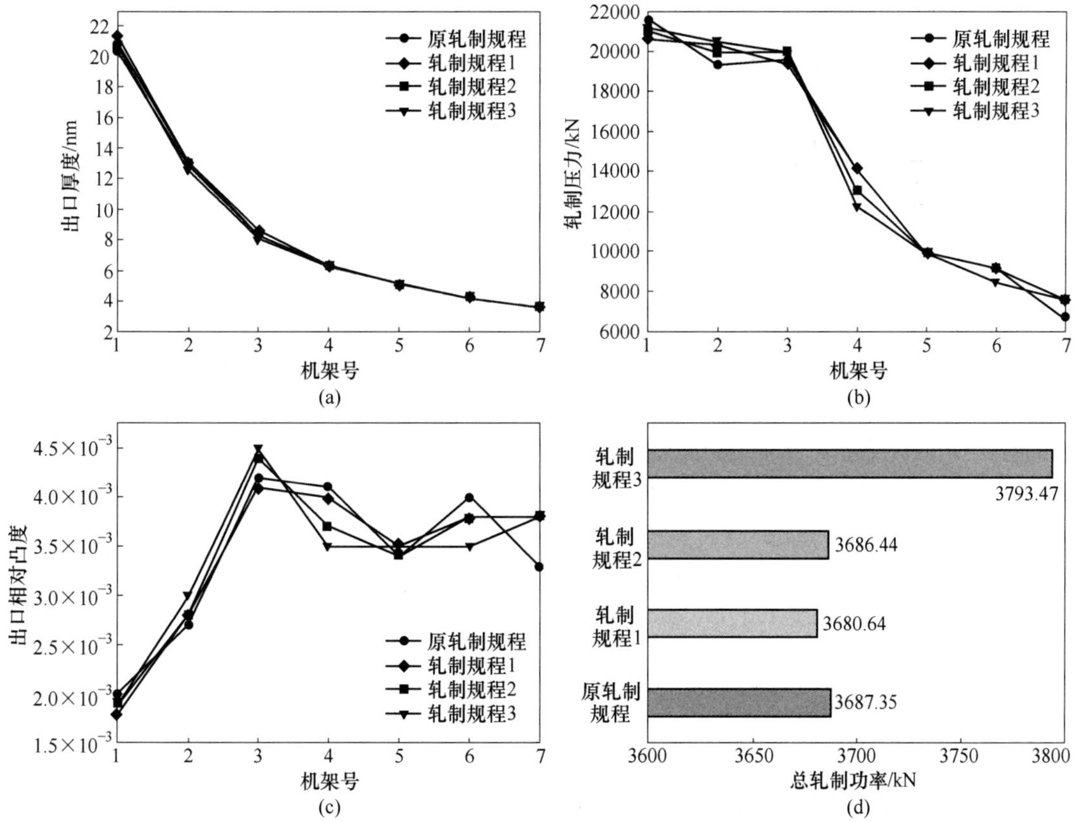

图 7-25 考虑总功率能耗和轧制力负荷均匀优化方案

（a）各机架出口厚度；（b）各机架轧制压力；（c）各机架出口相对凸度；（d）各轧制规程总功率对比

(4) 为了直观地表示优化前后的轧制规程在三目标上的改进，参考图 7-22（d）找出三个新的轧制规程与原规程进行对比，给出表 7-9 智能优化后的负荷分配结果。

表 7-9 智能优化后的负荷分配结果（三目标）

机架号	轧制规程	出口厚度/mm	压下量/%	轧制力/kN	轧制功率/kW	相对凸度
1	原轧制规程	20.21	40.55	21600	666.91	0.0020
	轧制规程 1	20.00	41.18	21785	683.78	0.0020
	轧制规程 2	20.74	39.00	21120	625.11	0.0019
	轧制规程 3	20.01	41.15	21779	683.19	0.0020
2	原轧制规程	12.94	35.97	19310	683.17	0.0027
	轧制规程 1	12.60	37.00	19603	717.24	0.0028
	轧制规程 2	13.01	37.27	19883	719.81	0.0028
	轧制规程 3	12.48	37.63	19797	735.88	0.0029
3	原轧制规程	8.40	35.08	19600	845.86	0.0042
	轧制规程 1	8.45	32.94	18683	770.43	0.0040
	轧制规程 2	8.64	33.59	19062	787.07	0.0040
	轧制规程 3	8.10	35.10	19446	855.24	0.0044
4	原轧制规程	6.20	26.19	14170	559.37	0.0041
	轧制规程 1	6.38	24.50	13539	506.04	0.0038
	轧制规程 2	6.38	26.16	14251	554.17	0.0040
	轧制规程 3	6.31	22.10	12470	440.88	0.0035
5	原轧制规程	5.04	18.71	9731	349.25	0.0034
	轧制规程 1	5.12	19.75	10148	371.48	0.0035
	轧制规程 2	5.14	19.44	10057	364.83	0.0035
	轧制规程 3	5.09	19.33	9986	362.83	0.0035
6	原轧制规程	4.16	17.46	9272	352.23	0.0040
	轧制规程 1	4.28	16.41	8954	325.75	0.0037
	轧制规程 2	4.26	17.12	9201	342.16	0.0038
	轧制规程 3	4.28	15.91	8689	309.17	0.0036
7	原轧制规程	3.62	12.98	6670	230.56	0.0033
	轧制规程 1	3.62	15.42	7593	287.49	0.0038
	轧制规程 2	3.62	15.02	7470	279.59	0.0037
	轧制规程 3	3.62	15.42	7630	289.87	0.0038

从图 7-26（b）可以看出，优化后负荷分配方案的各机架轧制力的变化相较平稳，尤其是在 F3～F4 之间，对比于原轧制规程明显看出轧制力的差值变小，分配更加合理。在图 7-26（c）也能看出在 F4～F6 之间，新的轧制规程比经验分配的后几个机架相对凸度相差较大已明显改变，并且保持相对凸度在规定的范围内。

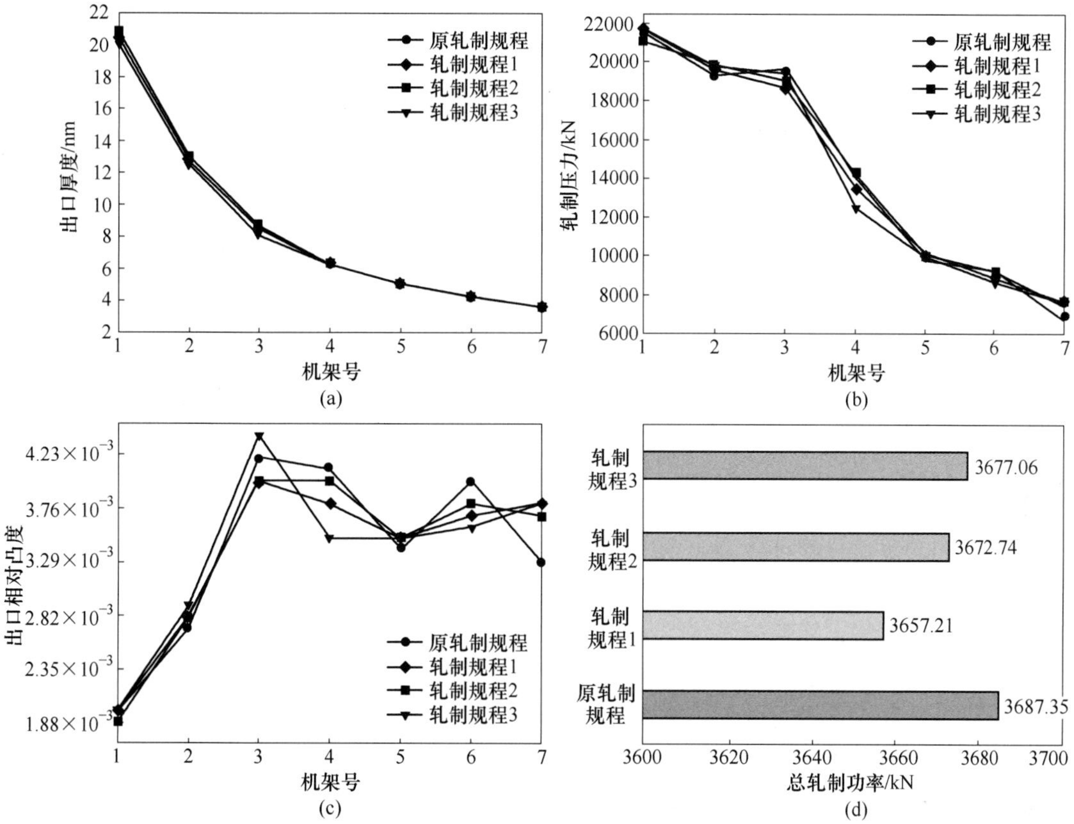

图 7-26　考虑三目标的优化方案

（a）各机架出口厚度；（b）各机架轧制压力；（c）各机架出口相对凸度；（d）各轧制规程总功率对比

综合以上考虑，使用改进多目标鲸鱼算法对热轧负荷分配进行优化一次可以得到多个负荷分配策略，各 Pareto 最优解之间没有优劣之分，现场工程师或者操作工可以根据实际情况和具体要求，自主地选择最优的负荷分配策略。

8　板带冷连轧轧制规程优化

在现代制造业中，板带冷连轧技术是一项关键的金属加工工艺，在提高金属材料性能、降低成本、增强产品竞争力方面发挥着不可替代的作用。随着科技的进步和市场需求的变化，传统的轧制规程已经不能完全满足当前的生产需要。因此，对板带冷连轧轧制规程进行优化，不仅是提升产品质量、减少能耗、增强环保效果的需要，也是企业持续发展和技术进步的必然要求。

8.1　轧制规程优化发展现状

冷连轧的负荷分配直接影响到机组的生产状态和产品质量，合理的负荷分配方案可以提供精准的设定参数，降低能耗，提高产品质量和企业经济效益。轧制规程的发展经历了四个阶段：经验法、能耗曲线法、负荷分配系数法和目标优化法。

(1) 经验法。经验法是最早期的轧制规程发展阶段。在这个阶段，工程师和操作员主要依靠经验和直觉设定轧机参数和操作条件，直接指定每台机架的压下量和厚度的方法，并将此经验通过表格记录下来，以便重复使用。这种方法的效率和精确度都较低，但在缺乏先进科学知识和计算工具的时代，它是唯一可行的方法。经验法主要依靠试错，找出可行的解决方案，而对于为什么这些解决方案有效，往往缺乏深入的理解。

(2) 能耗曲线法。能耗曲线法基于历史轧制数据，描述了所需功率与厚度之间的关系，冷连轧生产厂家大多采用能耗曲线法计算精轧线负荷分配。由于确定了轧制材料的来料厚度和目标厚度，因此可以根据能耗曲线计算出总轧制功率。在已知各机架的载荷分配比的前提下，根据能耗曲线可以推导出各机架的厚度，从而确定了还原分配方案。这种方法虽然比经验法更为精确和可靠，但仍然有局限性，例如模型的精度和预测能力受到当时计算能力的限制。

(3) 负荷分配系数法。负荷分配系数法主要是根据轧机在轧制过程中的实际负荷和理论负荷调整各轧机架的负荷，该方法考虑了轧机的实际工作条件，如轧制材料的性质、轧制速度、温度等，以优化轧制过程，包括三种模式：压下模式、轧制力模式和功率模式。压下模式是通过调整轧机架的压下量，实现负荷分配。轧制力模式是通过调整轧制力的分配，确保各机架承担均衡的力量，避免过重或过轻的负荷。功率模式是通过调整各机架的功率输出，实现负荷均衡，优化能源使用效率。这种负荷模式通常基于数学模型来计算各轧机架的负荷进而直接确定分配方案，并且可以根据相似的轧制产品历史数据确定载荷分配系数。尽管降阶模态计算简单，但精度不高，需要进一步优化以提高准确性。

(4) 目标优化法。目前，轧制规程已发展到目标优化法阶段。这一阶段利用了现代计算技术和先进的数学模型，通过优化算法确定轧制参数，以实现预定的目标，例如最小化能耗、最大化产量或最优化产品性能。这种方法可以处理多个目标和多个约束条件，可获得比前三个阶段更为优越的结果，它可以通过精确模拟轧制过程来优化轧机的设计和操作，从而提高产品的质量和生产效率。

经验法简单但对人的依赖性过高。能耗曲线法依赖于大量的现场数据和生产经验，当轧制条件、来料或产品规格发生变化时，需要重新绘制能量曲线。传统的负荷分配系数法需要对矩阵进行大量运算，最终结果对初值非常敏感，难以满足高性能产品的要求。目标优化法将轧制追求的目标转换为数学形式的目标函数，实现优质、高效、低能耗的生产。

8.2 粒子群优化算法

粒子群算法（PSO）是一种基于自然群体行为的优化算法，被广泛用于解决各种优化问题。PSO 算法的灵感来源于观察生物群体（如鸟群）的协作行为，以及每个个体在这些群体中如何调整自己的位置以获得更好的结果。

8.2.1 粒子群算法介绍

PSO 优化是 Kennedy 和 Eberhart 于 1995 年提出的一种强大且广泛使用的群智能算法，灵感来源于鸟群觅食的社会行为。算法将问题的搜索空间比喻成鸟类的飞行空间，将每个粒子抽象为一个无质量、无体积的点，代表问题的一个可行解。类似于鸟类寻找食物源一样，这些粒子在搜索空间中通过一系列简单的行为规则进行移动，寻找问题的最优解。

PSO 算法中，每个粒子代表问题空间中的一个潜在解，具有速度和位置属性，用于搜索最优解，通过适应度函数评估各个解的质量。所有粒子共同组成一个群体，彼此共享信息以协作寻找最优解，每个粒子根据自身和邻近粒子的经验更新速度和位置，利用特定公式进行迭代优化，直到满足停止条件。典型的 PSO 算法使用以下公式来更新粒子的速度和位置。

$$\begin{cases} v_{i,\mathrm{d}}(t+1)=\omega\cdot v_{i,\mathrm{d}}(t)+c_1\cdot r_1[P_{i,\mathrm{d}}(t)-x_{i,\mathrm{d}}(t)]+c_2\cdot r_2[P_{g,\mathrm{d}}(t)-x_{i,\mathrm{d}}(t)] \\ x_{i,\mathrm{d}}(t+1)=x_{i,\mathrm{d}}(t)+v_{i,\mathrm{d}}(t+1) \end{cases} \tag{8-1}$$

式中 t——迭代次数；

ω——惯性权重；

$v_{i,\mathrm{d}}(t)$，$x_{i,\mathrm{d}}(t)$——粒子 i 在第 t 次迭代时的速度和位置；

$P_{i,\mathrm{d}}(t)$，$P_{g,\mathrm{d}}(t)$——到目前为止找到第 i 个粒子的最优解（通常称为个体最优解 pbest）和到当前迭代次数 t 为止所有粒子找到的最优解（通常称为全局最优解 gbest）；

r_1，r_2——［0，1］之间随机生成的两个向量；

c_1，c_2——学习因子，也叫加速系数。

惯性权重控制着粒子的当前速度对其新速度的影响程度，基于这个原理，惯性权重决定了粒子是在搜索空间中进行全局搜索还是在当前解的附近进行局部搜索。较大的惯性权重可以使粒子更有可能按照其当前速度方向移动，从而进行更广泛的全局探索，这有助于算法避免陷入局部最优解，但也可能导致算法过早地收敛。较小的惯性权重可以使粒子的当前速度对其新速度的影响减少，从而进行更集中的局部搜索，这有助于算法在找到潜在的优良区域后对其进行精细的搜索，但也增加了陷入局部最优解的风险。因此，合理的惯性权重对算法具有重要意义。

目前，采用较多的是线性递减权值策略。这种策略认为，搜索应该在开始时进行广泛的全局搜索，随着时间的推移，逐渐转向局部搜索。因此，惯性权重从一个较大的值开始，随着迭代次数的增加而逐渐减小。其表达式如下：

$$\omega = \omega_{\max} - \frac{(\omega_{\max} - \omega_{\min}) \cdot t}{T_{\max}} \tag{8-2}$$

式中　$T_{\max}$——最大迭代次数；

$\omega_{\max}$——最大惯性权重，一般情况下，$\omega_{\max} = 0.9$；

$\omega_{\min}$——最小惯性权重，一般情况下 $\omega_{\min} = 0.4$；

t——当前迭代次数。

学习因子是粒子群算法中另一个重要参数，它们决定了个体最佳位置和全局最佳位置对粒子速度更新的贡献，影响着粒子在搜索空间中的探索和开发之间的平衡。一般地，有两个学习因子，c_1 和 c_2 分别称为个体学习因子和社会学习因子。

个体学习因子 c_1 表示粒子根据其个体经验调整速度的能力。简言之，它描述了粒子回到它历史上找到最佳位置的倾向。社会学习因子 c_2 则表示粒子根据群体经验调整速度的能力，描述粒子朝向群体中找到最佳位置的倾向。较大的 c_1 会导致粒子更多地依赖于其个人经验，增加局部搜索的能力，但可能会导致整个群体陷入局部最优解。同样的，较大的 c_2 会导致粒子更多地受到群体经验的影响，增加全局搜索的能力，从而有助于发现更好的解，但可能会导致过早收敛。为了兼顾全局搜索和局部搜索，通常会采用学习因子的动态调整策略。例如，在初始阶段使用较大的学习因子来加速全局搜索，然后逐渐减小学习因子以增强局部搜索能力。

8.2.2　多目标粒子群算法原理

和单目标粒子群算法一样，多目标粒子群算法（MOPSO）也是使用了一群粒子来进行搜索。每个粒子代表一个解决方案，并在解决方案空间中移动来寻找优化解。每个粒子有位置和速度，它们根据自身的历史最佳位置和全局最佳位置来更新，但与传统的 PSO 不同，MOPSO 需要维护一个外部存档保存当前找到的非劣解。每次更新后，会将新的非劣解加入存档，并根据一定策略来去除其他解，以保持存档大小的可控。在 MOPSO 中，粒子的移动不仅是基于其个体的最佳历史位置，还需要一个“领导者（leader）”指导其方向。这个领导者通常从当前存档中随机或按一定策略选择，选择好的领导者能够确保粒子更好地探索解空间。由于涉及多个目标，因此不能仅使用一个适应度值评估解的质量。解的比较基于非劣排序，即一个解如果在所有目标上至少不比另一个解差，并且在至少一个目标上更好，则该解优于另一个解。在多目标环境中，经常需要处理多个约束，MOPSO 通过使用惩罚方法或者其他技术确保产生的解满足这些约束。在多目标优化中，寻找解的多样性是很重要的，以保证找到的解覆盖整个 Pareto 前沿。MOPSO 通过一些策略，如拥挤距离，保持群体的多样性。

MOPSO 的核心思想是通过维护多个 Pareto 前沿层次来找到问题的多样性解决方案，以满足多目标优化问题的需求。Pareto 前沿是解决方案在目标空间中形成的一组曲线或曲面，代表了所有可能的 Pareto 最优解，其目标是近似找到这个 Pareto 前沿。

8.2.3 多目标粒子群算法流程

MOPSO 是粒子群算法在 MOPs 领域中的扩展，其流程与单目标粒子群算法有些相似，但在处理多个目标函数和维护 Pareto 前沿方面有所不同。MOPSO 的基本流程如下：

（1）初始化粒子群，包括群体规模 N、每个粒子的位置 x_i 和速度 v_i；

（2）计算每个粒子的目标函数值，确定它们在目标空间中的位置；

（3）对于每对粒子，使用帕累托支配关系比较它们的优劣；

（4）根据帕累托支配关系，将粒子分成不同的 Pareto 前沿层次，每个层次包含一组 Pareto 最优解；

（5）对于每个粒子，根据其所属的 Pareto 前沿层次，确定其个体最优位置；

（6）根据所有粒子的个体最优位置，确定全局最优位置，即 Pareto 前沿的一个近似集合；

（7）根据个体最优位置、全局最优位置和一些控制参数，更新每个粒子的速度和位置；

（8）进行边界条件处理；

（9）判断算法终止条件是否满足，若是则结束算法并输出优化结果，否则返回步骤（2）。

8.2.4 多目标粒子群算法存在的问题分析

多目标粒子群算法是一种广泛用于解决多目标优化问题的进化算法，尽管 MOPSO 在处理多目标问题上表现出了一定的优势，但在实际应用中仍然存在一些问题和挑战。以下是在多目标粒子群算法中面临的问题及其分析。

（1）领导粒子选择问题。在多目标优化中，不存在单一的最优解，而是有一系列的非劣解，这些解组成了 Pareto 前沿，因此多目标领导粒子的选择变得比单目标的更为复杂。首先，多样性保证了粒子可以探索到 Pareto 前沿的不同区域，收敛性则保证粒子能够有效地逼近最优前沿，所以在挑选领导粒子时，要注意算法多样性与收敛性的平衡。其次，领导粒子的选择应当随着算法的迭代过程动态变化，以适应解空间的变化和 Pareto 前沿的更新。最后，领导粒子的选择还要考虑如何保持 Pareto 解集的均匀分布。

（2）早熟收敛问题。粒子群算法容易因为个体受到最优粒子的影响使算法过早地收敛到某一区域的非最优解上，而没有足够地探索解空间中的其他区域。这会导致解的多样性不足，最终得到的 Pareto 前沿不完整，并且还可能距离真实的 Pareto 前沿较远，不能完成收敛。对于早熟收敛的原因，可以从以下四个方面进行分析。

第一个是探索与开发的不平衡。MOPSO 算法中探索指的是对解空间的全局搜索，而开发指的是在已发现的优良区域进行深入搜索。如果算法过于侧重开发而忽视探索，就可能导致早熟收敛。

第二个是参数设置不当。粒子群算法的参数设置对其性能有着显著影响。例如，惯性权重、学习因子、速度限制等参数如果设置不当，可能会使算法过快地收敛。

第三个是多样性的丧失。在多目标优化中，维持种群多样性是非常重要的。如果算法不能保持足够的种群多样性，个体间的差异性减小，会导致整个种群向局部最优解聚集，而无法探索到其他可能的优良解；

第四个是局部最优解的吸引。对于某些多峰值函数，算法可能会受到多个局部最优解的干扰和吸引，导致过早地收敛于这些局部最优解。

（3）多样性和收敛性的平衡问题。多样性保证了算法能够覆盖 Pareto 前沿的不同区域，防止陷入局部最优解，促进全局搜索。然而，若过分追求多样性，可能导致粒子过于分散，减缓收敛速度，影响算法的收敛性。相反，收敛性保证了算法能够有效逼近最优解，使搜索在 Pareto 前沿周围更加密集，如果过于强调收敛性，则可能会陷入局部最优解，导致缺乏多样性和全局搜索能力。为了获得最佳优化结果，需要动态协调整体开发和局部搜索之间的关系，以确保多样性与收敛性之间的平衡。

（4）外部存储管理问题。算法需要跟踪和存储 Pareto 前沿的非支配解，以便在搜索过程中维护全局最优解的集合。有效的外部存储管理可促进算法对多样性和收敛性的平衡，并支持算法在优化过程中动态地保持和更新 Pareto 前沿。但是，随着迭代次数的增加，外部存储集中非支配解的数量急剧增加，占用大量内存资源。有效管理和维护外部存储是一个挑战，以确保多样性和搜索效率。

多目标粒子群算法在应对多目标优化问题时具备显著的潜力和优势。然而，要克服前述问题，必须持续深入研究并不断改进该算法，包括适应不同类型问题的算法参数和策略，以及提高其性能、鲁棒性和通用性的方法。通过不断地推动算法的进步，可以更好地满足多目标优化领域的需求，并为解决复杂的实际问题提供更有力的工具。

8.3　改进多目标粒子群优化算法

在过去的几十年中，多目标粒子群优化越来越受到科学家的关注。为了寻求更准确、分布更均匀的解，研究人员提出了多种 MOPSO 算法的变体，这些变体旨在通过改进搜索策略和增强多样性更好地探索复杂问题的解空间。尽管如此，面对具有高度复杂性和不确定性的多目标问题，现有的 MOPSO 算法仍存在一定的局限性，它们往往在全局搜索能力上不足，导致有时候只能找到局部最优解而无法接近或达到真正的全局最优解。鉴于此，这里提出一种基于自适应参数和竞争机制的多目标粒子群优化算法（ACRMOPSO），以增强其在解决多目标优化问题中的效率和准确性。

8.3.1　pbest 和 leader 粒子的选择

在多目标粒子群算法中，pbest 和 leader 起着关键的作用，它们是粒子更新其位置和速度的参考点。粒子会根据自己的 pbest 和整个种群的 leader 调整自己的搜索方向，这种机制使粒子能够在探索新的搜索空间和开发已知的优秀区域之间找到平衡。

8.3.1.1　基于 Pareto 支配的 pbest 选择

在选择个体最优粒子时，通常使用 Pareto 支配关系。将当前粒子和该粒子上一次迭代时的个体最优粒子的适应度值进行非支配比较，如果存在支配关系，选择占优的粒子作为当前粒子的个体最优；如果互不支配，则随机选择一个。具体流程如下：

$$pbest_i^t = \begin{cases} pbest_i^{(t-1)} & [f(pbest_i^{(t-1)}) \prec f(x_i^t)] \\ x_i^t & [f(x_i^t) ? f(pbest_i^{(t-1)})] \\ rand\_select(pbest_i^{(t-1)},\ x_i^t) & (\text{其他}) \end{cases} \tag{8-3}$$

式中 $pbest_i^{(t-1)}$ ——第 i 粒子 $t-1$ 次迭代时的个体最优粒子位置；

x_i^t ——第 i 粒子当前的位置。

8.3.1.2 基于欧式距离和竞争机制的 leader 粒子选择

在 leader 的选择过程中，这里引入了一种竞争机制的策略，它由三个部分组成，即候选领导粒子合集、成对竞争选择和粒子学习。通过遍历的方式计算外部档案中各粒子之间的欧式距离，找到粒子 i 与其最邻近粒子 j 的位置和它们之间的欧式距离 d_{ij}，将外部档案中粒子的 d_{ij} 进行降序排列，取降序排列中前 5%~10% 的粒子组成候选领导粒子合集，这一步通过引导种群搜索较少占用的区域来保持多样性。在 leader 粒子选择过程中，将种群中的粒子分成两类，进入外部档案的粒子称为优秀粒子，其余的都是非优秀粒子。从候选领导粒子合集中随机选择两个粒子 a 和 b，分别计算当前粒子 p 和 a、b 之间的夹角，如图 8-1 所示。当该粒子是优秀粒子时，它会选择向与其拥有较小夹角的粒子学习；反之，非优秀粒子会向较大夹角的粒子学习，丰富其飞行轨迹来更好地进行寻优。

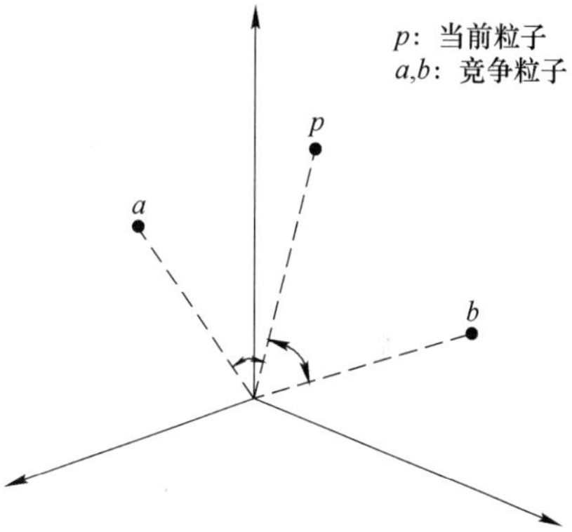

图 8-1 成对竞争选择示意图

8.3.2 自适应参数

多目标粒子群优化算法的性能在很大程度上受参数配置的影响，传统的粒子群优化算法及其改进通常依赖于实验结果或经验判断设定参数，这种方式既不高效，也缺乏可靠性，不能有效反映算法的搜索过程。针对这个问题，提出了一种基于非支配排序的参数自适应调整策略，从而有效地平衡算法的开发和探索。

8.3.2.1 基于多种群策略的自适应惯性权重

在本策略中，通过非支配排序得到目标空间的多个 Pareto 前沿面，将这些前沿面分别表示为等级 1~n。将群体中的粒子根据非支配排序分为三类：Elite 粒子、Ordinary 粒子和 Poor 粒子。其中，非支配排序等级为 1 的粒子定义为 Elite 粒子，等级为 2 到 m（$1<m<n$）粒子定义为 Ordinary 粒子，最后余下的粒子定义为 Poor 粒子。粒子分类如图 8-2 所示。

惯性权重的调整曲线 ω 如图 8-3 所示。在图中，Elite 粒子被视为开发粒子，其惯性权重的收敛速度最快。通过快速减小惯性权重 ω，Elite 粒子能够更专注于利用其所处位置的局部最优解，实现单独开发。相反，适应度较差的 Poor 粒子被称为探索粒子，它们被激励去探索尽可能多的最优解。因此，选择增加 ω 可以促使这些探索粒子更加积极地探索搜索空间，以寻找更多的潜在最优解。对于 Ordinary 粒子，其惯性权重采用随迭代次数线性下降的方法进行调整，随着时间的推移，Ordinary 粒子的惯性权重会逐渐减小，使其在搜索过程中逐渐趋向于收敛。通过这种方式，Ordinary 粒子可以在初始阶段更多地进行探索，而在后续阶段逐渐收敛到更优解的区域。

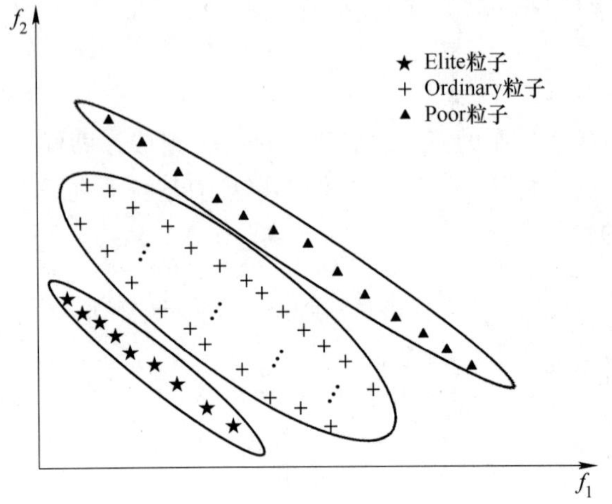

图 8-2　基于 Pareto 前沿面的粒子种类图

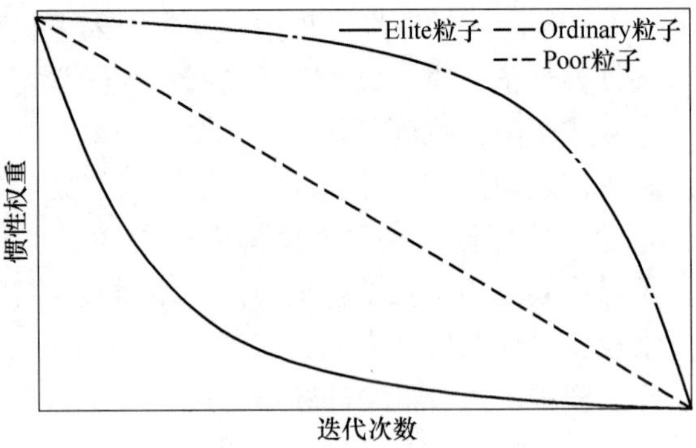

图 8-3　惯性权重的调整曲线

相比于传统线性下降的方法，使用分段非线性函数进行惯性权重的调整能够更好地根据粒子的特性进行适应性调整，这种调整方式能够更好地平衡粒子的开发和探索粒子的探索能力，加快收敛速度，从而提高整个算法的性能和搜索效率。下面是惯性权重 ω 的自适应控制的公式。

对于 Elite 粒子使用如下公式

$$\omega_{\text{Elite Particle}} = (\omega_{\max} - \omega_{\min}) \cdot \left[\frac{1}{1 + a \cdot (t/T_{\max})^2} + \frac{e^{-a\cdot(t/T_{\max})-1}}{1+a}\right] + \omega_{\min} \tag{8-4}$$

对于 Ordinary 粒子使用如下公式

$$\omega_{\text{Ordinary Particle}} = \omega_{\max} - (\omega_{\max} - \omega_{\min}) \cdot (t/T_{\max}) \tag{8-5}$$

对于 Poor 粒子使用如下公式

$$\omega_{\text{Poor Particle}} = -(\omega_{\max} - \omega_{\min}) \cdot \left[\frac{1}{1 + b \cdot (t/T_{\max} - 1)^2} + \frac{e^{b\cdot(t/T_{\max}-1)} - 1}{1+b}\right] + \omega_{\max} \tag{8-6}$$

其中，ω 随着迭代次数的变化而变化，根据 Pareto 前沿面的等级变动参数 a 和 b 的值，可以自适应的调节 ω，$\omega_{\max}$ 和 $\omega_{\min}$ 是惯性权重的最大值和最小值。

8.3.2.2　自适应关联学习因子策略

学习因子的选择对 PSO 算法的性能有重要影响，合适的学习因子可以平衡全局搜索和局部搜索的能力，有助于算法快速收敛到全局最优解。如果学习因子选择不当，算法可能陷入局部最优解，或者在搜索空间中随机漫游、难以收敛。针对这个问题，提出了一种基于模糊逻辑的自适应关联学习因子策略。通过将学习因子和惯性权重相关联，更能够动态地适应算法的寻优过程。下面是三种粒子的自适应关联学习因子 c 的公式。

对于 Elite 粒子，其学习因子使用如下公式

$$C_{\text{Elite Particle}} = \begin{cases} c_1 = 1.5 + \omega_{\max} - \omega_{\text{Poor Particle}} \\ c_2 = 4 - c_1 \end{cases} \tag{8-7}$$

对于 Ordinary 粒子，其学习因子使用如下公式

$$C_{\text{Ordinary Particle}} = \begin{cases} c_1 = c_{\max} - (c_{\max} - c_{\min}) \cdot \dfrac{t}{T_{\max}} \\ c_2 = c_{\min} + (c_{\max} - c_{\min}) \cdot \dfrac{t}{T_{\max}} \end{cases} \tag{8-8}$$

对于 Poor 粒子，其学习因子使用如下公式

$$C_{\text{Poor Particle}} = \begin{cases} c_1 = 2.0 - \omega_{\text{Elite Particle}} + \omega_{\min} \\ c_2 = 4 - c_1 \end{cases} \tag{8-9}$$

式中　$c_{\max}$，$c_{\min}$——学习因子的最大和最小值；

$T_{\max}$——最大迭代次数。

8.3.3 自适应扰动更新策略

为了确保搜索能够更全面地探索解空间，并避免过早陷入局部最优解，提出一种基于粒子种类的扰动更新策略来解决这个问题。扰动的引入使算法具有更强的鲁棒性，使其能够在不断变化的环境和条件下找到更好的解决方案。扰动更新公式如下

$$v_{id}(t+1) = \omega \cdot v_{id}(t) + c_1 \cdot r_1[P_{id}(t) - x_{id}(t)] + c_2 \cdot r_2[P_{gd}(t) - x_{id}(t)] + c_3 \cdot r_3[P_{fd}(t) - x_{id}(t)] \tag{8-10}$$

$$c_3 = \frac{c_1 + c_2}{2} \tag{8-11}$$

$$x_{id}(t+1) = x_{id}(t) + v_{id}(t+1) \quad (i = 1,\ 2,\ \cdots,\ N;\ d = 1,\ 2,\ \cdots,\ D) \tag{8-12}$$

其中，P_{fd} 为扰动粒子，其会根据粒子的种类选择合适的扰动粒子且 $f \neq i$，如果将 Elite 粒子、Ordinary 粒子和 Poor 粒子视为从高到低的粒子等级，扰动粒子只会在不低于当前粒子等级的集合中随机选择。通过比较扰动更新过后的粒子与当前粒子的 leader 粒子进行非支配比较，选择占优的粒子，这种层级向上的学习方式兼顾了加快算法的收敛速度和避免算法陷入局部最优的能力。

8.3.4 基于相邻距离策略的外部档案维护

为了评估新解的质量，需要对外部档案进行非支配排序以删除档案中的劣解。当档案中解的规模超过最大限制时，需要删除过于拥挤的粒子，使用一种相邻距离来度量档案中解的拥挤程度。通过计算外部档案中各粒子间的欧氏距离，找到互相拥有距离最短的两个粒子 i 和 j。为了比较这两个粒子的拥挤程度，使用如下公式计算相邻距离。

$$AD_i = D_i^j \cdot D_i^{\text{2nd}} \tag{8-13}$$

$$AD_j = D_j^i \cdot D_j^{\text{2nd}} \tag{8-14}$$

式中　D_i^{2nd}，D_j^{2nd}——粒子 i 和 j 与其第二近粒子间的欧氏距离。

通过比较粒子 i 和 j 的相邻距离，将相邻距离较小的粒子视为最拥挤的解并且从外部档案中删掉。考虑到删除档案中的粒子会影响到其余粒子的相邻距离，因此，每删除一个就必须重新计算各粒子的相邻距离，直到满足最大外部档案规模限制的要求。

8.3.5 改进多目标粒子群算法流程

ACRMOPSO 算法步骤如下：

步骤 1：设置相关参数，初始化粒子的位置、速度和适应度值；

步骤 2：将所有粒子进行非支配排序，根据 Pareto 等级给所有粒子进行分类标签，并将非支配解添加到外部档案中；

步骤 3：计算外部档案中各粒子间的欧氏距离，使用竞争机制策略从候选粒子集合里选出领导粒子；

步骤 4：使用自适应参数策略对已分类粒子的速度、位置和适应度值计算，且使用扰动更新机制对粒子进行扰动变异；

步骤 5：根据 Pareto 支配更新个体最优位置和适应度值；

步骤 6：重新对粒子种群分类；

步骤 7：检查外部档案，如果档案已满，使用最邻近距离策略维护外部档案；

步骤 8：如果不满足迭代次数，则重复步骤 3 到步骤 7，否则输出 PF。

ACRMOPSO 算法流程图如图 8-4 所示。

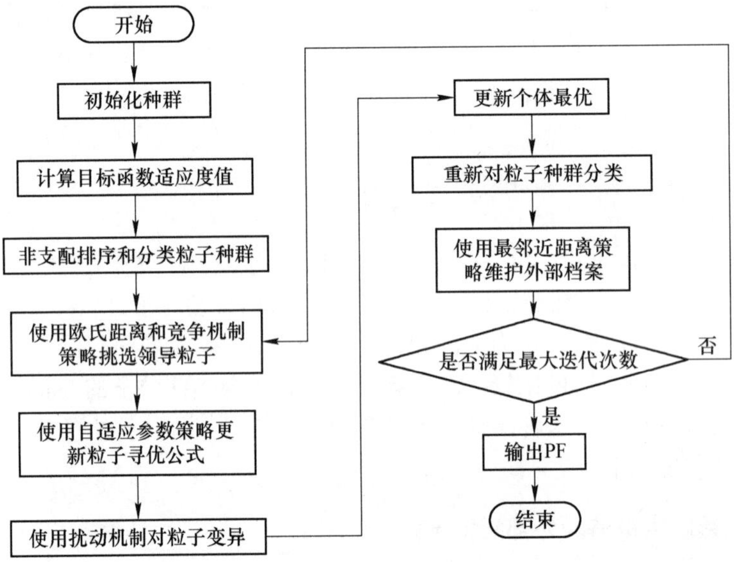

图 8-4　ACRMOPSO 算法流程图

8.4　性能测试

为了验证 ACRMOPSO 算法解决多目标问题的效果，选取两种性能指标即反世代距离和超体积指标，分别测试改进后算法的收敛性和分布性，并在 ZDT、DTLZ 系列测试函数下进行仿真对比实验。

8.4.1　测试函数

常用的多目标测试函数具有各种不同的问题特性，这些特性被设计用来测试和评估多目标优化算法在各种复杂场景下的表现，这些特性包括但不限于：凸性和非凸性、连续性和非连续性、可分性和不可分性、单峰和多峰、可扩展性、噪声、时间依赖性、约束条件等。

通过涵盖这些不同的问题特性，多目标测试函数为研究人员提供了全面而深入的工具，以评估和比较多目标优化算法在不同条件和限制下的性能和适用性。选取 ZDT 和 DTLZ 系列的测试函数作为 ACRMOPSO 算法的测试问题，验证 ACRMOPSO 算法的性能。下面是这两套多目标测试函数以及它们所模拟问题特性的介绍。

8.4.1.1 ZDT 系列测试函数

ZDT 系列测试函数是专为评估多目标优化算法性能设计的一组标准测试问题，该系列包括 ZDT1、ZDT2、ZDT3、ZDT4 和 ZDT6 等函数，主要应用于连续性问题的研究。这些测试问题能够帮助研究者快速地测试和比较他们的多目标优化方法，同时深入了解不同算法在处理问题时的优势和局限。表 8-1 给出了 ZDT 系列测试函数的特征，通过该表可以了解 ZDT 函数的一些重要信息。

表 8-1 ZDT 系列测试函数的特征

名称	目标函数					Pareto 前沿				
	连续	非连续	均匀	函数个数	偏约束	几何形态	凹	凸	连续	非连续
ZDT1	√		√	2	$m=30$	曲线		√	√	
ZDT2	√		√	2	$m=30$	曲线	√		√	
ZDT3	√			2	$m=10$	曲线		√		√
ZDT4	√		√	2	$m=10$	曲线		√	√	
ZDT6	√			2	$m=30$	曲线	√		√	

（1）ZDT1 测试函数。ZDT1 具有连续且形状为凸的 Pareto 前沿，第一个目标函数是线性的、第二个目标函数是非线性的，用来测试和评估多目标优化算法在解决具有凸 Pareto 前沿问题时的有效性和准确性，数学模型如下

$$\begin{cases}\min f_1(x)=x_1\\ \min f_2(x)=g(x)\left[1-\sqrt{f_1(x)/g(x)}\right]\\ g(x)=g(x_2,\ x_3,\ \cdots,\ x_m)=1+9\sum\limits_{i=2}^{m}x_i\end{cases} \tag{8-15}$$

其中，$m=30$，$x_i\in[0,\ 1]$。当 $g(x)=1$ 时可以获得 ZDT1 问题的 Pareto 最优前沿，其 Pareto 前沿如图 8-5（a）所示。

（2）ZDT2 测试函数。ZDT2 具有连续且是非凸的 Pareto 前沿，类似于 ZDT1，但它的第二个目标函数有不同的形状，用于测试算法在非凸目标上的性能，数学模型如下

$$\begin{cases}\min f_1(x)=x_1\\ \min f_2(x)=g(x)\{1-[f_1(x)/g(x)]^2\}\\ g(x)=g(x_2,\ x_3,\ \cdots,\ x_m)=1+9\sum\limits_{i=2}^{m}x_i\end{cases} \tag{8-16}$$

其中，$m=30$，$x_i\in[0,\ 1]$。当 $g(x)=1$ 时可以获得 ZDT2 问题的 Pareto 最优前沿，其 Pareto 前沿如图 8-5（b）所示。

（3）ZDT3 测试函数。ZDT3 的特点在于引入了多个非支配的前沿，并且具有不连续的 Pareto 前沿，其目的是用于评估多目标优化算法在非连续 Pareto 前沿问题上的性能，数学模型如下

$$\begin{cases} \min f_1(x) = x_1 \\ \min f_2(x) = g(x)\{1 - \sqrt{f_1(x)/g(x)} - [f_1(x)/g(x)] \cdot \sin(10\pi x_1)\} \\ g(x) = g(x_2, x_3, \cdots, x_m) = 1 + 9\sum_{i=2}^{m} x_i \end{cases} \tag{8-17}$$

其中，$m = 30$，$x_i \in [0, 1]$。当 $g(x) = 1$ 时可以获得 ZDT3 问题的 Pareto 最优前沿，其 Pareto 前沿如图 8-5（c）所示。

（4）ZDT4 测试函数。由于 $g(x)$ 函数被重新定义，搜索空间包含高达 219 个局部最优解，且该函数具有高度非线性，这使得优化过程更加复杂，用于评估多目标优化算法在面对多模态和复杂搜索空间时的性能和鲁棒性，目标函数定义如下

$$\begin{cases} \min f_1(x) = x_1 \\ \min f_2(x) = g(x)[1 - \sqrt{x_1/g(x)}] \\ g(x) = 1 + 10(m - 1) + \sum_{i=2}^{m} [x_i^2 - 10 \cdot \cos(4\pi x_i)] \end{cases} \tag{8-18}$$

其中，$x = (x_1, x_2, \cdots, x_m)$，$i = 2, 3, \cdots, m$，$x_1 \in [0, 1]$ 和 $x_i \in [-5, 5]$，通常 $m = 10$，其 Pareto 前沿如图 8-5（d）所示。

（5）ZDT6 测试函数。ZDT6 函数的目标函数和约束函数都是非线性的，且目标函数之间通常是相互矛盾的，即在一个目标上的优化可能会对另一个目标产生不利影响。它的 Pareto 前沿密度较低，要求优化算法具有较好的分辨率以区分接近前沿的解，用于评估和测试多目标优化算法的性能、收敛性和多样性，目标函数定义如下

$$\begin{cases} \min f_1(x) = 1 - e^{-4x_1} \cdot \sin^6(6\pi x_1) \\ \min f_2(x) = g(x)\{1 - [f_1(x)/g(x)]^2\} \\ g(x) = 1 + 9\left[\sum_{i=2}^{m} x_i/(n - 1)\right]^{0.25} \end{cases} \tag{8-19}$$

其中，$m = 10$，$x_i \in [0, 1]$。当 $g(x) = 1$ 时可以获得 ZDT6 问题的 Pareto 最优前沿，其 Pareto 前沿如图 8-5（e）所示。

8.4.1.2 DTLZ 系列测试函数

DTLZ 测试问题集是另一组用于评估多目标优化算法性能的标准测试函数集合。它由 Zitzler 等人在 2001 年提出，旨在提供一系列具有可扩展目标数量的测试问题，便于测试算法在处理三个或更多目标函数时的性能。这些问题设计成具有可变数量的目标函数，使它们非常适合用于测试多目标优化算法的可扩展性，更好地模拟复杂的多目标优化问题。

（1）DTLZ1 测试函数。DTLZ1 是一个具有高度连续性和凸性的测试函数。它具有高可扩展性，可以适应多个目标和决策变量的情况，目的是评估多目标优化算法在处理连续、凸的 Pareto 前沿上的性能。$M = 3$ 时，其一般形式如下

$$\begin{cases} f_1(x) = 0.5x_1x_2[1 + g(x_M)] \\ f_2(x) = 0.5\pi x_1(1 - x_2)[1 + g(x_M)] \\ f_3(x) = 0.5\pi(1 - x_1)[1 + g(x_M)] \\ g(x_M) = 100[(n - M + 1) + \sum_{M}^{n}((x_i - 0.5)^2 - \cos[20\pi(x_i - 0.5)])] \end{cases} \tag{8-20}$$

式中，$x=(x_1, x_2, \cdots, x_n)$ 是决策变量，$x_M=(x_M, x_{M+1}, \cdots, x_n)$ 是决策变量的子集，$2 \leqslant M \leqslant n$。其 Pareto 前沿如图 8-6（a）所示。

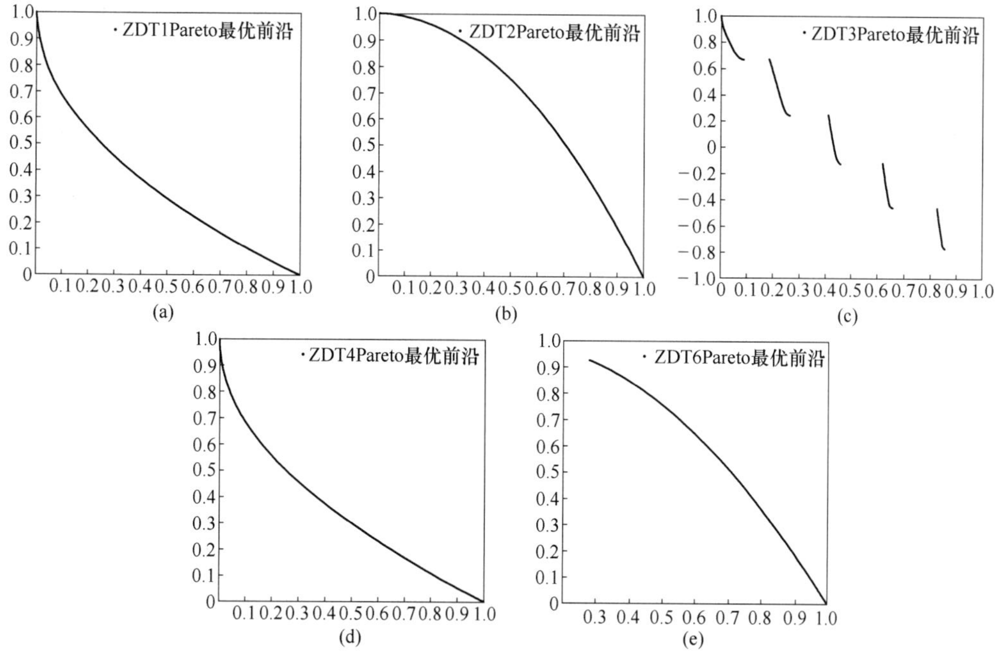

图 8-5 ZDT 系列函数的 Pareto 最优前沿图

（a）ZDT1；（b）ZDT2；（c）ZDT3；（d）ZDT4；（e）ZDT6

（2）DTLZ2 测试函数。DTLZ2 是一个凸形的连续测试函数，由球面坐标公式进行变换而来，具有不可分的特性，且为单峰，主要用来评估多目标优化算法在连续、凸形且不可分的搜索空间中的性能。$M=3$ 时，其一般形式如下

$$\begin{cases} f_1(x)=\cos(0.5\pi x_1)\cos(0.5\pi x_2)[1+g(x_M)] \\ f_2(x)=\cos(0.5\pi x_1)\sin(0.5\pi x_2)[1+g(x_M)] \\ f_3(x)=\sin(0.5\pi x_1)[1+g(x_M)] \\ g(x_M)=\sum\limits_{M}^{n}(x_i-0.5)^2 \end{cases} \tag{8-21}$$

其中，$x=(x_1, x_2, \cdots, x_n)$ 是决策变量，$x_M=(x_M, x_{M+1}, \cdots, x_n)$ 是决策变量的子集，$2 \leqslant M \leqslant n$。其 Pareto 前沿如图 8-6（b）所示。

（3）DTLZ3 测试函数。DTLZ3 是 DTLZ2 测试函数的一个变种，它在目标函数中添加了多峰性，通过引入许多局部最优解来提高搜索难度，可以用来测试算法在高度多峰的搜索空间中寻找全局 Pareto 前沿的能力。$M=3$ 时，其数学描述如下

$$\begin{cases} f_1(x)=\cos(0.5\pi x_1)\cos(0.5\pi x_2)[1+g(x_M)] \\ f_2(x)=\cos(0.5\pi x_1)\sin(0.5\pi x_2)[1+g(x_M)] \\ f_3(x)=\sin(0.5\pi x_1)[1+g(x_M)] \\ g(x_M)=100[(n-M+1)+\sum\limits_{M}^{n}((x_i-0.5)^2-\cos[20\pi(x_i-0.5)])] \end{cases} \tag{8-22}$$

其中，$x = (x_1, x_2, \cdots, x_n)$ 是决策变量，$x_M = (x_M, x_{M+1}, \cdots, x_n)$ 是决策变量的子集，$2 \leqslant M \leqslant n$。其 Pareto 前沿如图 8-6（c）所示。

（4）DTLZ4 测试函数。DTLZ4 修改了 DTLZ2 测试问题，增加了一个 α 参数，可以调整目标之间的距离。其形状取决于 α 的值，但通常呈现为凸面，当 α 值增大时，它可以增加优化算法在维持前沿解集多样性方面的难度，主要用来评估算法对目标之间距离变化的适应性和处理具有不同曲度的 Pareto 前沿时的表现。$M = 3$ 时，其数学描述如下

$$\begin{cases} f_1(x) = \cos(0.5\pi x_1^{\alpha})\cos(0.5\pi x_2^{\alpha})[1 + g(x_M)] \\ f_2(x) = \cos(0.5\pi x_1^{\alpha})\sin(0.5\pi x_2^{\alpha})[1 + g(x_M)] \\ f_3(x) = \sin(0.5\pi x_1^{\alpha})[1 + g(x_M)] \\ g(x_M) = \sum\limits_{M}^{n} (x_i - 0.5)^2 \end{cases} \tag{8-23}$$

其中，$\alpha = 100$，$x = (x_1, x_2, \cdots, x_n)$ 是决策变量，$x_M = (x_M, x_{M+1}, \cdots, x_n)$ 是决策变量的子集，$2 \leqslant M \leqslant n$。其 Pareto 前沿如图 8-6（d）所示。

（5）DTLZ5 测试函数。DTLZ5 是一个连续、凸形的测试函数，由于引入了角度 θ，导致 Pareto 前沿形状变得更为复杂；其 Pareto 前沿呈现为一个凸形的曲线，用来评估多目标优化算法在处理具有不规则 Pareto 前沿的问题时的性能。$M = 3$ 时，其数学描述如下

$$\begin{cases} f_1(x) = \cos(0.5\pi\theta_1)\cos(0.5\pi\theta_2)[1 + g(x_M)] \\ f_2(x) = \cos(0.5\pi\theta_1)\sin(0.5\pi\theta_2)[1 + g(x_M)] \\ f_3(x) = \sin(0.5\pi\theta_1)[1 + g(x_M)] \\ g(x_M) = \sum\limits_{M}^{n} (x_i - 0.5)^2 \\ \theta_i = \dfrac{\pi}{4[1 + g(x_M)]}[1 + 2g(x_M)x_2] \qquad [i = 1, 2, \cdots, (M - 1)] \end{cases} \tag{8-24}$$

其中，$x = (x_1, x_2, \cdots, x_n)$ 是决策变量，$x_M = (x_M, x_{M+1}, \cdots, x_n)$ 是决策变量的子集，$2 \leqslant M \leqslant n$。其 Pareto 前沿如图 8-6（e）所示。

（6）DTLZ6 测试函数。DTLZ6 是一个非凸的测试函数，与前几个测试函数不同。虽然它仍然是连续的，由于其非线性部分更为显著，因此在某些部分的搜索空间是可分的，可以用于评估算法在非凸和部分可分的搜索空间中的性能。其数学描述如下

$$\begin{cases} f_1(x) = \cos(0.5\pi\theta_1)\cos(0.5\pi\theta_2)[1 + g(x_M)] \\ f_2(x) = \cos(0.5\pi\theta_1)\sin(0.5\pi\theta_2)[1 + g(x_M)] \\ f_3(x) = \sin(0.5\pi\theta_1)[1 + g(x_M)] \\ g(x_M) = \sum\limits_{M}^{n} x_i^{0.1} \\ \theta_i = \dfrac{\pi}{4[1 + g(x_M)]}[1 + 2g(x_M)x_2] \end{cases} \tag{8-25}$$

其中，$x = (x_1, x_2, \cdots, x_n)$ 是决策变量，$x_M = (x_M, x_{M+1}, \cdots, x_n)$ 是决策变量的子集，$2 \leqslant M \leqslant n$。其 Pareto 前沿如图 8-6（f）所示。

（7）DTLZ7 测试函数。DTLZ7 是一个非凸的连续测试函数，使用高频率的正弦函数和多峰函数极大地增加了问题的难度。其 Pareto 前沿是非连续的，并呈现为多个分离的点或小区域，有明显的不规则性，主要用于评估算法在获取具有多个峰值的 Pareto 前沿上的性能。其数学表达式如下

$$\begin{cases} f_1(x) = x_1 \\ f_2(x) = x_2 \\ f_3(x) = [1 + g(x_M)] \cdot h(f_1(x), f_2(x), g(x_M)) \\ g(x_M) = 1 + \dfrac{9}{(n - m + 1)} \sum\limits_{M}^{n} x_i \\ h(f_1(x), f_2(x), g(x_M)) = 3 - \sum\limits_{i=1}^{2} \left[\dfrac{f_i(x)}{1 + g} (\sin[3\pi f_i(x)]) \right] \end{cases} \tag{8-26}$$

其中，$x = (x_1, x_2, \cdots, x_n)$ 是决策变量，$x_M = (x_M, x_{M+1}, \cdots, x_n)$ 是决策变量的子集，$2 \leqslant M \leqslant n$。其 Pareto 前沿如图 8-6（g）所示。

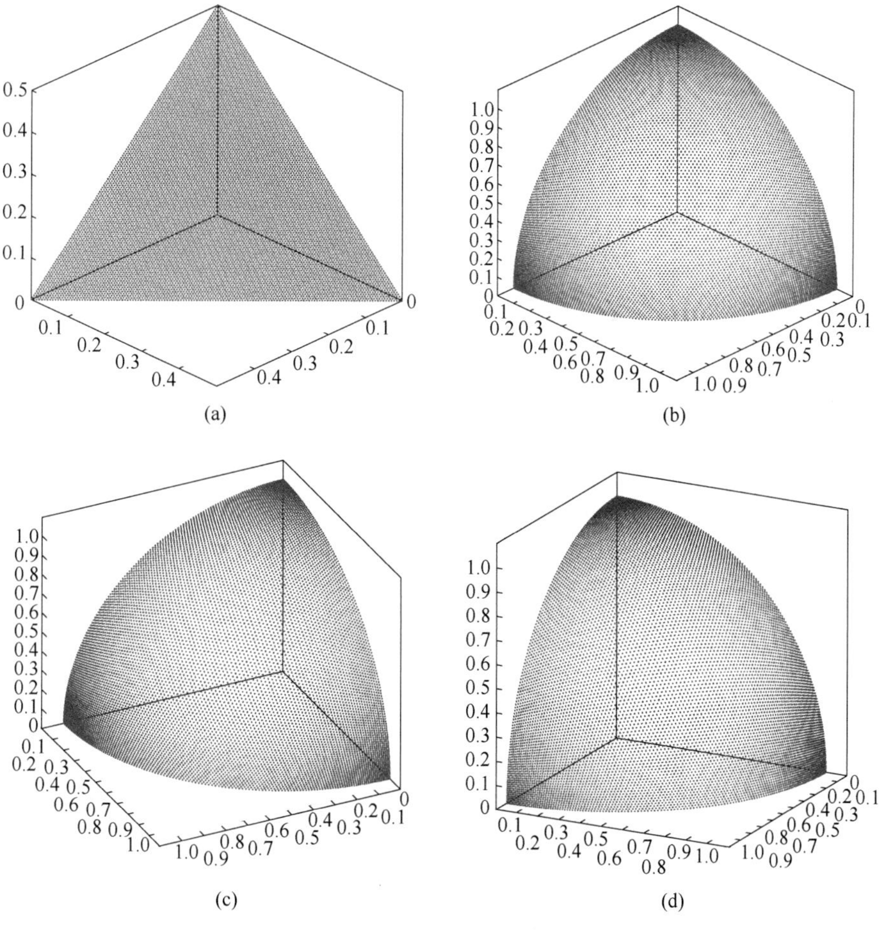

(a) (b)

(c) (d)

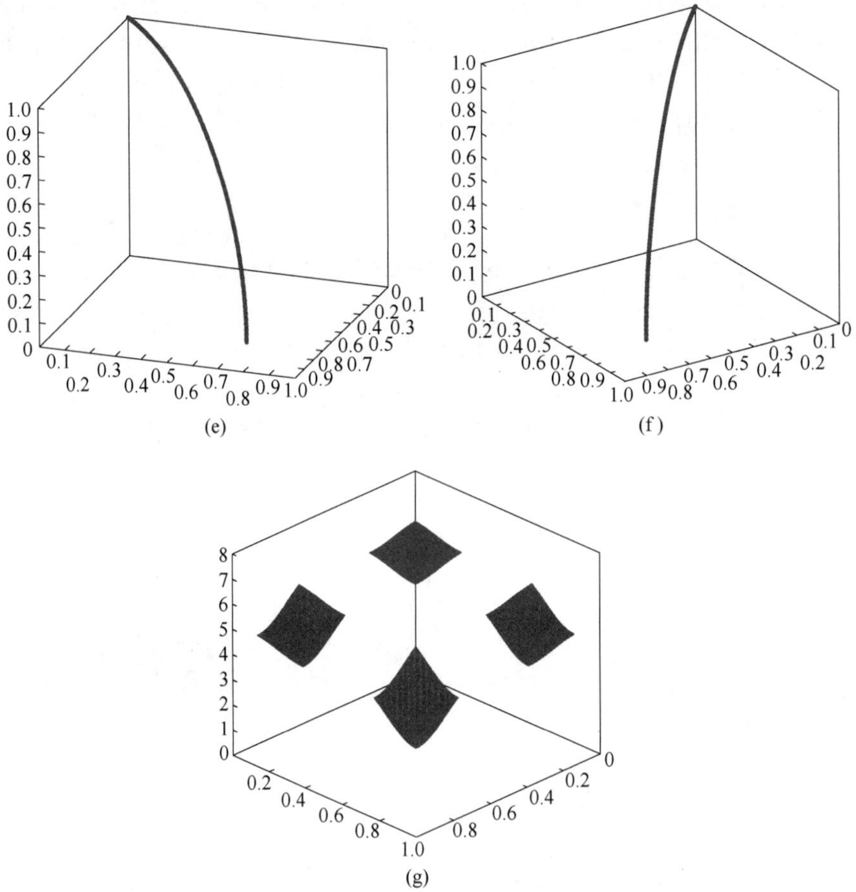

图 8-6　DTLZ 系列的 Pareto 最优前沿

(a) DTLZ1；(b) DTLZ2；(c) DTLZ3；(d) DTLZ4；(e) DTLZ5；(f) DTLZ6；(g) DTLZ7

8.4.2　多目标算法性能度量指标

多目标算法的性能指标是评价算法质量和性能的重要工具，用于量化算法的解的质量、多样性和收敛性等方面的表现。一般来说，从五个方面对算法的性能进行评价，分别是质量、多样性、收敛性、稳定性和计算效率。

多目标算法的性能指标广泛且多样，每个指标都反映了算法不同方面的性能。在实际应用和研究中，通常需要综合考虑这些指标，以全面、准确地评估和比较不同算法的性能。

(1) 反世代距离（Inverted Generational Distance，IGD）。IGD 是 GD 的逆向映射，主要用于衡量真实的 Pareto 前沿与算法找到的非支配解集之间的平均距离。IGD 越小，表示算法生成的近似 Pareto 前沿与真实 Pareto 前沿相似程度越高，算法的收敛性和多样性越好。IGD 可定义为

$$\mathrm{IGD}(R,\ A)=\frac{\sum_{r\in R}d(r,\ A)}{|R|} \tag{8-27}$$

式中 R ——在 Pareto 最优前沿上均匀采样的一组参考点；

A ——外部档案中的解集；

$d(r, A)$ ——解集中的解点 a 到参考点 r 的欧氏距离。

两目标的 IGD 指标示意图如图 8-7 所示。

（2）超体积指标（Hyper Volume，HV）。超体积指标 HV 由于和 Pareto 支配关系具有兼容性，因而已成为比较流行的性能度量指标。超体积指标通过计算非支配解集与参考点围成空间的超体积来实现对多目标优化算法性能的评估，HV 能很好地衡量算法的收敛性和多样性。具体计算公式如下

$$HV = \lambda(\cup_{i=1}^{|A|} V_i) \tag{8-28}$$

式中 λ ——勒贝格测度；

V_i ——参考点与非支配解点 i 构成的超体积；

A ——非支配解集。

两目标的 HV 指标示意图如图 8-8 所示。

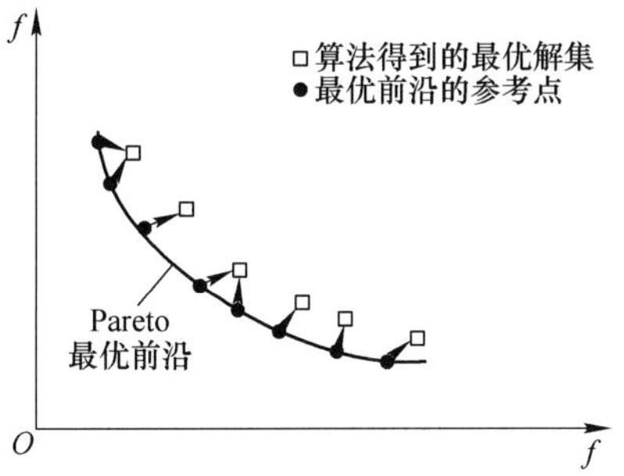

图 8-7 IGD 指标示意图

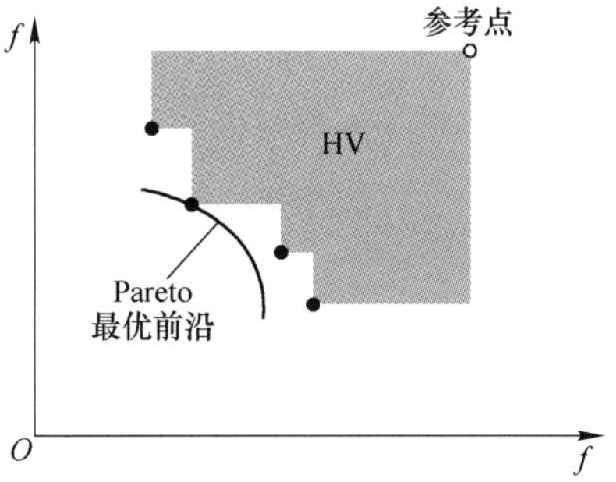

图 8-8 HV 指标示意图

8.4.3 仿真实验与性能分析

8.4.3.1 测试函数和参数设置

为了评估 ACRMOPSO 算法的性能，选取 5 种具有代表性的算法进行对比分析。在本节中，使用两个目标的 ZDT（1~4、6）和三个目标的 DTLZ（1~7）两套共 12 个基准测试函数评价算法的性能。测试结果将与几种最先进的 MOP 算法进行比较，这些算法包括 SMPSO、dMOPSO、MOPSO、NSGA-Ⅱ和 MOEA/D。为了便于比较，所有比较算法的参数设置均和原文一致，见表 8-2。

表 8-2 算法参数设置

算法	参数设置
dMOPSO	$\omega\in[0.1, 0.5]$
SMPSO	$\omega\in[0.1, 0.5]$，c_1，$c_2\in[1.5, 2.5]$，$p_m=1/n$，$\eta_m=20$
NSGA-Ⅱ	$p_c=0.9$，$p_m=1/n$，$\eta_c=20$，$\eta_m=20$
MOEA/D	$p_m=1/n$，$m=20$，$T=20$，$n_r=2$
MOPSO	$\omega\in[0.4, 0.9]$，$c\in[1.5, 2.5]$，a，$b=50$

在实验中，对于所有算法都采用迭代次数作为终止标准，种群和外部档案大小都设置为 100、迭代次数为 100。对于每个基准测试函数，使用个人计算机在 MATLAB2021b 仿真平台上独立运行 30 次。

8.4.3.2　仿真实验数据分析

通过计算获得了算法的综合性能指标 IGD 和 HV 的平均值与标准差，具体数据见表 8-3 和表 8-4，表中对每个测试函数的最优均值进行加粗标记。

表 8-3　反世代距离（IGD）测试结果

测试函数	M	测试结果	IGD					
			ACRMOPSO	SMPSO	NSGA-Ⅱ	dMOPSO	MOEA/D	MOPSO
ZDT1	2	平均值	4.52×10^{-3}	8.88×10^{-2}	1.80×10^{-2}	6.12×10^{-2}	1.35×10^{-2}	5.34×10^{-2}
		标准差	2.20×10^{-4}	6.10×10^{-2}	5.63×10^{-3}	2.36×10^{-2}	2.36×10^{-3}	1.29×10^{-3}
ZDT2	2	平均值	4.33×10^{-3}	1.05×10^{-2}	1.29×10^{-2}	5.99×10^{-2}	1.54×10^{-2}	9.66×10^{-1}
		标准差	6.32×10^{-5}	1.20×10^{-2}	9.22×10^{-3}	8.93×10^{-1}	7.23×10^{-3}	5.14×10^{-1}
ZDT3	2	平均值	6.49×10^{-3}	1.87×10^{-1}	9.93×10^{-3}	2.24×10^{-2}	5.47×10^{-2}	7.23×10^{-1}
		标准差	2.60×10^{-4}	1.34×10^{-1}	3.70×10^{-2}	1.36×10^{-2}	3.56×10^{-3}	3.11×10^{-1}
ZDT4	2	平均值	1.86×10^{-1}	4.81×10^{1}	1.02×10^{1}	3.23	2.39×10^{-1}	1.46
		标准差	1.10	2.56	5.42	6.12	2.45×10^{-1}	6.79×10^{-1}
ZDT6	2	平均值	3.17×10^{-3}	7.99×10^{-3}	1.44×10^{-1}	3.12×10^{-3}	6.80×10^{-2}	1.60
		标准差	7.25×10^{-4}	1.23×10^{-3}	5.71	3.94×10^{-3}	4.55×10^{-2}	2.32
DTLZ1	3	平均值	4.46×10^{-1}	8.13	1.52×10^{-1}	1.20×10^{1}	2.24×10^{-1}	2.26×10^{1}
		标准差	1.23×10^{-1}	5.26	4.17×10^{-2}	5.11	3.40×10^{-1}	4.42
DTLZ2	3	平均值	4.06×10^{-2}	8.06×10^{-2}	6.73×10^{-2}	2.76×10^{-1}	3.88×10^{-2}	5.37×10^{-1}
		标准差	1.64×10^{-4}	7.52×10^{-3}	2.39×10^{-2}	8.34×10^{-2}	2.05×10^{-4}	6.12×10^{-2}
DTLZ3	3	平均值	6.33	3.89×10^{1}	1.15	9.45×10^{1}	2.49×10^{1}	1.24×10^{2}
		标准差	3.14	1.27×10^{1}	5.09×10^{-1}	5.74×10^{1}	3.31×10^{1}	6.87×10^{2}
DTLZ4	3	平均值	4.66×10^{-2}	3.71×10^{-1}	3.62×10^{-2}	2.29×10^{-1}	1.09×10^{-2}	4.15
		标准差	2.72×10^{-4}	7.89×10^{-2}	1.25×10^{-2}	8.55×10^{-2}	2.65×10^{-2}	6.78×10^{-1}
DTLZ5	3	平均值	4.04×10^{-3}	4.05×10^{-3}	5.84×10^{-3}	3.23×10^{-2}	6.73×10^{-2}	1.24×10^{-2}
		标准差	3.30×10^{-4}	3.59×10^{-3}	8.40×10^{-3}	1.42×10^{-2}	5.44×10^{-3}	5.75×10^{-3}
DTLZ6	3	平均值	3.77×10^{-3}	6.34×10^{-3}	5.70×10^{-3}	4.13×10^{-2}	3.01×10^{-1}	6.35×10^{-2}
		标准差	3.69×10^{-4}	5.23×10^{-3}	4.12×10^{-3}	9.65×10^{-3}	4.12×10^{-1}	2.93×10^{-2}
DTLZ7	3	平均值	1.08×10^{-2}	9.81×10^{-2}	7.50×10^{-2}	2.82×10^{-2}	2.98×10^{-1}	1.34×10^{-1}
		标准差	2.20×10^{-3}	6.47×10^{-2}	3.05×10^{-2}	6.81×10^{-3}	1.25×10^{-2}	5.15×10^{-2}

从表 8-3 的 IGD 指标可以看出，在 12 个测试函数中，ACRMOPSO 有 7 个都取得最佳，分别是 ZDT1～ZDT4、DTLZ5～DTLZ7，其余 5 个也是处于次优的位置。与 SMPSO 和 MOPSO 相比，ACRMOPSO 算法在所有测试函数上的结果都优于这两个算法。在 ZDT6 和 DTLZ3 测试函数上分别略低于 dMOPSO 和 NSGA-Ⅱ，在 DTLZ1、DTLZ2 和 DTLZ4 上的测试结果劣于 MOEA/D。

表 8-4 超体积指标（HV）测试结果

测试函数	M	测试结果	HV					
			ACRMOPSO	SMPSO	NSGA-Ⅱ	dMOPSO	MOEA/D	MOPSO
ZDT1	2	平均值	7.22×10^{-1}	6.31×10^{-1}	6.94×10^{-1}	6.53×10^{-1}	6.85×10^{-1}	7.00×10^{-1}
		标准差	7.26×10^{-5}	4.41×10^{-3}	3.06×10^{-4}	4.46×10^{-4}	5.33×10^{-3}	5.22×10^{-4}
ZDT2	2	平均值	4.43×10^{-1}	4.40×10^{-1}	4.35×10^{-1}	4.12×10^{-1}	4.01×10^{-1}	4.39×10^{-1}
		标准差	6.36×10^{-5}	3.15×10^{-4}	1.99×10^{-4}	3.02×10^{-2}	4.99×10^{-2}	2.21×10^{-4}
ZDT3	2	平均值	5.98×10^{-1}	5.04×10^{-1}	5.91×10^{-1}	6.05×10^{-1}	5.68×10^{-1}	5.89×10^{-1}
		标准差	5.01×10^{-2}	6.33×10^{-2}	7.21×10^{-5}	3.99×10^{-3}	4.68×10^{-2}	4.56×10^{-4}
ZDT4	2	平均值	7.19×10^{-1}	5.59×10^{-1}	6.98×10^{-1}	7.09×10^{-1}	7.08×10^{-1}	7.11×10^{-1}
		标准差	1.63×10^{-4}	6.32×10^{-2}	1.69×10^{-3}	3.21×10^{-3}	1.18×10^{-2}	6.2×10^{-4}
ZDT6	2	平均值	3.89×10^{-1}	3.87×10^{-1}	3.75×10^{-1}	3.88×10^{-1}	3.78×10^{-1}	$3.85\times10^{-0.1}$
		标准差	7.67×10^{-5}	1.74×10^{-4}	1.69×10^{-4}	1.33×10^{-4}	2.53×10^{-4}	2.22×10^{-3}
DTLZ1	3	平均值	8.05×10^{-1}	2.30×10^{-1}	5.13×10^{-1}	1.42×10^{-1}	8.37×10^{-1}	0
		标准差	4.36×10^{-2}	2.33×10^{-1}	5.67×10^{-2}	2.41×10^{-1}	7.36×10^{-3}	1.99×10^{-3}
DTLZ2	3	平均值	5.42×10^{-1}	5.03×10^{-1}	5.30×10^{-1}	3.72×10^{-1}	5.56×10^{-1}	5.33×10^{-1}
		标准差	5.43×10^{-3}	4.29×10^{-3}	1.68×10^{-2}	6.31×10^{-3}	5.22×10^{-3}	3.66×10^{-3}
DTLZ3	3	平均值	9.96×10^{-2}	4.23×10^{-2}	5.12×10^{-1}	2.21×10^{-3}	1.98×10^{-1}	3.48×10^{-3}
		标准差	1.05×10^{-1}	1.66×10^{-1}	1.33×10^{-2}	5.66×10^{-2}	2.28×10^{-1}	2.35×10^{-1}
DTLZ4	3	平均值	5.35×10^{-1}	4.55×10^{-2}	5.30×10^{-1}	3.67×10^{-1}	5.56×10^{-1}	5.29×10^{-1}
		标准差	5.22×10^{-3}	3.59×10^{-2}	2.36×10^{-2}	2.27×10^{-3}	6.92×10^{-3}	4.19×10^{-3}
DTLZ5	3	平均值	2.00×10^{-1}	1.99×10^{-1}	1.98×10^{-1}	1.67×10^{-1}	1.83×10^{-1}	1.96×10^{-1}
		标准差	1.63×10^{-4}	5.10×10^{-5}	1.02×10^{-2}	2.33×10^{-4}	2.08×10^{-4}	3.78×10^{-3}
DTLZ6	3	平均值	2.01×10^{-1}	2.00×10^{-1}	1.98×10^{-1}	1.66×10^{-1}	1.79×10^{-1}	1.97×10^{-1}
		标准差	4.33×10^{-2}	8.26×10^{-5}	3.45×10^{-5}	9.56	1.36	3.87×10^{-5}
DTLZ7	3	平均值	2.74×10^{-1}	2.61×10^{-1}	2.69×10^{-1}	2.52×10^{-1}	2.53×10^{-1}	1.02×10^{-2}
		标准差	5.31×10^{-3}	3.89×10^{-4}	4.14×10^{-3}	7.36×10^{-2}	6.62×10^{-1}	1.63×10^{-4}

从表 8-4 的 HV 指标可以看出，在 12 个测试函数中，ACRMOPSO 同样也有 7 个都取得最佳，分别是 ZDT1、ZDT2、ZDT4、ZDT6、DTLZ5~DTLZ7。ACRMOPSO 算法在所有测试函数上的结果都优于 SMPSO 和 MOPSO 算法。在 ZDT3 和 DTLZ3 测试函数上分别略低于 dMOPSO 和 NSGA-Ⅱ，在 DTLZ1、DTLZ2 和 DTLZ4 上的测试结果劣于 MOEA/D。

通过以上数据分析可得出，ACRMOPSO 算法在处理复杂的多目标优化问题时，能够获得良好的性能。

8.4.3.3 仿真结果图分析

A 测试函数仿真结果图分析

a ZDT1 测试函数仿真结果图分析

图 8-9 是 ACRMOPSO、SMPSO、NSGA-Ⅱ、dMOPSO、MOEA/D 和 MOPSO 六种算法在 ZDT1 测试函数下的 Pareto 最优前沿。从该图中可以看到，ACRMOPSO 算法在

ZDT1 测试函数上完全收敛并且分布均匀，而 SMPSO 算法没有收敛到最优前沿，NSGA-Ⅱ、dMOPSO 和 MOEA/D 算法未完全收敛，原始的 MOPSO 算法虽然收敛但分布不均匀。因此，可以直观地看出 ACRMOPSO 算法在收敛性和分布性上优于其他的对比算法。

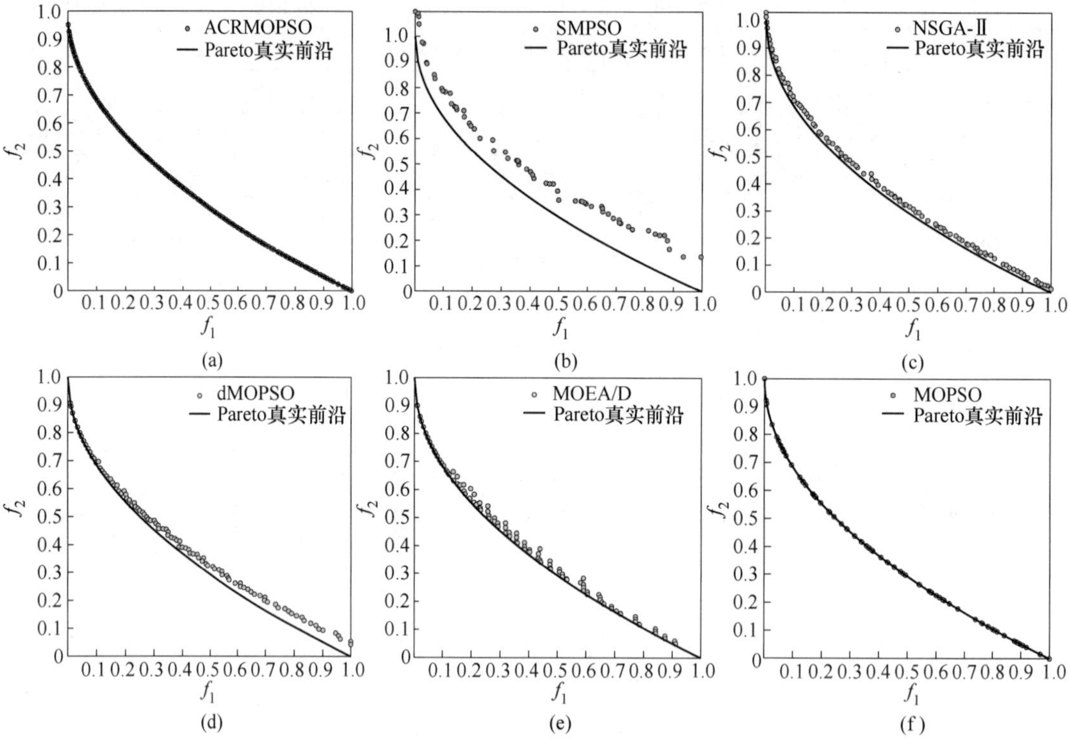

图 8-9　各算法在 ZDT1 测试函数的 Pareto 最优前沿

（a）ACRMOPSO-ZDT1；（b）SMPSO-ZDT1；（c）NSGA-Ⅱ-ZDT1；
（d）dMOPSO-ZDT1；（e）MOEA/D-ZDT1；（f）MOPSO-ZDT1

b　ZDT2 测试函数仿真结果图分析

图 8-10 是 ACRMOPSO、SMPSO、NSGA-Ⅱ、dMOPSO、MOEA/D 和 MOPSO 六种算法在 ZDT2 测试函数下的 Pareto 最优前沿。从该图中可以看到，ACRMOPSO 、SMPSO 和 dMOPSO 三种算法在 ZDT2 测试函数上都能收敛，其中 ACRMOPSO 的分布性要优于另外两种算法，剩下的三种算法均未完全收敛。因此，可以直观地看出 ACRMOPSO 算法在收敛性和分布性上优于其他的对比算法。

c　ZDT3 测试函数仿真结果图分析

图 8-11 是 ACRMOPSO、SMPSO、NSGA-Ⅱ、dMOPSO、MOEA/D 和 MOPSO 六种算法在 ZDT3 测试函数下的 Pareto 最优前沿。从该图中可以看到，ACRMOPSO、NSGA-Ⅱ和 MOPSO 三种算法在 ZDT3 测试函数上都能收敛，其中 MOPSO 算法的分布性较差，ACRMOPSO 和 NSGA-Ⅱ这两种算法的分布性相似，都较为均匀。dMOPSO 和 MOEA/D 算法未完全收敛，并且 dSMPSO 算法没有收敛到最有前沿。因此可以直观地看出 ACRMOPSO 算法在 ZDT3 函数上收敛性和分布性都表现十分出色。

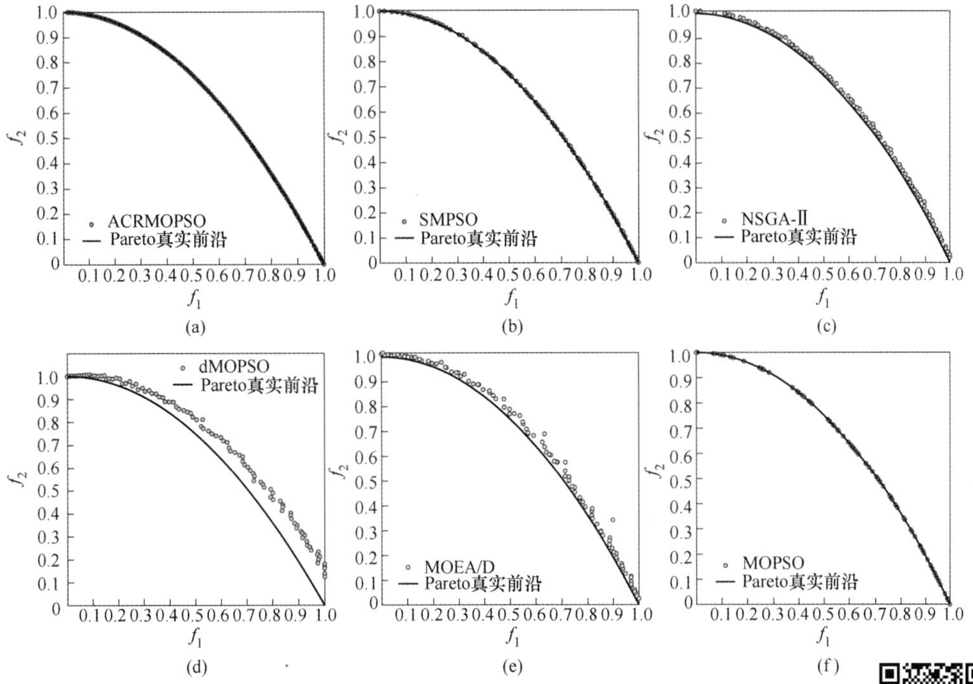

图 8-10 各算法在 ZDT2 测试函数的 Pareto 最优前沿

（a）ACRMOPSO-ZDT2；（b）SMPSO-ZDT2；（c）NSGA-Ⅱ-ZDT2；（d）dMOPSO-ZDT2；（e）MOEA/D-ZDT2；（f）MOPSO-ZDT2

图 8-10 彩图

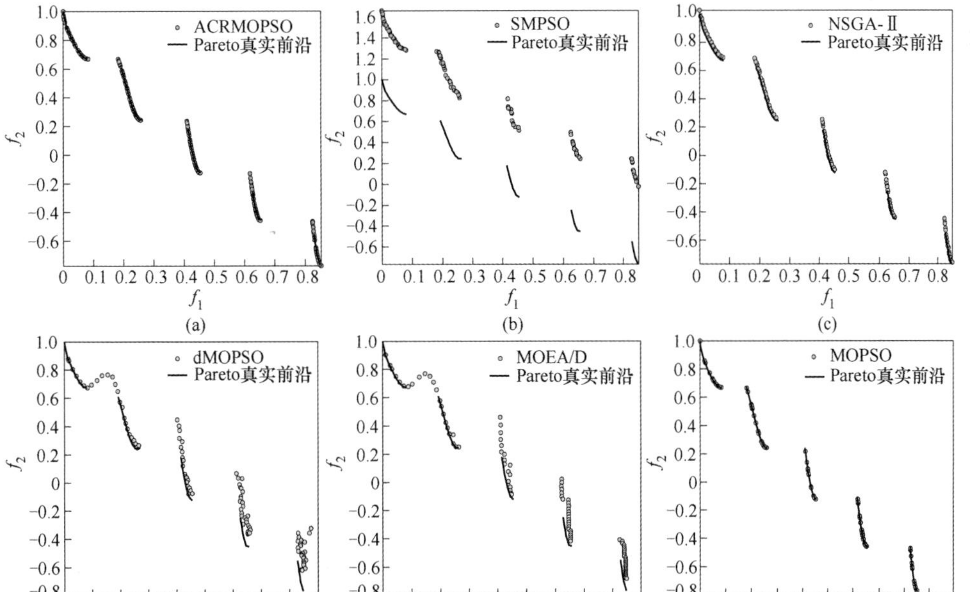

图 8-11 各算法在 ZDT3 测试函数的 Pareto 最优前沿

（a）ACRMOPSO-ZDT3；（b）SMPSO-ZDT3；（c）NSGA-Ⅱ-ZDT3；（d）dMOPSO-ZDT3；（e）MOEA/D-ZDT3；（f）MOPSO-ZDT3

图 8-11 彩图

d　ZDT4 测试函数仿真结果图分析

图 8-12 是 ACRMOPSO、SMPSO、NSGA-Ⅱ、dMOPSO、MOEA/D 和 MOPSO 六种算法在 ZDT4 测试函数下的 Pareto 最优前沿。从该图中可以看到，ACRMOPSO、dMOPSO、MOEA/D 和 MOPSO 四种算法在 ZDT4 测试函数上均处于收敛状态，NSGA-Ⅱ只有一端部分收敛到 Pareto 前沿，其余部分和 SMPSO 算法一样没有收敛到 Pareto 前沿。显然，ACRMOPSO 算法在处理 ZDT4 函数时，无论是在收敛精度还是分布均匀度方面都有着卓越的表现，因此可以说 ACRMOPSO 算法有着较强的跳出局部最优和全局搜索能力。

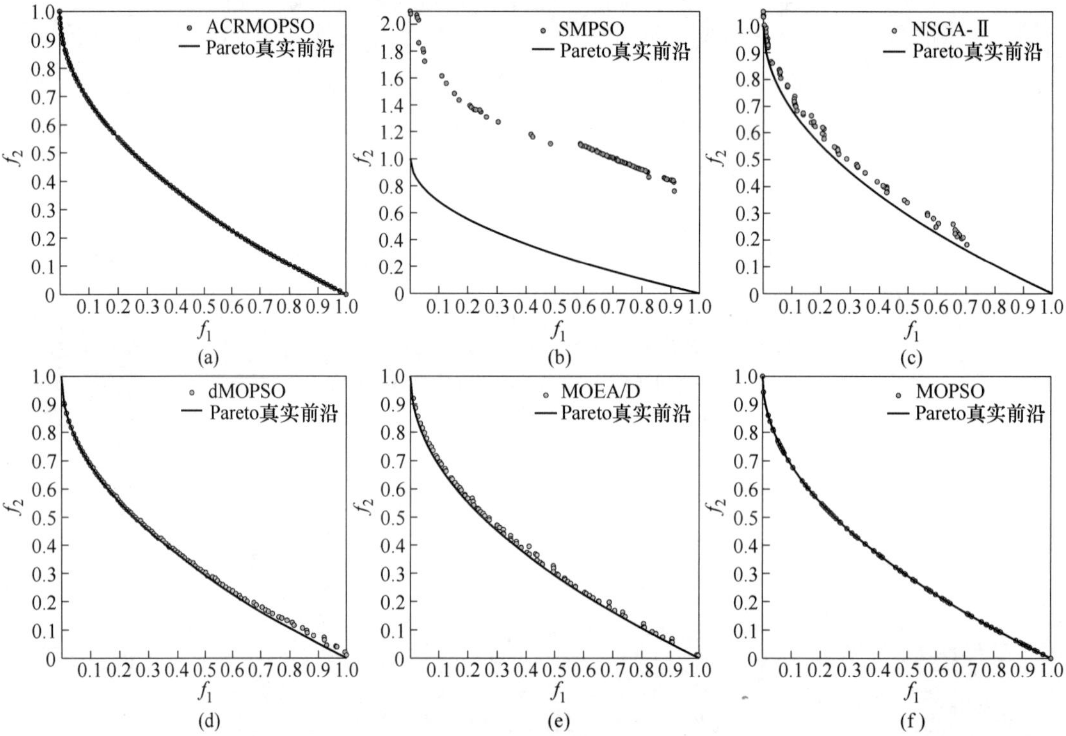

图 8-12　各算法在 ZDT4 测试函数的 Pareto 最优前沿

(a) ACRMOPSO-ZDT4；(b) SMPSO-ZDT4；(c) NSGA-Ⅱ-ZDT4；(d) dMOPSO-ZDT4；(e) MOEA/D-ZDT4；(f) MOPSO-ZDT4

图 8-12 彩图

e　ZDT6 测试函数仿真结果图分析

图 8-13 是 ACRMOPSO、SMPSO、NSGA-Ⅱ、dMOPSO、MOEA/D 和 MOPSO 六种算法在 ZDT6 测试函数下的 Pareto 最优前沿。从该图中可以看到，除了 MOEA/D 的少部分收敛到 ZDT6 函数的 Pareto 真实前沿，其余部分和 NSGA-Ⅱ算法一样均未完全收敛。余下的四种算法都收敛到了，并且 ACRMOPSO、SMPSO 和 dMOPSO 三种算法的分布性都十分均匀，可以说 ACRMOPSO 算法在非均匀分布的解空间中有较强的搜索能力。

f　DTLZ1 测试函数仿真结果图分析

DTLZ1 测试函数可以评估算法在处理具有大量局部最优解问题时的全局搜索能力，这是检验算法能否有效避免局部最优并找到真正 Pareto 前沿的关键。

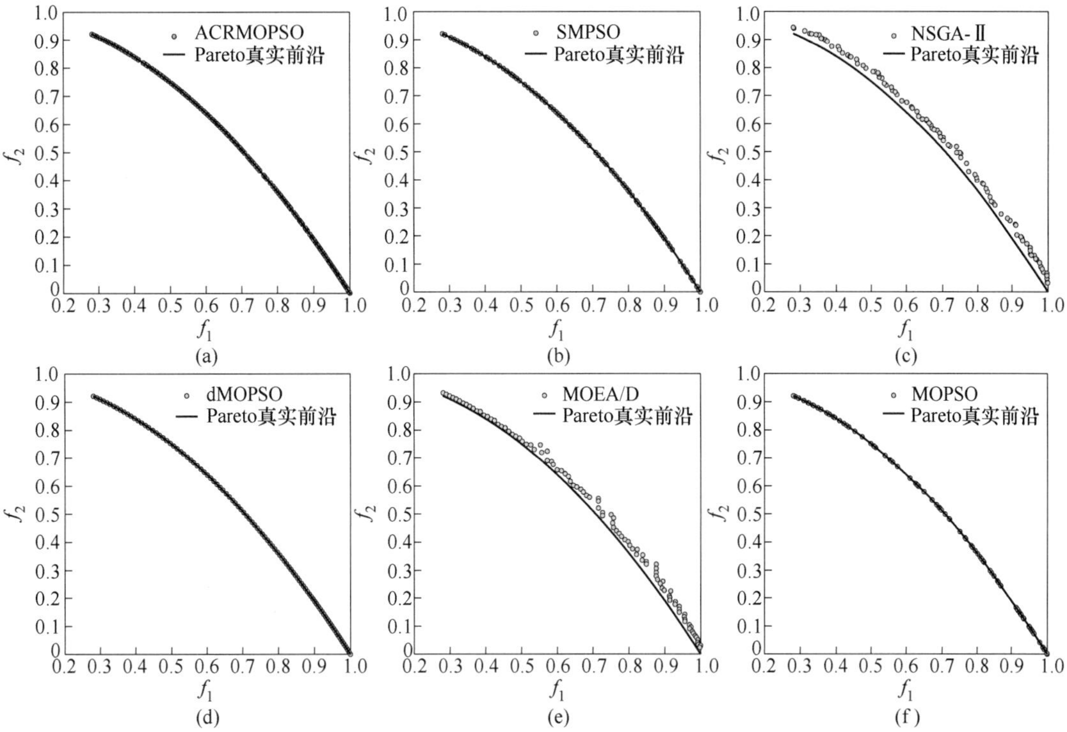

图 8-13 各算法在 ZDT6 测试函数的 Pareto 最优前沿

(a) ACRMOPSO-ZDT6；(b) SMPSO-ZDT6；(c) NSGA-Ⅱ-ZDT6；(d) dMOPSO-ZDT6；(e) MOEA/D-ZDT6；(f) MOPSO-ZDT6

图 8-13 彩图

图 8-14 是 ACRMOPSO、SMPSO、NSGA-Ⅱ、dMOPSO、MOEA/D 和 MOPSO 六种算法在 DTLZ1 测试函数下的 Pareto 最优前沿。从该图可以看到，只有 ACRMOPSO 和 MOEA/D 两种算法收敛到了 DTLZ1 函数的 Pareto 前沿，其余算法均为完全收敛；虽然从图上看去 MOEA/D 算法的分布比 ACRMOPSO 算法均匀，但不可否认 ACRMOPSO 算法仍然有着优秀的多样性，因此可以看出算法处理具有大量局部最优解的问题时有着优秀全局搜索能力。

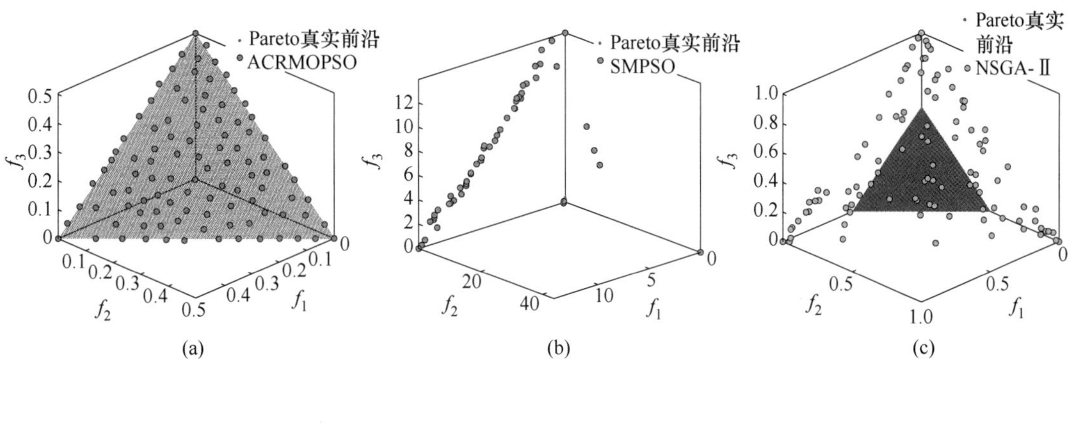

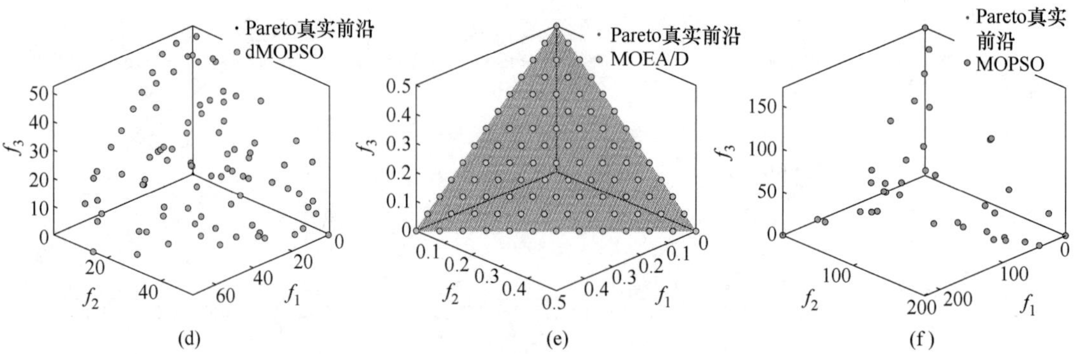

图 8-14　各算法在 DTLZ1 测试函数的 Pareto 最优前沿

(a) ACRMOPSO-DTLZ1；(b) SMPSO-DTLZ1；(c) NSGA-Ⅱ-DTLZ1；
(d) dMOPSO-DTLZ1；(e) MOEA/D-DTLZ1；(f) MOPSO-DTLZ1

g　DTLZ2 测试函数仿真结果图分析

DTLZ2 函数可以测试算法在处理非凸型 Pareto 前沿问题的效果，特别是在高维目标空间中的性能。

图 8-15 是 ACRMOPSO、SMPSO、NSGA-Ⅱ、dMOPSO、MOEA/D 和 MOPSO 六种算法在 DTLZ2 测试函数下的 Pareto 最优前沿。相比较于 DTLZ1 测试函数，六种算法在 DTLZ2 函数上性能表现要好很多，几乎所有算法都可以找到 DTLZ2 函数的真实 Pareto 前沿。其中，ACRMOPSO 和 MOEA/D 两种算法的分布性较为均匀，多样性较好，尤其是 MOEA/D 算法。

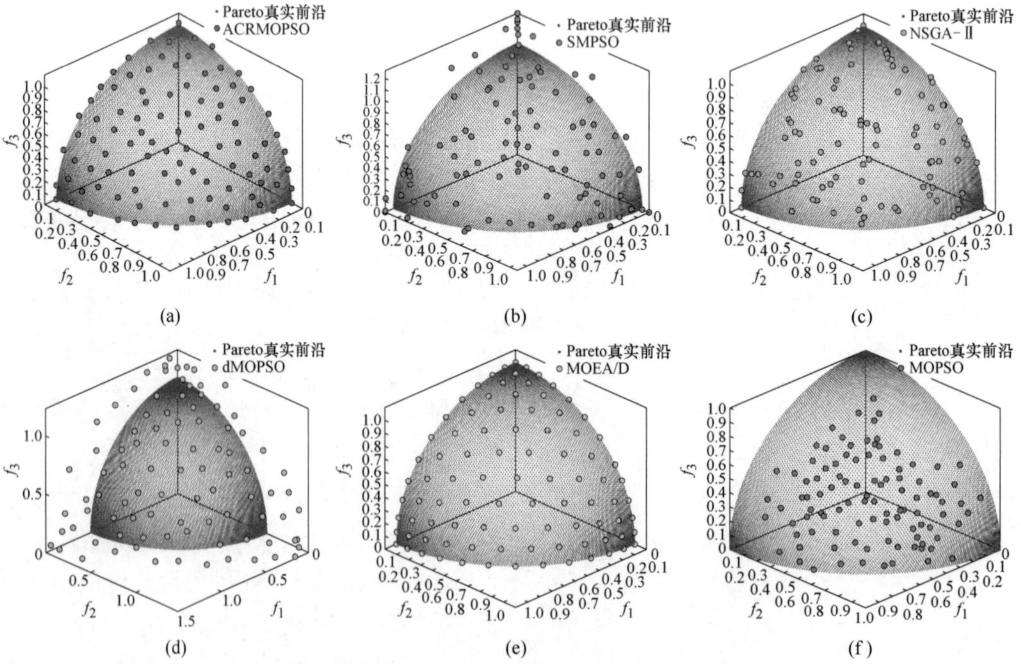

图 8-15　各算法在 DTLZ2 测试函数的 Pareto 最优前沿

(a) ACRMOPSO-DTLZ2 (b) SMPSO-DTLZ2 (c) NSGA-Ⅱ-DTLZ2
(d) dMOPSO-DTLZ2；(e) MOEA/D-DTLZ2；(f) MOPSO-DTLZ2

h　DTLZ3 测试函数仿真结果图分析

DTLZ3 测试函数结合了 DTLZ1 和 DTLZ2 的特性，用于评估算法在处理非凸型 Pareto 前沿且具有大量局部最优解的问题时的全局搜索能力。

图 8-16 是 ACRMOPSO、SMPSO、NSGA-Ⅱ、dMOPSO、MOEA/D 和 MOPSO 六种算法在 DTLZ3 测试函数下的 Pareto 最优前沿。从该图中可以看到，只有 NSGA-Ⅱ算法在规定的迭代次数下，成功收敛到 DTLZ3 函数的真实前沿，包括 ACRMOPSO 在内的其余算法均未能收敛。因此表明，ACRMOPSO 算法在应对具有大量局部最优解且非凸型 Pareto 前沿问题时有明显的短板。

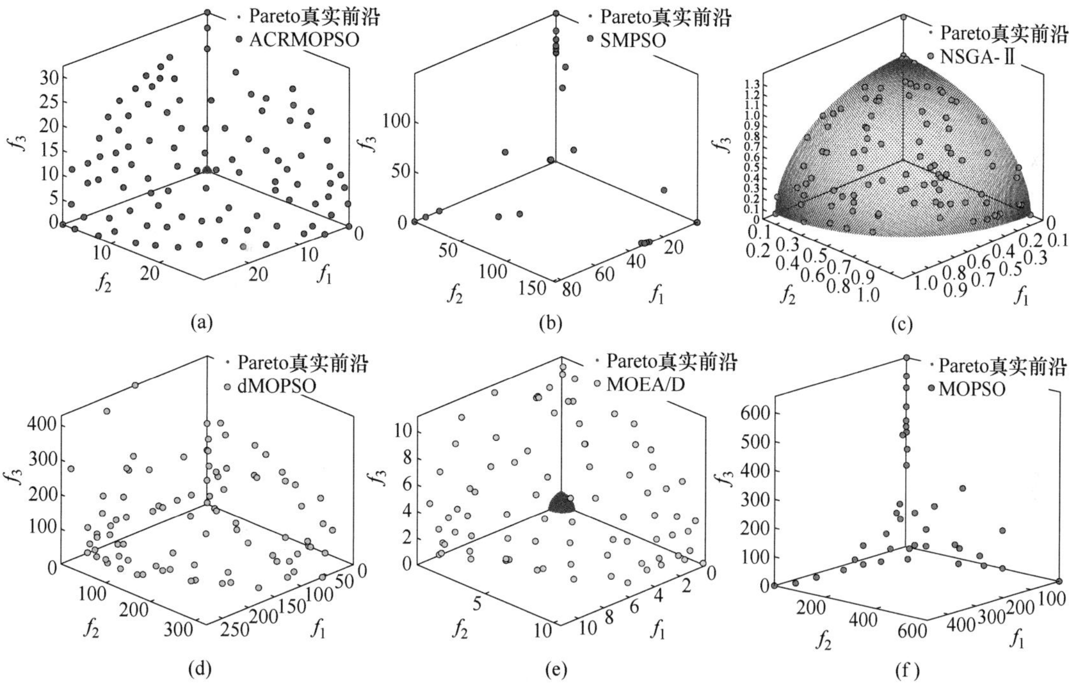

图 8-16　各算法在 DTLZ3 测试函数的 Pareto 最优前沿
(a) ACRMOPSO-DTLZ3；(b) SMPSO-DTLZ3；(c) NSGA-Ⅱ-DTLZ3；
(d) dMOPSO-DTLZ3；(e) MOEA/D-DTLZ3；(f) MOPSO-DTLZ3

i　DTLZ4 测试函数仿真结果图分析

DTLZ4 评估算法处理具有非线性关联特性的非凸型 Pareto 前沿问题的能力，特别是在高度非线性和复杂的目标函数中表现较好。

图 8-17 为 ACRMOPSO、SMPSO、NSGA-Ⅱ、dMOPSO、MOEA/D 和 MOPSO 六种算法在 DTLZ4 测试函数下的 Pareto 最优前沿。从该图中可以看到，ACRMOPSO、NSGA-Ⅱ、MOEA/D 和 MOPSO 四种算法都以较高的精度收敛到 DTLZ4 函数的真实前沿上，其中 ACRMOPSO 和 MOEA/D 两种算法的多样性较好。因此，ACRMOPSO 算法在面对具有非线性关联特性的非凸型 Pareto 前沿问题时有着不错的处理能力。

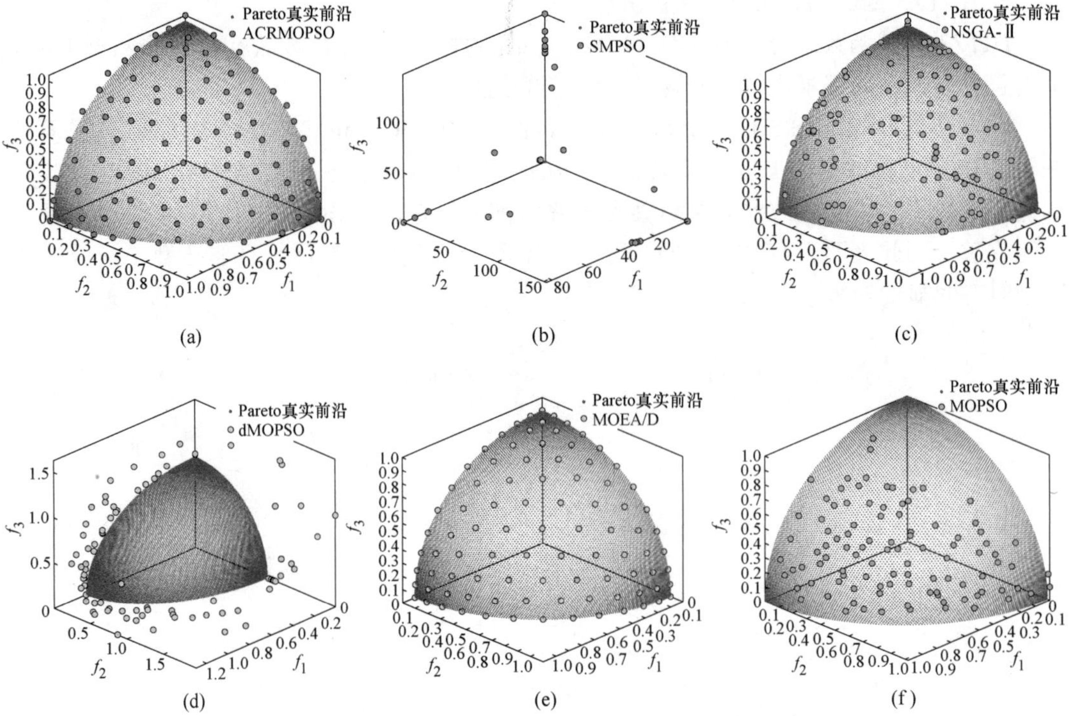

图 8-17　各算法在 DTLZ4 测试函数的 Pareto 最优前沿
（a）ACRMOPSO-DTLZ4；（b）SMPSO-DTLZ4；（c）NSGA-Ⅱ-DTLZ4；
（d）dMOPSO-DTLZ4；（e）MOEA/D-DTLZ4；（f）MOPSO-DTLZ4

j　DTLZ5 和 DTLZ6 测试函数仿真结果图分析

DTLZ5 和 DTLZ6 这两个函数设计用于测试算法在处理退化的 Pareto 前沿问题的能力，其中部分目标函数可能不会对某些变量敏感，可以评估算法在处理目标函数之间存在强耦合和退化区域问题时的性能。

图 8-18 是 ACRMOPSO、SMPSO、NSGA-Ⅱ、dMOPSO、MOEA/D 和 MOPSO 六种算法在 DTLZ5 和 DTLZ6 两个测试函数下的 Pareto 最优前沿。从该图中可以看到，ACRMOPSO、SMPSO、NSGA-Ⅱ和 MOPSO 四种算法在 DTLZ5 和 DTLZ6 函数上均收敛，其中前三种算法分布较为均匀，而 dMOPSO 和 MOEA/D 算法是未完全收敛。因此，可以表明 ACRMOPSO 算法在面对含有强耦合和退化区域问题时有较强的处理能力。

k　DTLZ7 测试函数仿真结果图分析

DTLZ7 测试函数具有非均匀、离散的 Pareto 前沿，且包含多个不连续区域，用于测试算法在处理具有复杂、离散 Pareto 前沿问题的能力，特别是在区分和保持不连续有效解方面的效率很高。

图 8-19 是 ACRMOPSO、SMPSO、NSGA-Ⅱ、dMOPSO、MOEA/D 和 MOPSO 六种算法在 DTLZ7 测试函数下的 Pareto 最优前沿。从该图中可以明显看到，相较于其他算法，ACRMOPSO 算法在 DTLZ7 函数上的 Pareto 真实前沿有着较高精度的收敛性和较为均匀的分布性。因此，表明 ACRMOPSO 算法在非均匀、离散的 Pareto 前沿的测试问题上有着出色的处理能力。

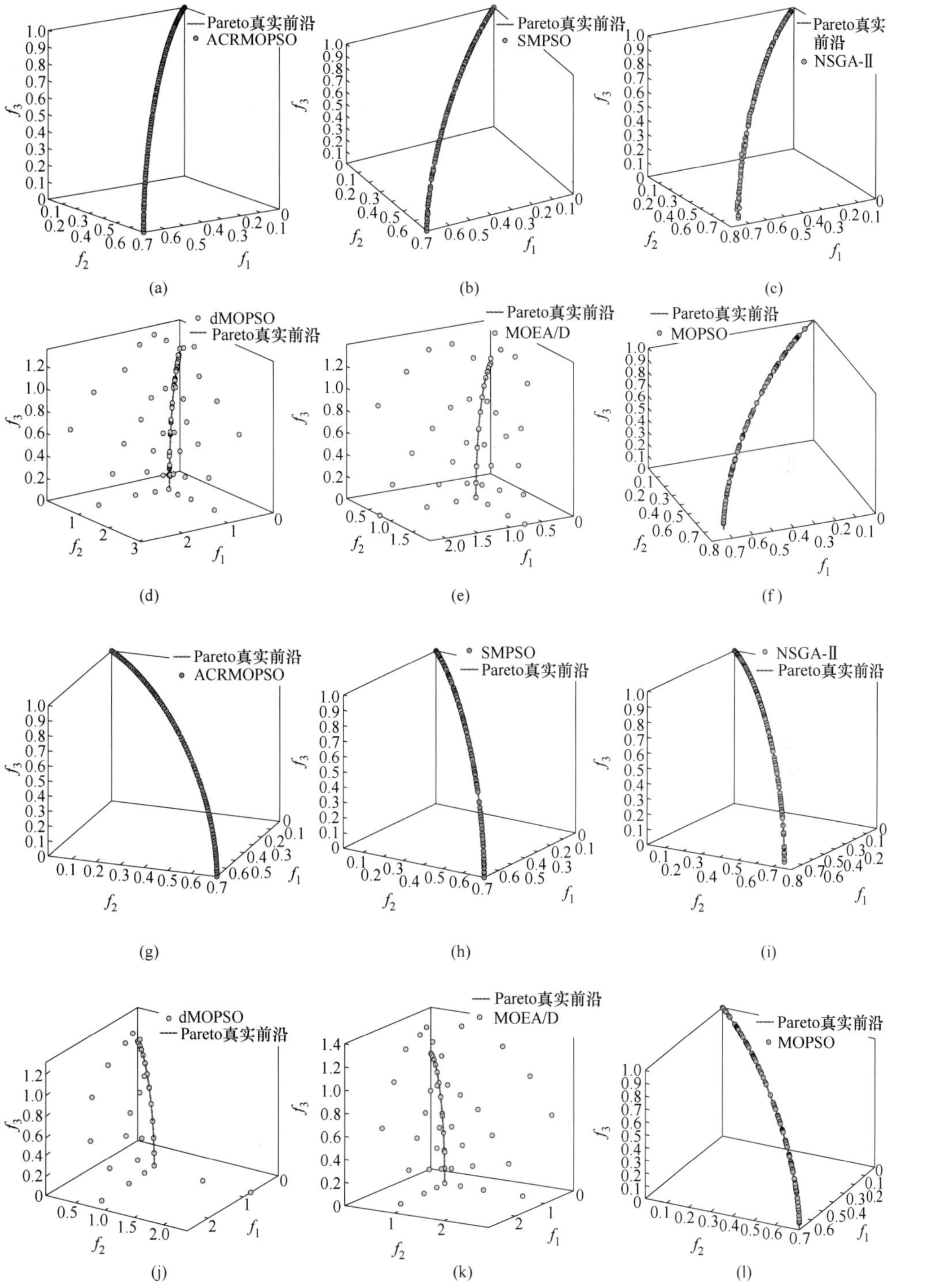

图 8-18 各算法在 DTLZ5 和 DTLZ6 测试函数的 Pareto 最优前沿

(a) ACRMOPSO-DTLZ5；(b) SMPSO-DTLZ5 (c) NSGA-Ⅱ-DTLZ5；(d) dMOPSO-DTLZ5；(e) MOEA/D-DTLZ5；(f) MOPSO-DTLZ5；(g) ACRMOPSO-DTLZ6；(h) SMPSO-DTLZ6；(i) NSGA-Ⅱ-DTLZ6；(j) dMOPSO-DTLZ6；(k) MOEA/D-DTLZ6；(l) MOPSO-DTLZ6

图 8-18 彩图

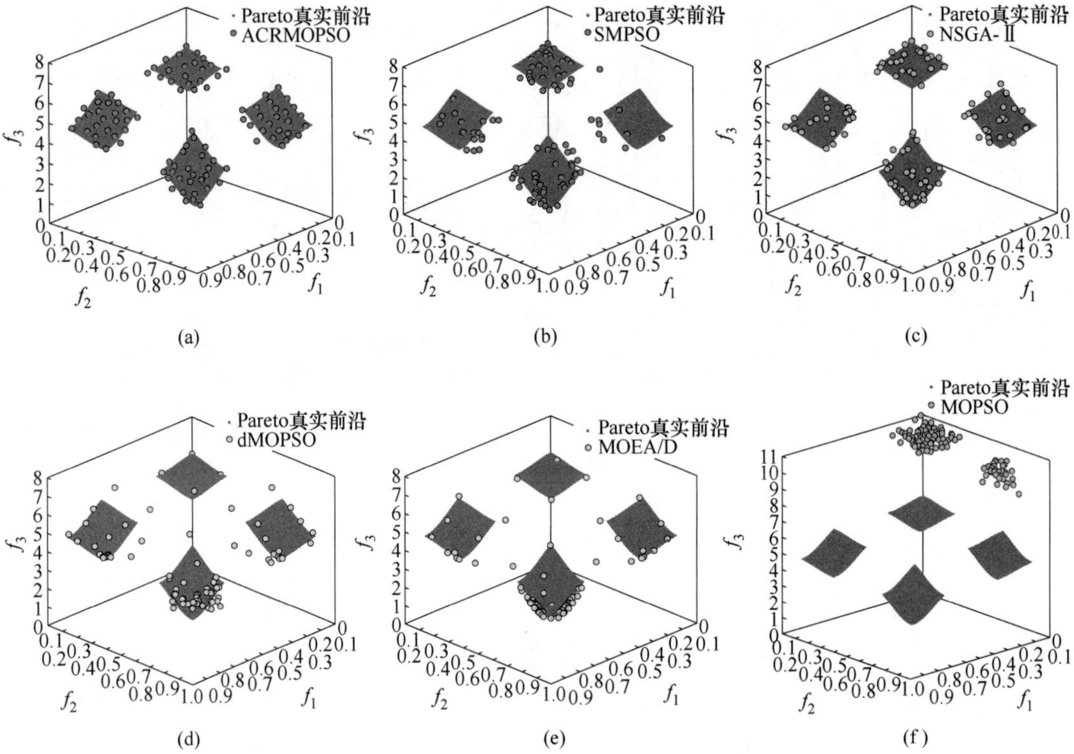

图 8-19　各算法在 DTLZ7 测试函数的 Pareto 最优前沿

(a) ACRMOPSO-DTLZ7；(b) SMPSO-DTLZ7；(c) NSGA-Ⅱ-DTLZ7；
(d) dMOPSO-DTLZ7；(e) MOEA/D-DTLZ7；(f) MOPSO-DTLZ7

B　收敛速度分析

在算法收敛速度方面，图 8-20 和图 8-21 分别绘制了 ACRMOPSO、SMPSO、NSGA-Ⅱ、dMOPSO、MOEA/D 和 MOPSO 六种算法在 ZDT 和 DTLZ 测试函数上的 IGD 指标收敛曲线。

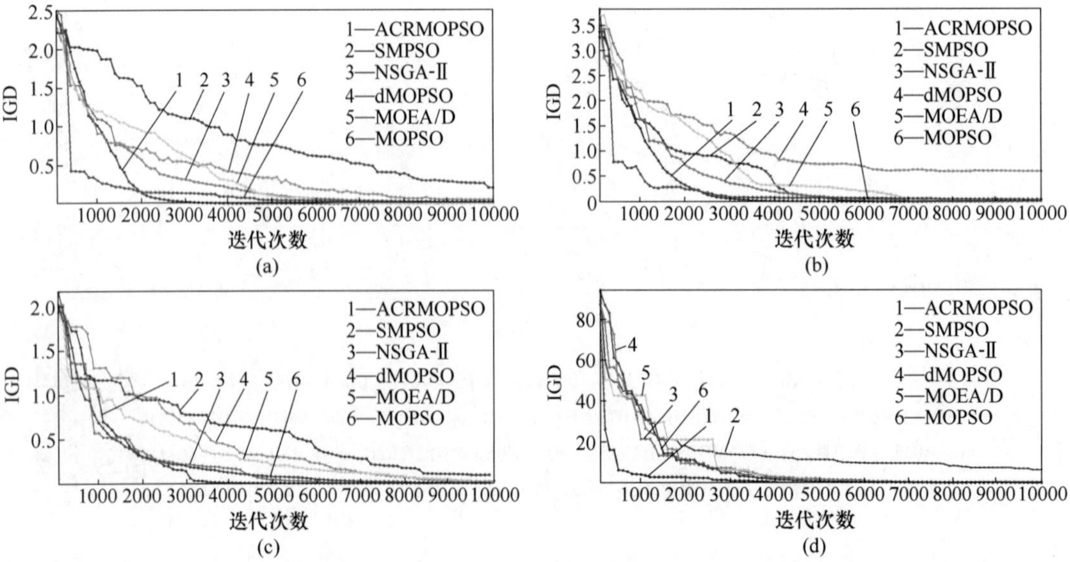

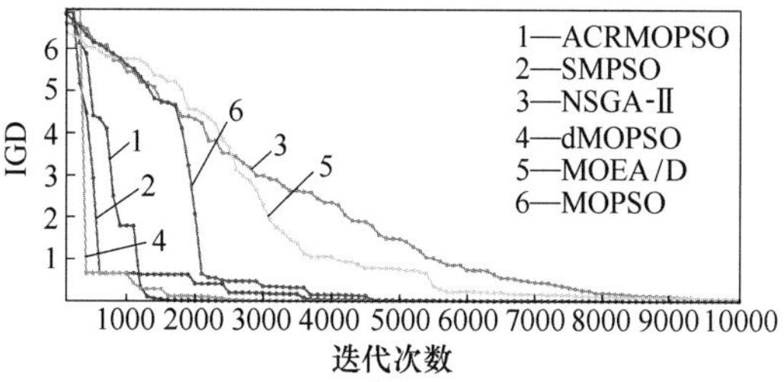

(e)

图 8-20 彩图

图 8-20 各算法在 ZDT 测试函数上的收敛曲线

(a) ZDT1-IGD；(b) ZDT2-IGD；(c) ZDT3-IGD；(d) ZDT4-IGD；(e) ZDT6-IGD

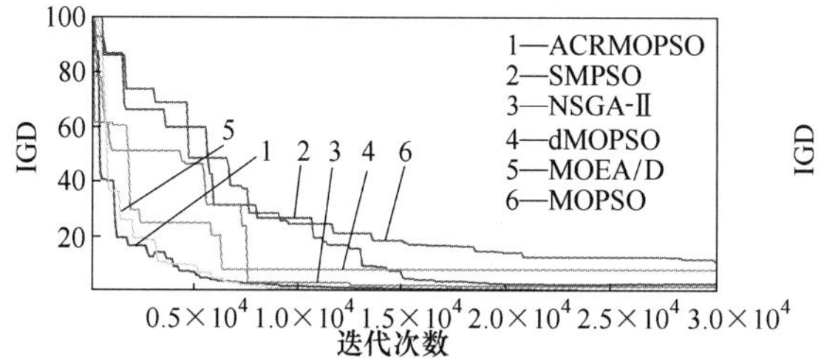

(a)

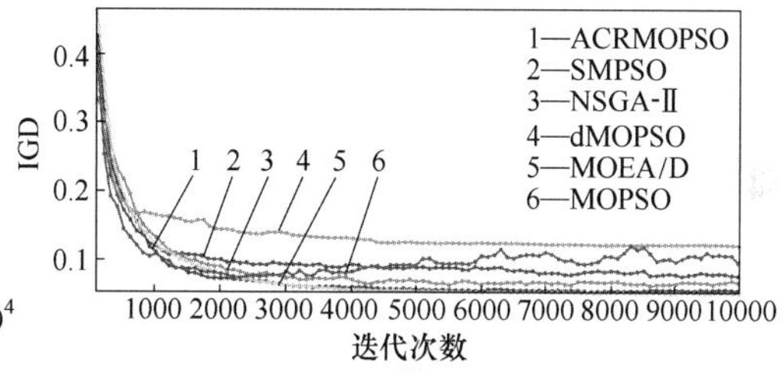

(b)

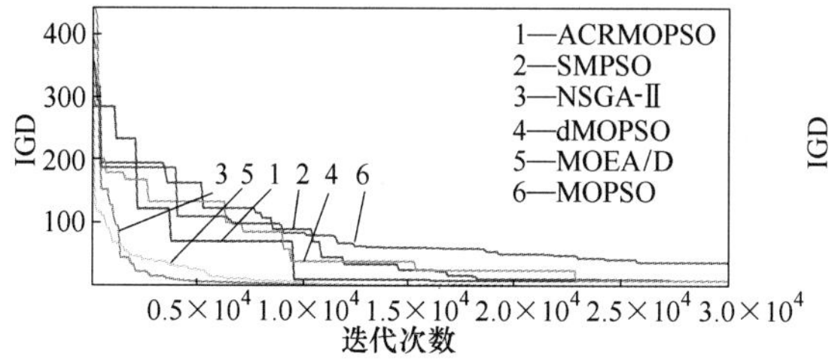

(c)

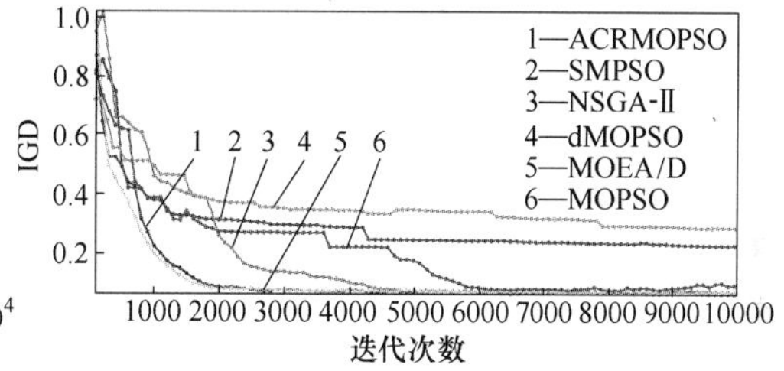

(d)

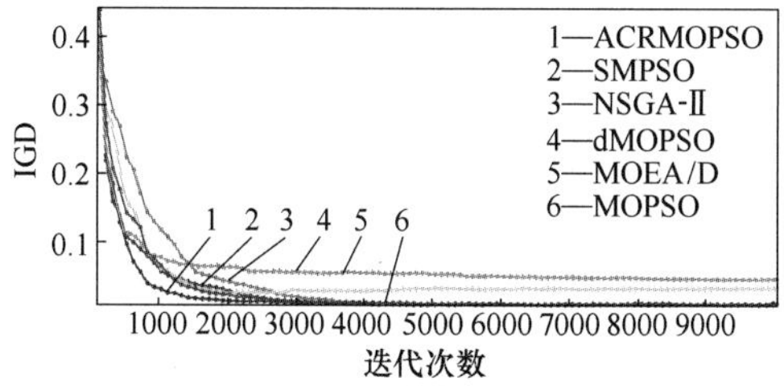

(e)

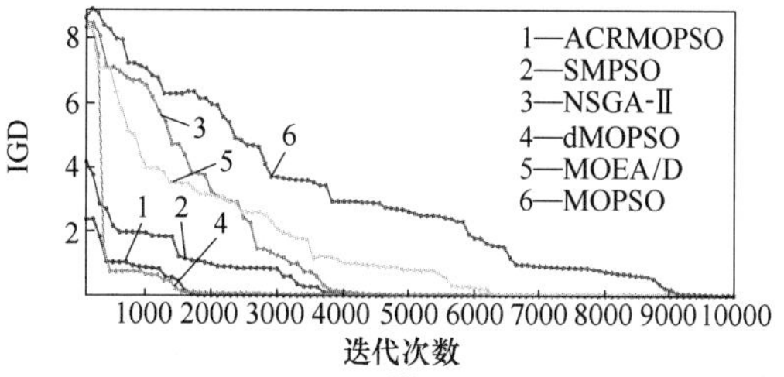

(f)

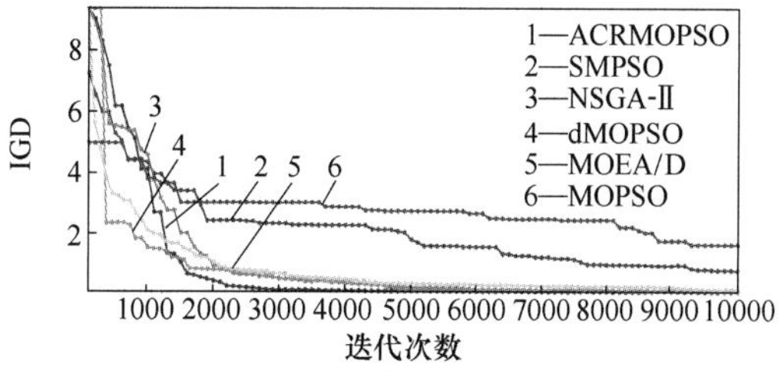

(g)

图 8-21 彩图

图 8-21 各算法在 DTLZ 测试函数上的收敛曲线

(a) DTLZ1-IGD；(b) DTLZ2-IGD；(c) DTLZ3-IGD；(d) DTLZ4-IGD；

(e) DTLZ5-IGD；(f) DTLZ6-IGD；(g) DTLZ7-IGD

从图 8-20 和图 8-21 中可以看到，ACRMOPSO 算法在 ZDT1～ZDT4、ZDT6、DTLZ5～DTLZ7 测试函数上收敛最快，在 DTLZ1、DTLZ2 和 DTLZ4 上处于次优的位置，但在 DTLZ3 函数效果并不理想。因此表明 ACRMOPSO 算法在应对高纬度、多峰性和非凸型 Pareto 前沿问题时的探索能力有待提升。

8.5　基于改进粒子群算法的冷连轧轧制规程优化

冷连轧是现代钢铁制造的关键环节，其效率和质量控制对最终产品性能和成本有直接影响。然而，由于轧制过程的复杂性和多变量，如轧辊材质、温度、速度和力，传统优化方法常难以满足工业生产的高效精准要求。因此，精确找到最佳轧制条件，以提高生产效率、降低成本、提升产品质量，是轧制技术研究的核心。

随着冶金工业的发展，需要更高效和智能的轧制规程优化方法。传统方法通常基于经验或简化数学模型，准确性和适应性有限。近年来，粒子群算法作为一种自然启发式优化算法，在多个领域得到广泛应用，以其简单、高效和易实现的特点广受欢迎。但在处理复杂、多模态、高维度的问题如冷连轧轧制规程优化时，可能会遇到早熟收敛或陷入局部最优的问题。

为解决这些问题，将改进的粒子群算法（ACRMOPSO）用于冷连轧轧制规程的优化。通过这种方法，可以提供多种优化方案，供决策者根据偏好选择，以达到提高生产效率、降低能耗和提高产品质量的目的。

8.5.1　冷连轧生产工艺流程及设备组成

钢铁生产从铁矿石和煤炭（经过烧结和焦化）开始，经过高炉炼铁、转炉或电炉炼钢，炼出的钢水通过连铸或铸钢形成各种钢坯，然后再经过轧制成各种各样的板材、管材、线材和型钢。对一部分经过热轧的板材，酸洗后再进行冷轧就制成冷轧薄板。

冷轧薄板用于钢铁工业的下游深加工工序，虽然只是钢铁工业产品中的一部分，却是钢材的高端产品，并且冷连轧机组也是轧钢机中技术含量最高的设备。冷轧是通过在室温下对金属进行压制和塑形，以制造出具有特定尺寸和优良表面质量的金属板材的一种精密金属加工技术。冷轧生产工艺流程展现了从原材料热轧钢卷的准备到薄板成品的制作全过程，这个过程涵盖了多个关键步骤，包括退火、酸洗、轧制、切割和包装等。每一个环节都对最终产品的质量有着显著影响，需要精确控制和细致操作。冷轧生产工艺流程如图 8-22 所示。

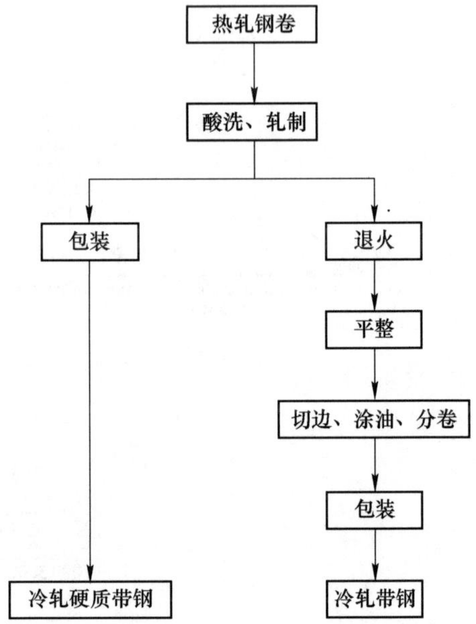

图 8-22　冷轧生产工艺流程

以某钢厂五机架六辊冷连轧机为研究背景，机组中的第一个到第四个机架是四辊轧机，分别都有两对辊子，可以施加大轧制力对较宽和大块的材料进行轧制；第五个机架为六辊轧机，为三层辊系（上、中、下），分别对应着两个支承辊、两个中间辊、两个工作辊，六辊冷轧机轧制能力大，控制板厚和板形的方法多。例如，六辊轧机具有 AGC 压下控制、压力压下偏差、工作辊正反弯、中间辊正弯、中间辊抽动等调节板形的方法。因此生产的钢带厚度公差小，板形较好，适合对较薄的材料进行轧制，用于生产高精度的板材，如冷轧不锈钢、铝板等。五机架六辊冷连轧机组示意图如图 8-23 所示。

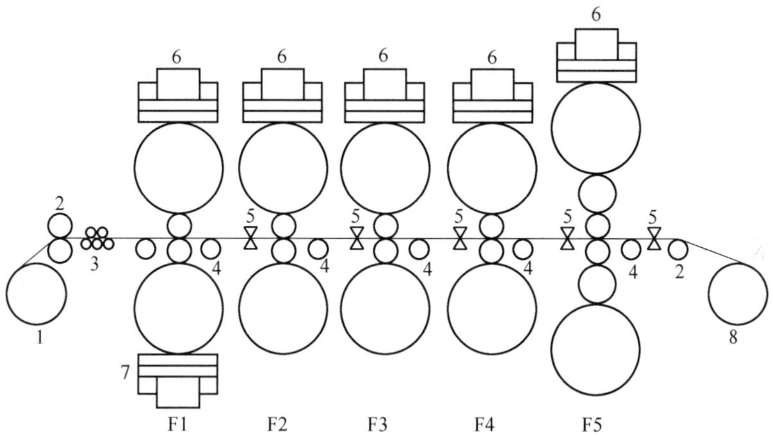

图 8-23 五机架带钢冷连轧机组

1—开卷机；2—夹送辊；3—矫直机；4—张力仪；5—测厚仪；6—液压压下缸；7—液压压上缸；8—卷取机

8.5.2 冷连轧轧制规程的数学模型

8.5.2.1 轧制力模型

轧制力是轧机的核心参数，直接决定了轧制规程、产品厚度及板形的设定。精准的轧制力对产品的整体质量和生产效率有着至关重要的作用，图 8-24 展示了轧制力模型示意图。

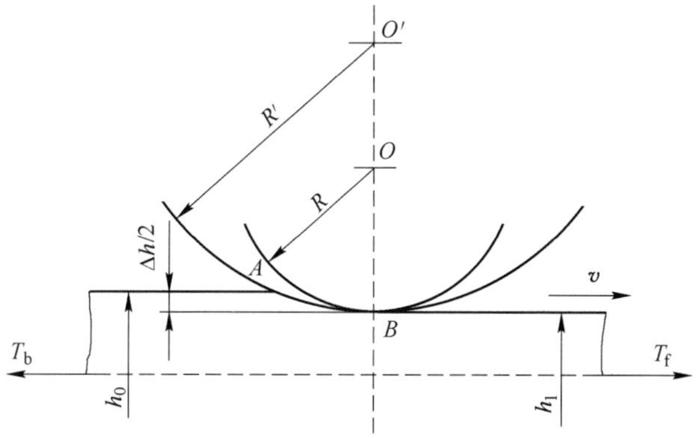

图 8-24 轧制力模型示意图

虽然存在多种轧制力数学模型，例如采李柯夫模型和斯通模型，但 Bland-Ford-Hill 模型因综合了摩擦、张力和辊弹性压扁等关键因素，结合其理论严谨、结构简洁和实际应用的高效性，已在工业领域中得到了广泛的认可和应用。这种模型的普及性和实用性得益于国内外研究者对其的广泛研究和验证，证明了它在实际轧制过程中的重要性。Bland-Ford-Hill 是一种经典的冷轧的轧制力模型，其表达式如下

$$P = Bl'_c Q_P K_T K \tag{8-29}$$

式中　P——轧制力，kN；
　　B——轧件平均宽度，m；
　　l'_c——变形区接触弧长，mm；
　　Q_P——外摩擦力状态系数；
　　K_T——张力影响系数；
　　K——金属变形抗力，$K = 1.15\sigma$。

在冷轧过程中，外摩擦力状态系数 Q_P 描述了轧件和轧辊之间的摩擦状态。摩擦不仅影响轧制力和轧制扭矩，还影响到轧件的表面质量、轧制的稳定性以及轧辊的磨损情况。其计算公式如下：

$$Q_P = 1.08 + 1.79\mu\varepsilon\sqrt{1-\varepsilon}\sqrt{\frac{R'}{h_i}} - 1.02\varepsilon \tag{8-30}$$

式中　μ——接触弧摩擦系数；
　　ε——机架相对压下率；
　　R'——考虑压扁轧辊的半径，mm；
　　h_i——第 i 机架的出口厚度，mm。

变形区接触弧长 l'_c 和考虑压扁轧辊半径 R' 的计算公式如下：

$$l'_c = \sqrt{R'\Delta h} \tag{8-31}$$

$$\Delta h = h_0 - h_1 \tag{8-32}$$

式中　Δh——绝对压下量，mm；
　　h_0——轧件入口厚度，mm；
　　h_1——轧件出口厚度，mm。

考虑压扁轧辊半径 R 的计算公式如下：

$$R' = R\left(1 + 2.2 \times 10^{-5}\frac{P}{B\Delta h}\right) \tag{8-33}$$

式中　R——轧辊半径，mm。

通过反复迭代计算式（8-29）和式（8-33）可以得到 R' 值和 P 值。

$$K_T = 1 - \frac{\alpha \cdot \tau_b + (1-\alpha) \cdot \tau_f}{K} \tag{8-34}$$

式中　τ_b——后张应力，MPa；
　　τ_f——前张应力，MPa；
　　α——张力影响系数，一般 $\alpha = 0.7$。

8.5.2.2　变形抗力模型

变形抗力是描述金属在冷轧过程中抵抗塑性变形的能力的参数，这个参数对于确保轧制过程的稳定性和优化轧制参数非常关键。对于低碳钢，有关的几种数学模型如下：

$$\sigma_s = a_0 (a_1 + \dot{\varepsilon}_\Sigma)^{a_2} \tag{8-35}$$

$$\sigma_s = \sigma_0 + a_0 (\dot{\varepsilon}_\Sigma)^{a_1} \tag{8-36}$$

$$\sigma_s = a_0 (\dot{\varepsilon}_\Sigma)^{a_1} \tag{8-37}$$

$$\sigma_s = a_0 + a_1\dot{\varepsilon}_\Sigma + a_2 (\dot{\varepsilon}_\Sigma)^2 + a_3 (\dot{\varepsilon}_\Sigma)^3 \tag{8-38}$$

式中 σ_s——材料的单向拉伸屈服应力；

σ_0——退火状态下材料的屈服应力；

a_0，a_1，a_2，a_3——与带钢种类有关的待定系数；

$\dot{\varepsilon}_\Sigma$——累计变形程度。

$$\dot{\varepsilon}_\Sigma = a\dot{\varepsilon}_0 + (1 - a)\dot{\varepsilon}_1 \tag{8-39}$$

$$\dot{\varepsilon}_0 = \frac{H_0 - h_0}{H_0} \tag{8-40}$$

$$\dot{\varepsilon}_1 = \frac{H_0 - h_1}{H_0} \tag{8-41}$$

式中 a——加权系数；

$\dot{\varepsilon}_0$——机架入口变形程度；

$\dot{\varepsilon}_1$——机架出口处总变形程度；

H_0——退火状态下带钢厚度，mm；

h_0，h_1——某一机架入口和出口带钢的厚度，mm。

Q235 是一种经济、实用和广泛使用的低碳结构钢，选择此钢种作为研究的带钢板材，其变形阻力回归模型计算公式如下

$$\sigma_s = 88.75 + (6398.43\varepsilon + 6669.42)^{0.568} \tag{8-42}$$

8.5.2.3 前滑模型

在轧制过程中，轧件在通过轧辊间隙后的出口速度略大于入口速度时引起的滑动，被称为前滑现象。前滑的计算通常可以通过下面的公式来描述

$$f = \frac{v - v_0}{v_0} \times 100\% \tag{8-43}$$

式中 f——前滑率,%；

v_0——轧辊的表面速度，m/s；

v——轧件的出口速度，m/s。

通过变形计算得到前滑计算公式的另一种形态如下

$$f = \frac{v - v_0}{v_0} = \frac{v}{v_0} - 1 = \frac{h_\gamma \cos\gamma}{h_1} - 1 = \frac{[h_1 + D(1 - \cos\gamma)]\cos\gamma}{h_1} - 1 \tag{8-44}$$

式中 D——轧辊直径，mm；

γ——中性角；

h_1——轧件的出口厚度，mm。

假设：

$$\cos\gamma \approx 1 \tag{8-45}$$

$$1-\cos\gamma = 2\sin^2\frac{\gamma}{2} \approx 2\left(\frac{\gamma}{2}\right)^2 = \frac{\gamma^2}{2} \tag{8-46}$$

因此，冷轧前滑的基本公式是

$$f = \frac{h_\gamma}{h_1} - 1 = \frac{h_1 + R\gamma^2}{h_1} - 1 = \frac{R}{h_1}\gamma^2 \tag{8-47}$$

式中　R——轧辊半径，mm；

h_1——轧件出口厚度，mm；

γ——中性角。

如果认为 $\tau_f = \tau_b = 0$，则

$$\gamma = \frac{a}{2}\left(1 - \frac{a}{2\mu}\right) = \frac{1}{2}\sqrt{\frac{\Delta h}{R}}\left(1 - \frac{1}{2\mu}\sqrt{\frac{\Delta h}{R}}\right) \tag{8-48}$$

因此，冷轧前滑的简化公式是

$$f = \frac{1}{2}\cdot\frac{\Delta h}{h}\left(1 - \frac{1}{2\mu}\sqrt{\frac{\Delta h}{R}}\right)^2 \tag{8-49}$$

前滑值主要决定于 ε，因此大多数经验统计公式中都选 ε 为主要变量，其中一种统计型的前滑误差小于2%，计算公式如下

$$f = 0.0015 + 0.222\varepsilon + 0.222\varepsilon^2 \tag{8-50}$$

在实际应用中，冷轧前滑会影响到冷轧过程的效果和质量。过大的前滑可能会导致工件表面的缺陷，过小的前滑可能会导致轧制力的增大和轧辊的过早磨损。

8.5.2.4　摩擦系数数学模型

摩擦系数是一个复杂的参数，其值受轧制条件、材料特性、润滑条件等多种因素影响。其中，润滑剂的类型、浓度、质量、流量和温度等因素对摩擦系数有显著影响。

尽管有多种理论模型用于计算摩擦系数，但实际生产中通常依赖经验和实验数据进行确定。为确保最佳轧制效果，生产过程中需定期检测和调整润滑条件，并根据实际轧制条件及材料特性选择适宜的摩擦系数模型。

在实际的冷连轧生产中需要选取更精准的摩擦力系数，其数学表达式如下

$$\mu = \alpha\left[0.07 - \frac{0.1v^2}{2(1+v) + 3v^2}\right] \tag{8-51}$$

式中　α——润滑剂影响的系数；

v——轧辊的线速度，m/s。

表 8-5 和表 8-6 分别是总结选用不同润滑剂在多种轧制速度下的摩擦系数估值和不同的润滑方式对应的影响系数。

表 8-5　不同润滑剂和不同速度对应的摩擦系数 μ

润滑剂	冷轧速度/m · s^{-1}			
	<3	<10	<20	<30
棕榈油	0.08	0.06	0.05	0.03

续表 8-5

润滑剂	冷轧速度/m·s^{-1}			
	<3	<10	<20	<30
乳化液	0.12	0.09~0.10	0.06	—
矿物液	0.10~0.12	0.08~0.10	0.07	0.06

表 8-6 不同润滑方式对应的影响系数

润滑方式	摩擦系数
用棕榈油轧制	0.9
用煤油、乳化液轧制	1.0
用纱锭油轧制	1.25
用机油轧制	1.35
干摩擦轧制	1.55

8.5.2.5 轧制力矩和轧制功率模型

由轧制力可以确定轧制力矩 M，其计算方法为

$$M = 2Pl = 2Pl_c\phi \tag{8-52}$$

式中 P——轧制力，kN；

l——力臂，mm；

l_c——接触弧长，mm；

ϕ——力臂系数，取 0.5。

由轧制力矩可以计算轧制功率

$$N = M\omega \tag{8-53}$$

式中 ω——电机角速度，rad/s。

8.5.3 冷连轧轧制规程的多目标函数构建

8.5.3.1 多目标函数构建

（1）预防打滑目标函数。为了有效预防冷轧轧制过程中出现打滑现象，建立预防打滑目标函数，以优化轧制参数并最大程度地减少带钢与轧辊之间的相对滑动。其目标函数如下

$$\begin{cases} \min f_1 = \beta_1 \sqrt{\sum_{i=1}^{n} (\psi - \overline{\psi})^2} + \beta_2 \overline{\psi} \\ \overline{\psi} = \dfrac{1}{n}\sum_{i=1}^{n} \psi_i \end{cases} \tag{8-54}$$

式中 β_1, β_2——加权系数，选取 $\beta_1 = 0.4$，$\beta_2 = 0.6$。

（2）等功率裕量目标函数。为了在冷轧轧制过程中实现各机架电机负荷的均衡分配，并充分发挥设备性能，建立等功率裕量目标函数。其公式如下

$$
\begin{cases}
\min f_2 = \sum_{i=1}^{n-1} \sqrt{(\lambda_i - \overline{\lambda})^2} \\
\overline{\lambda} = \sum_{i=1}^{n-1} N_i \Big/ \sum_{i=1}^{n-1} N'_i, \quad \lambda_i = N_i / N'_i
\end{cases}
\tag{8-55}
$$

式中　N_i ——第 i 机架主电机的实际功率，kW；

N'_i ——第 i 机架的额定功率，kW；

n ——冷轧机架个数，取 $n = 5$。

（3）末机架板形良好目标函数。通过调节末机架的压下量，控制末机架给出合理的轧制力，可以让带钢获得良好的板形，提高带钢成品的质量。末机架板形良好目标函数如下

$$\min f_3 = \sqrt{(P_5 - P_{sh})^2} \tag{8-56}$$

$$P_{sh} = K_P \frac{\Delta}{H_0} h - \frac{K_P}{K_G} G_\omega - K_P E_\omega \omega_e \tag{8-57}$$

式中　P_5——末机架轧制力，kN；

P_{sh} ——实现末机架板形良好的最佳轧制力，kN；

K_P，K_G ——轧制力和弯辊力对辊系弯曲变形影响的横向刚度，kN/mm；

Δ——来料的凸度，mm；

H_0 ——来料的厚度，mm；

h ——带钢在末机架的出口厚度，mm。

8.5.3.2　约束条件

在实际的冷连轧制过程中，由于机械设备和生产工艺存在局限性，冷轧负荷分配难以按照理想条件下进行，因此需要对构建的目标函数增加约束条件。

（1）最大轧制力约束，计算公式为

$$P_i \leqslant P_{i,\max} \tag{8-58}$$

式中　P_i ——第 i 机架的实际轧制力；

$P_{i,\max}$ ——第 i 机架设备的最大轧制力。

（2）压下率约束，计算公式为

$$\varepsilon_{i,\min} \leqslant \varepsilon_i \leqslant \varepsilon_{i,\max} \tag{8-59}$$

式中　ε_i ——第 i 机架的压下率；

$\varepsilon_{i,\min}$，$\varepsilon_{i,\max}$ ——第 i 机架最小和最大的压下率。

（3）轧制速度约束，计算公式为

$$v_{i,\min} \leqslant v_i \leqslant v_{i,\max} \tag{8-60}$$

式中　v_i ——第 i 机架的轧制速度；

$v_{i,\min}$，$v_{i,\max}$ ——第 i 机架最小和最大的轧制速度。

（4）张力约束，计算公式为

$$T_{i,\min} \leqslant T_i \leqslant T_{i,\max} \tag{8-61}$$

式中　T_i ——第 i 机架的实际张力；

$T_{i,\min}$，$T_{i,\max}$ ——第 i 机架允许的最小和最大的张力。

8.5.4 基于 ACRMOPSO 算法的冷连轧轧制规程优化

8.5.4.1 冷连轧轧制规程的多目标优化模型

在冷连轧轧制规程中，冷轧机组的负荷分配是确保高效生产和高质量产品的关键因素。在本章中，通过分析冷连轧相关数学模型，选择了预防打滑、等功率裕量和末机架板形良好作为目标函数，目的是优化负荷分配方案，以使设备运行更合理，提高产出的带钢质量。相关多目标优化模型如下

$$\begin{cases} \min F = (f_1(x),\ f_2(x),\ f_3(x)) \\ \text{s.t.}\ \ h_k(x) \leqslant 0,\ k = 1,\ 2,\ \cdots,\ m \end{cases} \tag{8-62}$$

式中 F ——目标向量；

x ——轧制规程的决策变量；

$f_1(x)$，$f_2(x)$，$f_3(x)$ ——三个目标函数；

$h_k(x)$ ——约束条件。

8.5.4.2 冷轧负荷分配计算流程

本节以某钢铁企业的五机架冷连轧生产线为背景，考虑原材料的种类、尺寸及最终产品规格要求，并结合该生产线的技术参数与操作规程，选取各机架的轧制压下量作为决策变量。通过热轧过后的来料厚度和成品的出口厚度就可以确定在冷轧过程中总压下率。一旦确定了总压下量，接下来的任务是将它分配到各个轧机机架的不同道次上。

一般而言，道次压下量的分配原则为：最初的两个道次应该具有最大的压下量，占总压下量的70%左右，随着板材的加工硬度逐渐增加，为了适应材料的变化，保护轧辊和保证产品质量，后续道次的压下量依次减少。至于第五道次，由于作为平整机的作用，通常需要较小的压下量，以确保板形良好和厚度精度等指标。依照经验对各个机架的压下量进行初步分配之后，再根据工艺要求和参考经验数据，考虑到是稳定轧制的过程，各个机架的单位张力都设置为恒定张力，结合校对设备的负荷和其他限制条件，并进行必要的修正，通过数学模型进行目标函数的求解。最后将 ACRMOPSO 算法应用于冷连轧轧制规程中进行寻优，得到实现材料的质量和性能要求的压下量分配解集，具体流程如图 8-25 所示。

相关步骤如下：

步骤 1：根据问题特性，配置 ACRMOPSO 算法所需的参数设置，明确冷连轧过程中的关键工艺参数和生产约束；

步骤 2：将各机架压下率作为自变量，初始化种群；

步骤 3：计算轧制过程相关参数，包括轧制力计算、轧制功率计算、凸度设定计算和打滑因子计算等；

步骤 4：判断算法终止条件，若满足则输出优化结果；否则，返回步骤 3 继续寻优。

8.5.4.3 仿真研究

选用某钢厂五机架冷连轧机为研究对象验证优化后负荷分配的效果，带钢的钢种为 Q235，带钢的宽度为 1000 mm、原始厚度为 3.5 mm，经过轧制后的成品厚度为 1.0 mm，出口速度为 20 m/s。轧机设备参数见表 8-7。

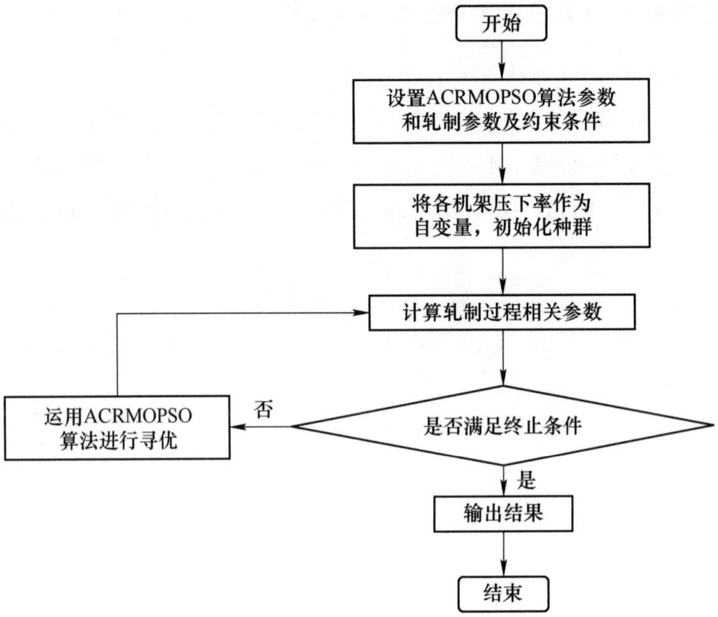

图 8-25　冷轧轧制负荷分配流程图

表 8-7　轧机设备参数

机组参数	第 1 机架	第 2 机架	第 3 机架	第 4 机架	第 5 机架
电机额定功率/kW	1800	1800	1800	1800	1800
电机额定转速/最高转速/$r \cdot min^{-1}$	530/1100	860/1100	860/1100	860/1100	530/1100
最大轧制力/kN	20000	20000	20000	20000	20000
轧辊半径/mm	280	280	280	280	280

利用改进的多目标粒子群优化算法（ACRMOPSO）对该冷轧机组进行轧制规程优化，根据相关的数学模型，建立预防打滑、等功率裕量和末机架板形良好轧制力的三个目标函数，分别进行多目标仿真优化实验，最终结果如图 8-26 所示。

从图 8-26 中可以看到，改进粒子群算法在轧制规程优化模型中产生的解集均能保持良好的分布性和收敛性，且经过改进多目标粒子群算法优化后比原始规程取得了更优的结果。因此在生产实际中，可以根据不同情况选择一组合适的压下量来满足实际的生产轧制需求。

在实际生产环境中，决策者需要根据各种情况来选择偏向于一个或多个不同的目标，使冷轧带钢产品更接近理想状态。为了深入研究 ACRMOPSO 算法在这个过程中的应用效果，采用了一种加权求和的方法构建一个综合性的目标函数，根据不同的偏好制定不同的分配方案。其综合目标函数表达式为

$$J_{min} = \lambda_1 f'_1 + \lambda_2 f'_2 + \lambda_3 f'_3 \tag{8-63}$$

式中　λ_1，λ_2，λ_3——各目标函数对应的权重值，且 $\lambda_1 + \lambda_2 + \lambda_3 = 1$；

f'_1，f'_2，f'_3——各目标函数进行标准化之后的值。

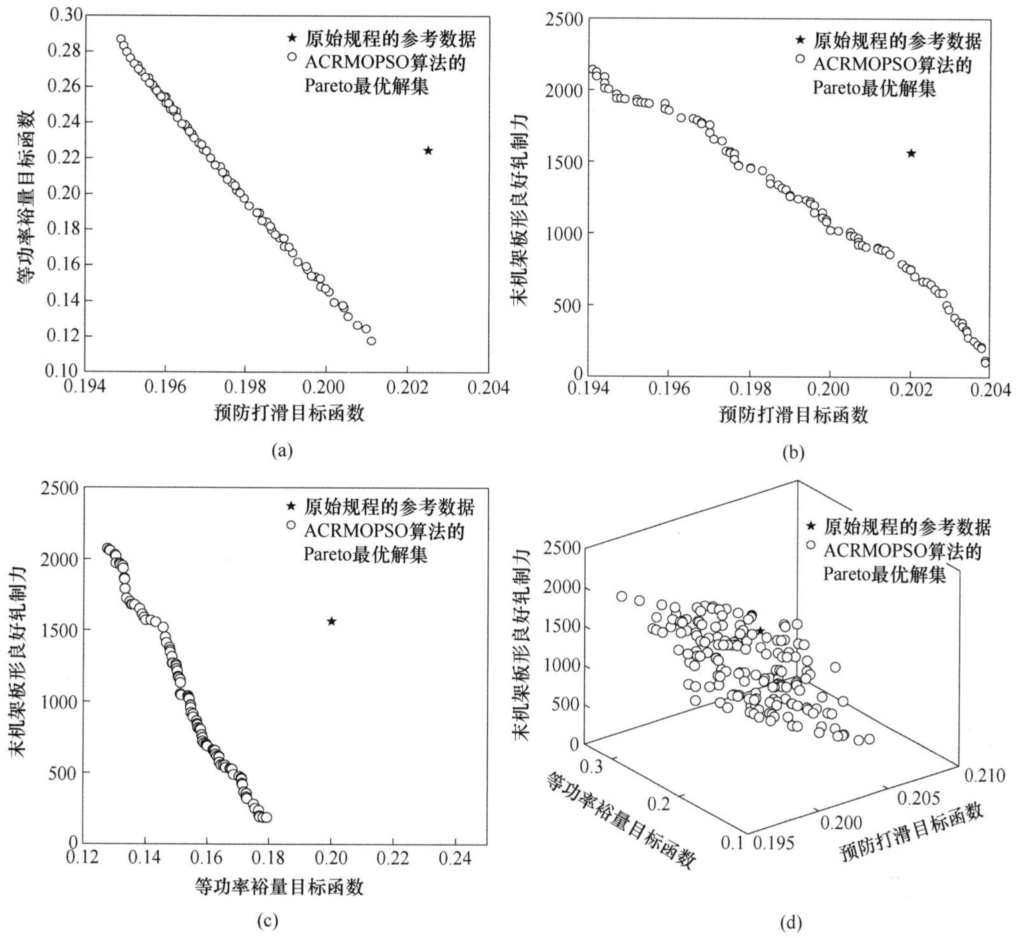

图 8-26 轧制模型的 Pareto 前沿图

(a) 预防打滑与等功率裕量；(b) 预防打滑与板形良好轧制力；(c) 等功率裕量与板形良好轧制力；(d) 三目标

通过对各个权重值进行赋值，可以得到三种不同偏好的优化方案。优化方案 1 偏好预防打滑目标，对应的权重值为 $\lambda_1=0.6$、$\lambda_2=0.2$、$\lambda_3=0.2$；优化方案 2 偏好等功率裕量目标，对应的权重值为 $\lambda_1=0.2$、$\lambda_2=0.6$、$\lambda_3=0.2$；优化方案 3 偏好板形良好目标，对应的权重值设置为 $\lambda_1=0.2$、$\lambda_2=0.2$、$\lambda_3=0.6$。结合图 8-26（d）中的结果，将各个目标函数标准化之后，选取了有偏向的优化方案 1、优化方案 2、优化方案 3 和原始规程进行对比，对比结果见表 8-8。

表 8-8 不同偏好下的负荷分配方案相关数据

机架号	规程	出口厚度/mm	压下率/%	轧制力/kN	轧制功率/kW	打滑因子	末机架板形良好轧制力/kN
1	原始规程	2.55	27.14	10600.34	5201.35	0.339	—
	优化方案 1	2.50	28.57	11532.26	5668.31	0.342	—
	优化方案 2	2.45	30.00	12013.71	6008.27	0.349	—
	优化方案 3	2.44	30.29	11996.23	6080.45	0.351	—

续表 8-8

机架号	规程	出口厚度/mm	压下率/%	轧制力/kN	轧制功率/kW	打滑因子	末机架板形良好轧制力/kN
2	原始规程	1. 81	29. 02	12501. 10	6611. 63	0. 288	—
	优化方案 1	1. 83	26. 80	11312. 21	56185. 52	0. 276	—
	优化方案 2	1. 82	25. 71	11295. 67	5395. 71	0. 270	—
	优化方案 3	1. 81	25. 82	11248. 56	5567. 96	0. 267	—
3	原始规程	1. 37	24. 30	10400. 23	4380. 33	0. 218	—
	优化方案 1	1. 35	26. 23	10893. 52	4811. 59	0. 227	—
	优化方案 2	1. 41	22. 53	9563. 14	3855. 88	0. 219	—
	优化方案 3	1. 40	22. 65	6219. 91	3795. 24	0. 211	—
4	原始规程	1. 08	21. 17	8680. 32	2968. 52	0. 178	—
	优化方案 1	1. 08	20. 00	8536. 57	2896. 46	0. 165	—
	优化方案 2	1. 06	24. 82	9245. 19	3452. 62	0. 190	—
	优化方案 3	1. 07	23. 57	9109. 36	3338. 16	0. 188	—
5	原始规程	1. 000	7. 41	5480. 66	1566. 83	0. 094	5219. 66
	优化方案 1	1. 000	7. 41	5345. 12	1558. 61	0. 099	5056. 35
	优化方案 2	1. 000	5. 66	5319. 20	1304. 25	0. 081	5398. 17
	优化方案 3	1. 000	6. 54	5408. 52	1412. 45	0. 089	5410. 86

根据表 8-8 中的轧制数据，绘制出三种优化方案与原始规程在每个机架中轧制功率和打滑因子的变化曲线，以及末机架中不同方案的实际轧制力和板形良好轧制力对比。如图 8-27 和图 8-28 所示，可以更直观地看出不同优化方案之间相关轧制数据的差异。

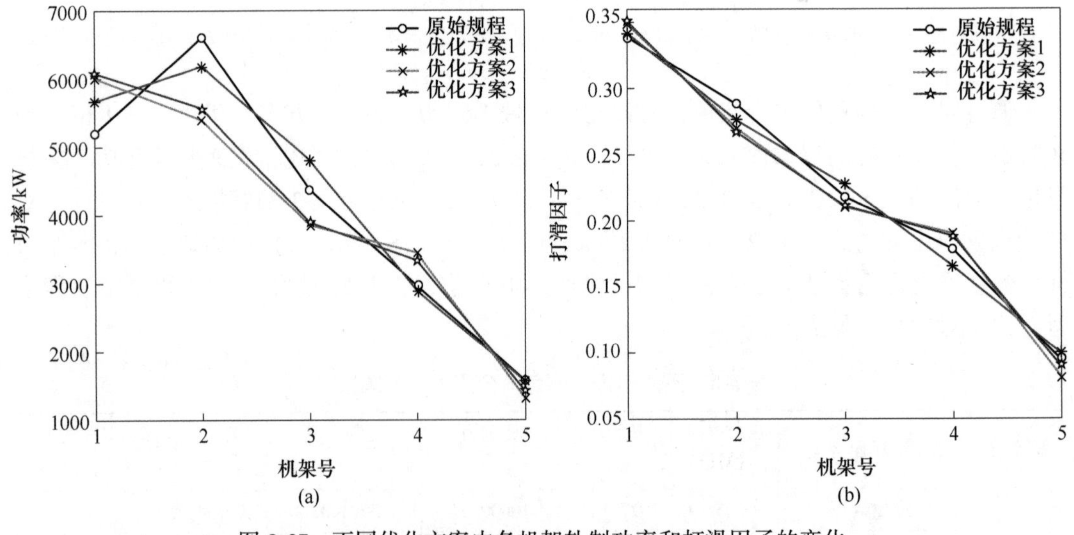

图 8-27　不同优化方案中各机架轧制功率和打滑因子的变化
（a）轧制功率；（b）打滑因子

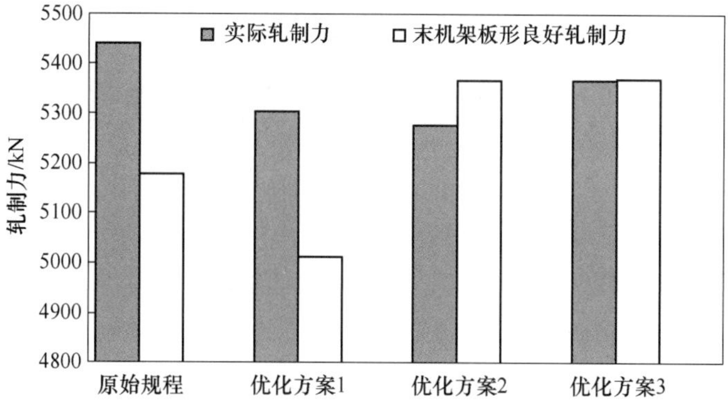

图 8-28 末机架中不同方案的实际轧制力和板形良好轧制力对比图

通过观察表 8-8、图 8-27 和图 8-28 可知，在各机架功率负荷方面，原始规程第二机架负担较重，与原始规程相比优化方案 1 提升了第一、三机架的功率，降低了第二、四机架的功率；优化方案 2 和优化方案 3 增加了第一、四机架的功率，降低了第二、三机架的功率。在各机架预防打滑能力方面，优化方案 1 在第一、三机架的预防打滑能力减弱，提高了第二、四机架的预防打滑能力；优化方案 2 和优化方案 3 减弱了第一、四机架的预防打滑能力，加强了第二机架的预防打滑能力，第三机架的打滑因子与原始规程相比相差不大，预防打滑能力基本相同。

当优化目标偏重于预防打滑时，在原始规程中各机架之间的打滑因子会发生轻微的跳变现象，经过优化方案 1 后跳变现象得到了缓解并且整体打滑因子数值有所下降，证明了优化方案 1 的压下量可以使预防打滑的效果更明显。

当优化目标偏重于等相对负荷时，第一、四机架的轧制功率上升，第二、三机架的轧制功率下降，使得各机架的实际功率分配更均衡，与原始规程相比可以更加充分地发挥每个机架电机的能力，并且每个机架的打滑因子均小于 0.5，证明了优化方案 2 可以解决电机功率分配的问题。

当优化目标偏重于末机架板形良好时，末机架的实际轧制力最接近实现末机架板形良好的最佳轧制力，证明了优化方案 3 得到的板形优于原始规程和其他方案。优化方案 3 中第一、四机架的轧制力和轧制功率大于原始规程，第二、三、五机架的轧制力以及轧制功率小于原始规程；整体变化趋势与优化方案 2 相同，但第一、三、五机架的轧制力及轧制功率略高于优化方案 1，第二、四机架会略小于优化方案 1。因此，证明了轧制力在调节末机架板形的同时也会使其他目标产生变化。

本节根据冷轧相关数学模型和冷轧负荷分配流程，构建预防打滑、等相对负荷和末机架板形良好轧制力三种目标函数，并给出相关的约束条件。以某钢厂五机架冷连轧机为背景，将提出的 ACRMOPSO 算法运用到冷轧的负荷分配中，对不同的方案进行优化。通过仿真结果得出，经过优化算法得出的结果在合理分配各机架功率、预防带钢打滑、保持末机架板形良好上均具有良好的表现，使轧制出的产品更接近期望的目标，对实际生产具有指导作用。

9　基于 YOLOv8 的钢板缺陷检测

9.1　钢板缺陷检测的重要性

钢板作为现代工业的基础材料，其应用范围广泛，涵盖了船舶制造、桥梁建设、建筑工程、汽车制造以及压力容器制造等多个重要领域，钢板的质量对于这些产品的性能和安全性具有直接和深远的影响。在钢板的生产过程中，可能会出现各种类型的缺陷，包括但不限于细微裂纹、夹杂物、斑块、凹坑表面、卷入鳞片和划痕等。这些缺陷，无论是单独出现还是共同存在，都会对钢板的性能和应用产生重大影响。因此，对这些缺陷的深入理解和有效控制，对于保证钢板质量、提高产品性能、保障产品安全都具有重要的意义。

9.1.1　细微裂纹

细微裂纹（crazing）是一种表面缺陷，表现为钢板表面上的一系列细小裂纹，这些裂纹通常是由于钢板在冷却过程中收缩不均匀而产生的。这种缺陷可能会导致钢板的强度和韧性下降，影响其在需要高强度和高韧性应用中的性能。例如，细微裂纹可能会在钢板的冷热加工过程中引起内部裂纹，导致钢板断裂。此外，细微裂纹也可能会影响钢板的耐腐蚀性，导致钢板在使用过程中的早期失效。细微裂纹形貌如图 9-1 所示。

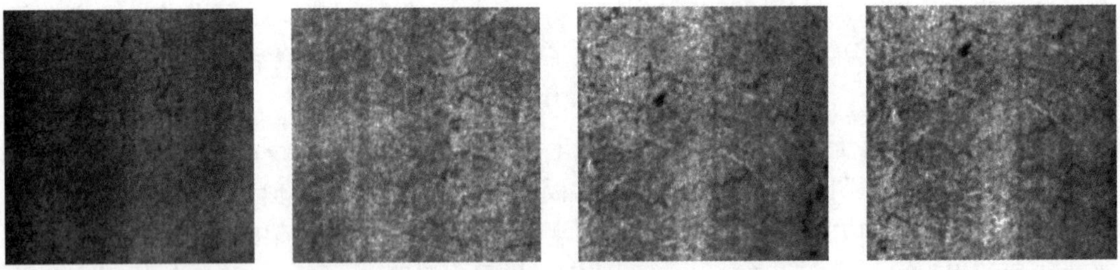

图 9-1　细微裂纹

9.1.2　夹杂物

夹杂物（inclusion）是一种在钢的生产过程中，一些不应存在的元素或化合物（如氧化物、硫化物或氮化物）被包含在钢中而产生的缺陷，如图 9-2 所示。这些夹杂物会降低钢的强度和韧性，影响其在需要高强度和高韧性应用中的性能。例如，夹杂物可能会影响钢板的焊接性能，导致焊缝破裂。此外，夹杂物也可能会影响钢板的冷热加工性能，导致加工过程中的尺寸不稳定和形状变形。

图 9-2 夹杂物

9.1.3 斑块

斑块（patches），如图 9-3 所示，是一种常见的钢板表面缺陷，它们通常由于钢板表面的不均匀冷却或化学反应而产生。这种缺陷在钢板表面形成的不规则区域，可能会对钢板的整体外观和性能产生显著影响。

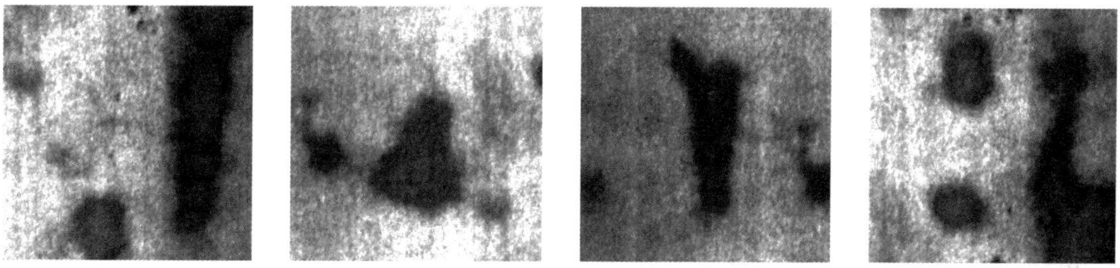

图 9-3 斑块

斑块的存在可能会严重影响钢板的表面质量。由于斑块的存在，钢板的表面平整度受到影响，这可能会导致涂装或其他表面处理过程的效果不佳。涂料可能无法均匀覆盖斑块区域，导致涂装后的钢板表面出现色差或光泽不均，不仅影响产品的美观度，也可能影响产品的防腐蚀性能。

斑块也可能影响钢板的冷热加工性能。斑块区域的物理性能可能与钢板的其他部分不同，这可能会在冷热加工过程中导致尺寸不稳定和形状变形。斑块区域可能在热处理过程中不均匀收缩或膨胀，导致成品尺寸偏差。此外，斑块区域的存在也可能影响钢板的切割和焊接性能。

因此，对斑块的检测和控制是钢板生产过程中的重要环节。只有通过有效的检测和控制，才能确保钢板的质量，提高产品的性能，满足现代工业生产的高标准要求。

9.1.4 凹坑表面

凹坑表面（pitted surface）是一种由于腐蚀或磨损引起的表面缺陷，表现为钢板表面上的一系列小坑，如图 9-4 所示。这种缺陷可能会导致钢板的强度和韧性下降，影响其在需要高强度和高韧性应用中的性能。凹坑表面可能在钢板的冷热加工过程中引起内部裂纹，导致钢板断裂。此外，凹坑表面也可能会影响钢板的耐腐蚀性，导致钢板在使用过程中的早期失效。

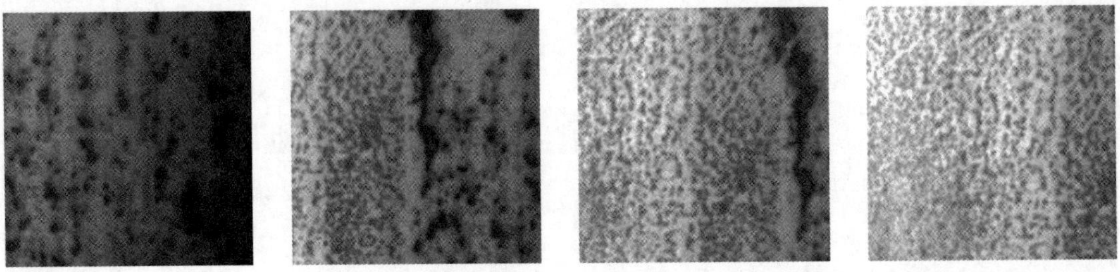

图 9-4　凹坑表面

9.1.5　卷入氧化铁皮

卷入氧化铁皮（rolled-in scale）是由于在热轧过程中，钢板表面的氧化铁皮（或称为鳞片）被压入钢板内部而产生的，如图 9-5 所示。这会导致钢板表面的粗糙和不均匀，影响其在需要良好表面质量应用中的使用。卷入鳞片可能会影响钢板的表面质量，导致涂装效果差。此外，卷入氧化铁皮也可能影响钢板的冷热加工性能，导致加工过程中的尺寸不稳定和形状变形。

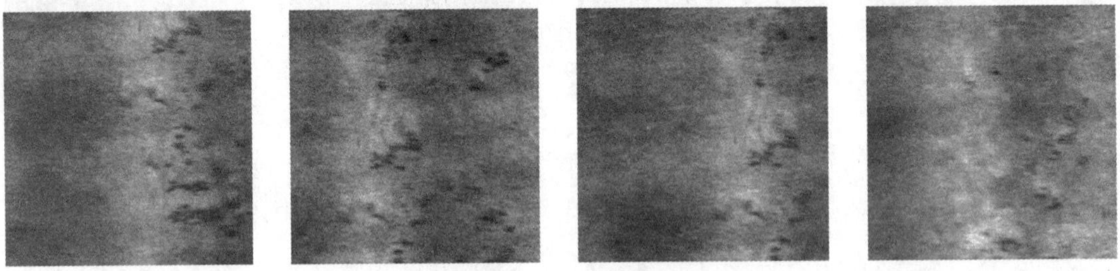

图 9-5　卷入的氧化铁皮

9.1.6　划痕

划痕（scratches）是由于物理损伤（如刮擦或撞击）引起的，表现为钢板表面上的一系列划痕，如图 9-6 所示。这种缺陷可能导致钢板的表面质量下降，影响其在需要良好表面质量应用中的使用。例如，划痕可能会影响钢板的表面质量，导致涂装效果差。此外，划痕也可能影响钢板的耐腐蚀性，导致钢板在使用过程中的早期失效。

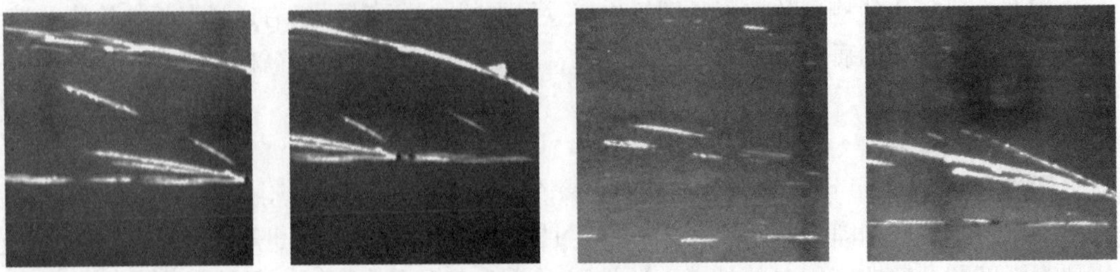

图 9-6　划痕

9.1.7 钢板缺陷的影响

钢板缺陷的存在，无论其形式如何，都会对钢板的性能产生直接影响，进而影响到使用钢板产品的性能和安全性。具体来说，钢板缺陷的影响主要体现在以下几个方面。

力学性能：如细微裂纹、夹杂物、凹坑表面等，可能会降低钢板的强度和韧性，使得钢板在承受外部力时更容易发生断裂或变形。

加工性能：如卷入鳞片、斑块等，可能会影响钢板的加工性能，导致在冷热加工过程中出现尺寸不稳定、形状变形等问题。

表面质量：如划痕、斑块等，可能会影响钢板的表面质量，降低其在涂装、装饰等应用中的效果。

耐腐蚀性：如细微裂纹、凹坑表面等，可能会影响钢板的耐腐蚀性，使得钢板在使用过程中更容易受到腐蚀的侵害，降低其使用寿命。

安全性：所有以上钢板缺陷最终都可能影响到使用钢板产品的安全性。例如，如果钢板的力学性能下降，可能会导致使用该钢板的桥梁、船舶等在承受重载或恶劣环境时发生断裂，造成严重的安全事故。

因此，对钢板缺陷的有效检测和控制，对于保证钢板质量、提高产品性能、保障产品安全具有重要的意义。

9.2 传统的钢板缺陷检测方法

在钢板生产和应用中，缺陷检测是一项至关重要的任务，它直接影响到钢板的质量和使用性能。传统的钢板缺陷检测方法主要包括视觉检查、超声检测、磁粉检测和涡流检测等，下面将详细介绍这些方法以及它们的优点和限制。

9.2.1 视觉检查

视觉检查是最基本的钢板缺陷检测方法，它依赖于检测人员的经验和技能，这种方法简单、直观，无需复杂的设备和技术，如图 9-7 所示。然而，视觉检查的效果受到人员技能、经验和疲劳等因素的影响，而且无法检测到表面以下的缺陷。因此，视觉检查方法在实际应用中的效果可能会有所限制。

9.2.2 超声检测

超声检测是一种非破坏性检测方法，利用超声波在材料中的反射、折射和衍射等特性，来检测和定位材料内部的缺陷，如图 9-8 所示。这种方法可以提供缺陷位置、大小和形状的详细信息，从而对钢板质量进行全面的评估。

然而，尽管超声检测在一些应用中表现出了优越的性能，但它仍然存在一些限制。首先，超声检测需要复杂的设备和专业的操作人员，这在一定程度上增加了检测的难度和成本。其次，对于一些特殊的材料和复杂的缺陷，超声检测的效果可能会受到限制。

例如，在一项关于自动管道检测的研究中，研究者使用了超声检测技术。然而，他们发现，由于无法精确控制检测设备的速度和轴向对齐，这种方法在实际应用中的效果并不理想，这也反映出超声检测在实际应用中可能遇到一些问题和挑战。

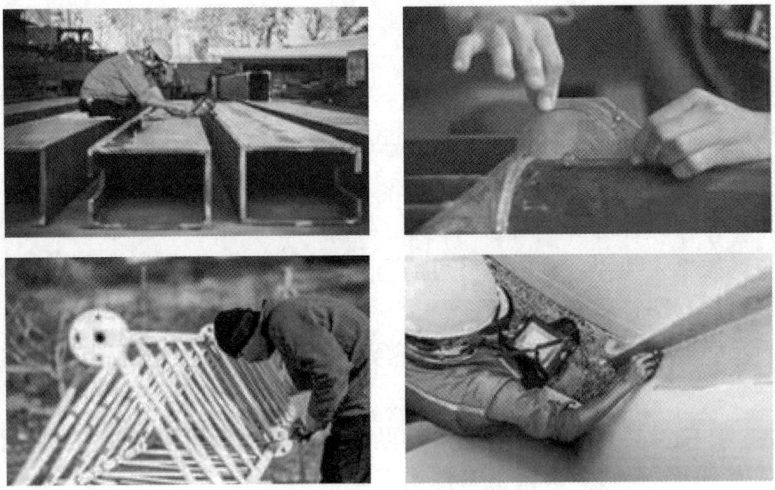

图 9-7　人工视觉检查

9. 2. 3　磁粉检测

磁粉检测是一种利用磁场和磁粉来检测钢板表面和近表面缺陷的方法，如图 9-9 所示。当磁场通过有缺陷的钢板时，缺陷处会形成磁漏场，吸附在上面的磁粉会形成明显的磁粉堆积，从而显示出缺陷的位置和形状。磁粉检测简单、直观，可以快速检测大面积的钢板。然而，磁粉检测只能检测到表面和近表面的缺陷，无法检测到深层的缺陷。

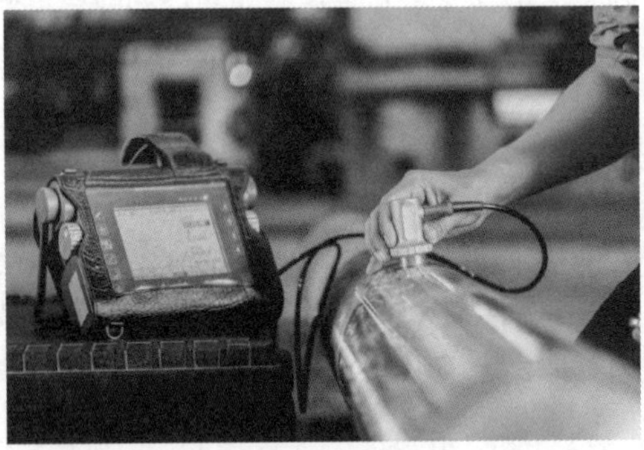

图 9-8　超声检测

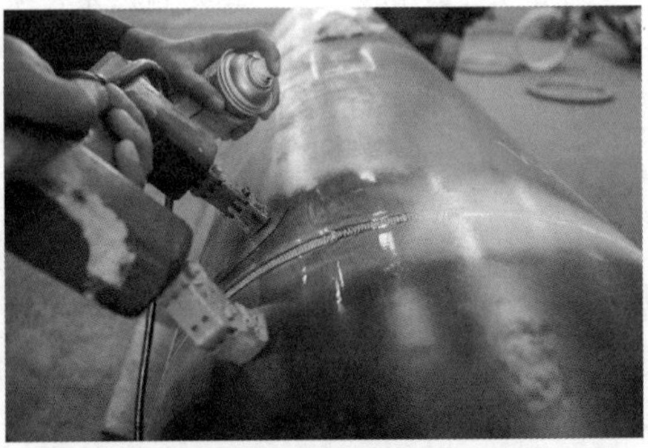

图 9-9　磁粉检测

9. 2. 4　涡流检测

涡流检测是一种利用交变磁场在导电材料中产生涡流，然后通过检测涡流的变化来检测材料缺陷的方法，如图 9-10 所示。涡流检测可以提供缺陷位置、大小和形状的详细信息。然而，涡流检测需要复杂的设备和高技能的操作人员，而且对于一些特殊的材料和复杂的缺陷，其检测效果可

图 9-10　涡流检测

能会受到限制。在一项针对碳钢腐蚀检测的研究中，研究者使用了涡流检测技术，他们发现这种方法需要复杂的设备和高技能的操作人员。

以上这些传统的钢板缺陷检测方法，虽然在一定程度上可以满足钢板缺陷检测的需求，但是它们都存在一些限制。例如，检测效果受到人员技能和经验的影响，无法检测到深层的缺陷，需要复杂的设备和高技能的操作人员；对于一些特殊的材料和复杂的缺陷，检测效果可能会受到限制。因此，研究和开发新的、高效的、自动的钢板缺陷检测技术，已经成为当前的重要研究方向。

9.3 基于深度学习的钢板缺陷检测

深度学习，作为人工智能的一个重要分支，已经在图像识别、语音识别、自然语言处理等多个领域取得了显著的成果。在钢板缺陷检测领域，深度学习也展现出了巨大的潜力和优势。通过深度学习模型，可以从钢板图像中自动提取出有用的特征，然后用这些特征来识别和定位钢板的缺陷。这种方法不仅可以大大提高钢板缺陷检测的精度和效率，而且还可以减少人工检测的工作量和错误。

9.3.1 深度学习在钢板缺陷检测中的应用概述

深度学习已经在钢板缺陷检测应用中实现了质的飞跃。近年来，许多研究者通过使用深度学习技术，特别是卷积神经网络（CNN）和 YOLO 系列算法，来提取和分析钢板图像的特征，以便检测和分类钢板的缺陷。这种技术的实施改善了传统检测技术的局限性，比如耗时、误报率高等问题。

Akhyar 等人提出了一种名为 FDD 的基于深度学习的钢板缺陷检测系统，模型采用了最先进的级联 R-CNN 作为基线架构，并通过变形卷积和变形 RoI 池化来适应缺陷的几何形状。此外，他们的模型还采用了引导锚定区域提议生成具有更高准确度的边界框。在训练和推理过程中，还提出了随机缩放和终极缩放技术，以丰富输入图像的视角。其检测系统结构如图 9-11 所示。

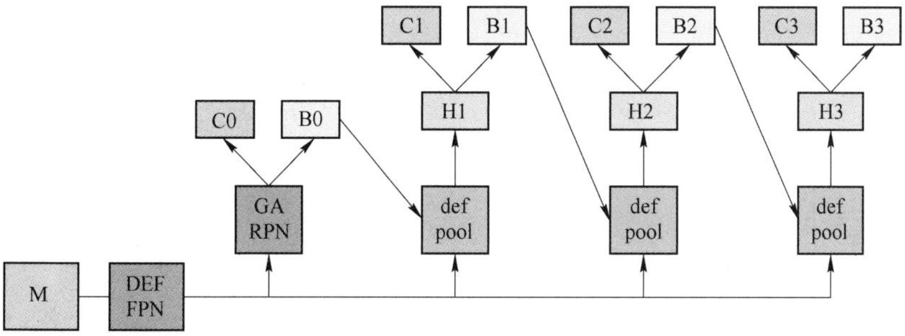

图 9-11 检测结构

Zhang 等人利用迁移学习（Transfer Learning，TL）来增强模型的识别性能，通过整合 Adam 优化器和学习率衰减策略，在此基础上，采用了预训练的 TL-ResNet50 模型提取特征信息。通过与其他经典的卷积神经网络（Convolutional Neural Network，CNN）模型（如 ResNet50、VGG19 和 AlexNet）进行比较，充分展示了 TL-ResNet50 模型的优越性。TL-ResNet50 模型结构如图 9-12 所示。

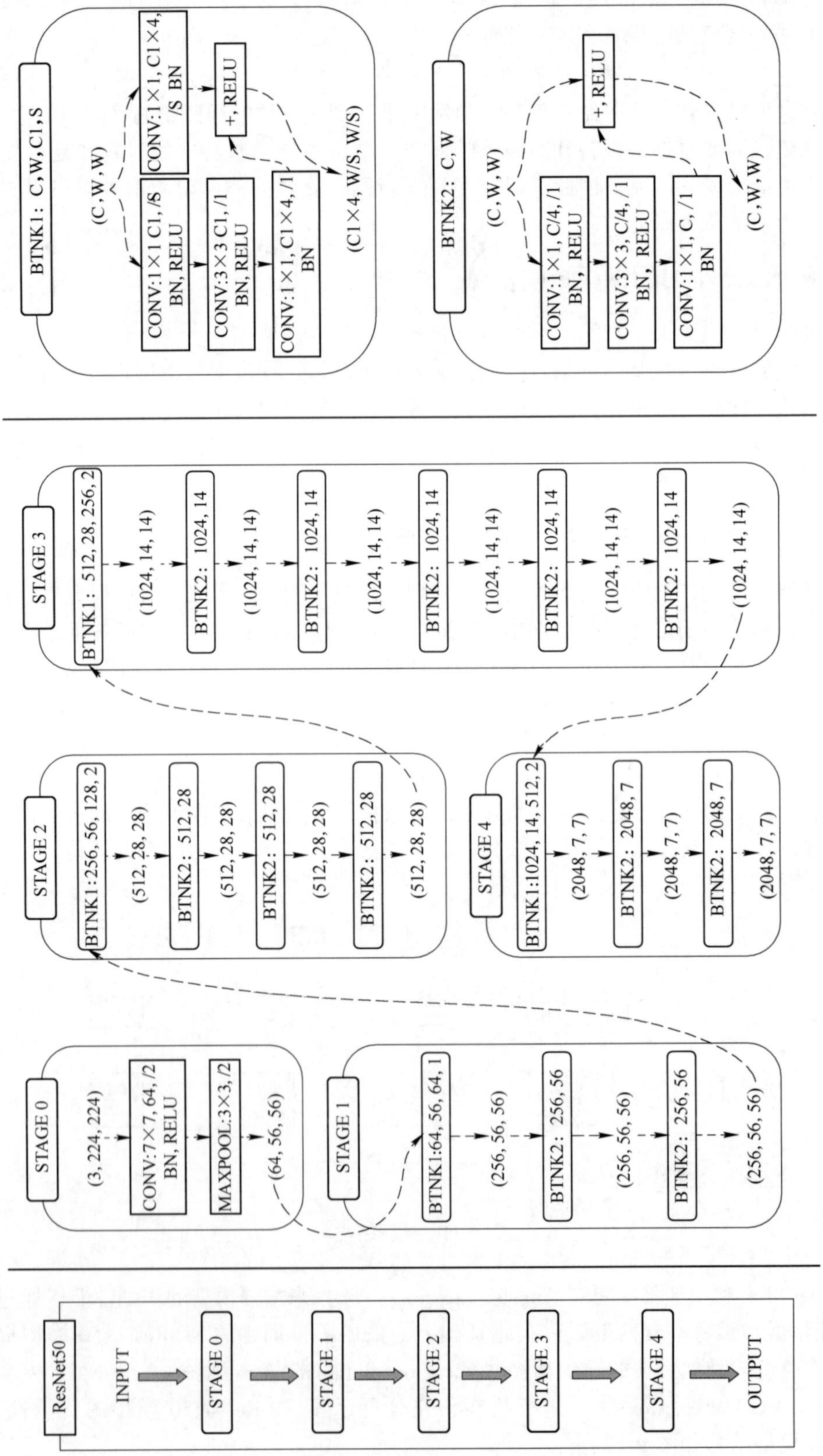

图 9-12　TL-ResNet50 模型结构

为了解决 CNN 模型内部机制理解不足的问题，研究中采用了一种可解释的算法来分析预训练模型，并可视化了各种模型学习到的缺陷语义特征，进一步证实了 CNN 模型在准确识别不同类型缺陷方面的有效性和可靠性。

Shen 等人设计了一种基于结构重参数化的轻量级 KD-EG-RepVGG 网络，用于识别带钢表面缺陷，其结构如图 9-13 所示。该网络引入了一种高效的注意力网络，并应用了高斯误差线性激活函数，以防止在神经网络训练过程中神经元被设为零，使神经元参数无法更新。最后，使用知识蒸馏将 RepVGG-A0 网络的知识转移到轻量级模型，以提供更好的准确性和泛化能力。

这些方法的实施和实际应用，都证明了深度学习在提高钢板缺陷检测精度和效率方面的巨大潜力。

9.3.2 YOLO 系列算法在钢板缺陷检测中的应用

在深度学习领域，YOLO（You Only Look Once）系列算法已经在各种复杂场景中展现出了强大的检测能力，特别是在实时物体检测任务中，YOLO 系列算法的表现尤为突出。这主要归功于 YOLO 算法的设计理念，即在单次查看中完成目标检测，使得 YOLO 能够在保证检测精度的同时，大大提高了检测速度。

在钢板缺陷检测领域，YOLO 系列算法的应用也取得了显著成果。这主要体现在以下几个方面。

首先，YOLO 算法能够在复杂的钢板表面纹理中准确地检测出各种缺陷，包括但不限于划痕、凹坑、锈蚀、油渍等。这得益于 YOLO 算法强大的特征提取能力，能够从钢板图像中提取出丰富的特征信息，为缺陷检测提供了强有力的支持。

其次，YOLO 算法的实时性能使其在工业生产线上的应用成为可能。在钢铁生产过程中，钢板的生产速度非常快，因此缺陷检测算法必须具备高速的检测能力才能满足生产需求。YOLO 算法的高速检测能力，使其能够在快速流动的生产线上实时检测钢板缺陷。

此外，YOLO 算法的端到端设计使得模型训练和优化变得更加简单。传统的缺陷检测方法通常需要进行多个步骤，包括特征提取、特征选择、分类器训练等，而 YOLO 算法将这些步骤集成在一个网络中，大大简化了模型的训练和优化过程。

总的来说，YOLO 系列算法在钢板缺陷检测中的应用已经取得了显著成果，不仅提高了缺陷检测的精度，也提高了检测的速度，为钢铁生产的自动化和智能化提供了强有力的技术支持。

Xia 等人提出的改进 YOLOv5s 模型就是一个典型的例子，其结构如图 9-14 所示。采用了大核 C3 模块和多路径空间金字塔池化模块，有效提高了模型在复杂纹理干扰下的特征提取能力，并增强了模型对钢板表面缺陷尺度变化的适应性。实验结果显示，该模型在 NEU-DET 数据集上的检测精度有显著提高。

此外，Wang 等人提出的轻量级 YOLO-ACG 检测算法也值得关注，结构如图 9-15 所示。YOLO-ACG 算法通过使用空洞空间卷积金字塔池化模型和空间注意力特征金字塔网络，既提高了钢板表面缺陷的检测精度，又提升了检测速度，实现了检测效率和精度的优化平衡。

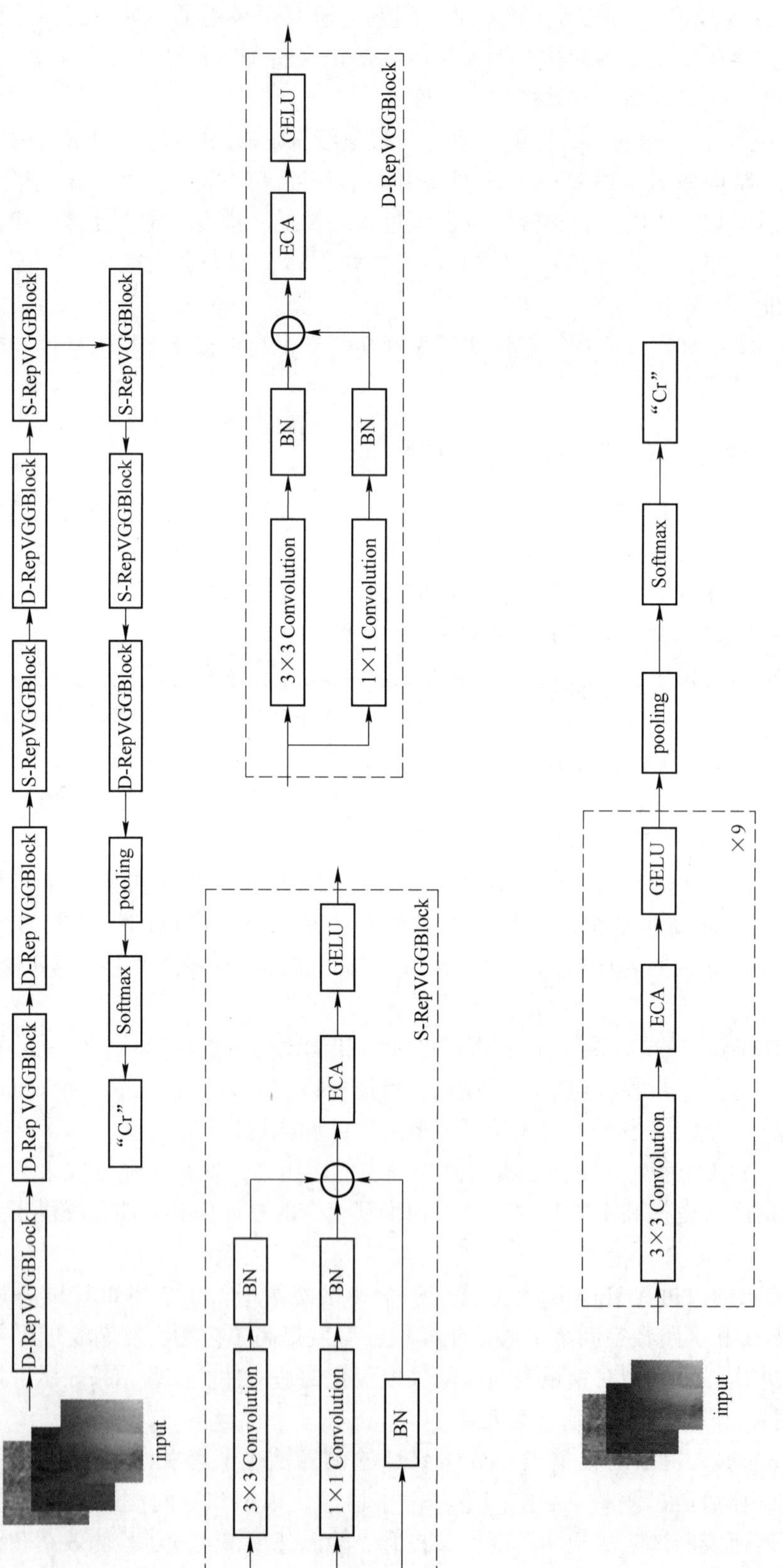

图 9-13　KD-EG-RepVGG 网络结构

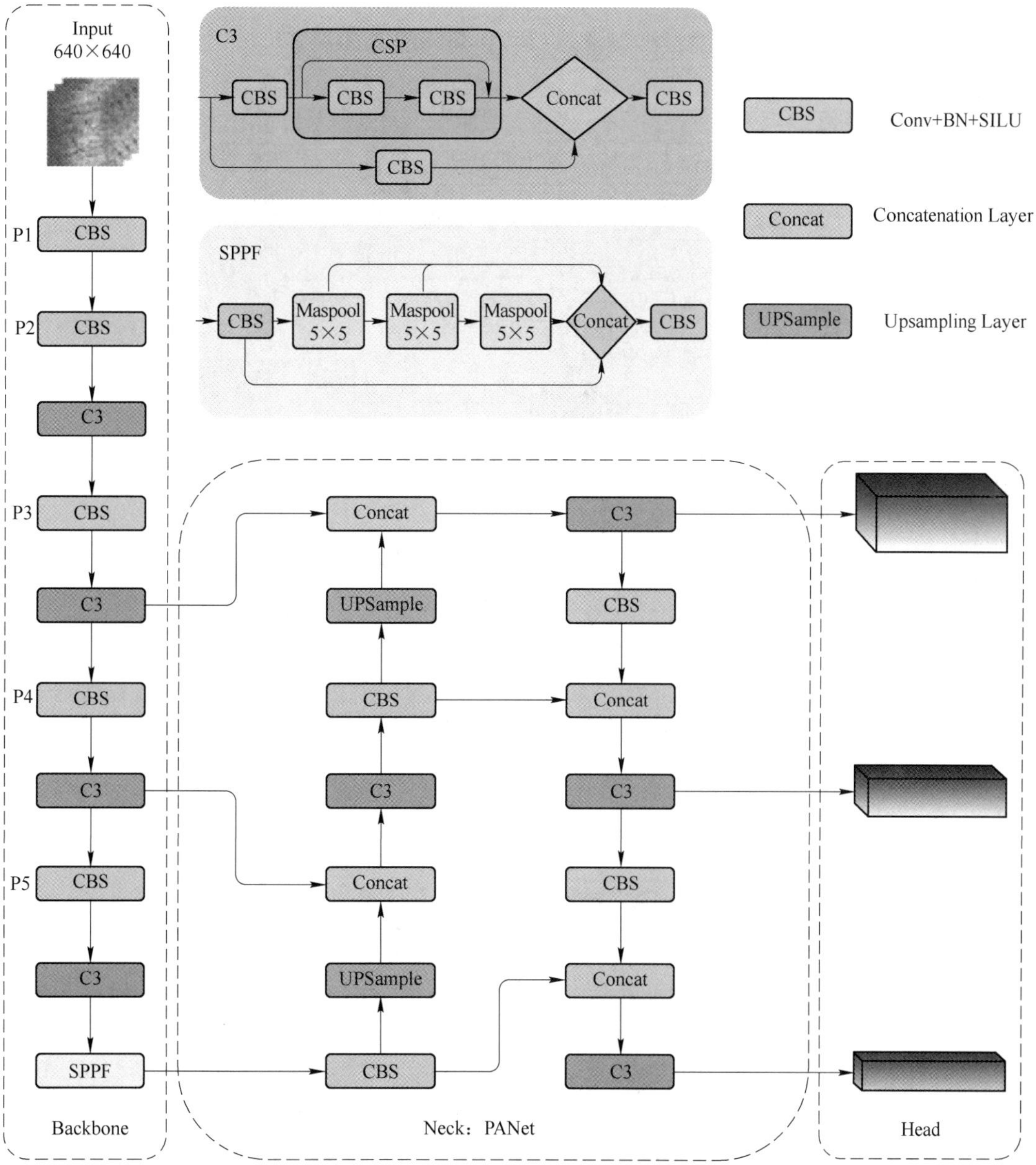

图 9-14　YOLOv5s 模型结构

与此同时，Li 等人提出了一种基于扩展感知场和特征融合的工业缺陷检测方法 YOLO-RFF，如图 9-16 所示。该方法采用了更有效的通道注意力（MECA）和扩展空间金字塔快速（ASPPF）模块，以提升模型的实时性能和检测精度，进一步推动了深度学习技术在实际工业应用中的落地实现。

最后，Nguyen 等人则对 YOLOv5、YOLOX 和 YOLOv7 在钢板表面缺陷检测上的性能进行了比较，并在 Nvidia 设备上部署了训练好的 YOLO 模型，以评估其实时性能。这种比较和实践性的研究，不仅提供了不同 YOLO 版本在实际应用中性能的直观对比，同时也验证了深度学习在实际硬件环境下的落地可行性。

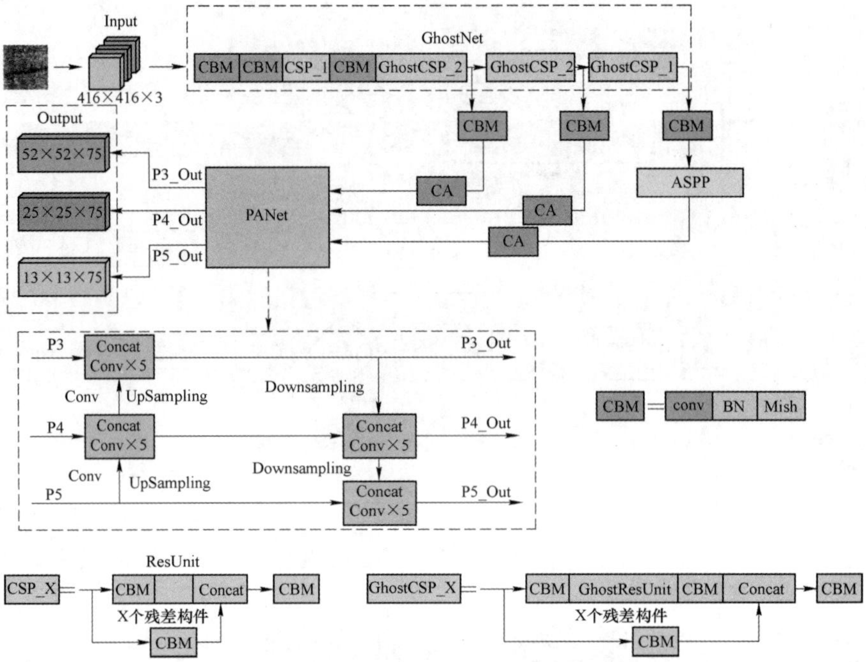

图 9-15　YOLO-ACG 检测算法结构

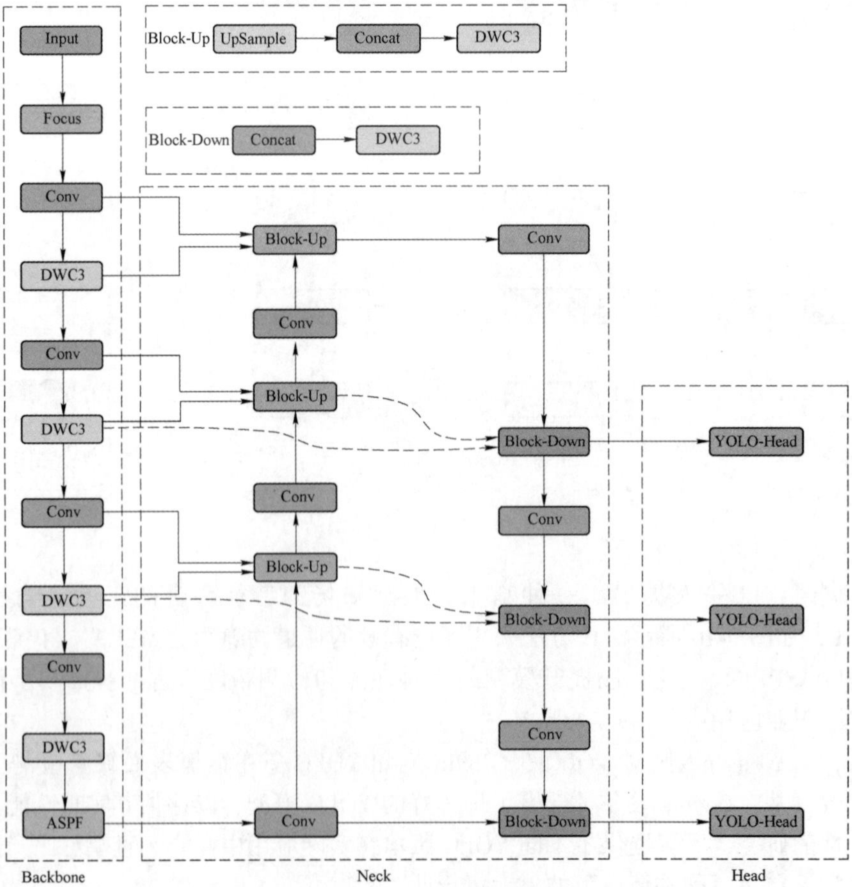

图 9-16　YOLO-RFF 结构图

总的来说，YOLO 系列算法在钢板缺陷检测方面的应用，既展示了深度学习技术的强大能力，也为实际工业缺陷检测问题的解决提供了新的可能性。然而，也应看到，YOLO 系列算法在检测精度、实时性能以及模型轻量化等方面仍有待进一步优化和提高。

9.4 钢板表面缺陷检测相关理论基础

卷积神经网络（Convolutional Neural Network，CNN），是一种具有显著代表性的模型，占据了深度学习领域的核心地位。这种创新性的网络结构源自人工神经元的概念，并经历了一系列进化，最终成为现今的形式。初期的感知机及多层感知机的发展对深度学习领域的前进起到了关键的推动作用。同时，神经网络中的各种构成元素，例如网络的结构、参数的传递方式等都在不断地优化和改进中，进一步推动了深度学习领域的发展。

9.4.1 卷积神经网络基本架构

以人工神经网络（Artificial Neural Network，ANN）为代表的传统神经网络主要由输入层、隐藏层以及输出层组成，其中隐藏层的数量通常依赖于特定的需求和情况。在这类网络中，特征通常是经过人工选择或直接映射到数值上。

卷积神经网络（CNN），则是一种更复杂、功能更强大的网络结构，CNN 主要由卷积层、池化层以及输出层这三个部分组成。与传统的神经网络相比，CNN 在原有的多层神经网络基础上，引入了特征学习的机制。也就是说，CNN 能够在训练过程中自动学习并选择最有意义的特征，从而建立起“信号-特征-值”的训练步骤。这种自我学习的能力使得 CNN 在处理图像、语音等复杂信号时，具有了显著的优势。相比于 ANN，CNN 减少了人为选择特征的复杂性，同时提高了模型的泛化能力和精确度。因此，CNN 已经在诸多领域，如图像识别、自然语言处理、语音识别等，取得了广泛的应用和重要的成果。

9.4.1.1 卷积层

卷积层中包含的大量卷积计算是增强图像特征和改善图像质量的重要方法，通过预先设定好的卷积核窗口大小对图像进行滤波操作，输出多个包含丰富语义信息的特征图，且同一个特征图中神经元的权重和偏置参数采用共享模式，第 l 层的卷积层的第 j 个特征图的输出如下：

$$X_j^l = f\left(\sum_{j \in M_j} X_j^{l-1} * W_{ij}^l + b_j^l\right) \tag{9-1}$$

式中 X_j^l，X_j^{l-1}——第 l、$l-1$ 层的第 j 个特征图，这是当前卷积层的输出，也就是经过卷积核和激活函数处理后的特征图；

$f(\cdot)$——非线性激活函数，常见的激活函数包括 ReLU（线性整流函数）、sigmoid（S 形函数）和 Tanh（双曲正切函数）等；

$\sum_{j \in M_j}$——求和符号，表示对索引 j 相关的所有输入特征图进行累加；

M_j——索引集，表示与第 j 个输出特征图相关的输入特征图的集合；

$*$——卷积操作，这是卷积神经网络的核心操作之一，它通过在输入特征图上滑动卷积核，并计算内积来提取局部特征；

W_{ij}^l——第 l 层中连接第 i 个输入特征图与第 j 个输出特征图的卷积核权重，这些权重是需要通过训练学习的参数；

b_j^l——第 l 层第 j 个特征图所对应的偏置参数大小，偏置项用于调整每个特征图的激活值，从而增加模型的灵活性。

由式（9-1）可以看出，卷积核可以看作是一种按照一定规则对局部像素进行加权求和的权值模板。这些加权和的结果被组合成一个新的特征图，其中不同的特征对应着不同大小的权值。

卷积核的设计包括确定其尺寸、数量和步长。首先，卷积核的尺寸直接决定了其感知野的大小，即滤波器窗口的大小。其次，卷积核的数量与能够获取特征图的数量成正比。然而，卷积核数量过多可能会导致模型在训练过程中过拟合，而数量过少则可能导致捕获的特征信息有限，从而影响分类性能。此外，卷积核的步长和填充（padding）大小直接决定了特征映射图的大小。

如果神经网络输入层的图像大小为 $m \times m$、卷积核的大小为 $k \times k$、步长为 s、填充大小为 p，那么卷积操作输出的图像大小计算公式如下：

$$a = \left(\frac{m - k + 2p}{s} + 1\right) \times \left(\frac{m - k + 2p}{s} + 1\right) \tag{9-2}$$

9.4.1.2 池化层

在卷积神经网络的结构中，卷积层后通常会接着一个下采样层，也被称为池化层。这一设计是为了解决在图像特征提取过程中，由于卷积运算可能产生的参数冗余问题。池化层的主要作用是通过特定的池化（pooling）方法，将图像分割为一系列不重叠的矩形区域，并且减少数据维度，确保更有效率地处理图像信息。

池化层的工作原理充分考虑了图像的局部相关性，能有效地降低图像的数据维度，同时在压缩过程中，尽可能地保留了源自上一层的重要特征信息。这不仅有助于高效地维护图像的核心特性，还能为分类器在处理更高维度的特征信息时，提供一种有效的增强手段。

此外，池化层也有利于将特征图规范化为一个统一的大小，从而大大提升了模型处理不同规模输入数据时的稳定性和效率。在实际运用中，池化操作能对输出的特征图进行有效的调整和优化，进一步增强了卷积神经网络在处理复杂图像任务时的性能和稳定性。池化操作具体如下。

$$X_j^l = f(\beta_j^l down(X_j^{l-1}) + b_j^i) \tag{9-3}$$

式中 X_j^l——第 l 层的第 j 个特征图；

$f(\cdot)$——非线性函数；

β_j^l——第 l 层的第 j 个池化特征的稀疏度；

$down(\cdot)$——下采样操作，也就是在卷积神经网络中的池化步骤；

b_j^i——第 l 层的第 j 个特征图所对应的偏置参数。

目前，最常见的池化方式有最大值池化、均值池化和随机池化三种，见表 9-1。

表 9-1 池化方式介绍

池化方式	特 点
最大值池化	非线性下采样技术，它通过保留每个池化窗口中的最大值来突出最强的特征，从而有效地保留了图像的纹理信息和几何不变性

续表 9-1

池化方式	特　点
均值池化	线性下采样技术，计算池化窗口中所有值的平均值，能够保留更多的信息，对于图像的平滑和背景信息有很好的保留效果
随机池化	概率下采样技术，它通过根据预设的概率分布随机选择一个值作为代表来增加模型的多样性，从而有效地防止了模型过拟合

在池化操作中，各种策略有各自独特的优势。例如，最大池化通常会保留当前区域的最大值。这种方法减小了由于卷积层参数误差导致的估计值偏差，从而在维持图像纹理信息方面表现出了优秀的效能。另外，平均池化主要强调图像背景的保留，它通过计算并保留区域的平均值，能更好地抓取并保留背景信息。与最大池化和平均池化相比，随机池化介于两者之间，它通过随机选取区域中的一个值作为代表，不仅保证了图像的多样性，也在某种程度上增强了模型的泛化能力。这三种池化方法各有优势，可以根据具体的任务需求和数据特性选择适合的方法进行应用。

9.4.1.3　Dropout 层

Dropout 层是一种重要的正则化技术，其主要目的是防止模型过拟合。其工作原理是：在训练过程中随机丢弃（即设置为零）一部分神经元的输出，这个过程是独立的并且在每次前向传播时都会发生。丢弃的神经元以及它们的比例（通常称为 dropout rate）是预先设定的，并且可以作为超参数进行调整。

Dropout 层的主要优点是可以有效地增加模型的鲁棒性，因为它强迫网络在训练过程中不依赖于任何单一的神经元或特征。这意味着，即使在某些神经元的输出被丢弃的情况下，网络仍然需要能够正确地进行预测。这种机制可以被视为一种集成学习的形式，其中每个神经元可以被视为一个独立的子模型，而 Dropout 则是在每次训练迭代中随机选择一个子模型进行训练。

在实际应用中，Dropout 层通常被插入在全连接层之间，由于全连接层的参数数量通常比卷积层要多，因此更容易过拟合。然而，Dropout 也可以在卷积层中使用，尽管其效果可能会受到卷积层参数共享的影响。

图 9-17 为标准神经网络和添加 Dropout 操作后的神经网络。在图 9-17（b）的网络中，

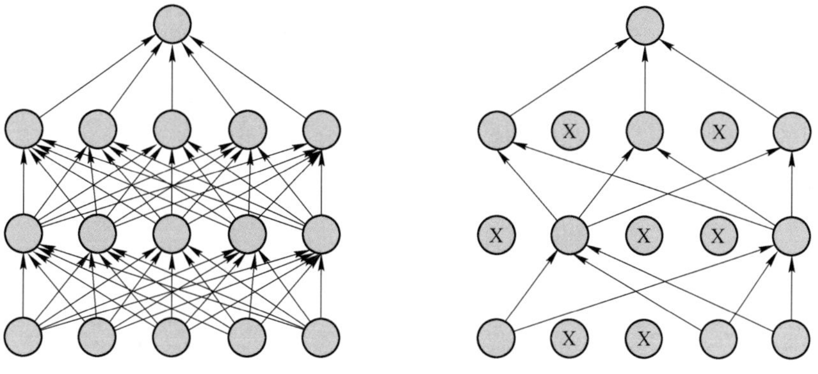

图 9-17　标准神经网络（a）与添加 Dropout 后的神经网络（b）

一部分神经元的输出在训练过程中被随机丢弃，这使得网络在训练过程中不依赖于任何单一的神经元或特征，从而增加了模型的鲁棒性。

9.4.1.4　全连接层

全连接层，也被广泛地称为稠密层，是神经网络中的一种核心组成部分，如图 9-18 所示。在全连接层中，每一个神经元都与上一层的所有神经元建立连接，形成一个全局性的网络结构。每个连接都有一个权重，这些权重是通过学习过程中的优化算法（如反向传播和梯度下降等）进行调整和优化的。

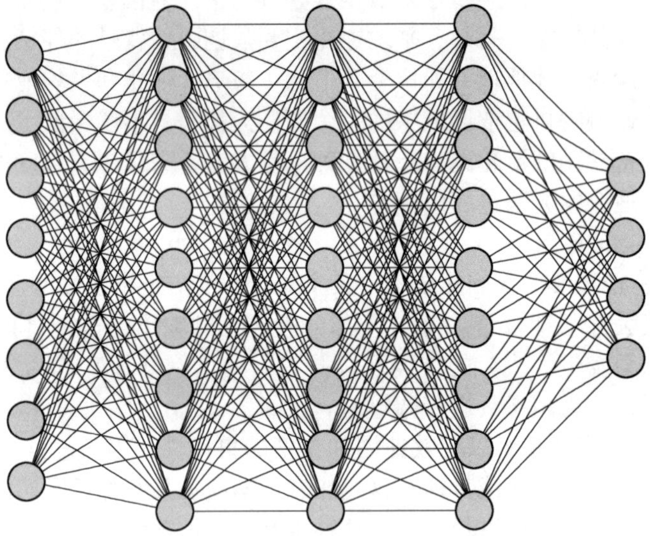

图 9-18　全连接层

全连接层的主要职责是对前面各层提取的特征进行整合。在卷积层和池化层中，神经网络学习到了输入数据的局部特征和全局特征，这些特征在空间上是分散的。全连接层的作用就是将这些分散的特征集中起来，形成一个全局的、整合的特征表示。

除了特征整合，全连接层还常常配合激活函数进行非线性变换。这种非线性变换可以增加神经网络的表达能力，使得网络能够学习和表示更复杂的模式。

在神经网络的架构中，全连接层通常位于卷积层和池化层之后，作为网络的最后几层。在卷积神经网络中，全连接层通常用于输出最终的分类结果。通过全连接层，网络可以将学习到的复杂特征映射到预定的类别上，完成分类任务。

9.4.2　经典卷积神经网络

随着深度学习理念的提出和发展，卷积神经网络在计算机视觉等领域得到了广泛和深入的应用。例如，1998 年 Yann LeCun 等人提出的 LeNet-5 模型，这是一种专门用于手写数字分类的网络，开启了卷积神经网络的先河。2012 年，AlexNet 在图像分类大赛中一举成名，其深度和复杂性远超过之前的模型，从而在深度学习领域产生了深远影响。2014 年，Google 提出的 GoogLeNet 和 VGG 团队提出的 VGG 网络，进一步推动了卷积神经网络在图像处理领域的应用。这些网络的提出和发展，不仅解决了图像领域的一系列问题，也推动了深度学习技术的进步和发展。

9.4.2.1 LeNet-5 网络

LeNet-5 主要用于手写和机器打印字符识别。LeNet-5 模型的架构包括两个卷积层、两个下采样（池化）层，以及两个全连接层，其结构如图 9-19 所示。这个模型的特点是在卷积层和下采样层之间交替排列，这种设计在后续的许多卷积神经网络中都得到了应用。

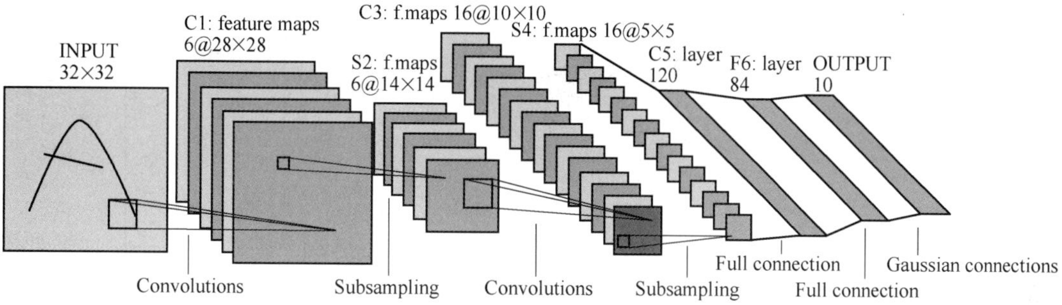

图 9-19 LeNet-5 网络结构

LeNet-5 模型的输入是 32×32 的灰度图像，第一层是卷积层（C1）包含 6 个 5×5 的卷积核，输出尺寸为 28×28；接下来是下采样（池化）层（S2），使用 2×2 的滤波器进行平均池化，输出尺寸为 14×14。第三层是卷积层（C3），包含 16 个 5×5 的卷积核，输出尺寸为 10×10。第四层是下采样（池化）层（S4），同样使用 2×2 的滤波器进行平均池化，输出尺寸为 5×5。第五层是卷积层（C5），包含 120 个 5×5 的卷积核，输出尺寸为 1×1。最后是两个全连接层（F6 和 OUTPUT），分别有 84 个和 10 个神经元。

LeNet-5 模型的提出，不仅解决了手写和机器打印字符识别的问题，也为卷积神经网络的发展奠定了基础。在后续的研究中，LeNet-5 模型还被广泛应用于其他领域，如睡眠呼吸暂停症的检测、行人检测、交通标志识别等，都取得了良好的效果。

9.4.2.2 AlexNet 网络

AlexNet 主要用于图像分类任务。AlexNet 在 2012 年的 ImageNet 图像分类挑战赛中取得了突出的成绩，从而引发了深度学习在计算机视觉领域的热潮。

AlexNet 模型的架构包括五个卷积层、三个全连接层，以及两个最大池化层，其结构如图 9-20 所示。该模型的特点是使用了 ReLU（Rectified Linear Unit）作为激活函数，以及 Dropout 技术来防止过拟合。此外，AlexNet 还引入了 LRN（Local Response Normalization）层，以模拟神经生物学中的“侧抑制”现象。

AlexNet 模型的输入是 227×227 的 RGB 图像，第一层是卷积层，包含 96 个 11×11 的卷积核，步长为 4，输出尺寸为 55×55；接下来是最大池化层，使用 3×3 的滤波器，步长为 2，输出尺寸为 27×27。第二层是卷积层，包含 256 个 5×5 的卷积核，步长为 1，输出尺寸为 27×27；接下来是最大池化层，使用 3×3 的滤波器，步长为 2，输出尺寸为 13×13。第三、四、五层是卷积层，包含 384、384、256 个 3×3 的卷积核，步长为 1，输出尺寸为 13×13；接下来是最大池化层，使用 3×3 的滤波器，步长为 2，输出尺寸为 6×6。最后是三个全连接层，分别有 4096 个、4096 个、1000 个神经元。

AlexNet 模型的提出，不仅在图像分类任务上取得了突出的成绩，也为深度卷积神经

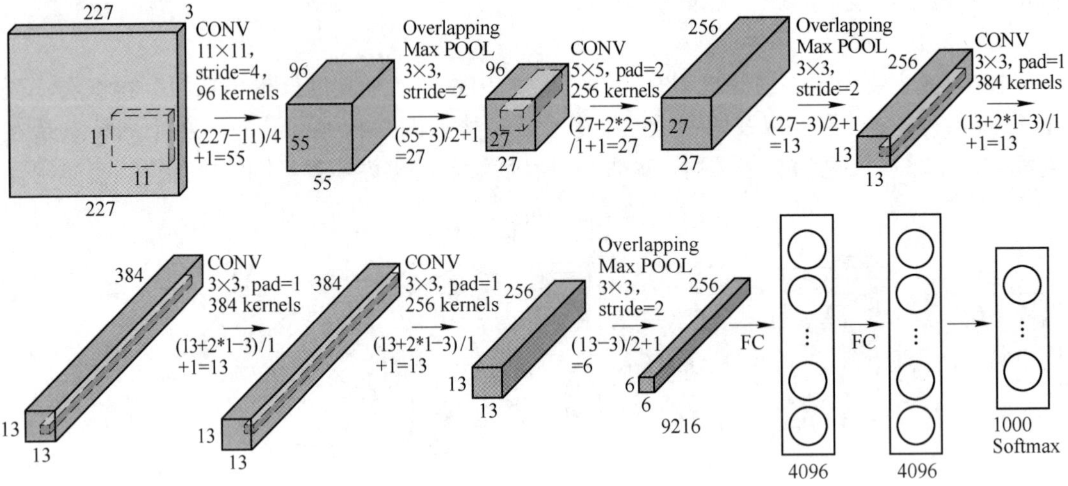

图 9-20　AlexNet 网络结构

网络的发展奠定了基础。在后续的研究中，AlexNet 模型还被广泛应用于其他领域，如手势识别、疾病检测等，都取得了良好的效果。

9.4.2.3　GoogLeNet 网络

GoogLeNet 主要用于图像分类任务，并在 2014 年的 ImageNet 图像分类挑战赛中取得了突出的成绩，从而引发了深度学习在计算机视觉领域的热潮。

GoogLeNet 模型的架构包括九个 Inception 模块，每个模块都包含多个并行的卷积层和池化层，其结构如图 9-21 所示。这个模型的特点是使用了 Inception 模块，这种模块可以在同一层级中并行处理不同尺度的信息，从而提高了模型的表达能力。此外，GoogLeNet 还引入了全局平均池化层，以替代传统的全连接层，从而减少了模型的参数数量。

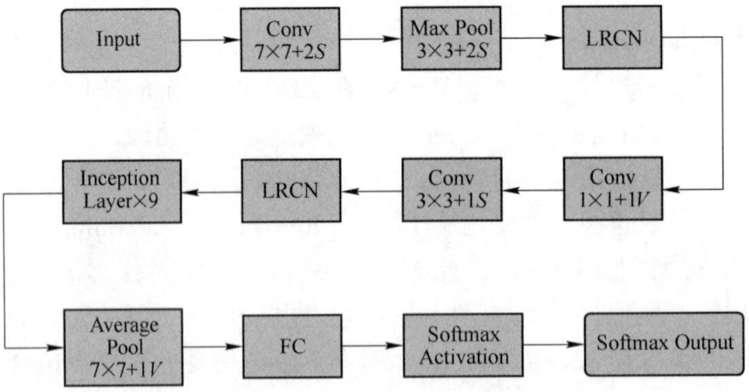

图 9-21　GoogLeNet 网络结构

GoogLeNet 模型的输入是 224×224 的 RGB 图像，第一层是卷积层，包含 64 个 7×7 的卷积核，步长为 2，输出尺寸为 112×112；接下来是最大池化层，使用 3×3 的滤波器，步长为 2，输出尺寸为 56×56。然后是三个连续的卷积层，包含 64 个 1×1 的卷积核，64 个 3×3 的卷积核，192 个 3×3 的卷积核，步长都为 1，输出尺寸为 56×56；接下来是最大池化层，使用 3×3 的滤波器，步长为 2，输出尺寸为 28×28。然后是五个 Inception 模块，输出尺寸都为 28×28；接下来是最大池化层，使用 3×3 的滤波器，步长为 2，输出尺寸为 14×14。然后是四个 Inception 模块，输出尺寸都为 14×14。接下来是最大池化层，使用 3×3 的滤波器，步长为 2，输出尺寸为 7×7。最后是全局平均池化层和全连接层，输出尺寸为 1×1。

GoogLeNet 模型的提出，不仅在图像分类任务上取得了突出的成绩，也为深度卷积神经网络的发展奠定了基础。在后续的研究中，GoogLeNet 模型还被广泛应用于其他领域，如疾病检测、运动识别等，都取得了良好的效果。

9.4.2.4 VGG 网络

VGG 模型的架构包括 5 个卷积块和 3 个全连接层，结构如图 9-22 所示。每个卷积块包含多个卷积层和一个最大池化层，卷积层的卷积核大小都是 3×3，池化层的滤波器大小是 2×2。全连接层的神经元数量分别是 4096 个、4096 个和 1000 个。这个模型的特点是使用了小尺寸的卷积核和深度堆叠的卷积层，从而提高了模型的表达能力。

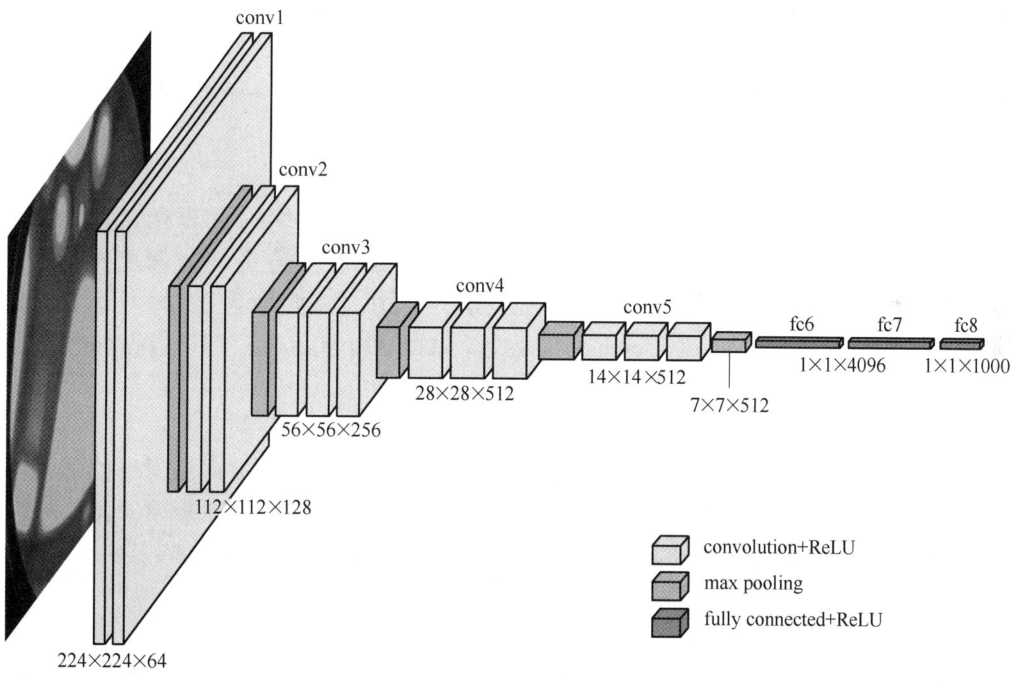

图 9-22 VGG 网络结构

VGG 模型的输入是 224×224 的 RGB 图像，第一卷积块包含两个卷积层，每个卷积层有 64 个卷积核，输出尺寸为 224×224；接下来是最大池化层，输出尺寸为 112×112。第二卷积块包含两个卷积层，每个卷积层有 128 个卷积核，输出尺寸为 112×112；接下来是最大池化层，输出尺寸为 56×56。第三、第四卷积块都包含三个卷积层，每个卷积层的卷积核数量分别是 256 和 512，输出尺寸都为 56×56；接下来是最大池化层，输出尺寸分别为 28×28 和 14×14。第五卷积块包含三个卷积层，每个卷积层有 512 个卷积核，输出尺寸为 14×14；接下来是最大池化层，输出尺寸为 7×7。最后是三个全连接层，输出尺寸为 1×1。

VGG 模型的提出，不仅在图像分类任务上取得了突出的成绩，也为深度卷积神经网络的发展奠定了基础。在后续的研究中，VGG 模型还被广泛应用于其他领域，如目标检测、语义分割等，都取得了良好的效果。

9.4.3　常用深度学习框架介绍

在深度学习领域，众多的开源框架为研究人员和开发者提供了强大的工具，使得他们能够更加高效地设计、训练和测试各种复杂的模型。这些框架不仅提供了丰富的预设模型和算法，还提供了一整套的工具链，包括数据预处理、模型设计、参数优化、模型训练和验证等功能，大大简化了深度学习模型的开发流程。此外，许多框架还提供了对硬件加速的支持，如 GPU、TPU，以及分布式计算的能力，使得大规模的模型训练成为可能。这些框架的出现，极大地推动了深度学习领域的发展，使得深度学习技术能够被广泛应用于图像识别、语音识别、自然语言处理等多个领域。

9.4.3.1　TensorFlow

TensorFlow 是 Google Brain 团队开发的一个开源深度学习框架，它提供了一套完整的机器学习和深度学习的库，以及用于开发和训练 ML 模型的环境。TensorFlow 支持多种硬件平台，包括 CPU、GPU 和 TPU，它的灵活性和可扩展性使得研究人员可以轻松地实现各种复杂的模型和算法。此外，TensorFlow 还提供了 TensorBoard，一个可视化工具，用于模型训练过程的监控和结果的展示。

9.4.3.2　PyTorch

PyTorch 是 Facebook 的人工智能研究团队开发的一个开源深度学习框架，它提供了两个高级功能：张量计算（类似于 NumPy）以及基于自动微分系统的深度神经网络。PyTorch 的设计理念是灵活和直观，其核心是动态计算图，这使得研究人员可以动态地改变模型的结构和行为。此外，PyTorch 还提供了丰富的 API 和工具，用于数据加载、模型训练、序列化等任务。

9.4.3.3　Keras

Keras 是一个开源的神经网络库，它在 TensorFlow 和 Theano 之上提供了一种简单和快速的实验环境。Keras 的设计目标是使深度学习模型的开发变得快速和简单，通过提供简洁、一致的 API，使得用户可以轻松地设计和构建自己的模型。Keras 支持多种网络类型，包括全连接网络、卷积网络、循环网络等，也支持多种优化器和损失函数。

9.4.3.4　Caffe

Caffe（Convolutional Architecture for Fast Feature Embedding）是一个开源的深度学习框架，由加州大学伯克利分校的 BVLC（Berkeley Vision and Learning Center）开发。Caffe 特别适合于图像处理和卷积神经网络，它提供了丰富的预训练模型，可以直接用于特征提取和分类任务。Caffe 的设计目标是速度和效率，它支持 GPU 加速，并且提供了 C++和 Python 的接口。

9.5　钢板表面缺陷图像的预处理

在本节中，着重构建一个精确的钢板缺陷检测框架，从而确保数据采集的质量和完整性，这是训练一个高精度模型的关键基础。为了实现这一目标，首先设计并实现了一个专门的设备用于收集钢板的缺陷数据。随后，深入分析了钢板上六种常见缺陷的成因，并利用图像处理领域中的滤波技术突出图像中的关键信息。此外，对原始数据集进行了扩充，通过这种方式增强了网络模型学习和识别钢板缺陷特征的能力，这不仅提高了模型对缺陷特征的识别敏感性，也增强了模型的泛化能力。

9.5.1 钢板表面缺陷检测系统

在现代工业生产中，钢板表面缺陷的检测是至关重要的一环，尤其在我国这样的钢铁生产和使用大国，精确且高效的缺陷检测方法对于提升产品质量和控制生产成本具有深远的影响。近年来，基于机器视觉的钢板表面缺陷检测方法已逐渐成为主流，它在可靠性、效率和实用性上均远超过早期的检测方法。

如图 9-23 所示，基于机器视觉的钢板表面缺陷检测系统主要由摄像机和光源（如 LED、荧光灯等）、图像处理计算机，以及数据储存/确认控制用 PC 组成。系统将摄像机拍摄到的被检查对象的连续图像输送到图像处理计算机，对图像进行实时处理，对缺陷进行判定检查，检查结果被输送到数据储存/确认控制用 PC，当检查到缺陷时警报器发出警告鸣声。

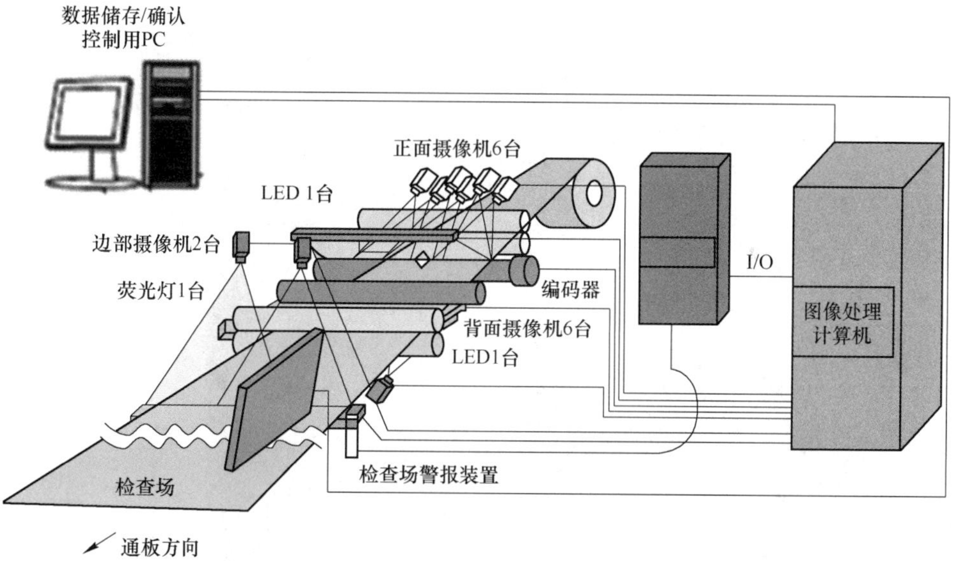

图 9-23 钢板缺陷检测硬件系统

目前，基于机器视觉的表面缺陷检测方法主要分为传统方法和深度学习方法两种。传统的机器视觉带钢表面缺陷检测方法通常包含特征提取和分类器调试两部分。深度学习方法利用卷积神经网络（CNN）强大的端对端自动特征提取能力，被广泛用于表面缺陷检测。这两种方法各有优势，选择使用哪种方法需要根据具体的应用场景和需求来决定。

9.5.2 图像标注

在深度学习的应用中，训练数据集对模型的训练效果起着决定性的作用。对于许多特定的应用场景，尤其是钢板表面缺陷检测，需要专门的数据集进行训练。这就需要获取大量的采集数据，获取这些数据的方法主要有两种：人工标注和自动标注。

人工标注数据的准确性通常是最高的，但这需要标注人员接受大量的培训，否则标注的数据可能不合格，严重影响后续的模型训练和评估。自动数据标注需要人工进行二次复核，以确保标注的准确性。

图像标注是一个将标签添加到图像上的过程，可以使用一个或多个标签。对于采集到的钢板表面图像，可以通过将正确的缺陷类型标记到对应的图像上，以便算法进行学习。

在进行图像的分类时，每张图像都需要带有属于各自类别的标签，算法才能对各个类别的特征进行学习，从而获取类别特征准确的分类。因此，需要对采集的图像进行归类，标注出每张图像上的缺陷。

使用 LabelImg 标注软件进行图像标注。LabelImg 是一个图像标定工具，可以在客户端进行安装和使用。标注完成后，将标注数据打包上传至服务器端，用于模型的训练和评估。在标注前，使用 Anaconda 工具创建一个预处理工作环境，并在该环境中安装 LabelImg 工具及其依赖包。LabelImg 工具为目标检测标记工作提供了可视化支持，可以使用矩形框快速确定目标位置和名称，标注结果默认保存为 PASCAL VOC 格式的 xml 文件。标注的缺陷类型包括裂纹、凹陷、氧化铁皮等，标注结果如图 9-24 所示。

图 9-24　图像标注

9.5.3　图像数据增强

对于深度学习模型来说，大量的训练样本是提高模型性能的关键。然而，在实际的企业生产活动中，为了确保产品的合格率，工厂通常不会让设备在故障状态下运行，这就导致了缺陷样本数量的不足。此外，数据集的稀缺性和钢板缺陷之间的几何相似性也无疑增加了训练的难度，使得神经网络学习到的特征有限。

当前，许多卷积神经网络的隐藏层都非常复杂且数量众多，在小样本训练中容易引发网络泛化能力不足的问题，导致过拟合现象的发生。过拟合主要表现为随着训练时间的增加，网络在训练集上的准确率不断提高，误差不断减小，但在测试集上的准确率却逐渐降低，误差逐渐增大。这种现象反映了模型对训练数据过度拟合，而对新的、未见过的数据的泛化能力不足。过拟合现象如图 9-25 所示。

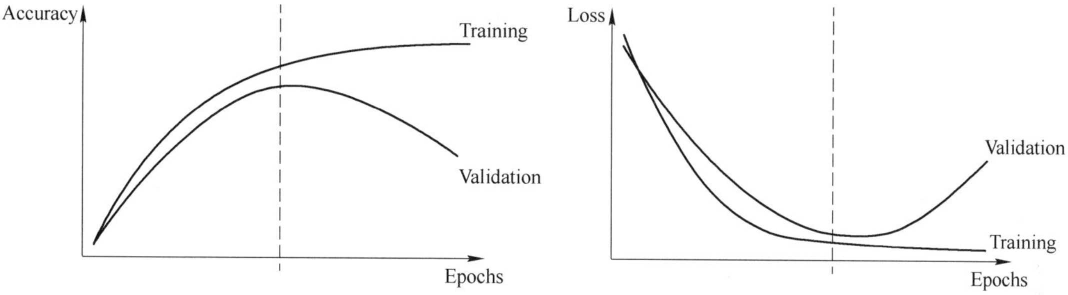

图 9-25　过拟合现象

为了解决这个问题，可以采用一些策略，如增加数据集的多样性、使用正则化技术或者采用早停策略等。这些方法可以帮助在提高模型在训练集上的性能的同时，也保持其在测试集上的泛化能力。

在实际的生产环境中，车间的生产批次、光照条件、生产工艺以及操作手段等因素都可能导致数据的离散分布现象，这对深度学习模型的训练带来了额外的挑战。因此，针对神经网络模型的学习特性以及车间的实际生产场景，需要采取一些特定的数据增强手段来改善数据的质量和多样性。在本研究中，选择了模拟真实情况的动态数据扩增方式进行数据增强。这种方法可以生成更接近真实生产环境的数据，从而提高模型的泛化能力。

9.5.3.1 自适应直方图均衡增强

钢板图像处理中，自适应直方图均衡化（Adaptive Histogram Equalization，AHE）技术是一种重要的预处理方法。此技术通过改善图像的局部对比度，从而提高钢板缺陷的可视性。

自适应直方图均衡化技术实质上是直方图均衡化（Histogram Equalization，HE）的一种扩展形式，直方图均衡化主要通过扩大图像的动态范围来改善图像的全局对比度。然而，由于直方图均衡化是基于全局直方图进行操作，因此可能会忽略图像的局部特性。为了解决这个问题，提出了自适应直方图均衡化技术。

自适应直方图均衡化技术的主要思路是在每个像素的周围计算一个局部直方图，然后根据此局部直方图调整该像素的灰度值。如此，每个像素的新灰度值都能够反映其周围区域的特性。该过程可以由公式描述为

$$s = T_{rk}(r) = (L-1)\int_0^r p_{rk}(w)\,\mathrm{d}w \tag{9-4}$$

式中　s，r——输出和输入的灰度级；

$p_{rk}(w)$——在像素 k 的局部直方图；

L——灰度级的数量；

$T_{rk}(r)$——一个变换函数。

根据输入的灰度级 r 和在像素 k 处的局部直方图来计算输出的灰度级 s 。

图 9-26 展示了一张钢板的原始图像以及其对应的直方图。从图 9-26（a）中可以看出，钢板的颜色和周围环境的颜色相近，缺陷部分并不容易观察到。同时，从图 9-26（b）中可以看出，图像的像素值主要集中在某一特定的区域，这意味着图像的对比度较低，需要进一步处理以增强对比度。

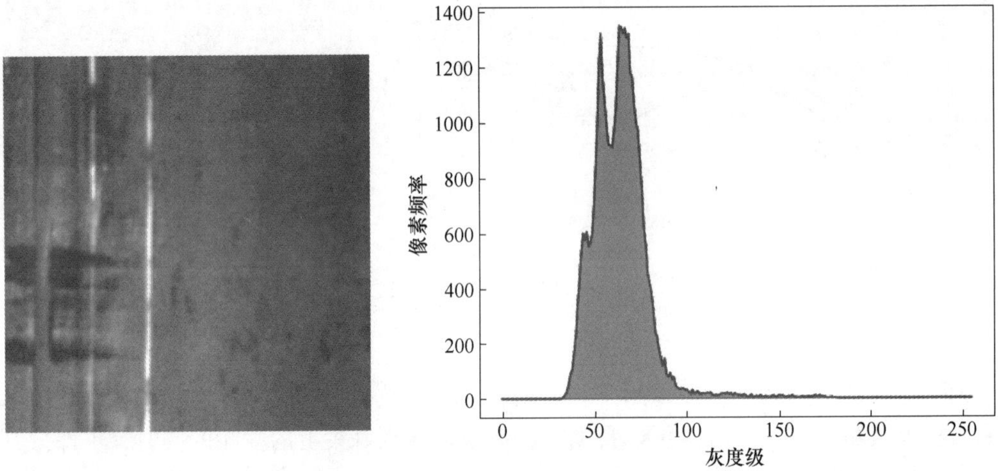

(a)　　(b)

图 9-26　原始图像及其对应的直方图

（a）原始图像；（b）原始图像直方图

经过自适应直方图均衡化处理后的图像以及其直方图如图 9-27 所示。对比原始图像［见图 9-26（a）］，在图 9-27（a）中可以明显观察到图像对比度的提升，钢板的细节特性以及潜在的缺陷区域更为突出。同时，从图 9-27（b）可以看出，经过处理后的图像具有更宽的动态范围，像素值的分布更加均匀，这也说明自适应直方图均衡化成功地增强了图像的对比度。

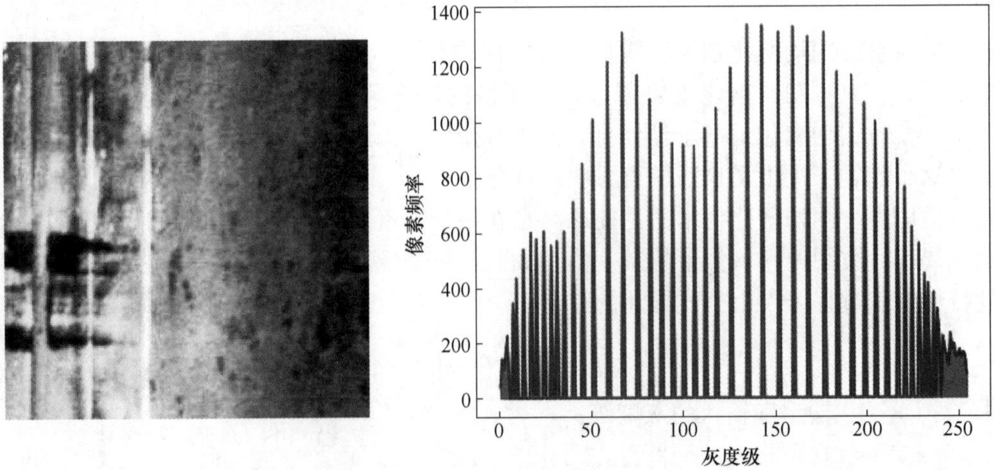

(a)　　(b)

图 9-27　均衡化图像及其直方图

（a）均衡化图像；（b）均衡化直方图

9.5.3.2 仿射变换

在计算机视觉和图像处理中，仿射变换是一种基本的图像变换方式，主要包括平移、旋转、缩放和镜像等操作，这些操作对于图像的预处理、特征提取以及增强都具有重要的作用。

仿射变换在本质上是对图像进行线性变换和平移的组合操作。对于二维平面，仿射变换可以被表示为一个 3×3 的矩阵；对于三维空间，仿射变换则可以被表示为一个 4×4 的矩阵。对于二维图像，仿射变换矩阵一般形式如下

$$\boldsymbol{A}=\begin{bmatrix}a & b & t_x\\ c & d & t_y\\ 0 & 0 & 1\end{bmatrix}\tag{9-5}$$

其中，a，b，c，d 定义了线性变换的部分，包括旋转、缩放和剪切等，t_x，t_y 定义了平移的部分。

在实际应用中，一幅图像通过仿射变换后，图像中的所有点都会根据仿射变换矩阵得到新的位置。具体来说，设原始图像中点的坐标为（x，y），变换后的坐标为（x'，y'），那么有

$$\begin{bmatrix}x'\\ y'\\ 1\end{bmatrix}=\begin{bmatrix}a & b & t_x\\ c & d & t_y\\ 0 & 0 & 1\end{bmatrix}\begin{bmatrix}x\\ y\\ 1\end{bmatrix}\tag{9-6}$$

通过式（9-6），任意一点在经过仿射变换后的新位置可以被计算出。这使得图像能够经历各种复杂的几何变换，包括旋转、平移、缩放和镜像等，实现对图像的有效处理和增强。

A 平移变换

在钢板缺陷检测的过程中，平移变换被广泛应用于数据增强，以提高模型的泛化能力和鲁棒性。

平移变换是一种图像处理方法，通过在空间内上下或左右移动图像，可以生成视角、位置不同的新图像，从而扩大数据集的规模，增强模型对各种情况的适应性。在二维平面上，平移变换可以通过以下矩阵表示：

$$T=\begin{bmatrix}1 & 0 & t_x\\ 0 & 1 & t_y\\ 0 & 0 & 1\end{bmatrix}\tag{9-7}$$

其中，t_x 和 t_y 分别表示在 x 轴和 y 轴方向上的移动距离。若原始图像坐标为（x，y），经过平移变换后的新坐标（x'，y'），可以通过以下公式计算：

$$\begin{bmatrix}x'\\ y'\\ 1\end{bmatrix}=\begin{bmatrix}1 & 0 & t_x\\ 0 & 1 & t_y\\ 0 & 0 & 1\end{bmatrix}\begin{bmatrix}x\\ y\\ 1\end{bmatrix}\tag{9-8}$$

可以化简为

$$\begin{cases}x' = x + tx\\ y' = y + ty\end{cases}\tag{9-9}$$

在钢板缺陷检测的实际应用中，通过应用平移变换进行数据增强，可以有效地扩大数据集规模，提升模型在面对不同位置图像时的识别能力，从而提升钢板缺陷检测的准确性和鲁棒性。平移变换的具体效果如图 9-28 所示。

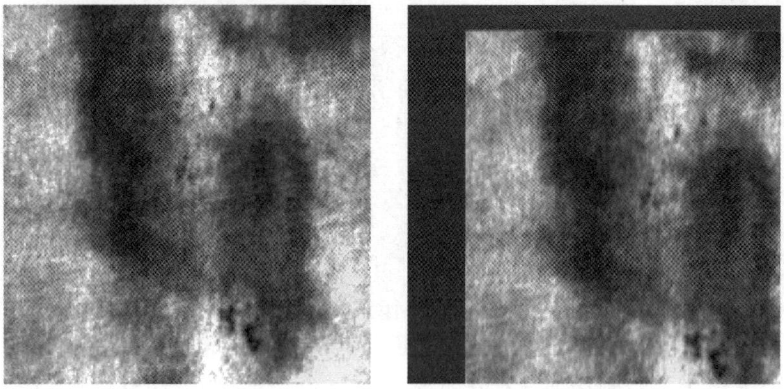

(a)　　(b)

图 9-28　平移变换前后的图像
（a）原图；（b）平移变换后

B　旋转变换

对图像执行旋转变换，是将图像在二维平面内按指定角度旋转，从而得到视角差异显著的新图像，这种操作有助于数据集的规模扩充，以及模型对各种情况的适应性增强。在二维空间中，旋转变换可通过下述矩阵形式进行表达：

$$R = \begin{bmatrix} \cos\theta & -\sin\theta & 0 \\ \sin\theta & \cos\theta & 0 \\ 0 & 0 & 1 \end{bmatrix} \tag{9-10}$$

其中，θ 是旋转的角度。若原始图像坐标为 $(x,\ y)$，经过旋转变换后的新坐标 $(x',\ y')$，可以通过以下公式计算：

$$\begin{bmatrix} x' \\ y' \\ 1 \end{bmatrix} = \begin{bmatrix} \cos\theta & -\sin\theta & 0 \\ \sin\theta & \cos\theta & 0 \\ 0 & 0 & 1 \end{bmatrix} \begin{bmatrix} x \\ y \\ 1 \end{bmatrix} \tag{9-11}$$

可以化简为

$$\begin{cases} x' = x\cos\theta - y\sin\theta \\ y' = x\sin\theta + y\cos\theta \end{cases} \tag{9-12}$$

通过应用旋转变换进行数据增强，能够生成不同视角和位置的图像，有效地提高模型在处理各种复杂情况下的鲁棒性，进一步提升钢板缺陷检测的准确性。旋转变换的具体效果如图 9-29 所示。

C　缩放变换

缩放变换作为图像处理中的基本手段，其主要操作是改变图像的尺寸，从而构造出具有不同尺寸特征的新图像。这种变换能够有效地扩充数据集，同时也增强了模型对不同尺寸图像的识别能力。在二维空间中，缩放变换可以通过下述矩阵形式进行精确描述：

$$S = \begin{bmatrix} s_x & 0 & 0 \\ 0 & s_y & 0 \\ 0 & 0 & 1 \end{bmatrix} \tag{9-13}$$

其中，s_x 和 s_y 分别表示在 x 轴和 y 轴方向上的缩放因子。若图像的原始坐标为 (x, y)，那么经过缩放变换后的新坐标 (x', y')，可以通过以下公式进行计算：

$$\begin{bmatrix} x' \\ y' \\ 1 \end{bmatrix} = \begin{bmatrix} s_x & 0 & 0 \\ 0 & s_y & 0 \\ 0 & 0 & 1 \end{bmatrix} \begin{bmatrix} x \\ y \\ 1 \end{bmatrix} \tag{9-14}$$

进一步简化，得到

$$\begin{cases} x' = s_x \cdot x \\ y' = s_y \cdot y \end{cases} \tag{9-15}$$

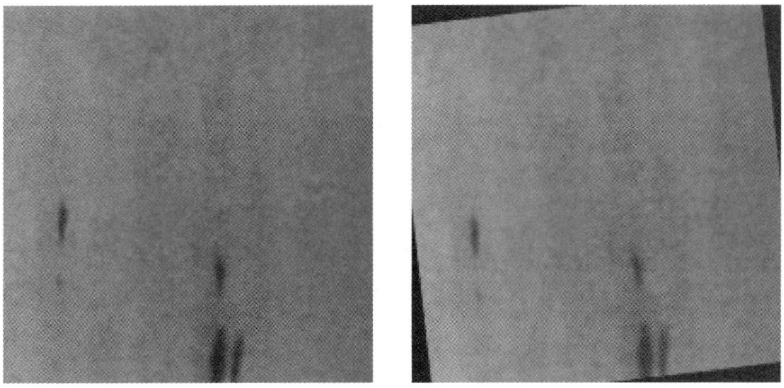

(a) (b)

图 9-29 旋转变换前后的图像

(a) 原图；(b) 旋转变换后

通过改变图像的尺寸，缩放变换成功地生成了具有不同尺寸特征的新图像。这种变换方法在数据集扩充和模型适应性增强方面起到了重要作用，特别是对于不同尺寸的图像，缩放变换能够帮助模型更好地进行识别和处理。缩放变换的应用效果如图 9-30 所示。

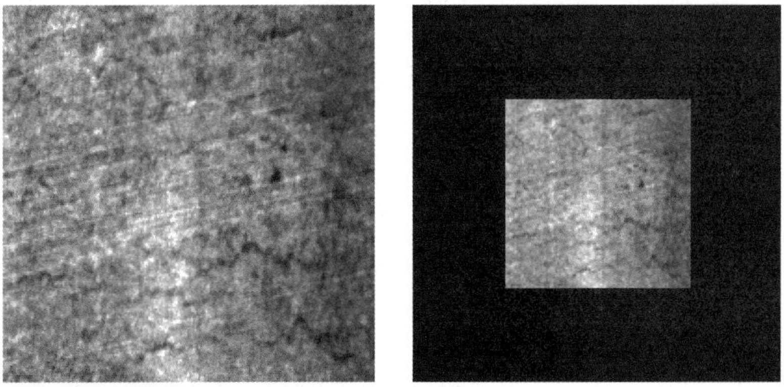

(a) (b)

图 9-30 缩放变换前后的图像

(a) 原图；(b) 缩放变换后

D　镜像变换

镜像变换主要是通过对图像进行垂直或水平的翻转，从而创造出具有不同视角特征的新图像，这种操作旨在提升模型对于从不同视角观察到图像的识别能力。在二维空间中，镜像变换可以通过以下矩阵形式进行精确描述。

对于水平镜像，其变换矩阵为

$$H = \begin{bmatrix} -1 & 0 & w \\ 0 & 1 & 0 \\ 0 & 0 & 1 \end{bmatrix} \tag{9-16}$$

对于垂直镜像，其变换矩阵为

$$V = \begin{bmatrix} 1 & 0 & 0 \\ 0 & -1 & h \\ 0 & 0 & 1 \end{bmatrix} \tag{9-17}$$

对于水平镜像

$$\begin{cases} x' = w - x \\ y' = y \end{cases} \tag{9-18}$$

对于垂直镜像

$$\begin{cases} x' = x \\ y' = h - y \end{cases} \tag{9-19}$$

镜像变换的效果如图 9-31 所示。可以明显看出，通过对图像进行垂直或水平反转，生成了具有不同视角特征的新图像，这种操作提升了模型对于不同视角图像的识别能力。

9.5.3.3　添加噪声

在钢板缺陷检测的实际应用中，图像数据可能会受到各种来源的噪声影响，这些噪声可能来自传感器误差、传输过程中的干扰或环境噪声等。为了使模型能够在这种噪声环境下更好地工作，一种实用的方法是在训练数据中人为地添加噪声，使模型在训练阶段就能考虑到这些噪声的影响。

这里涵盖了三种类型的噪声：高斯噪声、椒盐噪声和随机噪声。高斯噪声模拟了可能源于传感器噪声或无线传输干扰的随机噪声。椒盐噪声模拟了可能由于数字化错误或传输错误在图像中产生的亮点和暗点。随机噪声则模拟了不可预知的各种噪声源。

A　高斯噪声

高斯噪声是一种常见的加性噪声，其概率密度函数服从正态分布，具体的数学形式可以表示为

$$p(x) = \frac{1}{\sqrt{2\pi\sigma^2}} e^{-\frac{(x-\mu)^2}{2\sigma^2}} \tag{9-20}$$

式中　x ——噪声强度；

μ ——噪声的均值；

$2\sigma^2$ ——噪声的方差。

在钢板缺陷检测的图像增强中，一般假设 $\mu = 0$，并通过调整 σ^2 来控制噪声的强度。

在具体操作中，为每个像素值添加一个服从高斯分布的随机数，这个随机数由均值为 0、方差为 σ^2 的高斯分布生成。数学表达式如下

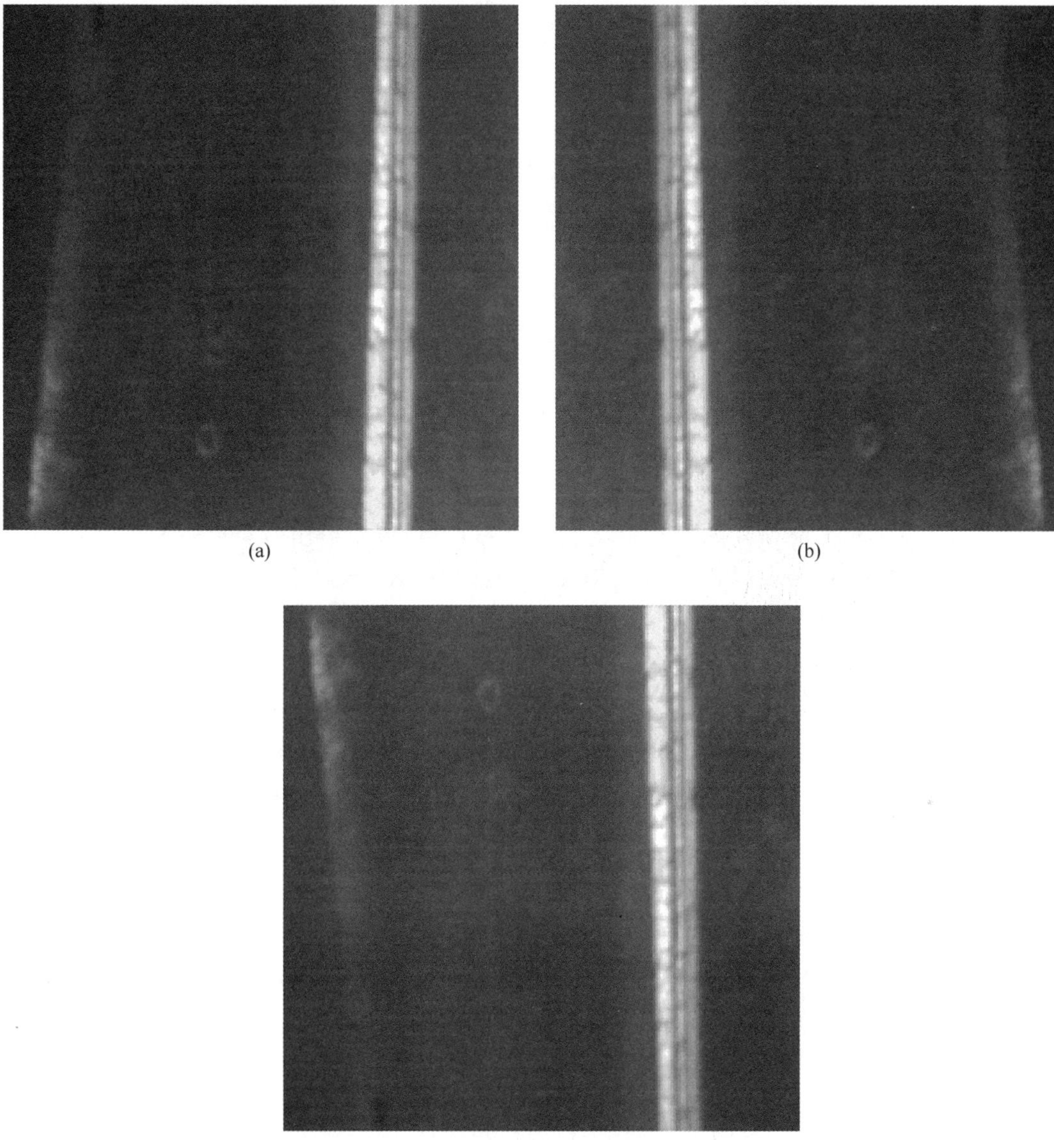

图 9-31 镜像变换前后的图像

（a）原图；（b）水平镜像变换；（c）垂直镜像变换

$$I_{noisy} = I_{original} + G(\mu, \sigma^2) \tag{9-21}$$

式中 I_{noisy}——添加噪声后的像素值；

$I_{original}$——原始像素值；

$G(\mu, \sigma^2)$——服从均值为 μ 、方差为 $2\sigma^2$ 的高斯分布随机数。

对于彩色图像，需要在 RGB 的三个通道上分别添加高斯噪声。在添加噪声后，需要对像素值进行归一化处理，以确保像素值在 0~255 的有效范围内。归一化处理的数学表达式如下

$$I_{normalized} = \frac{I_{noisy} - \min(I_{noisy})}{\max(I_{noisy}) - \min(I_{noisy})} \tag{9-22}$$

式中　$I_{normalized}$——归一化后的像素值；

$\min(I_{noisy})$，$\max(I_{noisy})$——添加噪声后的像素值的最小值和最大值。

图 9-32 展示了在钢板图像数据中添加高斯噪声后的视觉效果。

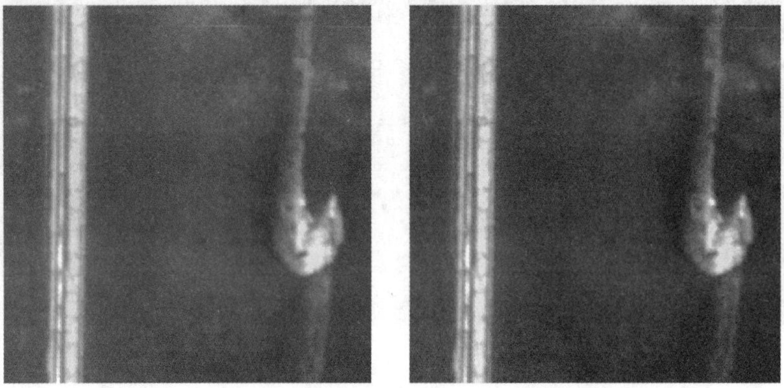

(a)　　(b)

图 9-32　添加高斯噪声前后的图像

(a) 原图；(b) 添加高斯噪声后

B　椒盐噪声

椒盐噪声在图像中随机生成亮度极高和极低的像素，这些像素通常被称为“盐”和“椒”。

添加椒盐噪声的具体方法涉及确定椒盐噪声的比例参数，记作 p，此参数决定了在图像中有多大比例的像素将被设置为亮度极高或极低的像素。然后，从图像中的像素进行随机采样，选取比例为 p 的像素，将这些像素的值设置为亮度最大值或最小值。此过程可以由以下数学表达式表示。

$$I(x, y) = \begin{cases} 0 & r < p/2 \\ 255 & p/2 \leqslant r < p \\ I(x, y) & \text{其他} \end{cases} \tag{9-23}$$

式中　$I(x, y)$——图像中的每个像素；

r——在 [0, 1) 范围内的随机数。

在钢板图像数据中添加椒盐噪声后的效果如图 9-33 所示。

C　随机噪声

添加随机噪声主要涉及一个参数，即噪声的强度，记作 σ，是添加随机噪声的关键因素，它界定了像素值可能的最大偏移量。每个像素点都会生成一个均值为 0、标准差为 σ 的高斯随机数，记作 n。该随机数紧接着被加到对应的像素值上，从而使得像素值基于原有的基础产生随机偏移，此操作达到了添加随机噪声的目的。此过程的精确描述公式为

$$I'(x, y) = I(x, y) + n \tag{9-24}$$

式中　n——均值为 0、标准差为 σ 高斯随机数；

$I'(x, y)$——添加噪声后的像素值。

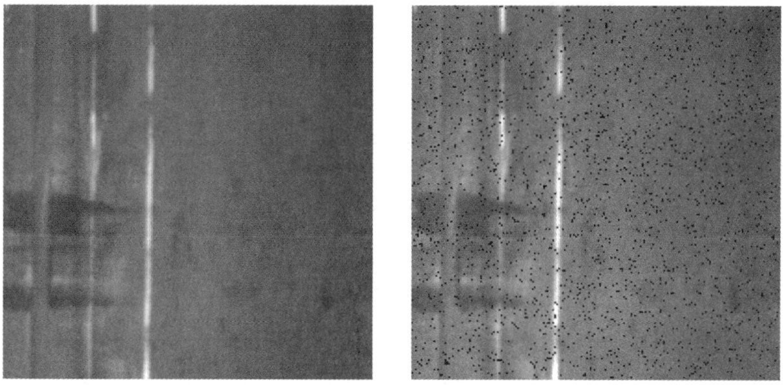

(a)　(b)

图 9-33　添加椒盐噪声前后的图像

（a）原图；（b）添加椒盐噪声后

添加随机噪声后的效果如图 9-34 所示。

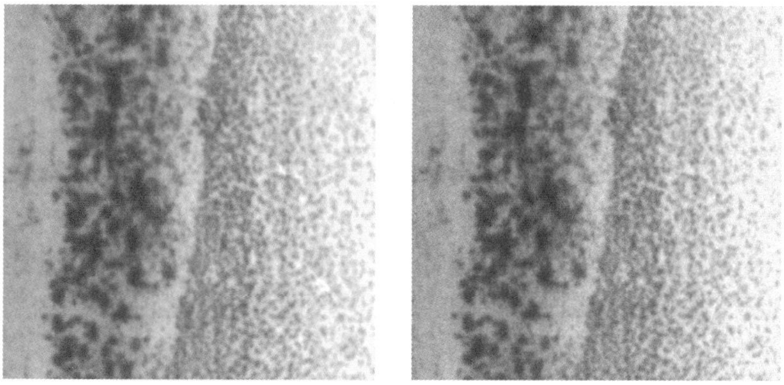

(a)　(b)

图 9-34　添加随机噪声前后的图像

（a）原图；（b）添加随机噪声后

9.5.3.4　SRGAN 在提升钢板图像分辨率中的应用

近年来，深度学习技术在图像超分辨率方面取得了显著的进展，特别是 SRGAN（Super-Resolution Generative Adversarial Network）已经被广泛应用于图像超分辨率任务。SRGAN 的主要思想是通过生成对抗网络的框架，训练一个能够将低分辨率图像转换为高分辨率图像的生成器网络。如图 9-35 所示，SRGAN 的生成器网络主要由两部分组成：前卷积部分和残差部分。前卷积部分主要用于提取图像的低层次特征，残差部分则用于学习图像的高层次特征。

在 SRGAN 的训练过程中，除了使用传统的像素级损失函数来保证重建图像的像素精度外，还引入了感知损失和对抗损失，以提升重建图像的视觉质量。具体来说，感知损失是通过比较重建图像和原始图像在特征空间中的差异来计算的，对抗损失则是通过训练一个判别器网络来判断重建图像是否足够接近原始图像。如图 9-36 所示，判别器网络的目标是学习如何区分真实的高分辨率图像和生成器生成的高分辨率图像。

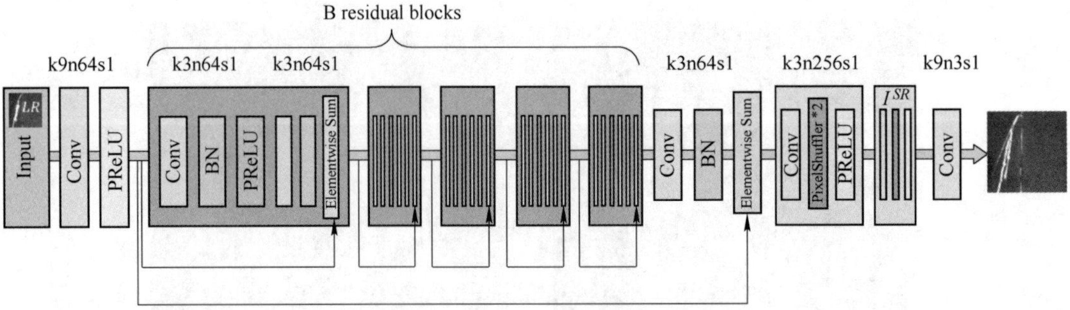

图 9-35　生成器网络

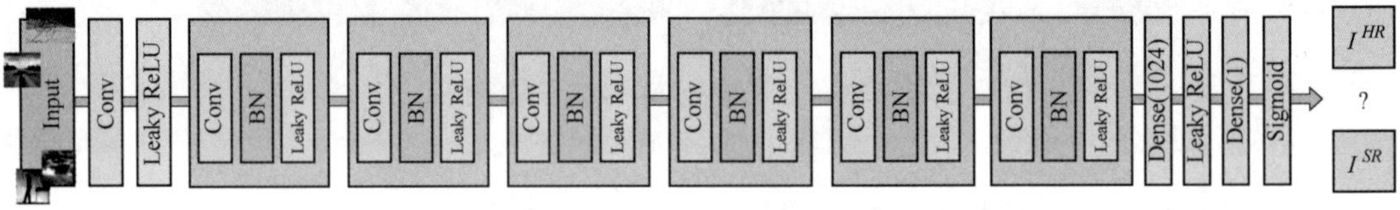

图 9-36　判别器网络

感知损失的计算公式为

$$L_{\text{perceptual}} = \frac{1}{WH}\sum_{x=1}^{W}\sum_{y=1}^{H}\left[\phi(I^{\text{HR}}) - \phi(G(I^{\text{LR}}))\right]^2 \tag{9-25}$$

式中　I^{HR}，I^{LR}——高分辨率图像和低分辨率图像；

G——生成器网络；

ϕ——特征提取网络；

W，H——图像的宽度和高度。

对抗损失可以通过以下公式表示

$$L_{\text{adversarial}} = -\lg(D(G(I^{\text{LR}}))) \tag{9-26}$$

其中，D 表示判别器网络，其目标是区分真实的高分辨率图像和生成器生成的高分辨率图像。

为了直观地展示 SRGAN 在提高钢板图像分辨率上的效果，图 9-37（a）为原始的低分辨率钢板图像，图 9-37（b）为通过 SRGAN 生成的高分辨率图像，高分辨率图像的细节信息得到了明显的提升，特别是在缺陷区域，提高了钢板缺陷检测的精度。

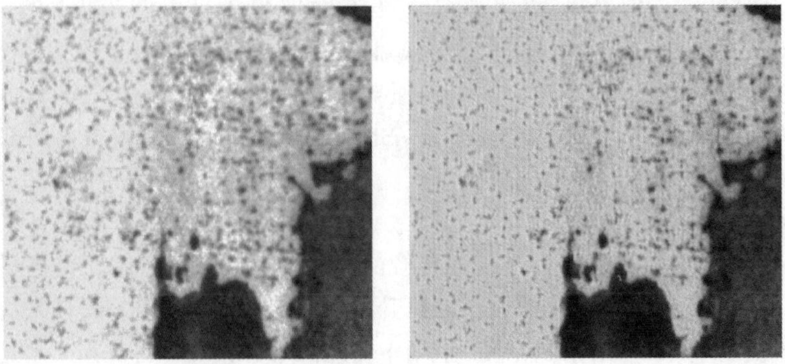

(a)　　(b)

图 9-37　低分辨率与 SRGAN 生成的高分辨率钢板图像对比

（a）低分辨率图像；（b）高分辨率图像

9.6 基于 YOLOv8 的钢板缺陷检测

YOLOv8 由 Ultralytics 公司于 2023 年初发布，是目前最新的目标检测框架。与先前的 YOLO 模型相比，YOLOv8 在包括目标检测、语义分割和图像分类等多种关键任务上，表现出显著的性能提升。YOLOv8 模型由四个主要部分构成：输入层、骨干网络、颈部网络以及预测网络，其详细的架构如图 9-38 所示。首先，输入层处理接收到的图像数据，并将其格式化以适应后续处理流程；接下来，骨干网络作为模型的核心，负责从输入数据中提取关键特征。其次，颈部网络在骨干网络提取的特征基础上进行进一步优化，从而提升模型性能和准确性。最后，通过耦合预测网络的功能，实现了分类任务和回归任务的独立优化，从而提高了模型的精度和计算效率。

9.6.1 输入层

YOLOv8 的输入层采用了四种关键技术：自适应锚定、自适应图像缩放、Mosaic 和 Mix Up 数据增强。在模型训练过程中，YOLOv8 会根据原始锚框自适应地生成各种预测框，并采用非极大值抑制选择最接近真实框的预测框。考虑到输入图像尺寸的多样性，自适应缩放技术能将图像尺寸调整至适当的标准大小，从而避免特征张量与全连接层间的尺寸不匹配问题。另外，Mosaic 作为一种数据增强方法，通过整合四个经过随机缩放、裁剪和排列的图像，旨在丰富训练样本并提升网络对小目标的检测能力。最后，Mix Up 作为另一种数据增强策略，通过对两个随机样本的输入和标签进行线性插值融合，进一步增强了模型的泛化性能和鲁棒性。两种数据增强效果如图 9-39 所示。

Mosaic 和 Mix Up 的数据增强技术在钢板缺陷检测中发挥了重要作用。通过将多个随机缩放、裁剪和排列的图像进行合并，显著提升了训练样本的丰富性，从而增强了模型对不同场景和条件下小目标的识别能力。特别是对小目标的检测，这两种技术通过将多个图像和标签结合，使得小目标在新生成的图像中占据更大的比例，有助于提升模型对小目标的检测能力。另外，在实际应用中，目标间的重叠是常见的情况，尤其在钢板检测中，Mosaic 和 Mix Up 通过生成包含重叠目标的新图像，显著提升了模型对重叠目标的识别和分割能力。因此，Mosaic 和 Mix Up 的数据增强技术对于提升 YOLOv8s 在复杂小目标以及重叠钢板检测任务的性能表现起到了关键的作用。

9.6.2 骨干检测网络

在 YOLOv8 的设计中，骨干检测网络仍然采用 CSPNet 结构。输入图像的尺寸被调整为 $640\times640\times3$，图像通过骨干网络生成三个不同维度的多尺度特征图：$20\times20\times256$、$40\times40\times128$ 和 $80\times80\times64$。参考 YOLOv7 中 ELAN 的思想，引入了一种有效的 C2f 结构，如图 9-40 所示。与传统的 C3 和 CSPLayer 模块相比，C2f 模块具有更密集的残差连接。在每次残差结构计算中，输出都被保留下来，并与后续层的输出叠加，增强了梯度流，使网络更容易训练。为了降低计算复杂性和内存需求，C2f 模块采用较小的扩展比来减少中间层中的通道数量。此外，C2f 模块中的瓶颈模块允许使用不同的卷积核大小，以增加网络在特征提取中的灵活性。

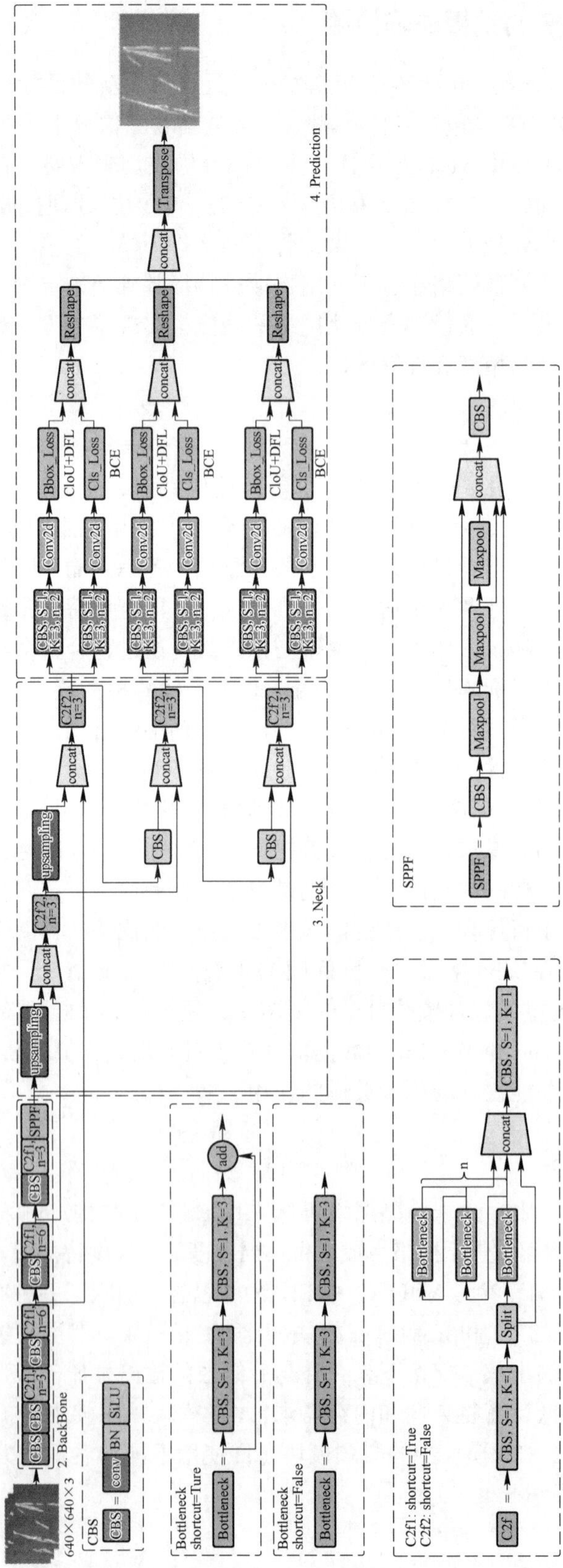

图 9-38　YOLOv8 结构

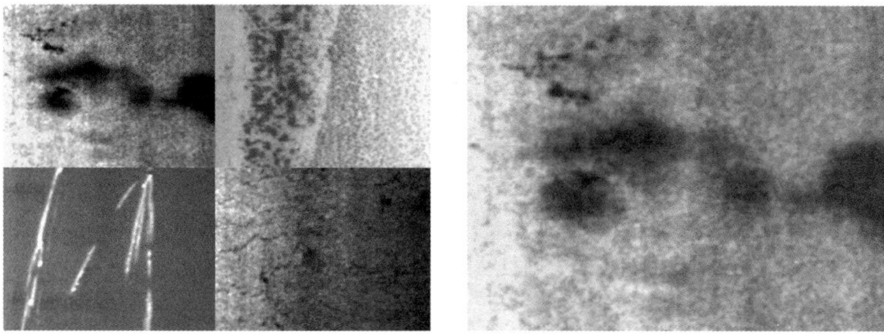

图 9-39 Mosaic 以及 Mix Up 数据增强效果
(a) Mosaic 数据增强；(b) Mix Up 数据增强

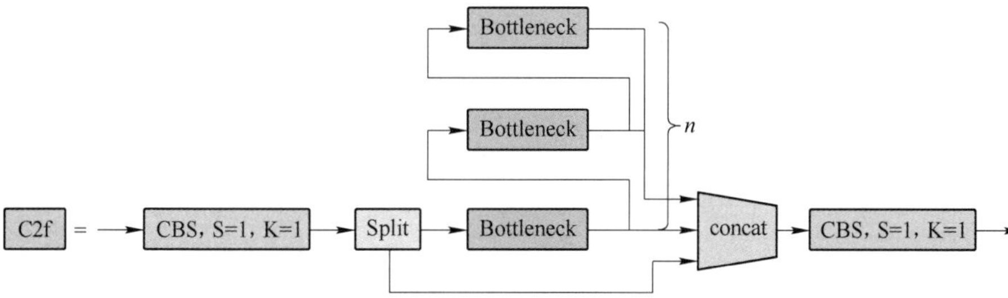

图 9-40 C2f 模块结构

YOLOv8 模型在骨干网络设计中采用 SPPF 模块。通过输入依次经过多个 5×5 大小的最大池化层，能够有效避免由于图像裁剪和缩放操作导致的信息丢失，如图 9-41 所示。此外，SPPF 模块解决了卷积神经网络在特征提取过程中可能出现的冗余特征问题，从而显著提高了候选框的生成速度，同时降低了计算成本。

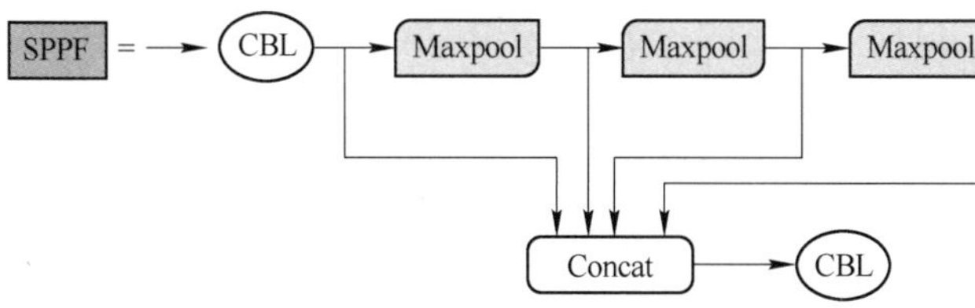

图 9-41 SPPF 模块结构

9.6.3 颈部特征提取网络

在 YOLOv8 中，颈部依然采用了路径聚合网络以及特征金字塔结构。通过上采样和下采样融合了来自骨干网络的三个特征张量，并通过卷积运算进一步增强了融合的特征。具体而言，首先，空间尺度最小的特征图进行上采样，并与空间尺度较大的特征图进行融合。接着，对融合后的特征进行卷积运算，以获取新的特征张量。然后，新的特征张量进行上采样，并与空间尺度最大的特征图进行融合。最后，对融合后的特征进行卷积运算，得到另一个新的特征张量。此外，对这两个新的特征张量也都进行了下采样，并与相应的原始特征图进行融合和卷积运算。这个过程有效地整合了不同尺度的特征信息，从而显著提高了模型的特征表达能力和精确度。在此过程中，原始的 C3 结构被替换为 C2f 结构。

9.6.4　预测网络

YOLOv8 在预测网络结构上相较于 YOLOv5 有显著的变化，采用了当前主流的解耦网络结构，如图 9-42 所示。该网络包含两个独立的预测网络，专门为分类和回归任务设计，使模型能够灵活适应各种任务需求。值得注意的是，解耦网络在处理类别不平衡和对象尺度变化等问题时，表现出了优秀的性能，增强了目标检测的鲁棒性。此外，YOLOv8s 从基于锚框转为无锚框，成功规避了锚框的复杂计算和相关超参数设置，这一变化对模型的性能产生了显著的影响。

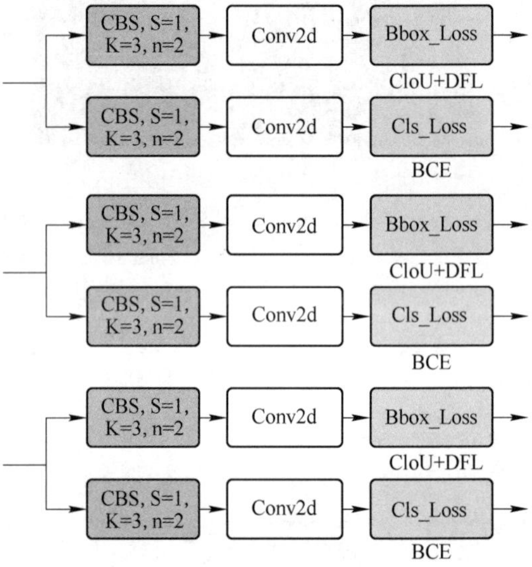

图 9-42　预测网络结构

9.6.5　损失函数

YOLOv8 模型的损失函数由两部分构成，即分类损失和回归损失。分类损失采用的是 VFL（Varifocal Loss），回归损失采用的是 CIoU（Complete IoU）损失和 DFL（Distribution Focal Loss）。VFL 的独特之处在于其权重以一种不对称的方式分配给正样本和负样本。在处理正样本时，VFL 通过 q 值进行权重调整。具体来说，当一个正样本的预测目标与其真实目标的交并比较高时，VFL 将放大这个样本对损失的贡献，这样模型就会更倾向于关注这些高质量的样本。这样做的目的在于，相比于低质量的样本，高质量的正样本对于提升模型的平均精度有更大的贡献。另外，对于负样本，VFL 的处理策略则是通过权重操作减小它们对损失的贡献，这是因为负样本的预测概率 p 值往往较小。在经过 VFL 的权重调整后，预测的 p 值将会进一步降低，这样可以有效地减小负样本对总体损失的贡献。因此，VFL 的设计旨在通过调整不同样本对损失的贡献，优化模型对高质量样本的学习，进而提升模型的整体性能，公式如下

$$VFL(p,\ q) = \begin{cases} -q[q\lg p + (1-q)\lg(1-p)] & q > 0 \\ -\alpha p^{\gamma}\lg(1-p) & q = 0 \end{cases} \tag{9-27}$$

式中　p——预测的类别得分；

q——目标得分。

DFL 是一种基于距离的特征学习方法，其核心思想是优化目标标签附近两个位置的概率。具体来说，DFL 将边界框的位置视为一般分布，从而使得网络能够迅速靠近目标位置的位置分布。这种方法的优化目标是最大化目标坐标附近数值的概率，从而使网络更加关注目标坐标附近的值。相关的公式如下

$$DFL(S_i + S_{i+1}) = -[(y_{i+1} - y)\lg S_i + (y - y_i)\lg S_{i+1}] \tag{9-28}$$

$$S_i = \frac{y_{i+1} - y}{y_{i+1} - y_i} \tag{9-29}$$

$$S_{i+1} = \frac{y - y_i}{y_{i+1} - y_i} \tag{9-30}$$

式中　S_i，S_{i+1}——网络预测的概率分布；

y——目标坐标；

y_i，y_{i+1}——最接近 y 的左右整数值（$y_i \leqslant y \leqslant y_{i+1}$）。

CIoU 损失考虑了预测边界框和真实边界框的 IoU、边界框中心之间的距离，以及长宽比。其计算公式如下

$$CIoU = IoU - \frac{\rho^2(b, b^{gt})}{c^2} - \alpha v \tag{9-31}$$

$$\alpha = \frac{v}{(1 - IoU) + v} \tag{9-32}$$

$$v = \frac{4}{\Pi^2}\left(\arctan\frac{w^{gt}}{h^{gt}} - \arctan\frac{w}{h}\right)^2 \tag{9-33}$$

式中　IoU——预测边界框和真实边界框的交集区域与并集区域的比值；

$\rho(b, bI^{gt})$——预测边界框的中心与真实边界框中心之间的距离；

c——包含两个边界框最小矩形的对角线长度；

v——预测边界框的宽高比与真实边界框宽高比之间的差异；

α——权衡参数。

9.6.6 基于改进 YOLOv8 的钢板缺陷检测算法

尽管 YOLOv8 模型在检测速度和精度上表现出色，但在检测钢板缺陷，尤其是复杂背景下不同大小和形态的钢板缺陷检测任务中，准确率尚待进一步提高。

9.6.6.1 大核注意力机制

在计算机视觉任务中建立图像不同特征之间的关系时，通常采用两种主要方法。第一种是使用自注意力机制捕捉长距离依赖关系，但这种方法在计算机视觉领域存在明显的局限性。由于将图像视为一维序列，这种处理方式忽略了图像的二维结构，导致空间关系信息的丢失。同时，自注意力机制在处理高分辨率图像时的二次复杂性增加了计算成本，并可能限制了其在大型图像上的应用。更重要的是，尽管自注意力机制可以捕捉空间维度的适应性，但它忽略了通道维度的适应性。在视觉任务中，不同通道通常代表不同的特征，因此通道适应性的忽略可能会影响任务的效果。第二种方法是通过使用大卷积核来构建相关性，生成注意力图。尽管这种方法可以捕捉空间关系，但它也存在局限性，例如计算成本高和参数数量大。

为了克服上述局限性并利用自注意力和大核卷积的优势，引入一种通过分解大核卷积运算捕获长距离关系的新方法。如图 9-43 所示，大核卷积可以分解为三个部分：空间局部卷积（深度卷积）、空间长距离卷积（深度膨胀卷积）和通道卷积。具体而言，一个 k

$\times k$ 的卷积可以分解为一个 $(2d-1)\times(2d-1)$ 的深度卷积、一个 $\left[\frac{k}{d}\right]\times\left[\frac{k}{d}\right]$ 的深度膨胀卷积和一个 1×1 的卷积。

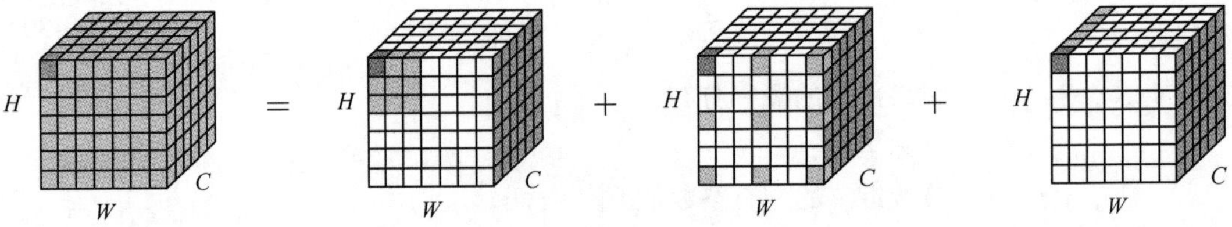

图 9-43　LKA 分解

通过上述分解，能够以更少的计算成本和参数获取长距离关系。在获取长距离关系后，可以估计每个点的重要性以生成注意力图，LKA 模块的结构如图 9-44 所示。

$$Attention = Conv_{1\times1}\{DW-D-Conv[DW-Conv(F)]\} \tag{9-34}$$

$$Output = Attention \otimes F \tag{9-35}$$

其中，$F \in R^{C\times H\times W}$ 代表输入特征；$Attention \in R^{C\times H\times W}$ 代表特征图，表示每个特征的重要性；$\otimes$ 符号代表元素的乘法操作。

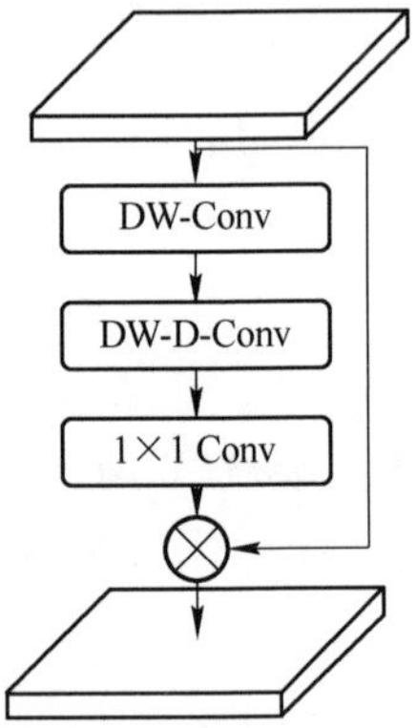

图 9-44　LKA 模块的结构

9.6.6.2　多尺度大核注意力机制

MLKA 模块将大核分解和多尺度学习相结合，本质上由三个核心部分组成：大核注意力用于建立相互依赖关系、多尺度机制用于捕获异质尺度的相关性，以及门控聚合用于动态校准，如图 9-45 所示。

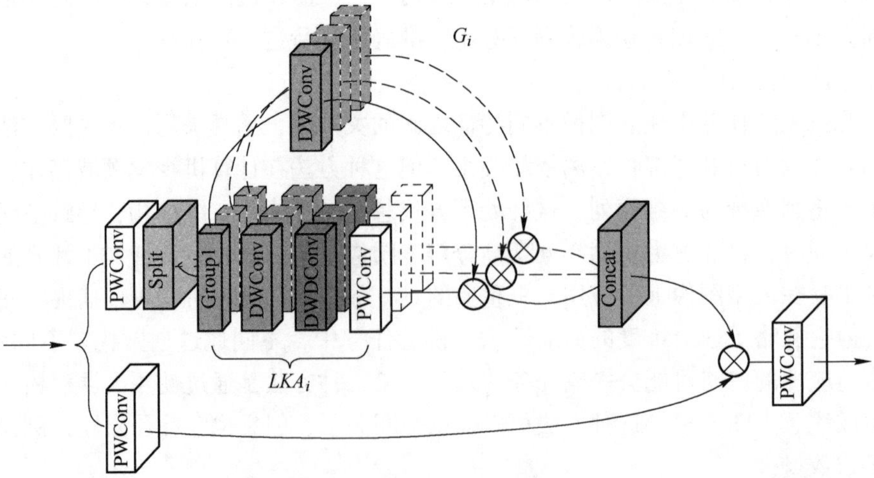

图 9-45　MLKA 模块的结构

输入特征图 $X \in R^{C\times H\times W}$，首先将输入特征图划分为 n 部分并记为 X_1，X_2，…，X_n，

每个部分的大小为 $\left[\frac{c}{n}\right] \times H \times W$。使用由 $\{k_i,\ d_i\}$ 分解的 LKA，生成了同一尺度的注意力图 LKA_i。多尺度 LKA 分支使得该模块能够在各种尺度和空间上下文中捕获特征，从而获得更丰富的特征信息。

尽管更大的 LKA 捕获更宽的像素响应，但在更大 LKA 生成的注意图中出现了阻塞伪影。为了解决阻塞伪影的问题并捕获更多的局部信息，可以利用空间门控机制动态地将 $LKA_i(\cdot)$ 适应到 $MLKA_i(\cdot)$。门控函数用于控制每个 $LKA_i(\cdot)$ 的权重，并产生结果注意力图的加权总和。通过引入门控机制，$MLKA_i(\cdot)$ 可以有效地捕获全局和局部信息，提高捕获细粒度特征的性能，具体表示如下

$$MLKA_i(X_i) = G_i(X_i) \otimes LKA_i(X_i) \tag{9-36}$$

其中，$G_i(\cdot)$ 是由 $a_i \times a_i$ 深度可分离卷积生成的第 i 个门控函数，用于门控聚合。同时，$LKA_i(\cdot)$ 是由 $a_i - b_i - 1$ 分解的 LKA。

9.6.6.3 基于注意力机制改进的网络结构

在实验中，早期阶段缺乏对关键特征的引导可能会导致网络在后续层中捕捉到错误或不相关的特征，这可能使网络的学习过程变得低效，并可能对最终的检测性能造成负面影响。为了解决这一问题，确保从一开始就引导网络专注于与后续任务有关的重要特征，这里将注意力机制融入骨干网络的第一个卷积之后。这一设计有助于提前筛选和强化关键特征，从而优化整体的检测流程，结构如图 9-46 所示。

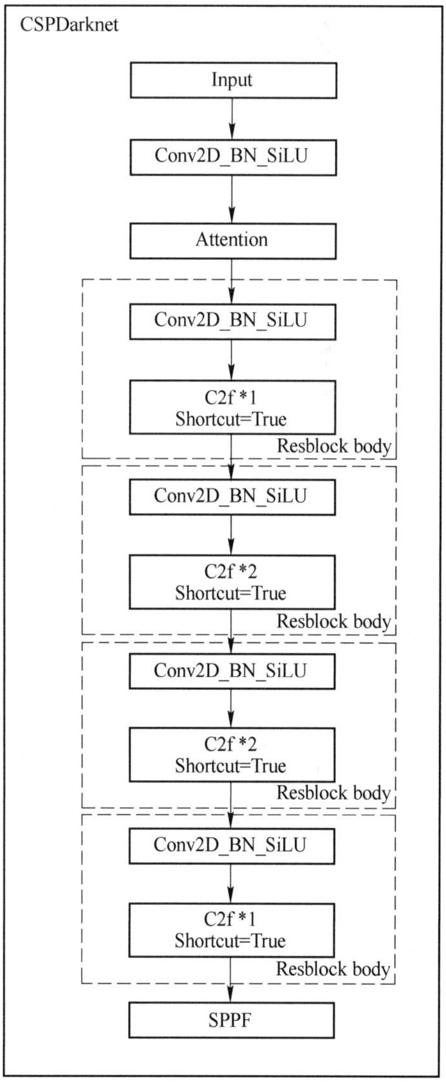

图 9-46 基于注意力机制改进的骨干网络

9.6.7 训练损失流程图

模型的整体训练损失过程如图 9-47 所示。首先，输入图像经过预处理步骤，被裁剪为 640×640 的尺寸，以满足模型输入的需求。接下来，预处理后的图像被送入骨干特征提取网络，该网络输出三个尺度的特征层。随后这三个特征层被送入加强特征融合层，通过多尺度的特征融合，有利于从图像中有效提取出大目标和小目标的信息。不同尺度的特征层对应于不同大小的目标，通过融合这些特征层，可以在多个尺度上考虑到目标的信息。此外，模型将原始图像划分成与输出的特征层相同大小的区域，这样做的目的是精确地定位目标区域。这种划分方式使得模型可以在每个区域内独立地进行目标检测，从而提高了目标检测的精度和效率。

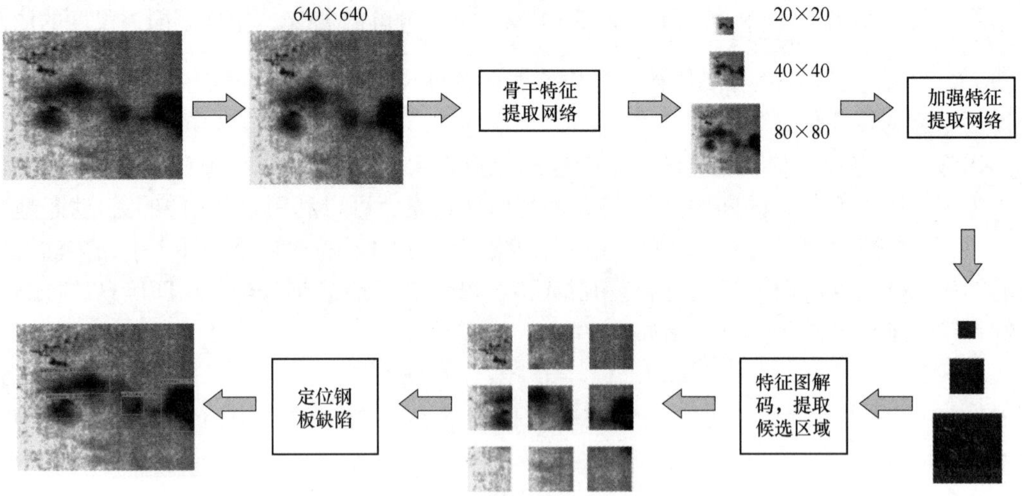

图 9-47 模型整体训练损失流程图

9.7 实验与分析

9.7.1 实验环境

实验环境在 Windows10 下配置，CPU 为 AMD EPYC 7601，GPU 为 NVIDIA GeForce RTX3090，使用 Python 3.7 进行编程，并基于 Pytorch 框架构建模型结构。模型训练 300 个 epochs 分为两个阶段，在前 50 个 epochs 中，冻结模型的主干，初始学习率设定为 1×10^{-2}，batch_ size 设为 32，此时只进行网络的微调；使用 unfreeze 训练方法，模型训练 250 个 epochs，batch_ size 设为 16，此时骨干网络未冻结，所以更新所有网络参数。使用动量值 0.937，权重衰减为 5×10^{-4} 的 SGD 优化器。为了进一步提高训练过程的有效性，采用了 Mosaic 数据增强和余弦退火学习率策略等技术。这种方法结合了 SGD 优化器的强大优化能力和数据增强、定制学习率策略等精细技术，以提高模型在训练过程中的性能。表 9-2 为实验环境与配置参数。

表 9-2 实验环境与配置参数

计算机配置	具体参数/版本
Operating System	Windows10
CPU	AMD EPYC 7601
Python	3.7.13
Pytorch	1.7.1
Cudnn	11.0
Opencv	4.5.3

9.7.2 评价指标

由于图像中目标的数量、位置、大小等因素无法预知，因此对目标检测的效果进行科学评估显得尤为重要。常用的评估方式是通过比较真实目标框与预测目标框的交并比 IoU

(Intersection over Union）来反映检测的准确性，IoU 也被称为 Jaccard 指数，是一种用于衡量两个边界框重叠程度的度量。IoU 定义为：预测的边界框和真实边界框的交集面积与并集面积的比例，如图 9-48 所示。

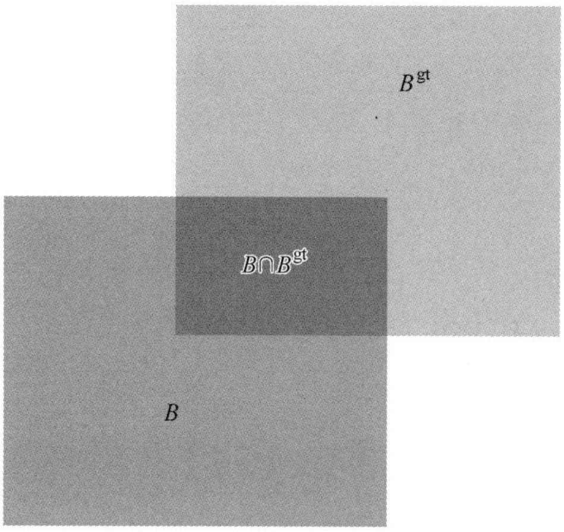

图 9-48　IoU 原理

（绿色框代表预测框，黄色框代表真实框，蓝色部分表示预测框和真实框之间的交集）

图 9-48 彩图

在图 9-48 中，存在两种标签：背景和物体。根据图像框选的情况，可以将样本分为以下四种类型。

(1) 正确的检测（True Positive，TP）：检测框的 IoU 大于设定阈值的情况，此时检测框被视为正确。

(2) 错误的检测（False Positive，FP）：检测框的 IoU 不大于设定阈值，或者将背景错误地预测为物体的情况，此时检测框被视为误检。

(3) 遗漏的目标（False Negative，FN）：应被检测出但未被检测到的物体，此时被视为漏检。

(4) 正确的非目标（True Negative，TN）：未被检测到的真实框，通常不需要考虑。

除此之外，模型的性能评估还需要计算查全率，也称为召回率。召回率是衡量模型正确识别所有真实目标能力的指标，即正确预测的目标在所有真实目标中的比例。召回率的计算公式如下

$$R = \frac{TP}{TP + FN} \times 100\% \tag{9-37}$$

除召回率外，模型性能的另一重要评估指标是精确率。精确率衡量的是模型在所有预测框中正确识别相关目标的能力，即正确预测的目标在所有预测目标中的比例。精确率的计算公式如下

$$P = \frac{TP}{TP + FP} \times 100\% \tag{9-38}$$

根据上述公式，精确率和召回率呈现出反比关系，二者之间相互制衡。在遍历每一个预测框时，都能生成一个对应的精确率和召回率值。

$$AP = \int_0^1 P(R)\,\mathrm{d}R \tag{9-39}$$

AP 的计算考虑了在不同召回率水平下的精确率，每个类别的 *AP* 是独立计算的。为了更全面地评估模型的性能，通常使用平均精确率的均值 *mAP* 作为评估指标。*mAP* 是对所有类别的 *AP* 进行平均，其计算公式如下

$$mAP = \frac{\sum AP}{Nc} \tag{9-40}$$

式中　*Nc* ——目标检测的类别集合。

9.7.3　实验结果与分析

在 YOLOv8 模型系列中，它在计算复杂度、模型参数量以及模型大小方面展示了显著的优越性。这些优点使得 YOLOv8 在处理大规模图像数据集时，能够在确保检测精度的前提下，显著减少计算资源的消耗，这里选择 YOLOv8 作为实验的目标检测模型。

根据实验结果，图 9-49 展示了改进后模型在训练过程中的训练集和验证集损失的变化曲线。从该图中观察可知，训练集和验证集的损失变化趋势在整个训练周期内大致一致。具体而言，随着训练迭代次数的增加，损失函数的曲线逐渐趋于稳定，表明模型正在逐步收敛。值得注意的是，在前 50 个训练轮次中，模型的损失下降速度相对较快。然而，在第 51 轮时，由于模型主干的解冻，损失函数出现了明显的下降。在随后的 80 个训练轮次中，模型逐渐接近其最优性能，损失下降速度有所减缓。最终，在大约 250 个训练轮次后，模型基本达到了收敛状态，即接近了其最优解。

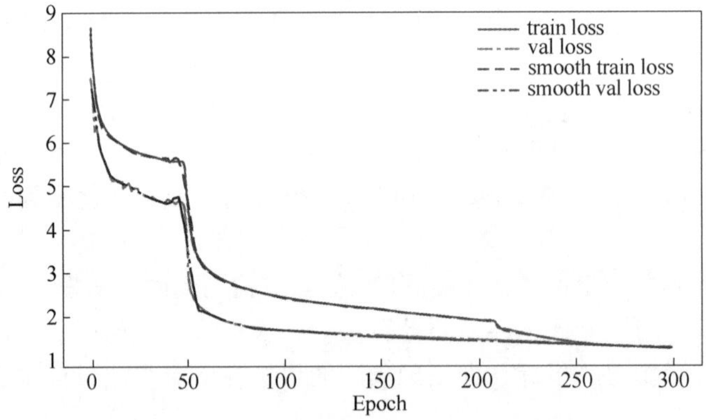

图 9-49 彩图

图 9-49　改进后的模型损失函数变化

为深入评估改进后 YOLOv8 模型的性能，精心设计并实施了一系列比较实验，包括 Faster R-CNN、SSD、YOLOv3、YOLOv5 和 YOLOv8。在此过程中，重点关注了每种检测模型的三个关键性能指标：GFLOPS（浮点运算次数）、参数量和模型大小，汇总在表 9-3 中。

表 9-3　不同模型参数对比

模型	GFLOPS/G	参数量/M	模型大小/MB
Faster R-CNN	370. 210	137. 099	521. 51
SSD	62. 747	26. 285	100. 27
YOLOv3	66. 171	61. 949	236. 32

续表 9-3

模型	GFLOPS/G	参数量/M	模型大小/MB
YOLOv5	17.156	7.277	27.76
YOLOv8	28.817	11.167	42.70
改进后 YOLOv8	30.462	11.175	42.70

改进后 YOLOv8 模型准确率变化曲线如图 9-50 所示，改进后 YOLOv8 模型召回率变化曲线如图 9-51 所示。

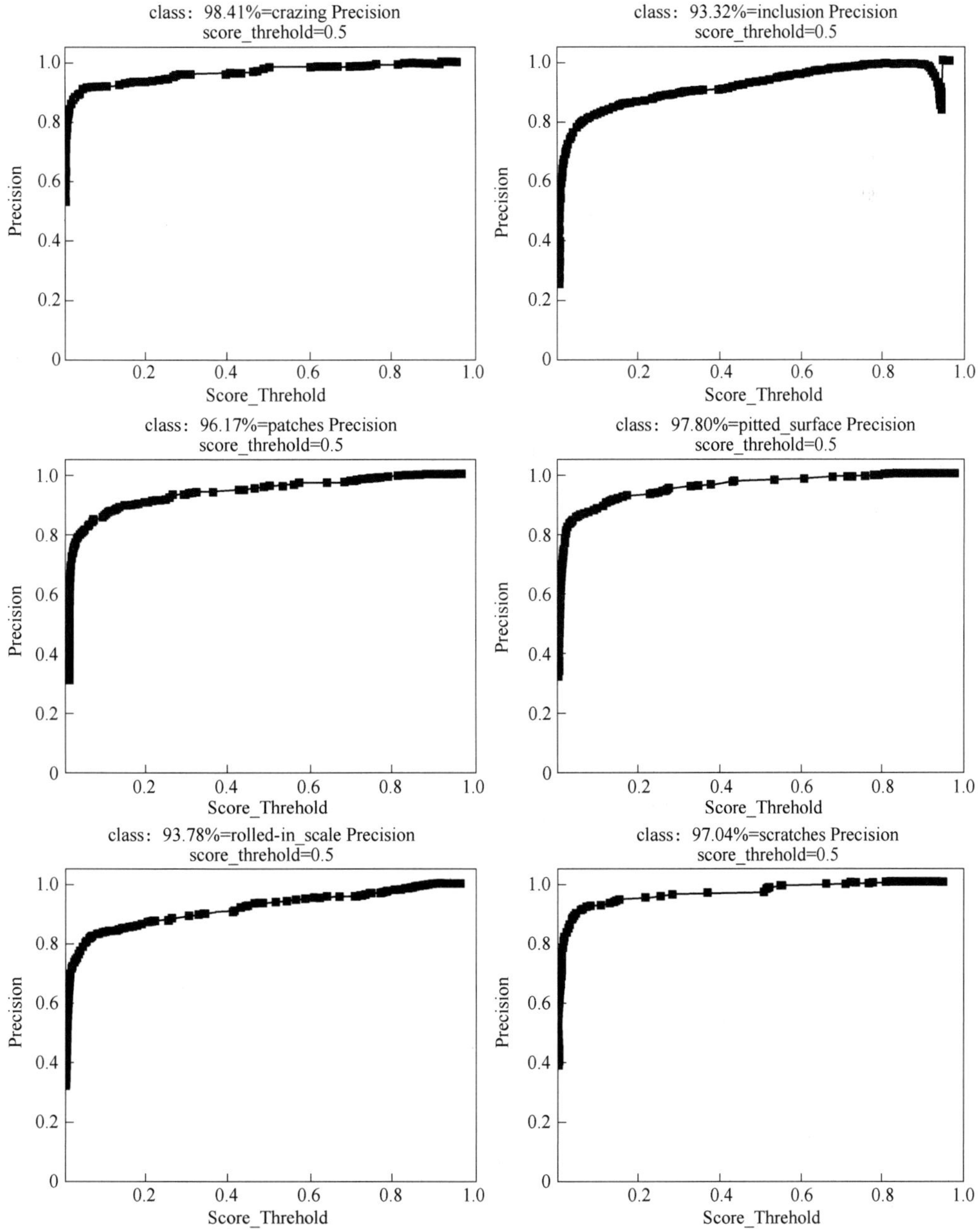

图 9-50 改进 YOLOv8 模型的精确率变化曲线

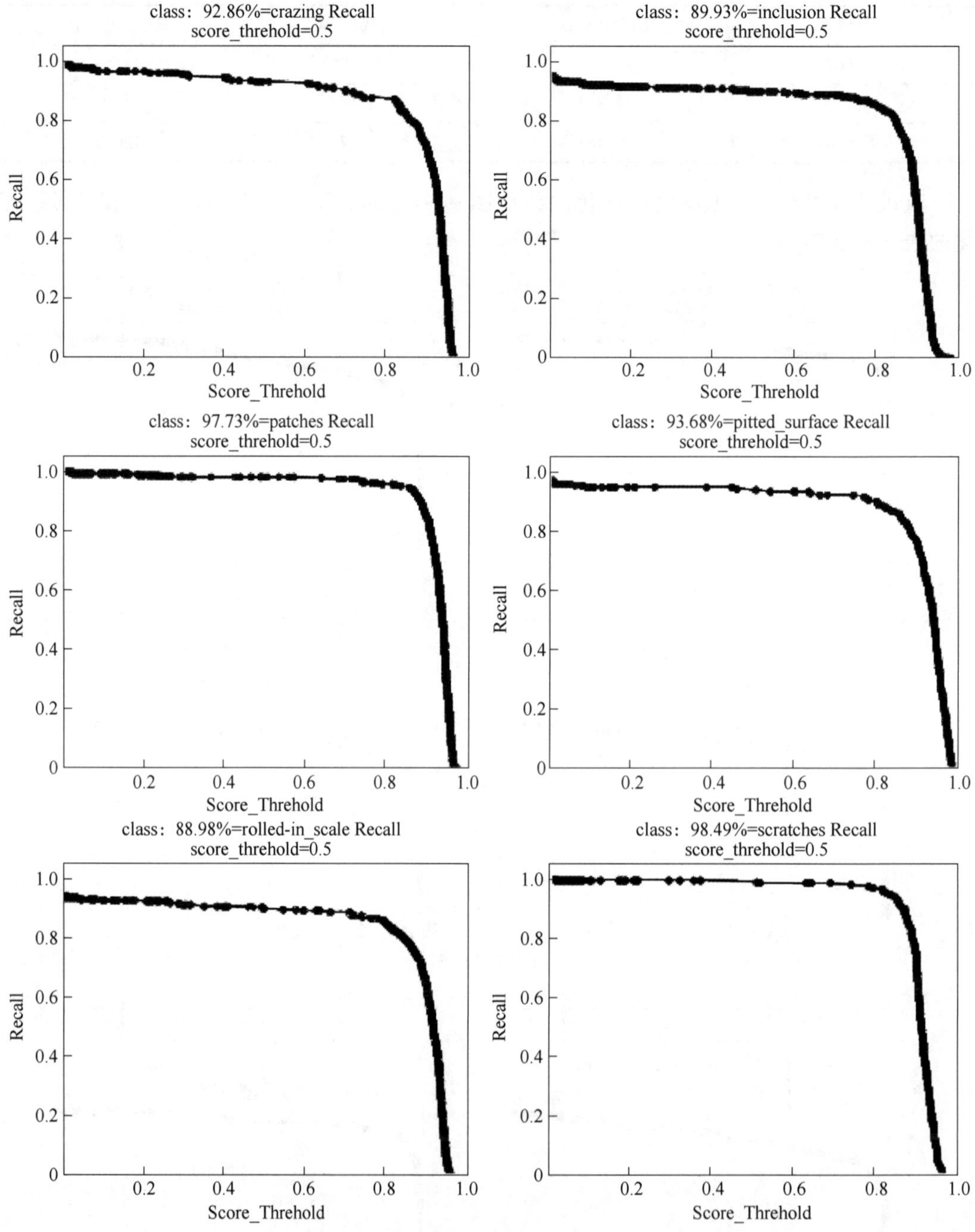

图 9-51　改进 YOLOv8 模型的召回率变化曲线

通过对表 9-4 和表 9-5 中精确率和召回率的细致比较，可以观察到在这六种目标检测算法中，改进后的 YOLOv8 模型表现尤为出色。尤其是由于模型引入了注意力机制，能更有效地识别和定位钢板中的各种瑕疵，因此在精确率和召回率两个关键评价指标上均超过了其他主流模型。

表 9-4 不同模型准确率对比 (%)

模型	Crazing	Inclusion	Patches	Pitted	Rolled	Scratches
Faster R-CNN	90.15	85.02	84.66	88.17	82.78	89.23
SSD	91.38	86.65	86.03	90.17	85.56	90.25
YOLOv3	93.90	89.44	88.71	91.57	86.75	93.01
YOLOv5	95.68	90.69	90.45	94.24	89.25	94.20
YOLOv8	97.10	92.19	93.21	95.30	90.79	95.97
改进后的 YOLOv8	98.41	93.32	96.17	97.80	93.78	97.04

表 9-5 不同模型召回率对比 (%)

模型	Crazing	Inclusion	Patches	Pitted	Rolled	Scratches
Faster R-CNN	84.77	80.74	88.64	85.14	80.92	85.83
SSD	85.99	82.60	90.30	86.37	83.09	88.37
YOLOv3	87.99	84.46	92.28	87.78	85.09	90.98
YOLOv5	90.07	85.52	93.64	90.42	86.65	93.49
YOLOv8	91.73	87.67	96.40	91.49	87.71	96.15
改进后的 YOLOv8	92.86	89.93	97.73	93.68	88.98	98.49

进一步分析表明，高精确率并不总是与高召回率成正比。例如，尽管 Faster R-CNN 在卷入氧化铁皮缺陷的识别上具有相对较高的精确率，其召回率却仅为 82.78%，这可能表明算法在全局检测能力上还存在待改进的空间。同样，在 SSD 和 YOLOv3 等算法上，也观察到了某些缺陷类别的召回率明显低于其精确率。

因此，为了更全面地评估目标检测算法在钢板缺陷检测应用中的性能，引入了 F_1 分数作为一个补充评价指标。F_1 分数是精确率和召回率的调和平均值，它综合了二者的表现，能够提供一个更均衡的评估指标，尤其是在数据集存在类别不均衡时，F_1 分数能够避免仅依赖于精确率或召回率的片面评价。其计算公式如式（9-41）所示，改进后 YOLOv8 算法的 F_1 值如图 9-52 所示。

$$F_1 = 2 \times \frac{Precision \times Recall}{Precision + Recall} \tag{9-41}$$

图 9-53 描绘了改进后的 YOLOv8 算法在 F_1 值方面的曲线变化。从图中可明显观察到，改进后模型展现出较小的波动，呈现出平稳的曲线趋势，这恰好表明了改进后的网络性能具有很高的稳定性。另外，表 9-6 进一步列举了不同模型在各缺陷类别上的 F_1 值，从中可以清晰地看出，改进的 YOLOv8 模型在五种缺陷类别上的 F_1 值均优于 YOLOv8、YOLOv5、YOLOv3、SSD 和 Faster R-CNN。这一结果表明，改进后的 YOLOv8 模型更为适宜于钢板表面缺陷的检测任务。通过上述分析，可以得出结论，改进后的 YOLOv8 模型不仅在单一的评价指标上表现优异，而且在综合性能表现上也相对稳定，这对于实际的钢板缺陷检测应用具有重要的参考价值。

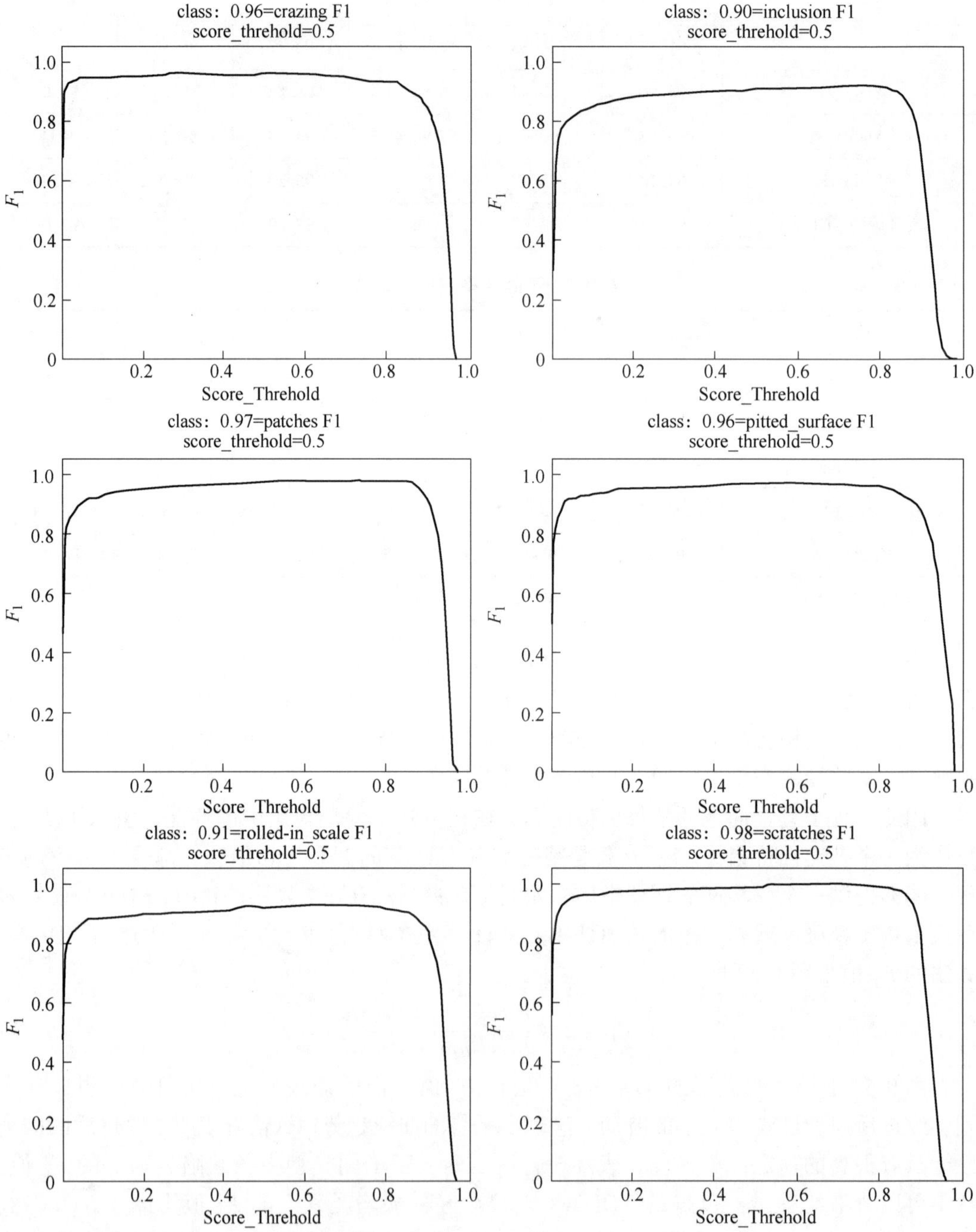

图 9-52　改进 YOLOv8 模型的 F_1 值

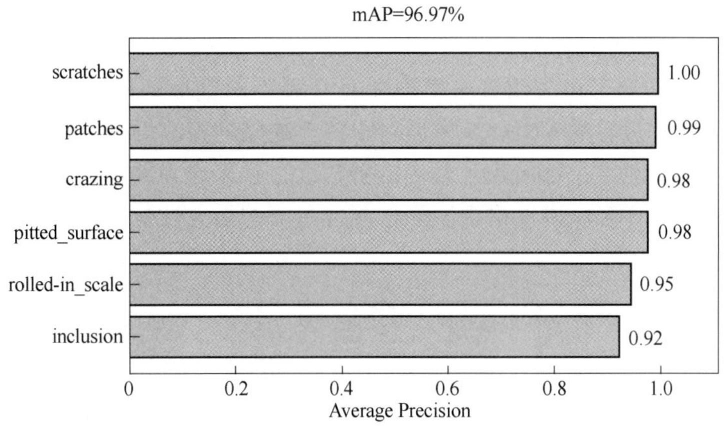

图 9-53 钢板缺陷的 *mAP* 值

表 9-6 不同模型的 F_1 分数

模 型	Crazing	Inclusion	Patches	Pitted	Rolled	Scratches
Faster R-CNN	0.87	0.83	0.87	0.87	0.82	0.87
SSD	0.89	0.85	0.88	0.88	0.84	0.89
YOLOv3	0.91	0.87	0.90	0.90	0.86	0.92
YOLOv5	0.93	0.88	0.92	0.92	0.88	0.94
YOLOv8	0.94	0.89	0.95	0.93	0.89	0.96
改进后的 YOLOv8	0.96	0.90	0.97	0.96	0.91	0.98

表 9-7 展示了不同模型在 *mAP* 和 FPS 两项指标上的表现。从数据中可以明确看出，采用改进的 YOLOv8 算法在 *mAP* 指标上均显著优于其他模型。具体来说，相较于 Faster R-CNN、SSD、YOLOv3、YOLOv5 和 YOLOv8 模型，改进的 YOLOv8 模型的 *mAP* 分别高出了 11.18%、8.56%、6.48%、4.1%和 1.89%。

表 9-7 不同模型 *AP* 值以及 *mAP* 值对比

模型	Crazing/%	Inclusion/%	Patches/%	Pitted/%	Rolled/%	Scratches/%	$mAP_{0.5}$/%	FPS
Faster R-CNN	87.34	80.32	88.77	86.77	83.42	88.12	85.79	32
SSD	90.29	83.19	91.35	89.70	85.54	90.36	88.41	43
YOLOv3	91.39	85.85	93.57	91.01	87.90	93.19	90.49	45
YOLOv5	94.36	87.66	95.73	93.90	90.45	95.11	92.87	57
YOLOv8	96.74	90.09	97.34	96.34	92.09	97.87	95.08	69
改进后的 YOLOv8	97.91	92.43	99.31	97.81	94.63	99.70	96.97	63

在 FPS 方面，改进的 YOLOv8 模型表现出了令人瞩目的性能。尽管由于集成了多尺度大卷积核注意力机制，使得其 FPS 相比 YOLOv8 模型略有降低，从 69 下降到 63，但是它仍然显著领先于其他模型。这表明，在引入了增强模型表征能力的多尺度大卷积核注意力

机制的同时，改进的 YOLOv8 模型仍能保持较高的处理速度，这对于实时应用场景（如钢板缺陷检测），具有显著的意义。

图 9-54 展示了改进后的 YOLOv8 模型在对六种不同钢板缺陷的检测效果。从图中可以清晰地观察到，改进后的 YOLOv8 模型对于各类缺陷的检测均表现出高度的精确性和可靠性，每种缺陷的检测结果都展现了较高的置信度，且未出现漏检或误检的情况。因此这体现了改进后的 YOLOv8 模型在钢板缺陷检测应用中的强大性能和实用价值。

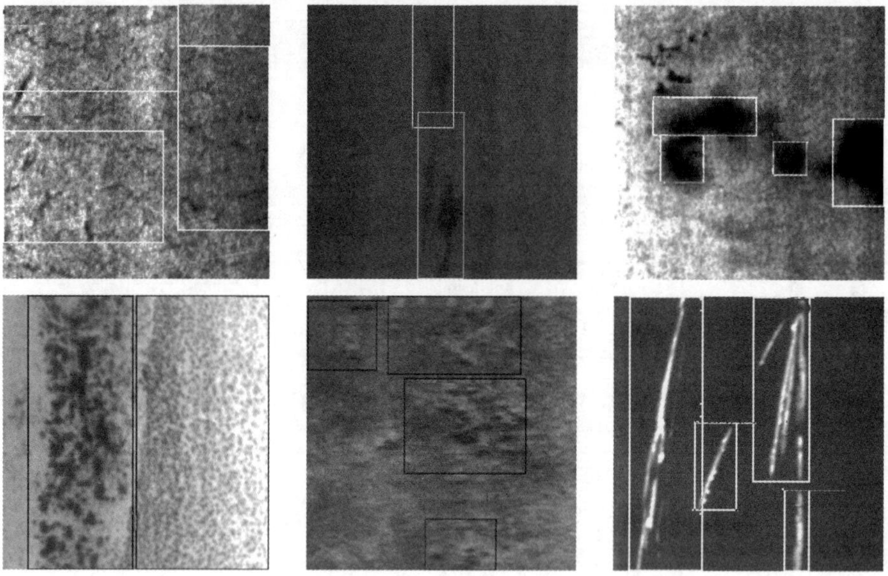

图 9-54　改进后 YOLOv8 的检测结果

为了评估所提出改进模型的鲁棒性，在六种不同缺陷的图像中添加了矩形遮挡，并对其进行了检测，如图 9-55 所示。尽管在这些挑战性的条件下，改进后的模型仍能保持高水准的检测性能，未出现漏检或误检情况，突显了模型对于复杂背景和不利条件的强大适应能力。

通过集成多尺度大卷积核注意力机制，显著提高了模型在复杂背景下的缺陷检测能力。这种改进使模型能够更有效地挖掘和利用图像中的多尺度信息，从而在复杂的背景条件下，仍能准确地识别和定位钢板上的各种缺陷，为钢板缺陷检测提供了一种高效且可靠的解决方案。

9.7.4　总结

针对复杂环境下钢板识别精度的局限性，提出一种改进的 YOLOv8 目标检测模型。改进后的模型基于 YOLOv8 网络，首先对现有数据集进行数据增强，并在模型架构中融入多尺度大卷积核注意力机制，以此提升钢板缺陷检测的性能。通过这些方法，使得钢板缺陷检测的平均准确率相较于原网络提高了 1.89%，*mAP* 达到了 96.97%。未来的工作将致力于进一步优化网络结构，提高检测精度，并降低漏检率。

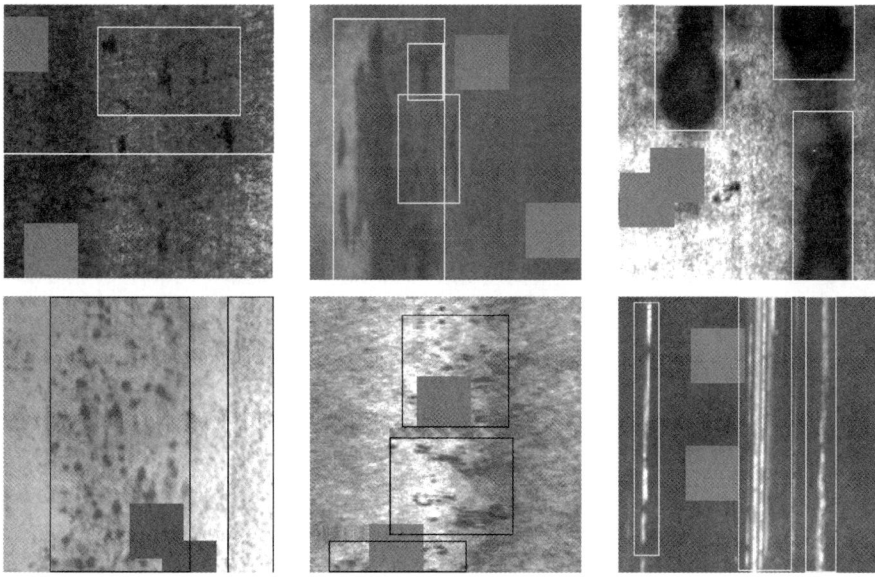

图 9-55 不同场景下的检测效果

参 考 文 献

[1] 孙一康．冷热轧板带轧机的模型与控制［M］．北京：冶金工业出版社，2010.

[2] 孙一康．带钢热连轧的模型与控制［M］．北京：冶金工业出版社，2002.

[3] 孙一康．带钢冷连轧计算机控制［M］．北京：冶金工业出版社，2002.

[4] 孙一康．带钢热连轧需进一步开发的课题［C］. 北京科技大学自控研究所内部资料，2003.

[5] 何虎．带钢热连轧 AGC-活套综合控制研究［D］. 北京：北京科技大学，2000.

[6] 王莉．冷连轧板形板厚智能型自适应解耦控制系统的研究［D］. 北京：北京科技大学，2002.

[7] 刘金琨．先进 PID 控制 MATLAB 仿真［M］．北京：电子工业出版社，2016.

[8] 李伯群，张克君，傅剑，等．活套高度和张力系统的神经网络自适应解耦控制［J］．控制与决策，2006（1）：46-50.

[9] 傅剑，杨卫东，李伯群. 基于 LMIH_∞ 的解耦及活套高度张力控制研究［J］. 控制与决策，2005，20（8）：883-886.

[10] 傅剑，杨卫东，李伯群，等．基于 μ 综合的热轧动态设定型 AGC 鲁棒控制［J］．北京科技大学学报，2006（3）：293-298.

[11] 李伯群，孙一康，傅剑，等．基于相位补偿的轧辊偏心控制［J］．钢铁研究学报，2006（6）：55-58.

[12] 李伯群，张海波，刘恩东，等．快速监控 FMN 在热连轧上的应用研究［J］．控制工程，2007（4）：353-355，365.

[13] 李伯群，邱洪洞，陈鹏，等．兼顾板形的硬度前馈自动厚度控制在热连轧上的应用［J］．冶金自动化，2012，36（1）：36-40.

[14] 李伯群，张海军，孙一康．提高 AGC 厚度控制精度及其百分比的研究［J］．控制工程，2006（1）：32-34，38.

[15] 李伯群，富剑华，李济翰，等．活套多变量系统建模与智能解耦控制研究［J］．控制工程，2015，22（1）：102-107.

[16] 李伯群，范璇，李伟红，等．板形设定模型参数优化与控制技术应用［J］．钢铁，2019，54（2）：41-47.

[17] 童朝南，孙一康，陈百红，等．热连轧综合 AGC 系统的智能化控制［J］．北京科技大学学报，2002，24（5）：553-555.

[18] 杨卫东. 基于弹跳方程的 GM AGC 的局限性［J］. 冶金自动化，2005，29（4）：59-61.

[19] 李海军，王国栋，徐建忠，等．使用变尺度混合遗传算法进行热轧负荷分配优化［J］．钢铁研究学报，2007（8）：33-36.

[20] 张汉文，仲兆准，黄虎，等．改进混合粒子群算法优化热轧负荷分配［J］．轧钢，2021，38（2）：55-59，64.

[21] JIA S J, LI W G, LIU X H, et al. Multi-Objective Load Distribution Optimization for Hot Strip Mills［J］. Journal of Iron and Steel Research International, 2013, 20（2）: 27-61.

[22] 张彦杰，杜晓钟，黄庆学．基于行处理算法的带钢热连轧负荷分配［J］．钢铁研究学报，2016，28（9）：6-9.

[23] 黄佩秋，刘建昌，谭树彬，等．混合多目标粒子群优化算法在热精轧负荷分配优化中的应用［J］．控制理论与应用，2017，34（1）：93-100.

[24] 王坚浩，张亮，史超，等．基于混沌搜索策略的鲸鱼优化算法［J］．控制与决策，2019，34（9）：1893-1900.

[25] 李伯群，张海军，孙一康．提高 AGC 厚度控制精度及其百分比的研究［J］．控制工程，2006，13

(1)：32-34，38.

[26] 陈东宁，姜万录，王益群．基于粒子群算法的冷连轧机轧制负荷分配优化［J］．中国机械工程，2007（11）：1303-1306.

[27] 魏立新，王利平，马明明，等．基于改进多目标粒子群算法的冷连轧规程优化设计［J］．中国机械工程，2015，26（9）：1239-1242，1259.

[28] 张升琳，李伯群，董慧，等．基于改进遗传算法的冷连轧多目标规程优化［J］．塑性工程学报，2022，29（7）：94-100.

[29] SHI Y，EBERHART R. "A modified particle swarm optimizer," in Proc. IEEE Int. Conf. Evol. Comput.，Anchorage，AK，USA，1998：69-73.

[30] KNOWLES J D，CORNE D W. Approximating the nondominated front using the Pareto archived evolution strategy［J］．Evol. Comput.，2000，8（2）：149-172.

[31] LI Li，WANG wanliang，LI weikun，et al，A Novel Ranking-based optimal guides selection strategy in MOPSO ［J］. Procedia Computer Science，2016，91：1001-1010. https：//doi. org/10. 1016/j. procs. 2016. 07. 135.

[32] ZHANG X，ZHENG X，CHENG R，et al. A competitive mechanism based multi-objective particle swarm optimizer with fast convergence［J］．Inf. Sci.，2018，427（2）：63-76.

[33] ALKEBSI K，DU W. A Fast multi-objective particle swarm optimization algorithm based on a new archive updating mechanism［J］．in IEEE Access，2020，8：124734-124754.

[34] DEB K，THIELE L，LAUMANNS M，et al. Scalable multi - objective optimization test Prob-lems//Congress on Evolutionary Computation. Piscataway：IEEE Service Center，2002，1：825-830.

[35] 郑金华，邹娟．多目标进化［M］．北京：科学出版社，2017.

[36] 孙杰，张浩宇，李旭，等．广义预测控制在监控 AGC 系统中的应用［J］．中南大学学报（自然科学版），2013（10）：3852-3856.

[37] 李迅，宋东球，喻寿益，等. 基于模型参考自适应 Smith 预估器的反馈式 AGC 厚度控制系统［J］. 控制理论与应用，2009，26（9）：999-1003.

[38] 李旭，张殿华，张浩，等．基于 CORUM~(TM) 模型与多闭环的冷连轧自动控制系统［J］．东北大学学报（自然科学版），2008（4）：533-536.

[39] 孙宝，张小平．基于的动态规划在热连轧板形板厚协调控制中的应用［J］．中北大学学报自然科学版，2010，31（2）：193-199.

[40] ZHANG L，LI B Q，CUI Y，et al. Research on improved YOLOv8 algorithm for insulator defect detection［J］．Journal of Real-Time Image Processing，2024，21（1）：1-14.

[41] ZHENG Z，WANG P，REN D，et al. Enhancing geometric factors in model learning and inference for object detection and instance segmentation［J］．IEEE transactions on cybernetics，2021，52（8）：8574-8586.

[42] REDMON J，DIVVALA S，GIRSHICK R，et al. You only look once：Unified，real-time object detection［C］//Proceedings of the IEEE conference on computer vision and pattern recognition. 2016：779-788.

[43] GEVORGYAN Z. SIoU loss：More powerful learning for bounding box regression［J］．arXiv，2022，2205：12740-12751.

[44] REDMON J，FARHADI A. Yolov3：An incremental improvement［J］．arXiv，2018，1804：2767-2772.

[45] LI X，WANG W，WU L，et al. Generalized focal loss：Learning qualified and distributed bounding boxes for dense object detection［J］．Advances in Neural Information Processing Systems，2020，33：21002-21012.

[46] REZATOFIGHI H，TSOI N，GWAK J Y，et al. Generalized intersection over union：A metric and a loss

for bounding box regression ［C］ //Proceedings of the IEEE/CVF conference on computer vision and pattern recognition, 2019: 658-666.

［47］唐小煜，黄进波，冯洁文，等．基于 U-net 和 YOLOv4 的绝缘子图像分割与缺陷检测［J］．华南师范大学学报（自然科学版），2020，52（6）：15-21.

［48］WANG C Y, LIAO H Y M, WU Y H, et al. CSPNet: A new backbone that can enhance learning capability of CNN ［C］ //Proceedings of the IEEE/CVF conference on computer vision and pattern recognition workshops, 2020: 390-391.

［49］WANG C Y, BOCHKOVSKIY A, LIAO H Y M. YOLOv7: Trainable bag-of-freebies sets new state-of-the-art for real-time object detectors ［C］ //Proceedings of the IEEE/CVF Conference on Computer Vision and Pattern Recognition, 2023: 7464-7475.

［50］WANG Y, LI Y, WANG G, et al. Multi-scale attention network for single image super-resolution ［J］. arXiv, 2022, 2209: 14145-14155.